21 世纪高等院校智慧健康养老服务与管理专业规划教材

老年心理维护与服务

主　编　李　欣
副主编　王　娜　徐福山
参　编　赵岫峰　许兆瑞　卞国玉　丁　硕
　　　　付　玉　王珊珊　冯　潇

内 容 简 介

本书系统阐述了老年心理服务的基础理论、实施原则和操作技能，并针对我国当前老年群体的心理需求提供了切实可行的解决方案。本书内容共分 8 个情境：情境一介绍老年心理服务的迫切需求；情境二介绍老年心理服务的研究和应用；情境三至情境五介绍老年人的心理变化、心理特征、心理问题及处理、精神障碍的识别及处理；情境六和情境七介绍老年人心理卫生的相关知识及建设老年人精神文化生活的方法；情境八则着力于老年心理工作者所应具有的职业道德、专业能力和心理素质，并对其综合业务的培养提升和资格认证提出总体规划。

本书创造性地将参与式教学模式和理论内容结合起来，精心设计有助于提高现场操作能力的技能训练环节，并将编者的实践经验有机地融入到知识传授之中，提倡以课堂互动的形式引发学生学习兴趣的独特理念。

本书既可作为高等院校老年心理学、老年介护学及老年医学等专业的实用教材，又可作为老年学、社会工作学及其他专业的参考用书，还可作为从事心理学理论研究、老年服务工作及老年人家属等相关人员的参考用书。

图书在版编目(CIP)数据

老年心理维护与服务/李欣主编. —北京： 北京大学出版社，2013.8
21 世纪高等院校智慧健康养老服务与管理专业规划教材
ISBN 978-7-301-22897-5

Ⅰ.①老…　Ⅱ.①李…　Ⅲ.①老年人–心理保健–高等学校–教材　Ⅳ.①B844.4

中国版本图书馆 CIP 数据核字(2013)第 169112 号

书　　名	老年心理维护与服务 LAONIAN XINLI WEIHU YU FUWU
著作责任者	李　欣　主编
执 行 编 辑	桂　春
责 任 编 辑	胡伟晔
标 准 书 号	ISBN 978-7-301-22897-5/R·0035
出 版 发 行	北京大学出版社
地　　址	北京市海淀区成府路 205 号　100871
网　　址	http://www.pup.cn　新浪微博：@北京大学出版社
电 子 邮 箱	编辑部 zyjy@pup.cn　总编室 zpup@pup.cn
电　　话	邮购部 010-62752015　发行部 010-62750672　编辑部 010-62756923
印 刷 者	河北滦县鑫华书刊印刷厂
经 销 者	新华书店
	787 毫米×1092 毫米　16 开本　21.25 印张　469 千字 2013 年 8 月第 1 版 2024 年 2 月重排　2024 年 2 月第 8 次印刷
定　　价	49.00 元

未经许可，不得以任何方式复制或抄袭本书之部分或全部内容。
版权所有，侵权必究
举报电话：010-62752024　电子邮箱：fd@pup.cn
图书如有印装质量问题，请与出版部联系，电话：010-62756370

前　言

随着我国老年人口的不断增加,对老年人的服务已经成为我国政府和社会各界极为关注的问题,党的二十大报告明确提出实施积极应对人口老龄化国家战略、发展养老事业和养老产业,优化孤寡老人服务,推动实现全体老年人享有基本养老服务的同时,还提出要重视心理健康和精神卫生。对老年人的养老服务涉及老年人的生存、医疗、保健、康复和心理服务,尤其是老年人心理的健康,对于每位老年人的幸福感、满足感与尊严感,对于社会的发展与稳定,都起着至关重要的作用。

本书依据"丰富、实用、趣味"的编写原则,将理论与实践有效地结合起来,将教学与反馈有效地结合起来,将国外经验与我国实际有效地结合起来,将科学的严谨性与教学的趣味性有效地结合起来。全书贴近高校教学改革的思路,以现实情境、理论依据、后续思考为脉络,通过案例引入、知识链接、技能训练、处理建议的方式,提炼基础知识、理论分析、政策法规等核心内容,训练学生的全面能力并提高其职业素养。以成人学习理论为指导思想的参与式教学是本书重点介绍的授课方法。实践证明,增加参与式教学在老年心理课程中的比重,对于改善心理服务技术在教学中长期存在的"重理论、轻操作"的现象具有一定成效。

以往的老年服务工作虽然对老年心理相关内容有所涉及,但终因学科发展的现实水平及社会整体文化环境的影响,未能形成独立的知识和技能体系。而且老年心理学应承载的任务过多地被老年医学、护理学及社会工作的专业人员所分担,却又难以完全被后者替代完成。因此,老年心理服务作为老年心理学的实践操作部分,急需对其加以认真总结和整理,并形成其特有的学科理念。老年心理服务扎根于对人的不同发展阶段的心理特征变化规律的掌握和应用,虽然面对的工作对象是老年群体,却不能无视老年人所处的社会环境中形形色色、不同年龄的人们的影响。老年心理健康存在着诸多现实困扰,有些虽未发展至疾病状态,却已损害老年人的主观幸福感及各项社会功能,所以必须以专题的形式对其加以认识和把握,进而加以有效处理。老年群体身心的老化决定了破坏认知结构、思维逻辑及行为举止的精神障碍的必然存在,故精神医学和老年医学知识也成为老年心理服务教育的必备内容。

本书主编是东北师范大学人文学院的李欣教授,两位副主编王娜、徐福山具有丰富的老年心理服务工作经验及老年精神医学临床实践经验,参编人员均来自老年心理教育和老年健康科普一线。本书的出版符合当前社会发展的现

实需要,是所有编者辛勤付出的结果。我们特意向广大师生介绍了数十种优秀的相关书籍作为延展阅读材料,在此对这些书籍的作者表示感谢。另外,感谢中国老年学学会老年心理专业委员会秘书长杨萍对编写团队的关心和鼓励,同时,也要向为本书的付梓提供诸多支持的北京大学出版社的编辑表示由衷的谢意。最后,全体编者向所有接受过我们心理服务的老年人表示最诚挚的感谢和敬意。

虽然本书始终遵循教材编写的基本原则,并力求达到对在校学生具有一定针对性的编写要求,但疏漏之处在所难免,恳请使用本书的教师、同学及广大读者提出宝贵意见,以便使本书得到不断的完善和提升。

目　录

情境一　老年心理服务的迫切需求 …………………………………… (1)
　　子情境一　我国当前老龄化的严峻形势 ……………………………… (2)
　　子情境二　日益高涨的老年人心理需求 ……………………………… (7)
　　子情境三　我国对老年人心理健康的重视增强 ……………………… (15)
　　子情境四　突然蹿红的老年心理研究和应用 ………………………… (21)

情境二　老年心理服务的研究和应用 …………………………………… (28)
　　子情境一　老年心理服务机构的分布和类别 ………………………… (29)
　　子情境二　老年心理服务机构的职能 ………………………………… (37)
　　子情境三　老年心理服务机构的制度、设施及结构 ………………… (45)
　　子情境四　老年心理服务机构的发展方向 …………………………… (56)

情境三　带你了解老年人——老年人的一般心理特征 ………………… (62)
　　子情境一　进入老年期的身心变化 …………………………………… (63)
　　子情境二　进入老年期的心理变化方向 ……………………………… (80)
　　子情境三　造成老年人心理变化的因素 ……………………………… (90)

情境四　老年时期常见心理问题及处理 ………………………………… (94)
　　子情境一　情绪的"杯具" ……………………………………………… (95)
　　子情境二　空巢！空巢！ ……………………………………………… (104)
　　子情境三　当白发人送黑发人 ………………………………………… (111)
　　子情境四　我没有用了！ ……………………………………………… (120)
　　子情境五　远亲不如近邻？ …………………………………………… (128)
　　子情境六　"不好相处"的老年人 ……………………………………… (135)
　　子情境七　我能否看到明天的太阳 …………………………………… (146)
　　子情境八　难以启齿的闺房之乐 ……………………………………… (155)

情境五　老年群体常见精神障碍识别及处理 …………………………… (161)
　　子情境一　蓝色夕阳——悲观绝望的老年抑郁症 …………………… (162)
　　子情境二　黄色夕阳——病感难消的老年疑病症 …………………… (171)
　　子情境三　黑色夕阳——不可理喻的老年精神分裂症 ……………… (179)
　　子情境四　白色夕阳——难以摆脱的老年物质依赖 ………………… (190)
　　子情境五　灰色夕阳——无法逆转的老年期痴呆 …………………… (200)

情境六　老年时期的心理卫生 …………………………………………… (212)
　　子情境一　什么样的老年人是心理健康的？ ………………………… (213)

1

　　子情境二　老年心理服务的基本原则 …………………………（222）
　　子情境三　老年人心理维护的实用基本技能 …………………（226）
　　子情境四　老年人心理维护的实用高级技能 …………………（242）
情境七　建设富有中国特色的老年精神文化生活 ………………（257）
　　子情境一　老年人精神生活的全方位需要 ……………………（258）
　　子情境二　老年群体的精神生活愿景 …………………………（267）
情境八　老年心理工作者的素质要求 ……………………………（278）
　　子情境一　态度决定一切——道德要求 ………………………（279）
　　子情境二　实力关乎成败——理论及实践技能的综合培养 …（286）
　　子情境三　医者能自医——自身心理维护 ……………………（294）
　　子情境四　专业资格有待认证——培训考核设想 ……………（311）
附录 …………………………………………………………………（316）
　　附录1　焦虑自评量表(SAS) …………………………………（316）
　　附录2　抑郁自评量表(SDS) …………………………………（317）
　　附录3　UCLA 孤独感测试 ……………………………………（318）
　　附录4　老年抑郁量表(GDS) …………………………………（320）
　　附录5　密西根酒精依赖调查表(MAST) ……………………（322）
　　附录6　简易智能状态检查(MMSE) …………………………（323）
　　附录7　症状自评量表(SCL-90) ………………………………（326）
　　附录8　自我接纳问卷(SAQ) …………………………………（329）
　　附录9　危机干预的分类评估表(THF) ………………………（330）
参考文献 ……………………………………………………………（333）

情境一
老年心理服务的迫切需求

 单元导读

  随着社会进步、经济发展和医疗水平的提高,人类的寿命有普遍延长的趋势。全世界老年人口在总人口中所占的比重也逐年提升,而我国已经提早进入老龄化社会,故现实情况更为严峻。我国拥有数量世界第一的老龄人口,而且增长速度非常惊人。独生子女家庭的增多,家庭结构的小型化转变及经济收入水平的相对不足,使老年人的心理问题日益凸显,很多老年人都存在长期积累的负性情绪,甚至因心理问题的加重或精神障碍得不到治疗而出现极端的自杀或者伤人行为。因此,我国出台了更多的法律法规来保障老年心理工作,而且老年心理工作者更应该加强自身业务水平,及时和准确地把握老年人的心理需求。然而,人们有能力为老年人提供的服务,同老年人所迫切需要的服务,在现实中往往并不一致。老年心理工作者只有尽快弥补自身认识方面的差距,才有可能把握住老年人心理需求的动态变化,创造更为有利的条件。

  心理服务工作注重"推己及人"的服务理念,日常生活中人们也经常会说"己所不欲,勿施于人"。这都是强调在人际交往的过程中,要真诚地理解对方的立场,了解对方的需求,才有可能建立起人际沟通的桥梁。任何目标和形式的心理工作,都要基于心理工作者与服务对象之间良好的人际互动关系。对于老年心理服务而言,人们不只要做到不强求老年人接受来自外

界的观点,更要将心比心,切实地从老年人自身的心理需求出发来思考和认识其现实问题。

学习目标

1. 了解目前我国老龄人口的分布状况。
2. 了解老年人心理服务的必要性。

核心内容

1. 了解我国现在有多少老年人口。
2. 掌握老年人的心理需求。
3. 了解我国对老年心理重视的加强。
4. 了解老年心理学发展简史及老年心理健康服务的主要内容。

教学方法

1. 课堂讲授。
2. 案例分析。
3. 参与式一体化互动学习。

子情境一　我国当前老龄化的严峻形势

一、现实情境

案例引入

老年人口的比例

2010年世界卫生组织公布的调查数据显示,60岁以上的老年人口占全国总人数平均值,欧洲地区为19%,非洲地区为5%,美洲地区为13%,东南亚地区为8%,东地中海区域为6%,西太平洋地区为12%;全球老年人口已达到总人口的11%。世界卫生组织成员国中,低收入国家的老年人口比例为均值6%,中低收入国家(包括中国)为9%,中高收入国家为11%,高收入国家为21%。2000—2050年,全球60岁及以上的人口将增长3倍多,从6亿增加到20亿。其中大部分增长发生在欠发达国家,这些国家中的老年人人数

情境一 老年心理服务的迫切需求

将从 2000 年的 4 亿增加到 2050 年的 17 亿。据预测,65 岁及以上老年人口比例将在 2027 年和 2035 年分别突破 15% 和 20%,2050 年将超过 25%。

参与式学习

互动讨论话题 1:老龄化社会是如何产生的?

互动讨论话题 2:人口老龄化会带来哪些社会问题?

二、理论依据

(一) 我国人口老龄化现状

20 世纪 30 年代,美国的老年学者开始使用"人口老龄化"一词来描述老年群体在总人口数中的比例。第二次世界大战后,法国著名人口学家 B. 皮撒(Bourgeois Pichat)为联合国经济及社会理事会撰写《人口老龄化及其社会经济后果》一书,在书中首次提出老龄化的标准,即在全部人口中老年人(65 岁及以上为老年人)占 7% 以上的国家或地区,其人口的类型可称为老年型人口(4% 以下的可称为年轻型人口,4%~7% 的可称为成年型人口)。后来根据多方讨论和研究,联合国规定:一个国家或地区 60 岁以上人口所占比例达到或超过人口总数的 10%,或者 65 岁以上的人口达到或超过人口总数的 7%,就可以认为这个国家或地区已经进入人口老龄化阶段,也就是所谓的老龄化社会。

我国是世界上老年人口数量最多、老年人口比例增长最快的国家之一。20 世纪 50 年代以来,我国人口结构经历了从年轻型向老年型的转变。新中国成立后医疗卫生条件的提升使人们的平均寿命不断提高,导致人口总规模不断膨胀。近 30 年来受独生子女政策的影响,人口老龄化速度也明显加快。我国 60 岁以上的老年人口平均每年以 3% 的速度持续增长,在 1997 年就已经超过 1.2 亿,到 1999 年达到 1.3 亿,占总人口的比重接近 10%,标志着我国开始进入人口老年型国家的行列。

2010 年进行的第六次全国人口普查数据显示,中国总人口为 1 370 536 875,大陆 31 个省、自治区、直辖市人口为 1 339 724 852。与 2000 年的第五次人口普查相比,年均增长 0.57%。2010 年年底,中国 60 岁以上的老年人口已经达到 1.78 亿,占全国总人口的 13.26%,比 10 年前的第五次人口普查上升 2.93 个百分点,其中 65 岁及以上人口占 8.87%,上升了 1.91 个百分点。

根据中国人口与发展研究中心公布的数据,我国老年人数量约占亚洲老年人总数的 36%、世界老年人口总数的 22.3%。当前我国老年人口规模之大、老龄化速度之快、高龄人口比例之重,都是世界人口发展史上前所未有的。

全国老龄工作委员会办公室(以下简称老龄办)于 2006 年 2 月 23 日发布了《中国人口老龄化发展趋势预测研究报告》(以下简称《报告》)的研究成果,这是全国老龄办首次发布关于人口老龄化的报告。《报告》分 3 部分介绍了中国人口老龄化的现状、趋势、压力和特点,以及人口老龄化带来的问题与政策建议。

《报告》指出,21世纪是全球范围内的人口老龄化时代。中国已于1999年进入老龄化社会,是较早进入老龄化社会的发展中国家之一。中国的人口老龄化不仅是中国自身的问题,而且还关系到全球人口老龄化的进程。

《报告》认为,21世纪的中国将是一个不可逆转的老龄化社会。21世纪之初的20年中,中国将平均每年新增596万老年人口,年均增长速度达到3.28%。到2020年,我国的老年人口将达到2.48亿,老龄化水平将达到17.17%。其中,80岁及以上老年人口将达到3 067万,占老年人口的12.37%。

2021—2050年是加速老龄化阶段。伴随着20世纪中叶第二次生育高峰人群进入老年,中国老年人口数量开始加速增长,平均每年增加620万人。到2023年,老年人口数量将增加到2.7亿,与0～14岁少儿人口数量大体持平。到2050年,老年人口总量将达到峰值,约为4.37亿,老龄化水平推进到30%以上,其中,80岁及以上老年人口将达到9 448万,占老年人口的21.78%。人口老龄化程度达到高峰。

2051—2100年的50年,是相对稳定的重度老龄化阶段。2051年,我国老年人口将是少儿人口数量的2倍左右。在这一阶段,老年人口规模将稳定在3亿～4亿,老龄化水平基本稳定在31%左右,80岁及以上高龄老人占老年总人口的比重将保持在25%～30%,我国进入一个高度老龄化的平台期。

(二) 我国人口老龄化发展特点

1. 老年人口数量大、增长快

新中国成立初期,我国60岁以上老年人共有2 485万人,占全国总人口的7.5%。从20世纪70年代起,我国人口的发展出现了巨大变化:1970—1990年,老年人口在总人口中的比例平均每年提高0.09个百分点,到1990年,60岁老年人口总量达到6 314万,占总人口比重的8.6%。2000年的调查结果显示,60岁以上老年人口达到了10.45%。2005年,老年人口总量迅速增长过亿,达到1.004 5亿,与2000年相比,增长速度平均每年高达2.8%。

目前,我国是世界上老年人口唯一超过1亿的国家。到2010年,我国60岁以上老年人口数量已达1.776 5亿。据专家谨慎的预测,到2014年老年人口总数将超过2个亿,到2025年将达到3个亿,而到2050年数目将增加到4个亿的顶峰。21世纪上半叶,我国老年人口平均增长率将超过2.3%,如此快速的增长在世界人口老龄化历史上较为罕见。

2. 人口老龄化与经济发展水平不同步

大多数西方发达国家是在实现经济现代化的前提下才进入老龄化社会的,由于处于经济水平高度发达的历史时期,经济补偿能力强,而且及时建立健全了养老保险、医疗保险制度和完善的社会保障体系。对这些国家来说,经济的波动发展、出生率下降和人口老龄化三者大致同步进行,即使出现一些养老方面的问题,也不会产生严重的社会环境不安和动荡。简单而言,西方发达国家属于"先富后老"或"富老同步"社会。然而,我国是在20世纪末期,经济条件仍欠发达的情况下提前迈入老龄化社会的,尽管经过长期的改革开放,国家的经

情境一 老年心理服务的迫切需求

济总量有了很大的发展,但在经济发展的质量方面仍无法与发达国家相比。我国进入老龄化社会时,人均国民生产总值仅为780美元;而发达国家在进入老龄化社会时,人均国民生产总值一般都在5 000美元以上。预计到21世纪中叶,我国的人口老龄化达到峰值时,人均国民生产总值也只能达到目前中等发达国家的水平。我国属于典型的"未富先老"社会,其经济发展水平远远低于人口老龄化的增长速度。如此脆弱的物质基础难以应对当前人口老龄化的严峻形势。

3. 老年人口的区域分布不均衡

我国人口老龄化的地区差异十分明显。由于我国东西部经济发展的不均衡,导致人口老龄化也呈现出区域发展不均衡的特点。北京、上海、天津和重庆4个直辖市,以及江苏、浙江、山东等中东部经济发达省份的老龄化的程度较为严重。上海市早在1979年就步入老龄化社会,经过20年的时间,老年人口就已经发展到占全市总人口的18.5%。而经济欠发达的西部省份,如青海、新疆、西藏等人口老龄化程度相对较轻。地区之间老龄化程度的差异预示着我国未来人口流动现象的加剧,由于人口老龄化在东部经济发达地区程度严重,这些地区对年轻劳动力的需求持续旺盛,必然要吸引其他地区的年轻劳动力的流入。因此,在最初阶段,劳动力跨区域的流动将减小地区间人口老龄化程度的差异,但随着落后地区年轻劳动力的流失,也有可能引发落后地区人口老龄化程度的加速恶化。

4. 空巢老人和农村老人增多

进入21世纪以来,随着年轻人群体的异地求学和工作,父母与子女异地居住生活,空巢老人的数量越来越多。到2010年,我国城乡空巢家庭比例接近50%,失能或半失能的老年人口已达3 300多万。

随着城市化进程的不断加快,我国大量农村青壮年劳动力越来越多地流向城市,留守在家的农村老年人逐渐增多,因而提高了农村实际人口老龄化的程度。我国的人口老龄化现象也呈现出城乡倒置的趋势。根据第六次人口普查结果显示,城市老年人口数量为0.68亿,而农村老年人口数量却达到1.1亿。农村地区老龄化趋势严峻,这也是今后解决老年服务工作的重大难题之一。

5. 高龄化与丰富的劳动力并存

目前,我国人口高龄化趋势日益严峻。与此同时,我国也拥有丰富的年轻劳动力资源。我国当前15～59岁的人口(青年期和中年期)为9.2亿,比第五次人口普查时的8.25亿增加了近1亿。因此在一段相当长时间之内,劳动力的供应还是非常充裕的,这也是我国人口老龄化发展与世界上其他国家最大的区别。

综观我国目前的人口老龄化趋势,大致可概括为以下几点结论:(1)中国的人口老龄化进程将伴随21世纪的开始和结束;(2)2050年左右是中国人口老龄化最严峻的时期;(3)中国将面临人口总量过多和人口老龄化过快的双重压力。

(三)老龄化带来的挑战

人口老龄化必将给国家、社会和家庭带来空前的压力,对经济文化的发展和生活水平的持续提升提出新的挑战。人口老龄化影响国家的核心竞争力,自从欧美发达国家进入老龄化社会之后,由于劳动力短缺,不得不从其他国家和地区引进年轻壮劳力,从而使本国的人口成分发生巨大变化,形成一系列的种族、文化和宗教难题。日本在经历"失落的十年"之后,经济并没有如外界预料的那样快速恢复,有观点认为也与日本人口老龄化程度过重、缺乏年轻创业群体因而丧失社会活动有关。人口老龄化也影响社会与家庭的和谐与稳定,年轻人的相对数量减少和老年人的相对数量增多,导致养老的经济压力增大,并且有可能更加忙于工作而忽略老年人的精神需求,导致家庭中的人际关系不能正常流动并发挥作用。

在21世纪,为实现全面建成小康社会的社会经济发展战略目标,必须积极应对人口老龄化的迅速发展所带来的一系列难题。

目前,我国社会各界对老龄化社会的认识、了解相对不足,必然导致缺乏应对人口老龄化所必备的思想、物质、制度和心理准备。然而,留给人们的时间只有短短数十年,要全方位地做好应对老龄化高峰到来的全面准备,全国上下应当把人口老龄化问题作为21世纪的重要国情加以认真对待,提早树立防老和助老意识,加强应对人口老龄化和老龄化社会挑战的紧迫性、自觉性和有效性。在研究制定经济社会发展战略时,要切实立足于这一基本国情,把应对老龄化社会的挑战列入未来我国的发展战略,并切实做好相应的准备工作。

 知识链接

国际老年人日

第二次世界大战后,新生儿数量明显减少,人均寿命也从1950年的20岁上升到目前的66岁。这种双向发展使全球几乎所有国家的人口结构都趋于老龄化。1990年第45届联合国大会通过决议,从1991年开始,每年10月1日为国际老年人日(International Day of Older Persons)。

自1991年以来,每年于10月1日举办的国际老年人日旨在确认老年人对社会和经济发展的贡献,并且也提请注意全球人口老龄化带来的机遇与挑战。鼓励各国政府、非政府组织和民间社会以国家元首或组织领导发表讲话、媒体通告、公共论坛或演讲及代际活动纪念这一天。

三、后续思考

(1)详细比较多子女家庭和独生子女家庭在养老方面的负担,具体包括经济、精力、时间及情感投入等。

(2)假设你的父母刚退休,请制定一份关于他们晚年生活照料和精神生活内容方面的规划(20年)。

 延展阅读

[1] 曾毅,等.低生育水平下的中国人口与经济发展[M].北京:北京大学出版社,2010.

[2] 全国老龄工作委员会办公室.中国人口老龄化研究论文集[C].北京:华龄出版社,2010.

子情境二　日益高涨的老年人心理需求

情境一
老年心理服务的迫切需求

2012年中秋、国庆双节前期,中央电视台推出了《走基层百姓心声》特别调查节目"幸福是什么?"中央电视台走基层的记者分赴各地采访包括城市白领、乡村农民、科研专家、企业工人在内的几千名各行各业的工作者,"幸福"成为媒体的热门词汇。"你幸福吗?"这个简单的问句背后蕴含着一个普通中国人对于所处时代的政治、经济、自然环境等方方面面的感受和体会,引发当代中国人对幸福的深入思考。

老年朋友们,你们幸福吗?

一、现实情境

案例引入

老人也跳《江南style》　元芳,这事你怎么看?

"神曲"《江南style》的确够火爆,不但年轻人爱玩爱跳,就连老年人也要秀一回"骑马舞"呢!记者采访发现,近日,各大小区为庆祝"九九重阳",纷纷出招讨老人家欢心,有免费带老人秋游的,也有教老人学骑马舞的……而老人家呢,则相当给面子,倾巢而出乐逍遥去。

1. 阿伯,你跳得好劲!

"手叉腰,来回摆动,左右踢腿。半蹲,手腕相搭。左踏一步,右踏一步,左边再连续踏3次,反复交换。"昨日,在舞蹈演员的讲解与示范下,老人们排着队学起了《江南style》里面的"骑马舞"。虽然动作与"鸟叔"(原名朴载相)跳得相去甚远,但一板一眼的手法与步法却为重阳佳节增添了许多乐趣。

他们中年纪最大的90岁,年纪最小的也近70岁,跳起舞来气喘吁吁。但老人喜欢赶潮的心理却溢于言表,一曲"骑马舞"不但逗乐了自己,也逗乐了看官们。

2. 逾七成子女选择带老人出游

无独有偶,某小区周末也组织小区里的老人家去花都旅游。"我们原计划3辆大巴车,没想到报名者无数,一些年轻人也申请要陪老人一同去。"物业管理负责人告诉记者。

业主欧女士也表示震惊。她说,自己原本觉得花都不好玩,所以没有为母亲报名,没想到老人因此而生闷气。她这才明白,母亲在小区里也有一些知心好友,不见得景点多有吸引力,关键是能和好友聚聚。"我们平日都太忽略老人的心理需求了。"欧女士自责道。

据调查数据显示,有70.9%的人认为"带父母去旅游"是重阳节送给父母最好的礼物,旅游能开阔视野、陶冶情操,更能加强彼此间的沟通,这使越来越多的子女开始考虑用旅游的方式来表达孝心。

(资料来源:区君君.老年人也跳《江南 style》 元芳,这事你怎么看.新快报,2012-12-24.)

参与式学习

互动讨论话题1:你认为老年人心理需求有哪些?
互动讨论话题2:如何满足老年人的心理需求?

二、理论依据

幸福是一种心态,是一种主观感受。要讨论对于幸福的看法,可谓是仁者见仁、智者见智。对于老年人来说,幸福感主要来自于以下内容:身体健康,行动自由;生活有靠,衣食无忧;子女孝顺,儿孙亲近;爱好广泛,朋友众多;热心公益,发挥余力。

追求幸福是人生的根本目标和天然权利。老年期的人们大多辛劳一生,尝尽人间百味,在晚年则更渴望安定和幸福,这是积极的生活态度和心理健康的外在表现,更是社会精神文明发展进步的环境体现。如何满足他们的需要,积极地创造条件,实现老有所养、老有所医、老有所为、老有所学和老有所乐,促进老年群体的身心健康,是老年心理学和老年心理服务的首要任务。

(一) 老年人的基本心理需求

关注和理解老年人的心理特征变化,深入探寻老年人的各种心理需求,并及时提供有针对性的心理服务和社会支持,可以使老年人的不良认知明显改善、负性情绪得到宣泄、异常行为得到矫正。故理解老年群体的基本心理需求具有重要的现实操作意义。

(1) 健康需求:身体功能相对完整,远离疼痛、行动自由。

(2) 依存需求:物质生活和精神关爱方面对他人的需要。

(3) 和睦需求：老年人都希望拥有和睦的家庭环境，畏惧亲子关系的破坏。

(4) 环境需求：老年人通常喜欢安静舒适的周边环境。

(5) 支配需求：人在年老后很可能失去对原来生活和家庭事务的支配权，这也可能导致老年人对过去的怀念和向往。

(6) 求偶需求：老年人丧偶后生活孤单寂寞，子女的照顾不能替代两性亲密关系的作用，老年人的求偶需求不可忽视。

(二) 老年人的高级心理需求

1. 老有所养

在人们进入老年，逐渐失去独自解决生活问题的能力的情况下，能够得到家庭和社会的赡养，是人类社会文明独有的人性和道德光辉的体现。对老年人进行物质支持，使其能安度晚年，是老年人心理需求得到满足的根本保障。很难想象无家可归、四处流浪，甚至严寒的冬季只能蜷缩在垃圾箱中的老年人，会感觉幸福和满足。

每个人都具有明确自身归属的需要，这是由马斯洛的需要层次理论证实的。老年人退休后，由社会角色转为家庭角色，这种落差不可避免地要引起老年人的失落感，因此，他们内心深处的归属感会很强烈，他们希望回归到一个充满理解和爱的家，使他们失落无助的心得到安慰、体恤和支持。另外，老年人落叶归根的心理也很强烈，很多年轻时在他乡奋斗的老年人，退休后都想回归故里，安享晚年。

2. 老有所医

老有所医是人在全面的身体和心理老化过程中，还能保持相对满意的生活质量的先决条件之一。即使老年人经济条件极为优越，子女陪伴尽心尽力、亲朋好友时常关心，若无法拥有健康的体魄和精神状态，也仍不会感到幸福。各种病痛的折磨和肢体功能的缺损，只会让老年人陷入无尽的黑暗，甚至产生厌世轻生的想法。

3. 老有所为

老有所为是老年人寻求自我价值实现和社会肯定的根本途径。人作为社会化的动物，不能脱离社会关系而独自存在。人们一方面从社会中获得生存和发展的各种资源，另一方面也贡献于社会而得到其他成员的认可和接纳。到了老年也是如此，老年人利用自身的特长，结合个人兴趣，献身于公益或继续发挥其他作用，是对幸福和快乐的高层次精神需求的满足。

很多的老年人在退休后依旧精力旺盛，有着发挥余热、奉献社会的强烈愿望。在社区里、在街道旁，人们都可以看到老年人矫健的身姿，他们能在公益事业活动中实现自身价值，并从中感受到助人的幸福，以满足自己为社会奉献力量的良好愿望和心理需求。

据调查，我国老年人仍在工作的占 20%～60%，包括在原单位或就聘其他单位继续工作、做社会公益性工作、个体劳动和其他等。程志华等人的研究表明，低龄退休老年人（平均 61.2 岁）再就业者比未再就业者的心理健康和自评健康明显好些,其对社会生活、家庭生活、经济收入、自我生活感受和整个生活感受都优于未再就业者。孟家眉等人调查了北京市散居老年人的贡献,包括全日或部分时间社会劳动、参加社会服务性或学术活动及家务劳动,分析不同贡献和老年人生活质量的关系。结果表明,参与贡献的老年人在经济收入、心理健康、生活满意、家庭及社会支持等方面均优于未做贡献者。

4. 老有所学

老有所学是老年人认识和了解客观世界,不断完善自我的有效手段。人的生命是有限的,对知识、理论和技能的渴望则是无限的。老年人离开忙碌的本职工作,面对充足的个人时间,正好可以顾及多年来没有机会实现的理想。老年群体的学习热情是不断体验和接受新事务,防止与现实社会脱节的必要条件,当然也会乐在其中。许多老年人有着强烈的求知欲,退休后,他们积极学电脑、学英语,继续充电,使自己能够跟得上时代的步伐,做到活到老、学到老,从知识中获得快乐和满足。

实践表明,老年人参加老年学校,不但能增长知识,促进与同龄人的交往,而且可以提高他们的心理健康和身体健康水平。李淑然等人对老年大学学员入学前后心理状况的变化进行了研究,发现入学后老年人的各种不良情绪状态均有所改善,其中以孤独乏味、缺乏尊重感、对前途悲观、抑郁和焦虑等情绪改善最为明显。

5. 老有所乐

老有所乐是指老年人为丰富自己的退休生活,根据自己的兴趣和爱好选择有益身心的活动,并从中享受充分的乐趣。兴趣和爱好是老年时期获得快乐的重要源泉,良好而健康的兴趣爱好是保证人心情愉悦的扩展方式。老年人具有较多的个人时间和空间,集中精力于培养爱好或加深对兴趣的开发,可以增强自身的幸福感,提升晚年生活特别是精神生活的品质,有助于心理健康。

孤独和寂寞是大多数老年人退休后的常见心绪状态,也是老年人最害怕面对的不良感受。因此老年人都有减弱孤独、追求欢乐的需求。在当代社会条件下,多数老年人可以充分调动自身的资源去消遣和娱乐。最常见的休闲活动是看电视、读书看报、下棋玩牌、种植花草和饲养宠物等。有学者证实,老年人从事闲暇活动的频度与生活满意度、负性情绪症状等心理健康指标有关,而与躯体的健康程度关系不明显。从事喜爱的休闲活动可以提升老年人的幸福感,而每天无所事事、烦闷独处才是对老年人身心健康的严重伤害。

(三) 关于几种老年人常见心理需求的讨论

1. 衣食无忧是代表幸福吗?

老年群体的心理需求具有不同于其他年龄群体的特点,他们对于幸福的感受来自于物质生活和精神生活的双重反应。心理学研究显示,个人的主观幸福感与其可支配的经济收入状况紧密相关,对老年人尤其如此。较好的经济状况是老年人心理健康的重要基础和基本保障。

情境一 老年心理服务的迫切需求

有一种观点认为老年人在晚年所追求的目标就应当是"吃得饱,穿得暖,有房住,有钱花"。诚然,经济条件是影响老年人幸福感的最重要的因素,但绝非唯一的决定因素。在过去的相当一段历史时期内,由于社会整体生活水平较低,民众经济能力普遍较差,这种物质决定论具有一定的合理性,老年人对生活中的需求还顾及不到心理和精神层面。然而,随着我国经济的飞速发展,人民生活水平的日益提高,特别是在社会生活保障体系建立之后,大多数老年人无须整日为生计而担忧。生活在温饱水平以上的老年人都不同程度地提升了生活品质的心理需求。当今老年人所讲求的,不仅仅是晚年生活中物质的"量",更要在精神文化生活的"质"上有所实现。

多项调查显示,相对于物质的富足,老年群体更渴望得到精神和情感上的关爱。老年人的精神赡养问题越来越受到社会各界的广泛关注。在老年人的主观认识中,亲情的温暖是其最为看重和最为需要的,中国传统观念中关于家庭和家族的概念,在几千年中一直深入人心。老年人往往把家庭成员之间的关系、儿女子孙的成长、族亲的来往探访等看得极为重要。

现代生活的快速节奏导致老年人的子女很少能够有时间常陪伴在自己左右,只能在周末假日前来匆匆探望一下,又不得不匆匆离去,甚至经年累月都不能回家团聚。这让老年人时常感到寂寞和失落,守在空荡荡的房间里,体会这种"什么也不缺,但什么也没有"的孤独感。这对老年人的身心状态往往造成不良影响,甚至引发心理问题和心理障碍。

2. 恋爱再婚是老不正经吗?

由于老年人退休之后大多时间和精力都投入到家庭生活中,因此具有了更多的与配偶相处的机会。如果夫妻关系亲密和谐,双方相互照顾,生活中相敬如宾,遇事能互谅互让,就会使老年人心情愉快,有助于健康长寿。多数老年夫妻对于自身的婚姻质量较为满意,但不可忽视的是,社会上还存在着数量众多的单身老人,他们虽然可能拥有儿女,但却因为各种各样的原因失去了配偶,长期处于亲密关系的缺失状态中。

人处于良好的婚姻状态之中,可以持续地感受到安全、祥和、舒适和幸福。男性与女性由于生理和心理上的差异,在共同生活中可以取长补短、相互支持,有利于个人利益的实现和人际关系的满足感。理想的夫妻关系能使男女双方产生一种温暖、快乐、安宁的情绪,对身体健康和心理健康都具有显著的保护作用。失去配偶而独居的老年人,无论其原因是丧偶还是离异,都会常常感觉到晚景凄凉,不断积压着沉重的精神痛苦。丧偶是我国老年人独居生活的主要原因之一。研究表明,处于居丧期(配偶近期去世)的老年人的死亡率是非居丧期老年人的数倍之多。配偶的去世不仅仅意味着最亲密的人的离去,更意味着数十年习以为常的生活模式彻底终止。在心理受到重创之后,今后如何面对生活、面对自己,将是丧偶的老年人每天都不得不思索的难题。因此,很多老年人沉浸在长期的哀伤中无法自拔,茶饭不思、以泪洗面,渐渐地精神萎靡、郁郁寡欢。而且,还有部分丧偶的老年人,因为过于沉浸在悲痛中难以自拔,萌生厌世轻生的想法,意欲以结束生命的方式逃避巨大的精神痛苦,以及未来的生活

难题。

即使居丧期结束或是悲痛的感受已经远离，独居状态的老年人也被孤独寂寞的阴影长期笼罩。部分心理创伤较重的老年人会产生退缩行为，在生活中不愿与人接触，觉得和亲人无话可说，于是变得越发沉默寡言，或是躲避子女的关心照顾，坚持自己一个人生活，拒绝来自亲友的社会支持。国内外心理学相关研究已经证实，离异或丧偶的老年人的平均寿命要明显短于夫妻双全的老年人。所以，老年群体的婚姻生活，特别是再婚行为必须受到全社会的重视。

从心理学的角度来看待独居中的老年群体，可以认为再婚是丧偶老年人获得关键的社会心理和情感支持、消除孤独寂寞感、重拾对晚年生活的希望、建立对幸福快乐的信心、预防身心疾病和延年益寿的最佳选择之一。日本学者调查后得出结论，老年人在接触恋爱对象或经历再婚时，往往表示自己有种"返老还童"的感觉，甚至有的老年人感觉"不再受病魔折磨了"、"生命变得有活力"及"精神状态变得很好"。接触异性和经历再婚，可以使绝大多数老年人都重新燃起对生活的热爱和激情。

如此具有健康意义的老年人再婚，在我国却是一个社会难题。中国的丧偶和离异老年人在多方面因素的制约和干预下，往往选择独自生活，停止追求幸福的脚步，同时也放弃对晚年生活的希望。

由于陈旧封建道德观念的影响，老年人再婚通常总会被周边环境中的人描述为"老不正经"、"没有良心"的负面形象，这种落后观念和不当言论具有一定的传播环境，给老年人造成极大的精神压力。有些老年人甚至自身也认为再婚是对不起已故配偶的错误行为，给自己增添了许多不必要的烦恼和顾虑。老年人再婚还要面对子女的粗暴干涉，多数子女并不能以父母的角度来看待问题，对男女双方情绪的理解也过于肤浅。由于觉得任何人都代替不了故去的亲人，或者认为父母的再婚是一种背叛行为，对外界的闲言碎语和冷嘲热讽过于在意，故从情感上难以接受父母再婚的行为。这样的子女必然会对老年人再婚横加干涉、坚决阻挠，甚至有些子女并非出于情感因素，而是出于自身利益的考虑而反对老年人再婚，这更是道德层面上的严重缺失。

由于婚姻关系的确立，有可能使再婚配偶同老年人的子女之间发生围绕遗产分割的争斗，势必会对家庭关系产生极大的影响。同时，近年来社会上不断有不良分子利用与老人结婚而骗取其财产，给上当受骗的家属带来巨大损失。因此，在反复权衡利弊之后，很多曾经具有再婚意愿的老年人，也不得不由于各种顾忌而选择放弃。

提到婚姻生活，就不能避讳老年人的性问题。性爱并不是仅仅以繁衍后代为目的的，更是满足人类基本情感需要的手段。高质量的性生活可以给人以幸福、欢乐与满足感。性爱是联结夫妻关系的感情纽带，是夫妻生活中不可或缺的部分。很多人认为中老年人是没有能力或者不应该拥有性需求的。事实上完全相反，医学研究表明，高龄男性可以将某种方式的性生活延续到 70～80 岁；60 岁以上的男性经常性存有性欲的比例达 90% 以上，其中有 54.7% 的人具

情境一　老年心理服务的迫切需求

有强烈的性需求。协调的性生活有益于减轻心理压力、和谐夫妻关系,对身心健康具有积极作用。老年人的性要求和性行为如果受到不恰当的抑制,得不到应有的满足,就会引起精神痛苦和躯体不适。而且性是人类的基本需要之一,长期得不到满足,会引发一系列的生理、心理和社会问题。

综上所述,离异和丧偶的老年群体的异性交往和再婚行为,对于社会的稳定、家庭的和谐和老年人的身心健康都是具有积极意义的,应当得到全社会的鼓励和支持。老年人的子女要认识到真爱不是占有而是付出。离世的父母一定希望看到自己的配偶过上幸福快乐的生活,这才是表达无私的爱的真义。年轻一代不仅不应该阻挠和干涉老年人的婚姻自由,更应该主动创造机会,增加父母接触、了解异性的可能,同时增进对可能进入自己家中生活的老年人的相处和理解,有助于家庭关系的和谐建设。再婚不仅是每一位老年人的合法权益,也是衡量精神文明水准、人民道德素质和社会风气的重要标尺。人们需要端正对再婚的认识,并给予老人充分的理解和支持。

3. 发挥余热是没事闲的吗?

对于退休老年人再次投入社会生产和各项事业建设方面的问题,我国学者关注得较多。程志华等人的调查表明,61岁左右的退休老年人,再就业者比未再就业者的心理健康水平略占优势;处于再就业状态的老年人,对家庭生活、经济收入、社会地位、自我价值和晚年生活质量的感受都要优于未再就业者。老年时期的日常生活精彩丰富,会给老年人强烈的被需要感、愉快感和能力价值实现感。如果老年人通过继续工作,其社会地位和工作能力得到进一步的认可,那么在家庭中的自我感觉也会总体趋于良好,从而拥有更为自信和乐观的心理状态,遇事时更能主动而理性地寻求解决方案,勇于面对困难,增强对生活事件的心理承受能力。反之,一旦退休的老年人具有无力感、无助感和无可奈何感,认为自己的衰老已经不可避免地摧毁自己重新走上工作岗位的可能,就会产生沮丧和悲观的情绪,终日唉声叹气、自我抱怨却又不能拿出任何改变的行动,完全无法进入"退而不休"的积极生活态度中。

人们应该看到,在知识的广度和深度上,在对问题的分析和判断能力上,在对实践困难的识别和处理上,许多老年人往往具有特别的优势。老年人在长期的工作和生活中,积累了丰富的经验和熟练的技能。退休老年人的指导和带教可以帮助年轻人尽快熟悉自己的工作岗位,成长为行业的骨干力量。老年人的发挥余热为社会的健康发展和经济效益的提升,做出了不可磨灭的贡献。退休的老年群体是一笔不可估量的社会财富,如果能够妥善地应用其足够的能力和充沛的热情,充分挖掘老年人的各种潜质,针对其经验特长而提供相应的关键岗位,发挥他们的巨大作用,那么对于我国当前的社会来说,能够带来的不仅仅是巨大的经济价值,更是在为步入老龄化社会后人力资源管理转型工作进行的大胆准备和勇敢尝试。对于社会管理方式的变化、老龄化后的就业格局、社会的稳定团结和人民生活质量的提高都有着深远的现实意义。在老年服务领域,近来也有观点认为可以尝试"以老养老"的想法,即经过组织和培训后,让低龄(70岁以下)老年人照顾高龄老年人,提供有偿的养老服务,以填充当前养老工

作的巨大人力缺口,这又给大部分老年人退而不休创造了极大的可能。故老年人的余热事业前景广阔,绝非给子女和社会增加麻烦的多余之举,应当得到全社会的重视和鼓励。

知识链接

活 跃 理 论

活跃理论于1963年由心理学家哈维格斯(Havighurst)提出,该理论认为老年人的心理、生理及社会的需要,不会因为个体心理、生理及身体健康状况的改变而发生变化。

一个人到年老时仍然会期望参与社会活动,从而保持原本的生活节奏,维持原有的社会角色功能,以此证明自己没有衰老。老年人因为年龄到了一定程度而失去了原有的社会角色,这一变化可能会使老年人失去对生活的希望和信心,而如果提供机会让老年人多参加一些社会活动,发挥余热,对社会做出贡献,那么老年人对自己生活的满意度和意义感就会增加,生活必当另有一番滋味。老年人如若亲身参与的是自己感兴趣的活动,带来的满足感会更加强烈,比生硬、单一地安排某一工作更能提升老年人的兴趣和工作的积极性。

2003年Rook和Sorkin就老年人自愿担当有发展障碍儿童的照看者这一行为进行了调查研究,发现老年人在从事这项工作时,一方面认真履行职责,尽心照顾有发展障碍的儿童,另一方面在工作中也与同伴建立了良好的友谊,发展了自己的人际关系。二者都对老年人心理起到了提升自尊感,降低孤独感、抑郁感的效果。

三、后续思考

(1) 列表比较儿童、青少年、中年人及老年人几大群体的心理需求的异同点,并加以简单分析。

(2) 在当前物质文化条件之下,老年群体基本心理需求所得到满足的现状如何,有利因素和制约因素各有哪些?

延展阅读

[1] 周云芳.老年人心理需求与调适[M].北京:中国社会出版社,2008.
[2] 陈晓露.老年人婚姻心理问题应对[M].北京:中国社会出版社,2009.
[3] 〔美〕David A,Claudia A.婚姻下半场:中老年夫妇面临的八个挑战[M].赵灿华,译.北京:团结出版社,2010.

情境一
老年心理服务的迫切需求

子情境三　我国对老年人心理健康的重视增强

一、现实情境

案例引入

"常回家看看"入法更要入心

"找点时间,找点空闲,领着孩子常回家看看……"1999年的中央电视台春节联欢晚会唱红了一首歌——《常回家看看》。这首脍炙人口的歌曲被传唱到大江南北,也唱出了多少年轻人对父母无限的关爱和思念。这首歌红了13年,这样的心声也始终没有改变过。

2012年6月26日首次提请全国人大常委会审议的《中华人民共和国老年人权益保障法(修订草案)》(以下简称《草案》)备受舆论关注。业内的专家把这次草案的修订称作脱胎换骨的修改,舆论关注到了《草案》中最引人关注的一大亮点,那就是《草案》明确规定,家庭成员应当关心老年人的精神需求,不得忽视、冷落老年人。与老年人分开居住的赡养人,应当经常看望或者问候老年人。这一规定也被大家通俗地理解为"常回家看看"。

(资料来源:http://www.jlradio.cn/contents/227/196426.html。)

参与式学习

互动讨论话题1:你对上述新闻有什么看法?

互动讨论话题2:你了解的有关维护老年人自身权益或身心健康的法律法规有哪些?

二、理论依据

如何妥善应对汹涌而至的银发浪潮,如何持续改善老年群体的物质和精神生活质量,使老年人的晚年生活更加健康、幸福和快乐,是政府和社会高度关注的问题。这不仅关系社会的稳定和发展,而且也成为构建和谐社会所必须面对和解决的重大课题。

我国政府一向高度重视和积极解决人口老龄化问题,积极发展老龄事业,已初步形成了政府主导、社会参与、全民关怀的养老工作格局。国家于1999年成立全国老龄工作委员会,专门主管全国老龄工作的议事协调,确定了老龄工作的目标、任务和基本政策,将老龄事业明确纳入经济社会发展的总体规划和可持续发展战略之中。

2002年,多部委联合颁布的《中国精神卫生工作规划(2002—2010年)》,将老年人纳入精神卫生工作的重点群体,表明政府已经开始重视老年人的心理健康需求,并着手进一步推动老年心理服务。2006年,卫生部公布了《城市社区卫生服务机构管理办法(试行)》,其中明文规定健康教育、老年保健等应当成为社区卫生服务机构的公共卫生服务任务。我国也出台了《中华人民共和国老年人权益保障法》(以下简称《老年人权益保障法》),并把老龄事业发展的总体目标写入《中国老龄事业发展"十二五"规划》。这些重要的法律和法规中对于发展老年心理服务有着明确的规定和阐述,具体如下。

(一)《老年人权益保障法》

《老年人权益保障法》中提到:国家和社会应当采取措施,健全保障老年人权益的各项制度,逐步改善保障老年人的生活、健康、安全及参与社会发展的条件,实现老有所养、老有所医、老有所为、老有所学、老有所乐。这关于"五个老有"的规定,是对老年人生活需求的高度概括,被国内外称作"具有中国特色的社会主义养老形式",为人们所理解和公认。微观上,力求老有所养、老有所医。国家着力构建社会养老保障体系,从制度上解决老年人的养老保障和医疗保障。与此同时,努力构建"以居家养老为基础、社区照顾为依托、机构养老为补充"的养老服务体系,走出一条有中国特色的养老服务之路。

2012年6月26日首次提请全国人大常委会审议的《老年人权益保障法(修订草案)》备受舆论关注。该修订草案已于2012年12月28日通过,并将于2013年7月1日起施行。修订后的《老年人权益保障法》有以下几大亮点。

(1)规定了家庭成员对老年人具有心理抚慰义务。

第十八条 家庭成员应当关心老年人的精神需求,不得忽视、冷落老年人。与老年人分开居住的家庭成员应当经常看望或者问候老年人。用人单位应当按照有关规定保障赡养人探亲休假的权利。

第二十七条 国家建立健全家庭养老支持政策,鼓励家庭成员与老年人共同生活或者就近居住,为老年人随配偶或者赡养人迁徙提供条件,为家庭成员照料老年人提供帮助。

(2)鼓励和支持老年心理服务的提供。

第三十七条 地方各级人民政府和有关部门应当采取措施,发展城乡社区养老服务,鼓励、支持专业服务机构及其他组织和个人,为居家的老年人提供生活照料、紧急救援、医疗护理、精神慰藉、心理咨询等多种形式的服务。对于经济困难的老年人,地方各级人民政府应当逐步给予养老服务补贴。

(3)加强老年群体的精神文化生活建设。

第三十八条 地方各级人民政府和有关部门、基层群众性自治组织,应当将养老服务设施纳入社区配套建设规划,逐步建立适应老年人需要的生活服务、文化体育活动、日间照料、疾病护理与康复等服务设施和网点,就近为老年人提供服务。发扬邻里互助的传统,提倡邻里间关心、帮助有困难的老年人。鼓励慈善组织、志愿者为老年人服务。倡导老年人互助服务。

(4) 加强对养老机构的管理。

规定了养老机构设立条件、准入许可和变更、终止等制度,明确了相关部门对养老机构的管理职责。

第四十三条 设立养老机构,应当符合下列条件:① 有自己的名称、住所和章程;② 有与服务内容和规模相适应的资金;③ 有符合相关资格条件的管理人员、专业技术人员和服务人员;④ 有基本的生活用房、设施设备和活动场地;⑤ 法律、法规规定的其他条件。

第四十四条 设立养老机构应当向县级以上人民政府民政部门申请行政许可,经过许可依法办理相应的登记。县级以上人民政府民政部门负责养老机构的指导、监督和管理,其他有关部门依照职责分工对养老机构实施监督。

第四十五条 养老机构变更或者终止的,并妥善安置收住的老年人,并依照规定到有关部门办理手续。有关部分应当为养老机构妥善安置老人提供帮助。

(5) 加强包括心理工作者在内的养老服务队伍建设,主要规定了养老服务人才培养、使用、评价和激励制度。

第四十六条 国家建立健全养老服务人才培养、使用、评价和激励制度,依法规范用工,促进从业人员的劳动报酬合理增长,发展专职、兼职和志愿者相结合的养老服务队伍。国家鼓励高等学校、中等职业学校和职业培训机构设置相关专业或者培训项目,培养养老服务专业人才。

(6) 完善医疗卫生服务,保障老年人享受基本公共卫生服务,并规定加强老年医学研究,针对老年群体进行身心健康教育。

第四十九条 各级人民政府和有关部门应当将老年医疗卫生服务纳入城乡医疗卫生服务规划,将老年人健康管理和常见病预防等纳入国家基本公共卫生服务项目。鼓励为老年人提供保健、护理、临终关怀等服务。国家鼓励医疗机构开设针对老年病的专科或者门诊。医疗卫生机构应当开展老年人的健康服务和疾病防治工作。

第五十条 国家采取措施,加强老年医学的研究和人才培养,提高老年病的预防、治疗、科研水平,促进老年病的早期发现、诊断和治疗。国家和社会采取措施,开展各种形式的健康教育,普及老年保健知识,增强老年人自我保健意识。

(二)《中国老龄事业发展"十二五"规划》

《中国老龄事业发展"十二五"规划》要求,为适应我国人口老龄化新形势,建立健全老龄战略的规划体系、社会养老保障体系、老年健康支持体系、老龄服务体系、老年宜居环境体系和老年群众工作体系,努力实现"老有所养、老有所医、老有所教、老有所为、老有所学、老有所乐"的老龄工作目标。在"十二五"期间,我国老龄事业发展的主要目标如下。

(1) 建立应对人口老龄化战略体系基本框架,制定实施老龄事业中长期发展规划。

(2) 健全覆盖城乡居民的社会养老保障体系,初步实现全国老年人人人享

有基本养老保障。

(3) 健全老年人基本医疗保障体系,基层医疗卫生机构为辖区内65岁及以上老年人开展健康管理服务,普遍建立健康档案。

(4) 建立以居家为基础、社区为依托、机构为支撑的养老服务体系,居家养老和社区养老服务网络基本健全,全国每千名老年人拥有养老床位数达到30张。

(5) 全面推行城乡建设涉老工程技术标准规范、无障碍设施改造和新建小区老龄设施配套建设规划标准。

(6) 增加老年文化、教育和体育健身活动设施,进一步扩大各级各类老年大学(学校)办学规模。

(7) 加强老年社会管理工作。各地成立老龄工作委员会,80%以上退休人员纳入社区管理服务对象,基层老龄协会覆盖面达到80%以上,老年志愿者数量达到老年人口的10%以上。

同时,《中国老龄事业发展"十二五"规划》还对各项具体任务进行详细的阐述说明,其中涉及老年群体心理服务和精神文化生活的内容有以下几个方面。

1. 在老年医疗卫生保健方面

发展老年保健事业。广泛开展老年健康教育,普及保健知识,增强老年人运动健身和心理健康意识。注重老年精神关怀和心理慰藉,提供疾病预防、心理健康、自我保健及伤害预防、自救等健康指导和心理健康指导服务,重点关注高龄、空巢、患病等老年人的心理健康状况。鼓励为老年人家庭成员提供专项培训和支持,充分发挥家庭成员的精神关爱和心理支持作用。老年性痴呆、抑郁等精神疾病的早期识别率达到40%。

2. 在老年家庭建设方面

弘扬孝亲敬老传统美德。强化尊老敬老道德建设,提倡亲情互助,营造温馨和谐的家庭氛围,发挥家庭养老的基础作用。努力建设老年温馨家庭,提高老年人居家养老的幸福指数。

3. 在老龄服务提供方面

重点发展居家养老服务。建立健全县(市、区)、乡镇(街道)和社区(村)三级服务网络,城市街道和社区基本实现居家养老服务网络全覆盖;80%以上的乡镇和50%以上的农村社区建立包括老龄服务在内的社区综合服务设施和站点。加快居家养老服务信息系统建设,做好居家养老服务信息平台试点工作,并逐步扩大试点范围。培育发展居家养老服务中介组织,引导和支持社会力量开展居家养老服务。鼓励社会服务企业发挥自身优势,开发居家养老服务项目,创新服务模式。大力发展家庭服务业,并将养老服务特别是居家老年护理服务作为重点发展任务。积极拓展居家养老服务领域,实现从基本生活照料向医疗健康、辅具配置、精神慰藉、法律服务、紧急救援等方面延伸。

优先发展护理康复服务。在规划、完善医疗卫生服务体系和社会养老服务体系中,加强老年护理院和康复医疗机构建设。政府重点投资兴建和鼓励社会资本兴办具有长期医疗护理、康复促进、临终关怀等功能的养老机构。根据《护理院基本标准》加强规范管理。地(市)级以上城市至少要有一所专业性养老护理机构。研究探索老年人长期护理制度,鼓励、引导商业保险公司开展长期护理保险业务。

4．在老年人的生活环境方面

加快老年活动场所和便利化设施建设。在城乡规划建设中,充分考虑老年人需求,加强街道、社区"老年人生活圈"配套设施建设,着力改善老年人的生活环境。通过新建和资源整合,缓解老年生活基础设施不足的问题。利用公园、绿地、广场等公共空间,开辟老年人运动健身场所。

5．在老年人的精神文化生活方面

加强老年教育工作。创新老年教育体制机制,探索老年教育新模式,丰富教学内容。加大对老年大学(学校)建设的财政投入,积极支持社会力量参与发展老年教育,扩大各级各类老年大学办学规模。充分发挥党支部、基层自治组织和老年群众组织的作用,做好新形势下的老年思想教育工作。

加强老年文化工作。加强农村文化设施建设,完善城市社区文化设施。鼓励创作老年题材的文艺作品,增加老年公共文化产品供给。鼓励和支持各级广播电台、电视台积极开设专栏,加大老年文化传播和老龄工作宣传力度。支持老年群众组织开展各种文化娱乐活动,丰富老年人的精神文化生活。

扩大老年人社会参与。注重开发老年人力资源,支持老年人以适当方式参与经济发展和社会公益活动。贯彻落实《中共中央办公厅 国务院办公厅转发〈中央组织部、中央宣传部、中央统战部、人事部、科技部、劳动保障部、解放军总政治部、中国科协关于进一步发挥离退休专业技术人员作用的意见〉的通知》(中办发〔2005〕9号),健全政策措施,搭建服务平台,支持广大离退休专业技术人员更好地发挥作用。重视发挥老年人在社区服务、关心教育下一代、调解邻里纠纷和家庭矛盾、维护社会治安等方面的积极作用。不断探索老有所为的新形式,积极做好"银龄行动"组织工作,广泛开展老年志愿服务活动,老年志愿者数量达到老年人口的10%以上。

6．在老年人的权益保障方面

健全老年维权机制。弘扬孝亲敬老美德,促进家庭和睦、代际和顺。加强弱势老年人社会保护工作,把高龄、孤独、空巢、失能和行为能力不健全的老年人列为社会维权服务重点对象。加强对养老机构服务质量的检查、监督,维护老年人的生活质量与生命尊严,杜绝歧视、虐待老年人现象。加强青少年尊老敬老的传统美德教育。在义务教育中,增加孝亲敬老的教育内容,开展形式多样的尊老敬老社会实践活动,营造良好的校园文化环境。

同时,《中国老龄事业发展"十二五"规划》中还着重提出加强老年服务人才队伍建设,支持养老护理人员的职业培训和职业资格认证工作,并鼓励普通高校和职业学校在相关专业开设老年学、老年护理学和老年心理学课程。

(三) 全球一起应对老龄化

国际社会已经认识到,应当把全球老龄化的进程同人类更广泛意义的发展

结合起来。每个国家关于老龄化问题的政策制定应当充分吸取其他国家的成功经验和失败教训,再结合本国独特的现实情况加以慎重进行。西方发达国家的养老福利制度建设已积累了较多的实践经验,但也并未能完好地解决实际问题。经过对欧美多数发达国家养老制度建设和改革的历程进行分析,人们可以看到,在人口老龄化程度不断加深的形势下,政府主导的公共养老体系会遇到很多困难,社会养老将持续性地面临诸多挑战。

除养老的基本经济条件和物质生活水平之外,老年人的生活满意度与心理健康水平和精神文化生活的质量密切相关。世界各国已经针对这一领域展开了广泛合作,许多先进的老年心理服务理念陆续传入我国,对于临终关怀的重视、死亡观念的重塑等相继被公众所接受,老年介护理论和技术也已被应用于我国老年服务工作的具体实践。老龄化是全人类必须面对的重大挑战,关系着国家民族的命运沉浮,关系着每个人的切身利益和心理感受。在全球范围内,加强对老年相关服务的相互学习和促进,有助于帮助老年群体享受美好的现在,更有助于提早建设人们充满希望的未来。

 知识链接

联合国针对老龄化采取的行动

为了应对全球的老龄化问题,联合国采取了一些初步行动。

第一次老龄问题世界大会(维也纳,1982)批准了《国际老龄问题行动计划》(以下简称《计划》)。《计划》在就业与收入保障、健康与营养、住房、教育与社会福利等方面提出行动建议。它把老年人视为独特的、活跃的人口组别,这一人口组别具有多种能力,有时具有特殊的医疗保健需求。

1991年,联合国大会通过的《联合国老年人原则》确立了关于老年人地位5个方面的普遍性标准:自立、参与、照料、自我实现、尊严。

1992年(即《计划》批准10周年),联合国大会召开了老年问题国际会议,通过了《世界老龄问题宣言》,指明了进一步执行《计划》的方向,并宣布1999年为国际老年人年。国际老年人年庆祝活动的概念框架要求研究4个方面的问题:老年人的处境,终身的个人发展,代与代之间的关系,发展与人口老龄化之间的关系。国际老年人年的统一主题"建立不分年龄人人共享的社会"在今后几十年中将继续得到推动。

2002年在马德里召开的第二次老龄问题世界大会为21世纪的老龄问题谱写了新篇章。会议发起了有关老龄问题的新的国际行动计划,要求各成员国务必在以下3个领域努力实现:老年人与发展,关注老年人健康与福利,为老年人创造良好环境。

情境一
老年心理服务的迫切需求

三、后续思考

（1）查询和寻找国外对于老年人心理维护的法规和政策，并加以比对分析，找出你认为可以借鉴的良好经验（不少于4点）。

（2）心理学研究和应用人员对于老年群体心理维护的制度建设，可贡献的力量有哪些方面？

📖 延展阅读

[1] 傅鼎生.老年人权益保障实用手册[M].上海：上海文艺出版集团有限公司,2011.

[2] 曾庆敏.老年人权益保障与社会发展[M].北京：社会科学文献出版社,2008.

子情境四　突然蹿红的老年心理研究和应用

一、现实情境

◣ 案例引入

西安召开老年心理关爱研讨会

为积极应对人口老龄化带来的挑战，研讨我市在老年心理关爱方面的问题，2012年10月12日，由市老龄办、市老龄事业发展基金会、市老年学学会、西安日报社联合举办的"西安市老年心理关爱研讨会"在止园饭店举行。市委老干部工作局局长辛远英出席会议并讲话，来自不同岗位的17位专家学者从不同角度就老年心理关爱问题进行了交流发言。

据市老龄事业发展基金会理事长王京书介绍，作为较早进入人口老龄化社会的西部城市，我市老年人群体大，而且特困老人、空巢老人、高龄老人比例高。由于经济社会发展水平等方面的原因，老年人物质保障和精神赡养两方面存在的问题相对发达地区更为突出。本次老年心理关爱研讨会着重就西安城乡老年人心理健康影响因素研究、开展老年心理关爱服务、文化养老、情感抚慰，以及婚姻家庭、休闲健康、读书看报、文化娱乐、养老服务等多个角度与层面展开研讨，提出对策。

（资料来源：张电达.西安召开老年心理关爱研讨会.西安商报,2012-10-15. http://epaper.xasb168.com/tbarticle.do?epaper=viewarticle&AutoID=29391）

21

参与式学习

互动讨论话题1：你认为老年心理学研究范围和内容是什么？

互动讨论话题2：为什么要学习老年心理学？

二、理论依据

（一）老年心理学简介

老年心理学是研究人类在老年期的心理特征及其变化规律的科学，是发展心理学的老年阶段分支，故又称老化心理学。它也是20世纪末以来新兴的老年学的重要组成部分。人类的心理活动是以神经系统和其他器官功能为基础，并受到社会因素所制约的，所以老年心理学包括生物和社会两方面的内容，研究范围包括人的感知觉、注意、记忆、情绪、思维等心理过程，以及智力、性格、人际适应等心理特点因年老而发生的变化。

1. 西方老年心理研究介绍

西方科学对于老年群体心理特点的研究有着漫长的历史，但到今天为止，也仅仅具有为时不长的发展过程，故可以把老年心理学看作一门"年轻的科学"。西方科学对老年人的心理学研究初始于对老年智力减退的关注。人们公认的最早开创老年心理学术研究的是19世纪的比利时统计学家A.奎特莱特（A. Quetlet）。他是对老年心理进行科学性、实证性研究的第一人。他在《论人及其才能的成长》(1835年)一书中，描述了人一生的成长过程和老年人特有的心理状态，全面系统地讨论了出生率、死亡率、身高和体重、智力及运动等与衰老的关系，关注了人的老化问题。奎特莱特创造性地采用数量化的研究手段，对发展与年龄的关系问题中的个别差异进行细致研究。他把统计方法运用到心理学的研究中，并建立相关的研究指标，为老年心理学研究开创了全新的局面。随后，英国人类学家法兰西斯·高尔顿（Francis Galton）系统地测定从了儿童到老年人的各种心理数据，并提出了不同年龄的人适应客观环境的能力也有所不同的观点。他采用了测量的方法，研究老年人在智能、生活能力及身体衰老等方面的问题，发现了人体个别差异的客观性。

美国心理学家G. S. 霍尔（G. S. Hall）于1922年发表的《衰老：人的后半生》(*Senescence: the last half of life*)一书，被视为世界上第一部专门研究老年心理学的科学专著。霍尔在书中首创应用问卷调查法来收集老年心理学的资料，并论述了关于死亡的心理、老年观的历史及老年期的疾病等。他认为，人的各种行为在成年早期或青春期后期开始稳定，衰老过程在40岁左右开始，并且是不可逆转的过程，人机的老化过程还存在巨大的个体差异。这本巨著拓宽了老年心理学的研究领域，丰富了老年心理学的研究成果，推动了现代老年心理学的飞速发展。

20世纪30年代，美国的W. R. 迈尔斯（W. R. Myres）等人在斯坦福大学成立了关于衰老问题的研究小组，这就是著名的"斯坦福晚成计划"研究项目，其研究的成果于1931年后陆续发表，震动了心理学界。这项工作被认为是关于

情境一
老年心理服务的迫切需求

人的老龄化过程进行心理研究的首次系统尝试。第二次世界大战后,关于老年及衰老的心理学研究在美国得到了长足的发展。1945年,美国老年学会成立,1946年便规划出版了《老年学杂志》。1946年美国心理学会增设"成熟和老年分会"作为分支机构。1946年英国剑桥大学创立纳费尔德衰老问题研究所等。1986年,美国心理学会正式推出 Psychology and Aging(《心理学与衰老》)杂志,意味着从此有了老年心理学研究的独立刊物,极大地推动了老年心理学的学术研究,促进了老年心理学的研究领域向纵深发展。

进入21世纪,老年心理学的研究逐渐转向学术成果的实际应用领域。利用目前对老年心理现象、心理特征和心理活动的认识和掌握,加强老年心理服务技术成果的转化和应用,已经成为国际老年心理学界关注的热点问题,研究者为此付出了辛勤的努力。

2. 我国老年心理研究历程

我国哲学界对老年心理的思考和论述自古有之。早在春秋战国时期,众多的学派在调理身心、益寿延年方面就产生诸多观点。孔子强调"仁者寿"和"智者寿"的思想,提出"三十而立,四十不惑,五十知天命,六十耳顺,七十从心所欲不逾矩"的见解。道家学派在《道德经》和《庄子》等著作中,明确提出"无欲、无为"的返璞归真思想,对后来历代养生学有重要影响。唐代医学家孙思邈也曾经生动地论述了人在老化的过程中记忆、感知觉的退化现象,以及性格、情绪、生活能力等方面的渐进性变化。

现代老年心理学的研究工作在我国的起步较晚,新中国成立以来,老年智力障碍得到了人们较多关注,其次是老年记忆衰退和老年人的学习问题。总的说来,我国的老年心理研究把主要精力集中于认知过程的老化、个性特征改变、社会适应不良和对年老的态度等方面。早期的中国心理学界有重视儿童及青少年的心理发展而忽视其他年龄段人群心理变化的倾向。自从20世纪60年代以来,我国开始受到美国发展心理学学说的影响,人的毕生发展的观点逐步被接受,老年心理学才重新成为发展心理学的一个重要组成部分。20世纪80年代之后,老年心理学相关研究工作开始进入科学规范的轨道。2000年以前,我国老年心理的研究主要集中在认知的结构和功能方面,进入新世纪,研究的方向开始逐渐转向老年人的心理健康和人际关系,而且对老年人的自我价值实现和死亡观念建设等问题越来越重视。

(二)正在崛起的老年心理服务

为更好地应对我国心理卫生服务工作的新形势,卫生部在《全国精神卫生工作体系发展指导纲要(2008—2015年)》中指出:"精神卫生工作关系到广大人民群众身心健康和社会稳定,对保障社会经济发展、构建社会主义和谐社会具有重要意义。"中国共产党第十六届中央委员会通过的《中共中央关于构建社会主义和谐社会若干重大问题的决定》也指出:"注重促进人的心理和谐,加强人文关怀和心理疏导,引导人们正确对待自己、他人和社会,正确对待困难、挫折和荣誉。加强心理健康教育和保健,健全心理咨询网络,塑造自尊自信、理性

平和、积极向上的社会心态。"这些规定从政策上确定了心理服务的必要性和长期性,并强调心理卫生服务是保证我国社会主义和谐发展的重要保证之一。

作为在躯体结构、心理功能、生存技能等方面显著衰退的老年群体,是处于社会生存和竞争环境中的绝对弱势群体,是心理卫生服务链条中的薄弱一环。老年心理服务的全面提升可以切实维护老年群体的心理健康水平,改善老年人的家庭关系和社会人际交往,故对于和谐社会的建设具有重要意义。

众所周知,身体健康和心理健康是能够相互影响的。老年医疗服务可以维护老年人的身体健康,老年心理服务可以促进老年人的心理健康。老年心理服务作为心理健康保健措施的一种,有狭义和广义之分。狭义的老年心理服务指的是利用一定的原则、手段和方法解决老年人的心理和行为问题;而广义的老年心理服务是以心理学的理论和方法作为指导,对老年群体心理健康进行维护的活动的统称。

老年心理服务的主要承担者曾经是护理工作者。心理护理是整体护理工作的核心组成部分之一,也是护理学科不断发展、完善和进步的重要标志。护理工作中对老年人的心理服务是指护理人员运用心理学知识,以科学亲和的态度、恰当有效的方法、温暖美好的语言对老年病人的精神痛苦、心理顾虑、思想负担、疑难问题进行解释沟通,通过深入的人际互动,对老年病人的不良心理状态和行为施加影响,最终促使其达到接受治疗和康复所需的最佳心态的目的。随着人类社会经济文化的不断发展、人口结构的根本变化和科学技术服务的日益普及,老年心理服务的范围慢慢从护理领域向其他方向延伸。

(三) 心理健康服务的 3 种模式

现代意义上的心理健康服务起源于欧美,从 1881 年精神分析大师西格蒙德·弗洛伊德(Sigmund Freud)从事心理治疗开始,心理健康服务已经延续至今,而我国的心理健康服务发展史不过短短 30 余年。从功能上区分,心理健康服务由预防性服务和咨询及治疗服务组成。其中心理健康预防性服务可分为发展性干预、普遍性预防、选择性预防和指示性预防 4 类;咨询及治疗服务指心理工作者为存在各种心理问题的服务对象提供的社会心理支持或处理干预措施,根据心理健康服务的机构、人员和服务对象的不同,可以进行大致分类,以确定心理健康服务的主要模式。

我国的心理健康服务模式主要分为医学模式、教育模式和社会模式 3 种。通常将医学模式中的心理健康服务称为心理治疗,教育模式中的心理健康服务称为心理辅导,社会模式中的心理健康服务称为心理咨询。在大多数时候,这三者被作为统一的概念而并不加以仔细区别使用,但从专业角度还是应该了解其细微区别。3 种心理健康服务模式的对比见表 1-1。

情境一
老年心理服务的迫切需求

表1-1 3种心理健康服务模式的对比

心理健康服务	服务提供者	服务对象	服务模式	服务地点
心理治疗	精神科医师 心理治疗师 临床心理科医师	心理障碍患者	诊断与矫正模式	医疗机构
心理辅导	心理健康教师 心理学教师	在校有心理困惑的学生	教育与发展模式	学校
心理咨询	心理咨询师 应用心理学家 社会工作者	有一般心理问题的正常人	预防与发展模式	心理咨询机构

1. 医学模式

医学模式是新中国起步最早、最先得到认可的一种心理健康服务模式,因为精神卫生专业机构长期处于心理问题处置的顶端位置,多年来人们的心理需求只能通过精神卫生机构加以解决。20世纪80年代初期,综合性医疗机构中的心理咨询门诊开始出现,打破了生物医学模式垄断心理健康服务的格局。近年来随着公众思想观念的转变,心理相关需求的迅速上升,综合医院心理咨询和心身医学部门发展迅猛,提供服务的能力大幅提升。卫生部不断强调,三级甲等医院必须设立心理咨询门诊,明确将心理咨询门诊建设作为考核综合医院工作的必备内容。

医疗系统的心理健康服务主要以严重心理问题、心理障碍或心身疾病患者为对象,提供服务的人员以精神科医师、心理治疗师和部分心理咨询师为主。虽然从世界范围来看,精神科医师在发达国家属于具有较高经济收入和社会地位的高端技术人员,但我国的精神科医师的情况完全相反。国际上通行的对精神科医师所必需的应用心理学技术培训,在我国也一向未得到医学高等院校的足够重视。尽管如此,精神科医师还是尽可能地负担起满足社会公众心理需求的重任,引领和指导心理治疗师提供心理健康服务。

2013年5月1日正式实施的《中华人民共和国精神卫生法》中明确规定,"心理咨询人员不得从事心理治疗或者精神障碍的诊断和治疗工作;心理治疗活动应当在医疗机构内开展",从法律和制度上确定了医疗机构对心理健康服务的主导地位。同时,2011年4月卫生部出台的《医疗机构临床心理科门诊基本标准(试行)》中提出"有条件的医疗机构,可按照适当比例配备心理咨询师",其目的也在于通过融合生物学治疗和社会心理支持的优势,全方面地促进心理健康的恢复。

2. 教育模式

教育模式起步于20世纪80年代中期,最初的研究和应用仅集中于高等院校,后逐渐延伸到全国各地的中小学。教育系统的心理健康教育服务以学生的发展性咨询为主,其根本目的是促进学生的健康成长和增强社会适应能力,更好地开发学生心理方面的潜能。

教育部发布了两个文件,即《关于加强中小学心理健康教育工作的若干意

见》(教基〔1999〕13号文件)和《关于加强普通高等学校大学生心理健康教育工作的意见》(教社政〔2001〕1号),其中规定:"突出心理健康教育,进一步开展学校心理健康教育咨询员的资格认证和培训工作,加强中小学校心理咨询室(辅导室)的规范建设。各市可建立心理健康咨询网站,设立网上心理咨询室,通过电话或网络向学生提供咨询辅导。努力培养学生良好的心理品德。有条件的市可建立青少年学生心理危机干预中心。"

学校心理教育刚开始时,从业者多为思想工作教师,并且不一定具备心理学专业背景。近年来,随着素质教育的深入推进,学校心理咨询受到越来越多的重视。大部分中小学先后设立了心理咨询室或心理辅导中心,有条件的地区还开设了心理课程。许多教育机构招募有心理学教育背景的教师,以专门从事心理教育及学生咨询工作,心理学教师可以单独与学生沟通,也可以对学生提供群体支持,还可以通过心理讲座对学生、教师和家长进行宣教,并提出相应的建议。

教育模式面向的群体十分明确,工作内容指向集中,具有一定的自身优势,但是由于工作的侧重点并不在异常心理的识别和处理方面,一旦有严重心理问题或精神障碍的发生,往往缺乏及时有效的干预手段和处理经验,造成学生身心健康的重度损害。

3. 社会模式

社区服务机构的心理咨询室、私立的心理咨询机构,以及其他机构中所附属的心理健康部门等,构成了社会模式的主要部分。心理咨询是目前最普遍的为人民群众提供解决心理困惑的服务。心理咨询的对象被称为"求助者",提供心理咨询服务的是接受过专业训练,并通过国家心理咨询师考试的心理工作者,即心理咨询师。心理咨询师运用心理学的理论和技术,通过语言或非语言的交流,给求助者带来帮助和启发,从而改变其不良认知、情感和态度,解决其生活、工作、人际等方面的问题,促进人格的发展和社会适应能力的改善。心理咨询师不能进行医学处置,但是在咨询过程中更为重视症状背后的深层心理动因,重视探寻和分析症状背后的潜意识冲突和社会心理应激的影响,遵循的是预防与发展模式。

社会模式的心理服务起步相对较晚,而且各地区水平差异很大。心理门诊和心理咨询机构主要集中于大中型城市,而无法普及小型城市和农村地区。然而,随着生活中心理压力的增大,求助心理咨询师的人也必然越来越多。心理咨询作为一种提供有效心理援助的专业技术,正成为现代社会的一个不可缺少的职业领域。由于我国目前心理健康服务仍处于以疾病治疗为主的医学服务模式阶段,医疗机构内的心理健康服务仍是心理卫生工作的主体。

三、后续思考

(1) 查询近5年以来发表在国内核心期刊上的老年心理相关研究的论文,形成一篇综述文章,并分析、总结出研究的相关趋势和特征。

情境一
老年心理服务的迫切需求

（2）你心目中的老年心理服务工作应当包括哪些内容？并根据这些职能设计出一个简单工作室的结构。

延展阅读

[1]〔日〕米井嘉一.老化与寿命[M].邱璐,译.北京：世界图书出版公司,2007.

[2]〔日〕小川纪雄.脑的老化与健康[M].修文复,译.北京：科学出版社,2006.

情境二
老年心理服务的研究和应用

 单元导读

当前我国的老年心理服务职能部门，多数分布于养老机构、高等院校和科研院所中，其中又以养老机构所属的心理科室为主。故了解老年心理服务部门的类型、分布、结构、职能及人员等基本情况，有利于心理工作者准确把握现实条件，务实、有效地开展老年心理服务工作。

老年心理服务机构主要由硬件设施、制度规章和专业人员三部分组成。只有这三者的有机结合，才可以使机构维持正常运营并发挥相应的业务职能。心理工作者必须掌握把理论知识应用到工作实际的转化能力，而这种转化能力的基础是了解自己的行业，了解所处的工作环境，了解所具有的资源，了解服务能力所面临的各方面限制。然后才能根据实际情况，作出最适当的选择和判断，更有针对性地设计和规划机构的运行和日常业务的开展。

学习目标

1. 了解老年服务的理论基础。
2. 了解目前我国老年心理服务的现实条件。
3. 了解积极的养老观念。

情境二
老年心理服务的研究和应用

核心内容

1. 了解老年心理服务机构的分布及专业人员组成。
2. 了解老年心理服务机构的工作职能、结构、制度及设施。
3. 了解老年心理服务机构的发展方向。

教学方法

1. 课堂讲授。
2. 案例分析。
3. 参与式一体化互动学习。

子情境一　老年心理服务机构的分布和类别

一、现实情境

案例引入

潍坊养老院有了老年心理咨询室

目前老年人的心理问题得到重视。2011年11月21日,记者得知,潍坊华都颐年园设立了专门的老年心理健康研究中心,这在潍坊市养老机构中还是第一家。

该老年心理健康研究中心以专业心理护理员队伍为基础,以心理咨询师为支撑,社会志愿者、社会团体、老年人家属共同参与的心理关爱服务体系,可以更好地、有针对性地为老年人服务。

记者了解到,老年人入住华都颐年园公寓后,工作人员会为其建立一份自己的心理健康档案,里面详细注明了老年人的身体情况、工作背景、家庭情况、性格特征、兴趣爱好及专业特长,这些是心理护理员需要掌握的第一手资料。同时,对新入住老人实行"5日跟访"制度,及时了解老年人的心理情况,随时进行个性化心理疏导。

2011年82岁的陈德礼入住华都颐年园已经两年多了。他是一位退伍军人,以前在公安部门工作,身板一直很硬朗,精神状态也很好。一个月前,他去医院探视患肺癌的姐姐,从那以后,心情便一落千丈。姐姐躺在病床上痛苦不堪的情形深深地印在他的脑海里。他经常感到胸闷、喘不上气,怀疑自己的心、肺都出了毛病。

心理咨询室的工作人员经过了解，随即对老人进行针对性的心理疏导，让老人逐渐平静心态，逐步接受姐姐患肺癌这一事实。同时，工作人员还邀请他加入了老人兴趣小组，参加各种各样的集体娱乐活动，他不但很快找回了快乐，更对自己的生活充满了信心。

记者了解到，目前养老院老人的心理问题有很多，有的老人入住公寓后会产生一种失落感，甚至会有种被连根拔起的感觉；有的老人养儿防老观念比较重，认为子女把自己送到养老机构，是一种推脱责任、不孝顺的表现；还有的老人会嫉妒其他老人得到了护理员更多的照顾，认为自己被护理员忽视而内心不平衡。

华都颐年园心理健康研究中心姜艳华告诉记者，老年人的心理问题都是需要认真研究的重要课题，他们在对老年人进行治疗的同时，还会针对老年人的心理问题进行研究，并形成文字材料供参考。

（资料来源：从书莹，等. 潍坊养老院有了老年心理咨询室. 齐鲁晚报，2011-11-22.）

参与式学习

互动讨论话题1：你认为哪些机构应该具有老年心理服务功能？

互动讨论话题2：目前，老年人如有相关心理需求可到哪里求助？

二、理论依据

目前我国专门从事老年心理服务的独立机构较少，以分支机构或辅助部门的形式存在的较多。可能设有老年心理服务机构的有公立或私立的高端养老机构、政府及社区配置的老年活动中心、老年大学等；而具备一定心理服务功能的有心理咨询机构、医院的老年病房、社会工作机构、老年心理学术组织指导下的志愿者团队。现对各机构的老年心理服务加以介绍。

（一）养老机构中的老年心理服务

养老机构是社会养老的专有名词，是指为老年人提供饮食起居、清洁卫生、生活护理、健康管理和文体娱乐活动等综合性服务的机构。提供的服务类型主要包括生活照料服务、安全保护服务、环境卫生服务、休闲娱乐服务、护理保健服务、医疗协助服务、心理支持服务、家居生活照料服务、膳食服务、洗衣服务、物业管理维修服务、陪同就医服务、咨询服务、通信服务、教育服务、购物服务、代办服务、交通服务等。它可以是独立的法人机构，也可以是附属于医疗机构、企事业单位、社会团体、社会福利机构的分支机构。

养老机构服务的对象是老年人，在极特殊情况下也少量接收附近社区内的残疾人士或其他需要照料者。我国大多数养老机构以救助帮扶老年群体为宗旨，少部分以提供品质较高的养老服务而赢利为目标，故总体上公益性特征尤为显著。

养老机构提供的是"全人、全员、全程"服务。所谓"全人的服务"，是指不仅

要满足老年人的衣、食、住、行等日常生活需求，还要满足老年人的医疗保健、疾病预防、护理与康复、精神文化生活、心理需要及社会交往等需求，强调的是养老服务的整体性。要满足老年人上述所有的需求，养老机构全体工作人员则须共同努力，在多部门、多岗位的通力合作下完成，这就是"全员的服务"理念。面对一位老年人的入住，涉及的工作人员可能会有很多，只有大家团结协作，才可能为老年人提供全面、优质而热诚的服务。对入住老年人而言，养老机构可能成为其人生最后的一站，自老年人选择进入养老机构生活起，相关工作人员就要做好陪伴其走完人生最后历程的心理准备，这就是"全程的服务"理念。

根据我国《老年人社会福利机构基本规范》（2001）的明文规定，要求各养老机构重视老年人的心理健康维护工作，日常工作中必须包含老年心理服务内容。工作人员须关注老年人的情绪感受，定期访谈，并积极为老年人创造增进社会交往的机会。养老机构还须丰富老年人的精神生活，帮助老年人处理入住机构后的心理不适应问题等。由于养老机构所提供的老年整体服务是较为丰富和成体系的，故在养老机构中开展老年心理服务工作具有必要性、可行性和针对性，并且老年心理工作者不仅对机构中的老年人提供服务，条件允许时还可以将服务范围扩大到周边社区，有助于解决社会上老年心理工作者紧缺的燃眉之急。

养老机构中的心理工作可以通过组建老年心理科室来实现，工作人员可招收拥有应用心理学本科以上学历，具有心理咨询师执业资格，并接受过老年心理服务专业培训的专业人员。条件暂时不允许的机构可以选派骨干业务人员，通过进修培训掌握心理学知识和实用技能，之后在工作中积累经验，并陆续取得心理咨询师和社会工作师资格。养老机构中至少应设置心理咨询室、心理测量室及音乐放松室，所配属的老年心理工作者应能初步判定老年人的心理健康状态，提供有效的社会心理支持，并具备初级的危机干预操作能力。同时，老年心理工作者也应当监测养老机构内部工作人员的心理卫生状况，定期开展心理知识讲座和心理减压活动，维护老年服务人员的心理健康。

知识链接

老年人社会福利机构基本规范（节选）

3.4 心理

3.4.1 为有劳动能力的老人自愿参加公益活动提供中介服务或给予劳动的机会。组织健康老人每季度参加1次公益活动。

3.4.2 每周根据老人身体健康情况、兴趣爱好、文化程度，开展1次有益于身心健康的各种文娱、体育活动，丰富老年人的文化生活。

3.4.3 与老人每天交谈15分钟以上，并做好谈话周记。及时掌握每个老人的情绪变化，对普遍性问题和极端的个人问题集体研究解决，保持老人的自信状态。

3.4.4 经常组织老人进行必要的情感交流和社会交往。不定期开展为老人送温暖、送欢乐活动,消除老人的心理障碍。帮助老人建立新的社会联系,努力营造和睦的大家庭色彩,基本满足老人情感交流和社会交往的需要。根据老人的特长、身体健康状况、社会参与意愿,不定时地组织老人参与社会活动,为社会发展贡献余热。

3.4.5 制订有针对性的"入住适应计划",帮助新入住老人顺利度过入住初期。

(资料来源:http://baike.baidu.com/view/8012252.htm。)

(二)医疗机构中的老年心理服务

精神卫生机构和综合性医院心理科是我国最早提供心理服务的部门,其老年心理服务的品质也得到群众的普遍认可。在现阶段,国内老年心理健康服务主要依靠精神科、临床心理科、老年科和康复科的医护人员加以提供。分支机构包括综合医院的心理科、精神科、神经内科、康复科及老年病房、精神病院、心理卫生中心、心理危机干预中心等。多年来的研究结果表明,老年人因心理问题进行咨询和治疗的就诊率呈快速上升趋势。由于医疗机构中的心理工作者多属精神科医师或心理治疗师,理论知识体系和实践操作能力较强。故在医疗机构中,老年人可以接受心理咨询、心理治疗和心理测量服务,或者得到精神障碍的诊断、治疗和康复服务,如果遭受突发重大事件后还可以接受创伤处理和危机干预。

医疗机构中的老年心理服务的优势是,医学工作者具有完备的躯体疾病和生理功能变化知识体系,能更为准确地辨别老年群体心理问题的生理因素和社会心理问题;具有全面而层次清晰的干预处理技术手段,从心理治疗、物理治疗到药物治疗层层推进;设施设备相对完善,检查项目齐全,工作人员实践经验丰富等。但同时也具有一定的缺陷,即受传统医学模式的影响,医学工作者对老年群体心理问题的深层社会动因的理解相对不足,对老年心理问题的解决方式有时会过度依赖药物,缺乏足够的时间去重视老年人内心深处的真实心理需求。因此,针对经常接触老年群体的医疗机构心理工作者展开相关培训,已经是非常紧迫的工作任务,其培训内容应包括社会心理学、发展心理学及人格心理学等。医疗机构还承担着老年心理问题和精神障碍的治疗及康复工作,是老年心理服务中至关重要的一环,故提升其服务能力具有关键性的意义。

(三)心理咨询机构中的老年心理服务

1. 老年人得到心理咨询服务困难的原因

心理咨询的服务对象是公众,面向的是每一位在社会中生存着的正常人。近期心理咨询行业内部的调查结果显示:寻求心理咨询的人群年龄主要集中在青少年期和成年期,老年期的求助者数量最少。这与当今老年人心理健康的现状并不相符,很多的老年人具有解决心理问题的实际需求,但是却无法及时得到适当的心理服务。造成老年人从心理咨询机构得到服务的困难有很多,主要

有以下几种原因。

（1）老年人的认识水平限制

当遇到心理困扰时，中青年人往往相信自己可以顺利解决，而且可以得到较多的社会支持和人际资源的帮助。而老年人处于全面的衰老过程中，可能得到家人、朋友支持的机会也少于年轻人，而且既往缺乏求助于心理咨询的经验，也不知道还有解决问题的另外的求助途径，所以往往是任由问题逐渐积累而不能寻求咨询。还有些老年人，即使知道社会上有心理咨询机构的存在，也因为对心理咨询抱有偏见而拒绝求助。老年人或许觉得为自己的隐私去咨询会很尴尬难堪，或许认为咨询就是聊天没有什么实际用处，或是觉得自己已经没有希望而放任自流。总之，社会上的心理咨询机构并不能充分引起老年群体的注意，故对老年心理服务的贡献相对有限。

（2）老年人的身体条件限制

心理咨询多数在相应的机构中才能获得，老年人由于身体机能的老化，肢体活动能力不足，特别是一些患有疾病的老年人更是很难自由离开房间。即使老年人愿意为自身的问题求助于心理咨询机构，但是身体功能的现状会制约这种愿望的实现。相对于老年人的身体健康问题而言，心理问题往往被有意无意地放在次要的位置上，老年人本身无法顾及，家属和照料者的认识也难以统一，只好暂时先放在一边。

（3）老年人的经济条件限制

我国现阶段的老年人绝大多数经历过灾荒、动乱和经济困难期，在缺衣少食的环境中挣扎过，具有节俭和朴素的生活习惯。然而，心理咨询多数是收取费用的，尽管国家规定的价格充分考虑大众的接受程度，但对于老年群体来说，认识和理解的程度仍有待提高。大多数老年人很难认可与人交谈几十分钟对自己会有多大帮助，更不可能愿意为此付费，这同时也增加了接受心理咨询服务的难度。故心理咨询提供的老年心理服务并没有深入到老年人的生活之中，也没有发挥其应有的作用。

 知识链接

心 理 咨 询

1. 心理咨询和心理治疗的定义

心理咨询是心理咨询师协助求助者解决各类心理问题的过程；心理治疗是心理咨询师对求助者各类心理与行为问题进行矫治的过程。

心理咨询与心理治疗的不同点包括以下两个方面。其一，心理治疗在操作上是规范化、标准化的；心理咨询是不太规范、不太标准化的。其二，心理咨询是"协助解决"，即在协商和帮助过程中解决问题；心理治疗则是"矫治"，即带有强制性的矫正和按治疗方法进行调治。

2. 心理咨询的对象

心理咨询的主要对象是那些精神正常，但心理健康水平较低，产生心理障碍导致无法正常学习、工作、生活并请求帮助的人群，而不是"病态人群"。

3. 心理咨询的任务

心理咨询的任务包括建立新的人际关心、认识内部冲突、纠正错误观念、深化求助者的自我认识、学会面对现实问题、增加心理自由度、帮助求助者作出新的有效行动。

心理干预方式的分类如表2-1所示。

表 2-1　心理干预方式的分类

群体性质分类	健康人群	一般心理问题者	心理紊乱者	神经症患者	精神病性障碍患者
心理健康状况	无心理障碍	轻度心理障碍		中度心理障碍	重度心理障碍
干预处理方式	发展性咨询	健康心理咨询	心理治疗和危机干预	心理治疗与药物治疗并重的模式	药物治疗为主、心理治疗为辅的模式
学科总体范畴	临床心理学			精神病学	

（资料来源：国家职业资格教程——心理咨询师[M]．北京：民族出版社，2009．）

2．心理咨询机构的分类

目前我国社会上存在的心理咨询机构，根据工作方式的不同，可划分为面谈心理咨询、电话心理咨询和网络心理咨询3种主要的类型。

（1）面谈心理咨询

面谈心理咨询是指使用医学心理学知识和技术，这种咨询多集中于私立机构，需要求助者与心理工作者当面会谈。面谈内容不仅涉及心理问题，还包括社会生活中更为广泛的事务。虽然面谈心理咨询是心理咨询中最为主流的工作方式，但老年人由于自身条件所限，较少有得到此类服务的机会。

（2）电话心理咨询

电话心理咨询是利用电话为沟通媒介，为求助者提供心理支持的咨询方式。目前应用较多的是个体的心理危机干预、自杀等极端事件的防控等。社会上常以心理热线来形容电话心理咨询。心理热线会配有专用的电话，咨询人员24小时轮流值班，并设有应急专家小组。电话心理咨询的涵盖面较广，所有民众都可以拨打，也可以就生活中任何方面的困境展开倾诉。当接听到危机来电时，应急专家小组成员会及时赶到，展开干预工作，以挽救处于危机状态中的个体生命。电话咨询具有方便而快捷的优势，是较为适合老年群体的求助模式。老年人与接线员素不相识，从未谋面，就保证了良好的隐秘性，使老年人可以放心大胆地坦露内心的苦恼。电话心理咨询有效地规避了面谈中的压力问题，老年人不需要以真面目示人就可以寻求到专业的心理服务。同时，电话心理咨询也方便了行动不便的老年群体。这样老年人就不会担心身体因素，可以通过电话把自己的问题清晰地表达出来，以方便得到更为详细的解答和建议。最简单

的电话心理咨询只需要一台电话座机和一个易于记忆的号码,就可以把专业的心理理论和技能传递给有需要的人,不受时间和空间的限制,是老年群体寻求社会心理支持和专业服务的良好途径。

(3) 网络心理咨询

随着电脑和网络的迅速发展,特别是老年网民的数量飞速提升,采用电脑和网络寻求心理咨询在老年群体中变得越发可能。心理机构和人员通过电子布告(BBS)、网上测验(Web Test)、电子邮件(E-mail)、网络实时通信工具(如飞信与QQ)、网络视听工具等方式,可以提供全方位的心理支持。网络心理咨询的优点是方便经济、即时性强、保密性佳,但对电脑操作能力要求较高。因此,建议有条件的养老机构可以与网络咨询机构加强合作,定期将老年人的心理问题上传给网络心理工作者,并得到分析和解决。

 知识链接

全国首条老年心理危机免费救助热线正式开通

2009年6月27日,全国第一条老年人心理危机免费救助热线——"爱心传递热线"(800-810-0277)在北京正式开通,这也标志着由中国本土心理研究中心主办、强生公司大力支持、中国老龄事业发展基金会为指导单位的"老年人心理危机救助项目"正式启动。该项目和热线旨在结合企业与社会机构的资源与优势,为老年群体提供专业的心理救助和社会关怀,探索并推进老年社会服务的体系化发展。

中国正在加快步入老龄化社会,相关资料显示,在中国,60岁以上的老年人口已达到1.45亿,超过了总人口的11%,而且每年还在以3.3%的速度增长。伴随老年人口的增多,老年问题也越来越突出——在我国,每年竟有超过10万年龄在55岁以上的老人自杀,老年人已经成为自杀率最高的人群。与此同时,专门从事老年人救助服务的社会组织却很少。

在企业与相关部门的积极投入和支持下,"老年人心理危机救助项目"应运而生。基于"爱心传递热线"前期主要通过电话提供心理辅导服务,救助老人已达数百人。这个项目一方面对徐坤教授创立的"爱心传递热线"进行了扩展和延伸,开通了完全免费的老年人心理危机干预服务电话——"爱心传递热线",并扩大宣传影响,使更多老年人能够知晓及使用免费的热线服务;另一方面,将组织中西方心理学、社会学、哲学等人文学科的专家、学者和志愿者,通过热线咨询和针对老年人特点的、多种形式的社区活动,以及为社区、养老院培养心理咨询师等项目,走进老年人生活圈,对老年群体心理危机进行干预,帮助老年人树立起健康、快乐的生活方式。

在启动仪式现场还有一位特殊的志愿者——姜阿姨，她曾是一位有自杀意图的老人，在"爱心传递热线"的帮助下重新开始了乐观人生，现在也成了热线的一名志愿者，为其他老年人朋友提供帮助。从被救助到救助别人，经历了巨大改变的姜阿姨表示："'爱心传递热线'不仅帮助了我，也让我产生了帮助别人的想法和勇气，我希望能有更多来自社会各界的志愿者加入到这支队伍中来，献出自己的一点爱心，帮助更多的老年人朋友享受健康、快乐的生活。"

（资料来源：http://new.sina.com.cn/o/2009-07-01/065018128666.shtml.）

（四）社区中的老年心理服务

社区心理健康服务是运用心理学的理论和方法来保持与促进社区中人们的心理健康的过程，即通过心理学方法来培养人们的健康认知观念和情绪状态，从而达到预防心理问题和精神障碍的目的。在西方发达国家，社区心理服务与社区卫生服务一样普遍，相对于专业机构所提供的心理服务，社区内所提供的心理健康服务的效果更为直观，预后更为良好。近年来社区工作人员普遍反映，扎根于社区环境的心理健康讲座是最受老年群体欢迎的精神文化生活之一。

随着社会经济的飞速发展，生活水平的不断提高，人们所感受到的压力也在不断增大，并逐渐显现出超负荷的迹象。人们各方面的心理需求也更加强烈，社区中的居民越来越重视心理健康。进入 21 世纪，我国老年人在社区人口中所占的比例呈逐年上升趋势，老年人开始成为社区心理健康服务的主体对象，社区的老年心理服务工作得以逐步开展。经过多年的培育和发展，我国社区老年心理服务体系已经初具雏形。

社区老年心理服务的内容侧重于不良情绪的处理，提供社会心理支持和精神障碍的早期预防识别，并实现快速转介和防止安全意外。国外经验表明，社区心理服务在处理老年人一般心理问题方面成效卓著。对于处于突发事件或者是需要专科诊断治疗的老年人，社区中的老年心理工作者应将其转介入精神卫生机构，并在医学干预结束后，继续在社会环境内为老年人提供心理康复支持。

社区老年心理服务的另一项重要工作内容是科普宣传。社区所属的老年心理工作者可因地制宜地开展心理卫生知识讲座，并利用橱窗、板报、传单、视频等方式进行心理宣教。用通俗易懂的方式向老年人传达健康的价值观念，引导老年人进行自我心理调适，教授老年人学习和掌握简单、实用的心理保健方法。在条件允许的情况下，还应在社区内建立居民心理档案，全面掌控和监测社区内的心理卫生动态。

虽然目前已有很多地区正在积极探索社区中的老年心理服务模式，但总体而言，社区结构的不完善制约着自身工作各方面功能的实现，当然也包括还处于起步阶段的老年心理服务。因此，如何依托现有的社区服务基础，为以老年人为主的社区居民提供专业、高效而易得的心理服务，是新时期老年心理工作

情境二
老年心理服务的研究和应用

者需要思考和解决的现实问题。

三、后续思考

（1）养老机构中的老年心理服务部门应具备哪些功能和作用？
（2）社区中设立老年心理服务机构的重要性是什么？

延展阅读

[1] 张默.社区老年服务工作[M].北京：中国社会出版社,2011.
[2] 李昺伟,等.中国城市老人社区照顾综合服务模式的探索[M].北京：社会科学文献出版社,2011.

子情境二 老年心理服务机构的职能

一、现实情境

案例引入

沪首家社区老年心理咨询机构在曹家渡街道成立

2008年10月7日，新民网记者从静安区曹家渡街道获悉，上海首家社区老年心理咨询机构国庆期间在曹家渡街道成立。据悉，社区老年心理咨询社每周为老人开展两次心理咨询活动。

据街道有关负责人向新民网记者介绍，曹家渡街道是一个老龄人口占总人口1/4的老龄化社区，社区老年心理咨询服务社成立后，每周开设两次活动。

为照顾老年人行动不便等情况，街道还将在14个居民区开设免费的心理咨询活动，有需要的老年居民只需拨打电话，就可以预约心理医生进小区提供服务。

新民网记者了解到，曹家渡街道关注老年人心理问题，很大程度上源于一高档社区内一位老年人因抑郁而跳楼自杀的事件。近年来，曹家渡街道在每个居民区为老人建造了活动室，但这一事件发生后，大家意识到关爱老人不仅仅在硬件、物质上，更要走进老人的心灵，让他们真正的老有所乐。

（资料来源：沈文林.沪首家社区老年心理咨询机构在曹家渡街道成立.新民晚报,2008-10-07.）

参与式学习

互动讨论话题1：你认为当前社会上现有的老年心理机构的优点和不足是什么？

互动讨论话题2：如果你拥有一家老年心理机构，将为老人提供哪些方面的服务？

二、理论依据

2008年，北京市曾专门出台《养老服务机构服务质量规范》，在其中对养老服务机构服务的基本要求、服务内容与质量控制、养老服务合同评审，以及服务评价与改进等内容进行了详细规定，明确了我国养老机构的基本服务内容，大体包括以下几个方面。

（1）老年护理服务。提供老年护理服务，满足入住机构的老人健康和医疗照护需求，包括老年社区护理、基础护理、老年专科疾病护理、老年心理护理、老年康复指导、老年期健康教育、健康咨询等工作。护士对老人的异常生命体征、病情变化、特殊心理变化、重要的社会家庭变化、服务范围调整等内容应客观如实地记录。

（2）医疗保健服务。医疗保健服务应满足入住老人的基本医疗需求，包括为入住的老人提供健康管理、社区保健、健康咨询、康复指导、预防保健工作。医疗保健服务由取得执业许可证的内设医疗机构或委托其他医疗机构开展，配置医疗设备应符合医疗机构执业许可范围，及时完成医疗机构内老人慢性病、常见病的治疗管理和院前抢救。每年至少为入住老人体检一次并有记录。应在老人入住后48小时内为其建立健康档案，老人患病在院内治疗需建立病历。

（3）居家生活照料服务。使老人能在居住的环境中得到健康照料，帮助老人和家庭提高自我照顾的能力，包括指导家务的管理、协助维持家庭生活、帮助老人进行日常生活照料。

（4）休闲娱乐服务。提供休闲娱乐服务应满足老人休闲娱乐需求，包括开展各种休闲娱乐活动，如棋、牌、器械、体育运动活动、书法、绘画、唱歌、戏曲、趣味活动，参观游览。服务项目应符合老人的生理、心理特点。

（5）协助医疗护理服务。提供协助医疗护理服务，协助医师、护士完成简单的医疗护理照顾服务。协助做好院内感染的预防工作，包括老人个人物品和环境的清洁、消毒及污物的处理。协助老人服药应注意药品正确、剂量准确、给药时间准确、给药途径正确，不应擅自给老人服用任何药品。

（6）咨询服务。提供咨询服务，应帮助老人解答问题，获取各种信息，包括开展法律、心理、医疗、护理、康复、教育、服务信息方面的咨询。

（7）教育服务。满足老人学习新知识、掌握新技能、进行社会交往的需求，包括开展健康知识、时事教育等各类知识讲座，举办各种老年学校培训。

（一）老年心理服务的基本对象

老年心理工作面向全社会的老年群体，包括家庭、养老机构和其他来源的

所有老年人。

在当前条件下,各方面条件较好而主动入住养老机构的老人仍处于少数,大多数进入养老机构的老年人,是由于身体功能受损、家庭矛盾或子女关系不良等多方面原因而形成的无奈之举,本身对入住养老机构并不认可,还面临着环境不熟悉、生活起居不适应等现实问题,故受心理问题困扰的可能性较大,所以养老机构中的健康老年及失能老人是老年心理服务的重中之重。但同时因为我国绝大多数老年人都在自己家中生活,居家养老的老年人也是不可忽视的服务对象。另外,由于各种因素导致晚年无依无靠的极少部分老年人,如孤寡、流浪或患有精神障碍的老年人等,都在老年心理服务的范畴之内。

 知识链接

老年人社会福利机构基本规范(节选)

2.1 老年人(The Elderly)
60周岁及以上的人口。

2.2 自理老人(The Self-care Elderly)
日常生活行为完全自理,不依赖他人护理的老年人。

2.3 介助老人(The Device-aided Elderly)
日常生活行为依赖扶手、拐杖、轮椅和升降等设施帮助的老年人。

2.4 介护老人(The Nursing-cared Elderly)
日常生活行为依赖他人护理的老年人。

2.5 老年社会福利院(Social Welfare Institution for the Aged)
由国家出资举办、管理的综合接待"三无"老人、自理老人、介助老人、介护老人安度晚年而设置的社会养老服务机构,设有生活起居、文化娱乐、康复训练、医疗保健等多项服务设施。

2.6 养老院或老人院(Homes for the Aged)
专为接待自理老人或综合接待自理老人、介助老人、介护老人安度晚年而设置的社会养老服务机构,设有生活起居、文化娱乐、康复训练、医疗保健等多项服务设施。

2.7 老年公寓(Hostels for the Elderly)
专供老年人集中居住,符合老年体能心态特征的公寓式老年住宅,具备餐饮、清洁卫生、文化娱乐、医疗保健等多项服务设施。

2.8 护老院(Homes for the Device-aided Elderly)
专为接待介助老人安度晚年而设置的社会养老服务机构,设有生活起居、文化娱乐、康复训练、医疗保健等多项服务设施。

2.9 护养院(Nursing Homes)
专为接待介护老人安度晚年而设置的社会养老服务机构,设有生活起居、文化娱乐、康复训练、医疗保健等多项服务设施。

2.10 敬老院(Homes for the Elderly in the Rural Areas)

在农村乡(镇)、村设置的供养"三无"(无法定扶养义务人,或者虽有法定扶养义务人,但是扶养义务人无扶养能力的;无劳动能力的;无生活来源的)、"五保"(吃、穿、住、医、葬)老人和接待社会上的老年人安度晚年的社会养老服务机构,设有生活起居、文化娱乐、康复训练、医疗保健等多项服务设施。

2.11 托老所(Nursery for the Elderly)

为短期接待老年人托管服务的社区养老服务场所,设有生活起居、文化娱乐、康复训练、医疗保健等多项服务设施,分为日托、全托、临时托等。

2.12 老年人服务中心(Center of Service for the Elderly)

为老年人提供各种综合性服务的社区服务场所,设有文化娱乐、康复训练、医疗保健等多项或单项服务设施和上门服务项目。

(资料来源:http://baike.baidu.com/view/8012252.htm。)

(二) 老年心理服务的一般职能

1. 养老机构老年人心理状态评估

(1) 老年人正常与异常心理状态的区分。有无脱离现实的言谈、漫无边际的思想和怪异难解的行为;有无过度的情绪体验和情感脆弱的表现;有无自身社会功能不完整,生活自理能力快速下降;有无影响自身及他人的正常生活。

(2) 老年人心理状态失衡评估。心理承受能力下降,即经受慢性的、长期的精神刺激的能力明显不足,是衡量心理健康的核心指标之一;心理调节能力减弱,即人从创伤刺激中恢复到往常水平的能力降低,也就是面对压力和挫折时,以最快的速度恢复自身心理平衡的能力发生困难;情绪的自我调节能力下降,即人自觉控制情绪的强度、情感的表达、思维的方向和思维过程的能力减弱。情绪的稳定性一直被看作心理健康的特征性指标之一,如果调节自身情绪的过程受到阻碍,心理失衡几乎必然发生,注意和记忆功能下降,社会交往和环境适应困难。

2. 老年人心理问题的咨询

我国已经逐步向老龄化国家迈进。预计到2025年,老年人口会达到总人口数量的21%以上。因此,应着力于加强老年人心理问题的应对措施,在老年群体中开展心理健康的预防,是保证老年人晚年生活质量的必要措施之一。排除需要进行心理治疗和精神医学处置的极少数老年人,老年心理工作者还须担负大多数老年人的心理咨询工作。

(1) 老年心理咨询的对象。同其他年龄段人群一样,老年心理咨询的服务对象也可分为三大类:一是精神健康水平稳定,但遇到了与心理相关的现实问题而寻求专业帮助的老年人,如婚姻家庭问题、亲子关系不良等;二是精神健康水平稳定,但心理健康受损并寻求帮助的老年人,如离退休综合征、空巢综合征、失独老人等(详见情境四);三是曾经患有精神疾病,但经过精神医学处理达到临床治愈,现阶段处于家庭及社区环境康复过程中的老年人。老年心理咨询最主要的服务对象是前两类的老年人,而不是人们所误解的"精神病患者"。老

年期精神疾病,如老年抑郁症、老年精神分裂症及老年期痴呆相关障碍等问题,均需要专业的医学治疗,不属于心理咨询的工作范畴。

(2) 老年心理咨询的目标。老年心理咨询的目标是培养老年人优良的心理素质,使老年人能以健康愉快的心态投入晚年生活。心理咨询的根本任务是帮助求助者认清自身心理特点及与外部世界的相互联系。首先,要帮助老年人认识自己所处的主观和客观环境,即自己是什么样的人,个性、喜好和能力如何;自己想要的生活是什么,并依靠什么条件加以实现;自己与他人的关系模式怎么样,是否具有建设性;社会对自己的期望是什么样,自己又能否达成;目前心理问题的核心本质是什么;自己有哪些良好的应对资源等。其次,还要帮助老年人纠正不合理的认识观念,探寻内心最真实的需要;帮助老年人总结导致目前困境的经验教训,从自身方面找原因;学会理性地评估自己的思维模式等;增强老年人应对心理问题挑战的信心,并提供支持。最后,让老年人学会理解和宽容他人,学习并掌握具有建设性的人际互动技能;推动老年人在改善观念之后,说服其马上投入具体的实施行动之中,为自身的心理健康和生活幸福努力奋斗。

(3) 老年心理咨询的实施过程。首先,心理工作者与老年人建立良好的人际关系,并开始收集资料,在访谈中澄清老年人所面临的心理问题;其次,共同确立工作目标,制订心理咨询的整体方案;再次,与老年人一起展开具体的实施行动,推动其生活发生改变;最后,检查反馈的过程,并结束咨询关系,定期随访和巩固等。

 知识链接

老年心理咨询方案的内容参照

1. 划分咨询阶段

基本的咨询阶段:建立咨询关系、收集资料、澄清问题、确立目标、制订方案、实施行动、检查反馈、结束巩固等。

一般把咨询阶段划分为3个阶段:第一阶段(初期)——诊断阶段,第二阶段(中期)——咨询阶段,第三阶段(后期)——巩固阶段。

2. 制订咨询方案

(1) 咨询目标;

(2) 双方各自的特定责任、权利与义务;

(3) 咨询的次数与时间安排为每周1~2次,每次60分钟左右(根据咨询类型不同可适当调整时间);

(4) 咨询的具体方法、过程和原理;

(5) 咨询的效果及评价手段;

(6) 咨询的费用;

(7) 其他问题及有关说明。

3. 老年心理咨询实施要点

(1) 充分尊重、关爱和信任老年人，并为其隐私保密；

(2) 注意调动老年人参与解决自身问题的积极性；

(3) 对老年人应以理解、支持、鼓励和引导为主，切忌过度说教；

(4) 争取家庭成员或照料者的支持，建立帮助老年人的工作同盟。

3．常见心理障碍的识别和处理

(1) 一般心理问题的判断

一般心理问题的判断是心理健康服务和心理咨询的主要工作内容，通常着重注意以下两方面问题。一方面，把握核心症状（问题）。所谓核心症状，是指那些使老年人感到痛苦而迫切需要解决的问题（即异常的思维、情绪和行为表现），大多数核心症状可能具有诊断或鉴别诊断意义。另一方面，掌握一般心理问题的特点。一般心理问题通常包含以下特点：问题于近期发生，内容尚未泛化，情绪反应强度不太强烈，老年人常能找到相应的原因，思维合乎逻辑，人格无明显异常。

(2) 严重心理问题的诊断

严重心理问题的诊断内容包括：可引发老年人严重心理问题的原因，往往是较为猛烈的、对人的现实威胁较大的精神刺激；由不同社会心理因素原因所导致的问题，使老年人在情绪方面有不同的痛苦体验（如悔恨、委屈、失望、愤怒、悲伤等）；从产生负性的情绪体验开始，持续或非持续的精神痛苦发作时间在2个月以上、6个月以下；遭受的精神刺激强度越大，心理的异常反应就越强烈，有时会使老年人短暂地失去理性控制，虽然随时间的流逝，精神上的痛苦可逐渐减弱，但是却难以彻底摆脱，对生活、工作和人际交往有一定程度的影响；精神上的痛苦体验不但能因被致病因素所刺激而引起，在以后的日子中，如果遇到与最初刺激相类似或关联的因素，也可以引起精神痛苦。

如果在出现"严重心理问题"后的一年之内，老年人在社会功能方面出现严重缺损，即不能正常维持生活和人际功能，那么，必须提高警惕，应将其作为可疑神经症患者或其他精神疾病患者，建议其到精神卫生机构明确诊断。

(3) 老年期常见心理障碍识别

老年期常见心理障碍（部分）如表2-2所示。

表2-2 老年期常见心理障碍（部分）

名　称	主　要　表　现
老年疑病症	常因为怀疑自己患有重病而感到恐慌不安，其紧张担忧的程度与实际健康状况并不相符。从精神病理的角度，是以担忧或坚信自身患有严重躯体疾病的持久性优势观念为主要特征的神经症。在疑病观念的影响下，老年人会为根本不存在的躯体疾病过于烦忧，反复到医疗机构检查化验，并且各种阴性结果和关于无病的解释均无法打消其疑虑。患者生活在"不断怀疑、不断求医"的来回往复过程之中，精神极为痛苦，生活质量降低，行为给家人带来巨大困扰

情境二　老年心理服务的研究和应用

续表

名　称	主　要　表　现
老年抑郁障碍	一种以显著的情绪低落和社会功能受损为主要特征的障碍,并伴有愉快感的缺失、兴趣爱好的下降及言语活动的减少和厌世轻生意念行为。老年抑郁障碍还可以并发焦虑情绪,同时躯体不适症状较为突出,导致认知功能明显损害,会引发自杀行为,多数具有社会心理方面的发病因素
老年焦虑障碍	老年人的焦虑是由紧张、焦急、担忧和恐惧等感受交织而成的一种复杂情绪反应。当焦虑情绪持续过久,并损害老年人的社会功能和心理健康时,就形成了焦虑障碍。焦虑障碍总是与精神打击及可能造成的威胁或危险相联系,使人感到紧张、不快、痛苦和难以自制,并伴有生理症状方面的失调。焦虑障碍更会让老年人心烦意乱、坐立不安、脾气暴躁或行为忙乱、甚至整天提心吊胆、紧张害怕
老年双相障碍	人进入老年后发生的以情绪情感异常改变为主要特征的精神障碍。当表现为情感高涨、精力旺盛、言语和活动增多时,称为躁狂状态;而表现为情感低落、愉快感缺乏、精力不足、兴趣下降和活动减少时,称为抑郁状态。两种状态时常相互变换,给人以情绪极不稳定的感觉。躁狂和抑郁交替或循环出现,也可以混合方式同时出现,严重时会伴有幻觉、妄想等精神病性症状
人格障碍	在青春期或少年儿童期发展起来的人格缺陷或人格极不协调的心理障碍。具体表现是人格特征显著偏离正常水平,使老年人很早就形成特有的认知和行为模式,总是对环境适应有困难,影响社会功能,甚至与社会发生冲突并造成不良后果。具有人格障碍的老年人,认知功能和智力水平均正常,但往往不能对特定情景作出适当的情绪反应和普遍性质的行为。人格障碍是在生物、心理和社会文化诸因素共同作用下形成的,具有相对稳定性而较难改变。人格障碍使人缺乏自知,无法吸取教训,不能觉察自身的缺陷。类型主要有偏执性人格障碍、分裂型人格障碍、强迫型人格障碍、反社会型人格障碍、冲动型人格障碍、依赖型人格障碍等
老年物质依赖	指老年人因反复应用成瘾物质所引起的生理症状,以及认知、情绪和行为方面的症状,包括对成瘾物质的强烈心理渴求、明知该物质对身心有害仍不得不持续应用、逐渐无法控制的强制性觅药行为等。有的老年人在持续应用成瘾物质一段时间后,如果突然中断使用,会产生身心极为痛苦的戒断症状。常见的成瘾物质有酒精、麻醉镇痛药和镇静催眠类药物及毒品等
老年精神分裂症	一系列的以感知、思维、情感、意志行为等多方面症状为表现的障碍,使人的精神活动与周围的环境和自己的内心体验不协调,严重脱离现实。老年人可能会因此而发生精神活动衰退和不同程度的社会功能障碍。典型症状有幻觉,妄想,思维的形式、内容和逻辑障碍,怪异言语和行为等
创伤后应激障碍（Post Traumatic Stress Disorder, PTSD）	作为心理应激源的生活事件,会使老年人产生许多心理和生理的变化,这种创伤后的精神紊乱作为一种疾病被命名为创伤后应激障碍。巨大的精神创伤会引起个体严重的认知功能缺损和精神行为紊乱,这些创伤性事件包括自然灾难、人为技术事故和大规模群体暴力及个人的其他方面伤害等。老年群体常见的严重创伤有配偶及子女的死亡、严重而威胁生命的躯体疾病或经济情况的重大破坏等

续表

名称	主要表现
阿尔茨海默病（Alzheimer Disease，AD）	又称老年性痴呆症，是一种中枢神经系统变性疾病，起病隐袭，病程呈慢性进行性，是老年期痴呆障碍中最常见的一种类型。主要症状表现有渐进性的记忆缺损、认知功能障碍、人格特征的改变及语言功能障碍等神经精神症状，严重影响生活自理能力、阻断人际沟通及其他社会功能
老年睡眠障碍	睡眠障碍包括入睡困难（失眠）、频繁的夜间觉醒（早醒），以及早醒后不能再睡、睡眠质量低下或睡眠感缺失等。老年群体以早醒为多见。虽然老年人的睡眠改变并非都具有病理意义，但是严重的睡眠障碍常常导致老年人在日间精神不足、极度疲倦、头晕头痛、情绪烦躁和生活质量下降，故也需要认真关注并加以处理

（三）老年心理服务的其他职能

1．老年心理健康宣教工作

要让更多有需要的老年人积极地接受心理健康的咨询或服务，一方面需要老年心理机构及人员加强自身业务和服务能力建设，另一方面也要加强对舆论方向的引导，并能主动地通过公益活动对社会展开科普宣教。例如，增加社区举办心理知识的讲座及互动活动，向社区居民分发老年心理健康科普刊物等，让更多的人了解老年心理服务知识，使其自发地寻求专业化的老年心理服务。

2．心理测量和评估工作

测量就是依据一定的法则，使用工具对事物的特征进行定量描述的过程。心理测量是通过科学、客观、标准的测量手段对人的特定素质进行测量、分析、评价。这里的所谓素质，是指那些完成特定工作或活动所需要或与之相关的感知、技能、能力、气质、性格、兴趣、动机等个人特征，它们是以一定的质量和速度完成工作或活动的必要基础。心理学中的测量，是依据心理学相关理论，使用特定的操作程序，对人的能力、人格及心理健康等心理特性和行为进行数量化描述的过程。广义的心理测量不仅包括以心理测验为工具的测量，也包括观察法、访谈法、问卷法、实验法、心理物理法等具体应用；而狭义的心理测量仅是指应用心理问卷进行的操作。老年心理工作者可以在独立的测量室内，为老年群体进行心理健康、性格特征、智力能力及其他方面的心理评估，一方面有助于心理卫生状况的监测，另一方面也利于与老年群体建立良好的人际关系，便于相关工作的推进。

3．心理危机干预和自杀防控

老年人属于社会生活中的相对弱势群体，对突发的生活事件抵抗能力较差，容易形成心理危机。因而老年人的自杀问题日益严峻，养老机构及家庭环境中的老年人均需要有成体系的自杀预防网络的覆盖。故老年心理服务机构须将危机干预应急预案作为必备项目，有针对性地对心理工作者进行危机干预理论、技术和实践培训，做到平战结合，响应及时，处理得当，干预有效。为老年人有可能出现的自杀意念和自杀行为提供相应服务。

三、后续思考

(1) 模拟一次心理咨询,为因与子女关系不良来求助的老人制订心理咨询方案。

(2) 针对失能老人应提供哪些方面的心理服务?

延展阅读

[1] 崔维珍,乔伟昌.老年心理健康金钥匙[M].2版.北京:中国海洋大学出版社,2011.

[2] 陈传峰,等.老年抑郁干预与心理健康服务[M].北京:中国社会科学出版社,2008.

必读概念

失能老人:丧失生活自理能力的老年人。按照国际通行标准分析吃饭、穿衣、上下床、上厕所、室内走动、洗澡6项指标,一到两项做不了的,定义为"轻度失能",三到四项做不了的定义为"中度失能",五到六项做不了的定义为"重度失能"。

子情境三 老年心理服务机构的制度、设施及结构

一、规章制度

(一) 老年心理服务人员工作守则

(1) 热爱祖国,热爱养老事业,热爱老年心理服务工作;尊敬和爱护老年人;熟悉并遵守相关法律、法规,恪守老年心理工作者的道德规范。

(2) 以科学严谨的态度,按老年心理专业的要求开展工作。努力钻研心理学、老年学、社会工作理论,提高自己的知识和技能。熟悉老年群体,能准确把握老年人的心理特征,能将理论与实践有机结合,熟练高效地开展工作。

(3) 老年心理服务人员应以老年人所适宜的言谈方式,向老年群体解释心理服务工作的性质和范围,以及在服务过程中尊重老年人享有的权利,引导老年人正确认识心理健康的意义。

(4) 真诚地关爱老年人,在与老年人相互尊重的基础上开展工作,并争取对方的信任。尊重老年人自愿选择是否接受服务的权利,尊重老年人人格尊严的完整和不受侵犯,接纳老年人的情感困扰和情绪波动,保护老年人的正当合法

权益。在老年心理服务工作中坚持客观原则，注意保持言行及角色的一致性，不可将个人的情感色彩掺杂在工作中。

（5）老年心理服务人员提供的心理服务应遵循老年人年龄发展的规律，立足于调节老年人自我认知和情绪情感的角度，引导老年人学会自我接纳和自我调节，以帮助他们完善其认知功能体系。

（6）老年心理服务人员必须严格遵守保密原则。在不危及国家安全和个人生命财产安全的前提下，注意保护老年人的隐私和个人秘密；在研究和写作中需要引用相关资料时，须隐去可能暴露老年人身份的信息；出于保护老年人安全、防止意外事件发生的必要考虑，必须向有关人员提供老年人相关资料时，须符合国家相关法律规定，不得随意外泄。

（7）老年心理服务人员在帮扶老年人的过程中，应努力争取其家庭成员及照料者的配合与支持，经常与其沟通交谈，必要时还需要做耐心细致的思想认识工作，争取在老年人的周围建立工作同盟，逐渐形成有利于老年人身心发展的社会支持系统。

（8）老年心理服务人员必须认识到心理健康服务的局限性和自身能力的局限性，在职责和能力范围内开展工作，对老年人提出的超出自己职责范围的要求，不可勉强予以满足。对自己不能解决的问题，必须及时转介，并耐心做好解释说明工作。

（9）老年心理服务人员如发现老年人的行为可能对自己或他人的生命造成伤害时，必须及时报告部门负责人及法定监护人，并启动危机干预应急预案，在保障老年人生命安全的前提下，与专业医疗机构联系并加以转介。

（10）老年心理服务人员要按规定做好详细记录，并定期组织案例讨论，接受专业督导；积极主动地寻求参加培训、研讨的机会，提升心理服务能力水平；注重自身情绪管理和心理减压工作，时刻保持身心健康。

（二）老年心理服务工作奖惩制度

建立健全完善的员工组织、管理及考核体系，在具有老年心理服务功能的养老机构中设立机构管理委员会，人员由管理层、职工代表和在院老年人代表组成，机构管理委员会对包括心理工作者在内的所有工作人员进行定期或不定期的考核。针对老年心理服务人员，则着重关注老年心理健康服务的质量考核，听取老年人及其家属的反馈意见，对于工作态度认真负责、业务能力优异突出，以及各方面评价较佳的心理工作者给予表扬和奖励。建立心理服务人员的优胜劣汰的机制，对于不合格的工作人员进行调整和培训。心理工作者如因违纪、违法或失职而造成不良事件及其后果的，予以内部纪律处罚；心理工作者在服务过程中有违反国家法律行为的，须依法追究其法律责任。

（三）老年心理服务满意度测评制度

（1）在机构内的醒目处公示投诉的程序，并设置投诉箱。投诉箱由专人负责管理，并详细加以记录以备查验。

（2）在机构内成立老年人服务监督委员会，不定期地听取反馈意见，并定期召开服务质量评估调查。

（3）由机构管理委员会责成相关部门，每季度进行服务满意度测评，并汇总分析形成报告，提出问题和相应的解决建议。

(四) 老年心理危机事件处理应急预案

1. 老年人心理危机事件的预防

（1）加大教育宣传力度。利用黑板报、宣传窗、室内室外活动等形式广泛开展老年人心理危机知识教育，提升老年人的心理保健意识，增强老年人的心理调节能力。

（2）增进工作中的协作。老年心理服务人员应当与其他岗位的老年工作者加强合作，对老年人存在心理或行为问题的情况进行动态、有效的掌握；与同事或专业人员之间及时沟通信息，有助于及时发现和处理心理危机。

（3）老年心理服务人员应该将危机事件频繁发生、心理状态相对不稳定的老年人的情况及时上报给机构负责人，并积极联系其子女或监护人，密切观察老年人并提供相应的安全保护。

2. 老年人突发心理危机干预程序

（1）突发心理危机事件的处理必须严格遵守"以人为本，生命第一"的原则，组织自身力量并迅速寻求专业的危机干预技术支持。通常情况下可直接联系精神卫生机构介入，快速开展各项心理救援工作，把生命财产损失降低到最低限度。

（2）突发心理危机事件发生后，心理服务人员必须第一时间向相关领导反映情况并作报告，内容包括事件发生的时间、地点、概况及采取措施的情况、进展和进一步处理建议等。

（3）老年心理服务部门的主管在接到心理危机报告后，应以最快速度赶赴现场处理问题，并指示其他人员进行技术准备和相关联络工作。

（4）在对老年人进行危机干预时，老年心理服务部门的主管应该积极稳定老年人情绪，并把老年人带至安全环境，同时还需保持通信畅通；多方位了解该老年人的大致情况；仔细观察、询问该老年人的当前状态，评估其当前心理的稳定状况。

（5）在老年人情绪相对稳定后，要求其他工作人员进行监管陪伴，并通知该老年人的亲属及监护人迅速赶到现场。必要情况下，请求公安、医疗部门的协助配合。

（6）在突发心理危机事件处理过程中，老年心理服务人员要对事件的处理进行详细记录，将材料整理后存档。还要对事件的处理经历进行专业分析，形成报告和建议。定期对已经存档的老年人的心理档案资料进行整理汇编，便于有关部门的查验核对及行业内学术讨论。

（7）事件处理完毕之后，院内的心理健康服务部门要认真总结处理的经验，

以便于完善今后的工作。

（五）老年心理服务人员的休假

心理工作处理的是服务对象的不当认知和负性情绪，但心理工作者本身的情绪状态也会受到多方面因素的影响。一个自身的心理健康状况不理想的心理工作者，难以完成对他人提供心理支持和专业服务的任务。故老年心理服务人员应注重个人的休假和调节，除根据国家《中华人民共和国劳动法》的相关规定获得法定假期之外，还应该积极建立定期轮假制度，以释放工作中积累的压力及负性情绪，便于其带着充足的精力和热情投入紧张有序的工作中。休假是为了更好地工作，老年心理工作任务繁重、情况紧急，给从业人员带来了很大的压力。因此，休假体系的建立和完善势在必行。

 知识链接

职工带薪年休假条例

第一条 为了维护职工休息休假权利，调动职工工作积极性，根据《中华人民共和国劳动法》和《中华人民共和国公务员法》，制定本条例。

第二条 机关、团体、企业、事业单位、民办非企业单位、有雇工的个体工商户等单位的职工连续工作1年以上的，享受带薪年休假（以下简称年休假）。单位应当保证职工享受年休假，职工在年休假期间享受与正常工作期间相同的工资收入。

第三条 职工累计工作已满1年不满10年的，年休假5天；已满10年不满20年的，年休假10天；已满20年的，年休假15天。国家法定休假日、休息日不计入年休假的假期。

第四条 单位根据生产、工作的具体情况，并考虑职工本人意愿，统筹安排职工年休假。年休假在1个年度内可以集中安排，也可以分段安排，一般不跨年度安排。单位因生产、工作特点确有必要跨年度安排职工年休假的，可以跨1个年度安排。单位确因工作需要不能安排职工休年休假的，经职工本人同意，可以不安排职工休年休假。对职工应休未休的年休假天数，单位应当按照该职工日工资收入的300%支付年休假工资报酬。

第五条 县级以上地方人民政府人事部门、劳动保障部门应当依据职权对单位执行本条例的情况主动进行监督检查。工会组织依法维护职工的年休假权利。

（资料来源：http://www.gov.cn/zwgk/2007-12/16/content_8352228.htm.）

二、设施设备

一般来说，老年心理工作室与其他类型的应用心理学用房差别不大，所能

实现的功能大体相同,仅在房屋装饰方面向切合老年群体的需求略为倾斜即可。由于各相关机构的现实条件不同,对老年心理服务的功能的要求也不同,现将完整结构的老年心理服务科室布局列出,各地区和机构可按各自情况加以选择和调配。

(一)日常接待室

日常接待室是接待需要心理服务的老年人、家属及照料者的功能房间。房间布置至少要有一张办公桌、几张办公椅、一张茶几、电脑及办公设备和心理挂图等。室内应温暖明亮,给人以安全和开阔的感觉。日常接待室主要为老年人等候访谈时的休息之用,也可在此临时接待老年人的子女或监护人。

(二)心理咨询室

心理咨询室是接待面临心理问题的老年人的主要功能房间,在安静、温暖和放松的环境中,老年心理工作者给予老年人理解、支持、安慰和启示,帮助他们解决内心的困扰,恢复心理平衡。此房间应当尽量保持安静,有较好的隔音设施,并充分注意到老年人的安全,防止摔倒等意外伤害。心理咨询室的面积一般不宜过大,内部设施朴素简单,房间装修尽可能规避硬线条和棱角,干净整洁,光线柔和。室内色调不要过于灰暗,在窗台等处可放置鲜花或盆花,以展示生命力。心理咨询室内可配置两张单人沙发椅、一张茶几或一张办公桌,并备好饮用水和纸巾。

(三)音乐放松室

音乐放松室可以为具有焦虑情绪的老年人,安排科学和适当的心理放松训练,使老年人结合音乐放松系统综合进行训练。可以使老年人的身体和心理双方面放松,平复波动的负性情绪,体验到轻松自然的正性情绪,达到松弛神经和肌肉、和谐身心状态、消除疲劳和紧张的作用。其根本目标是引导老年人寻找和掌握一种在紧张状态下自我调节和减压的能力。

 知识链接

音乐放松室配置仪器明细如表 2-3 所示。

表 2-3 音乐放松室配置仪器明细

物品名称	产品描述	单位
放松躺椅	造型时尚,可折叠,可灵活变换各种角度和姿势	把
多感放松仪	带功放、床垫(含换能器)	个
多感心理放松系统	多感心理放松仪(带音视频系统及功放)、专用音乐放松沙发	套
MP3 音乐枕	植绒充气音乐枕	套
便携式脑波仪	脑电反馈加动画训练设备,可根据客户需求定制训练程序	套
快乐芯	心率反馈加动画训练	套
生理相干与自主平衡局域网版	快乐芯的专业版,可多人测试并可进行多数据分析	套

续表

物品名称	产品描述	单位
反馈型音乐放松仪	包含放松躺椅、音乐放松枕、指脉式传感器（或腕式传感器）、专用软件一套、催眠套装一套	套
放松挂图	心理挂图是用蕴含着心理学原理的图片制作而成，辅助理解相关的心理学原理，使某些枯燥的心理学知识变得更形象化、易于理解	张
放松训练 CD	放松训练及催眠疗法	套
放松 CD	放松音乐光盘	套
心理电影	每套若干部	套
监控系统	便于观察、监控室内情况，含视频采集卡、一个监控摄像头	套
催眠套装	水晶球、皮肤刷、催眠棒、催眠坠	套
眼罩	放松、催眠专用	副
哈哈镜	分小丑造型和卡通造型，每组 4 面	组

（四）情绪宣泄室

情绪宣泄室是专门为因长期积压内心的愤怒、悲伤或其他情绪，得不到有效释放，危害身心健康的老年人准备的功能房间。其基本原理是为老年人提供一个安全的可控制空间，并引导老年人借助器具通过击打、喊叫、痛哭等宣泄方法，把负性情绪和内心压力完全释放出来，并体验宣泄带来的如释重负感。在确保老年人人身安全的前提下，引导老年人通过适合自身条件的、合理的方式发泄负性情感，从而维护和提高其心理健康水平。这种方法操作性强，建议由具有心理治疗师资格的工作人员进行。

（五）心理测量室

心理测量室用于对老年人的心理状况进行测量，是老年心理服务中的重点内容。心理工作者引领老年人按一定的操作程序进行操作，从而为其心理特征和行为模式进行数量化。应了解和掌握老年人的心理状态及人格特征，为下一步应当提供的心理服务工作提供可靠的参考依据。

（六）团体活动室

团体活动室又称小组活动室，以心理健康辅导为核心，有针对性地结合团体心理活动、团体心理讲座、团体心理交流等活动项目，帮助老年人更快地深入了解和主动适应环境，建立良好的人际关系，使其融入同龄人形成的小集体中，形成良好的互动氛围，引导一同参与活动的老年人快速认识自我、肯定自我，促使个体的健康成长与发展。此房间要求面积较大，可同时容纳 20～30 人，配备若干桌椅、媒体、音响及投影器材等，并保证房间中的设备和桌椅均可灵活移动，便于工作的开展。

三、人员分布

老年心理服务人员本质上属于心理健康工作者，即为民众提供心理卫生、教

育及其他服务的专业人员。美国NIMH(National Institute of Mental Health,国立精神研究所)和HRSA(Health Resources Services Administration,卫生资源和服务管理局)认定的心理健康服务人员包括精神科医师、临床心理学家、社会工作者、精神卫生护理专家及婚姻家庭治疗师等。

从专业角度来讲,老年心理服务人员包括精神科医师、经过心理学培训的社区全科医生、心理治疗师、心理健康教师、心理咨询师等。在我国现有的老年心理健康服务队伍中,人员的组成成分较为复杂,有医生、护士、教师、政工人员,还有政府公务员、媒体人员、其他背景和身份的志愿者等。下面对主要的几类人员进行简单介绍。

(一) 医疗工作者

随着年龄增长,老年人的机体出现一系列衰退性变化,与此同时,老年人在心理方面也会出现全面的老化,表现为精神活动功能减弱、运动反应时间延长、注意力和记忆力减退、情绪和行为的改变等。因此,经过良好的培训、具有丰富工作经验的医疗工作者(精神科医师、老年病科医师及社区中的全科医师),是老年人在医疗环境中得到心理服务的主要依靠力量。

全世界对于医学工作者的业务要求均较高,无论哪一专科的医生,都要能深入了解人体各器官、系统、结构及功能在不同发展阶段的量变和质变过程。经常面对老年群体提供服务的医疗工作者,在具有自身专科相关技能的前提下,还要具有一定独立诊断、治疗老年人各种常见疾病,以及了解其他各专业疾病在老年常见症状中的表现,并能进行相应处理的能力。医疗工作者并且要熟悉老年保健、疾病预防、身心康复及社会医学的知识,能熟练运用这些知识为老年群体服务。医疗工作者主要包括以下3种。

1. 精神科医师

精神科医师主要在精神卫生专科医院或综合性医院的临床心理科工作。精神科医师作为心理问题和精神障碍综合治疗的实施者,以及医疗机构内心理治疗的规划者和引领者,在老年心理服务过程中扮演着重要角色。当养老机构或家属、亲人怀疑老年人具有心理方面的异常时,具有最终诊断资格的只有精神科医师,而非其他心理工作者。另外,在危机干预、心理救援及科普宣传方面,精神科医师也具有自身独特的优势。

2. 老年病科医师

老年病科医师虽然掌握有关精神心理专业的理论相对较少,但与老年人群接触的经验丰富,有充分的机会对老年人施加心理方面的影响;同时还须负担判别老年人的心理问题是由精神因素促成,还是由躯体疾病的影响所造成的重要工作任务。

3. 全科医师

全科医师一直受到社会的忽视,近年来随着全国范围内的社区建设的加强,社区医疗卫生保健也逐渐受到关注。社区所配备的全科医师往往长年居于

一线服务,实践工作经验丰富,并且具备与老年人沟通的良好态度和技巧,是对老年人提供心理服务的生力军。

身心老化及老年群体的心理特点决定医学工作者必须具备一定的职业素质。首先,富有高度的爱心、耐心、责任心和无私奉献精神;其次,具备高效的沟通技术和团队合作精神;最后,具备丰富的理论知识和精湛的专业技能,且观察力和判断能力俱佳。

(二) 护理工作者

护理工作者又称养老护理员,作为我国的新兴职业,将伴随老龄化社会的趋势的加剧,慢慢呈现出供不应求的情况。以目前我国老年人口的数量和分布结构加以推算,全社会大约需要1 000万以上的养老护理员才可以满足需求。而我国现有的登记在册的养老护理员仅有30多万人,其中具有执业资格的更不足1/3。

护理员每天负责照料老年人的生活起居,老年人的要求事无巨细,几乎都得借由护理员的帮助得以实现。故在老年心理服务工作中,接受过老年心理系统培训并拥有心理服务工作实践经验的护理工作者,是最有便利条件对老年人施加影响的群体。所以,老年心理服务机构应该加大对护理工作者的带教、培养力度,让所有的护理工作者都能有机会学习和掌握老年心理的相关知识,并在实际工作中注意观察和选拔优秀者作为业务骨干,将其派送至高水平的研究和应用机构进修,甚至出国考察学习以便吸收先进的老年心理护理经验,结合本单位的工作实际,开创出具有地方特色的老年心理护理的全新模式。

(三) 心理咨询师

心理咨询师是运用心理学及相关学科的理论知识,遵循引导个人成长的最终原则,通过心理咨询的技术与方法,帮助求助者解除心理问题的专业人员。当前所称的心理咨询师,特指具有国家人力资源和社会保障部颁发的从业资格证书者。心理咨询师可以提供认知和思维模式,帮助人们认识自身、探寻与社会和他人的关系,逐渐改变不合理的观念,释放情感表达和情绪反应,并学会适应周围环境的方法。心理咨询师的工作不仅能够帮助老年人解决问题、排除困扰,还能传授老年人掌握自我调节情绪的方法,从而可以提高老年人晚年的生活质量。

由于心理咨询师多数在私立机构中执业,参与老年心理公益事业的深度和时间有限,况且养老机构很少聘用心理咨询师,基本是对现有人员加以培训,所以就整体而言,心理咨询师对老年群体所做的个案访谈较少。但在心理健康知识讲座及各种敬老活动、爱心工程方面,心理咨询师得以发挥其专业优势,参与度较高。

(四) 社会工作师

社会工作师是在利他主义原则指导下,应用个案工作、社区工作、小组工作

等专业方式,以帮助机构和他人发挥自身潜能、协调社会关系、促进社会公正为职业的社会服务人员。目前我国社会工作师大多活跃在民政、妇联、慈善机构、社会团体机构、社区服务机构、街道办事处等各个领域,并开始逐步向卫生、教育、社会保障、心理辅导等广大领域扩展。他们发挥的维系社会联络纽带的作用,如今日益得到社会各界的认可。

在发达国家,社会工作体系已经相对完善,社会工作者是维系社会能够健康、顺利运转的重要力量。社会工作在预防青少年犯罪、照料独居老人等方面,有着重要的扶持作用;在帮助社会弱势群体方面,已经成为不可缺少的环节。在香港,平均每1 000人中就有1人是社会工作者,而在广州,目前有政府支付薪酬的社会工作者近2万人。我国其他地区的社会工作者主要集中在青少年心理教育、妇女儿童工作、帮助慰问孤寡老人和残疾人的康复救济等领域,大多以社区居委会为主要工作平台,是老年心理服务体系中不可或缺的组成部分。

(五) 社区心理健康服务人员

从我国目前的实际情况来看,社区中没有专门配属专业的心理工作者,心理健康服务的任务多由社区其他人员兼任。虽然他们缺乏相关专业知识,处理问题的能力、水准参差不齐,但仍然会对老年人的心理健康具有一定的促进作用。从数量上看,虽然有些经济发达地区的社区内已经拥有专业的心理工作者,但在全国绝大多数地区,社区心理服务工作仍处于空白状态。

老年人退休之后,主要活动范围均在所属的社区内外。当老年人有困难时,最先求助的往往就是这些兼任的社区人员。所以,针对这一群体的技术培训是非常必要的。提高社区办事人员的心理学知识和技能,可以在专业心理工作者较为紧缺的情况下,对老年心理服务工作形成一定的补充,有利于对老年人心理问题的早期识别和干预处理,更有利于对老年群体自杀危险的防控。

当前,我国的老年心理服务远远不能满足社会的要求和老年人的需要。专科医院和高等院校应当致力于培养老年心理专业人才和提供在职人员的短期培训,其培训对象包括社区卫生服务人员、养老机构和敬老机构的卫生人员等。然而,要从根本上解决这一问题,需要有专门针对老年群体的心理咨询师和心理治疗师,配合临床专科医生共同完成老年人心理健康服务,但是目前我国并没有老年心理工作的培养标准和资格认证。现阶段老年心理服务人员的队伍建设,应该通过对相关专业人员进行正规而系统的培训,组建一支专业化的技术队伍。在高等院校中,应当加强咨询心理学和临床心理学的深入合作,老年心理专业的学生要扩大技能学习的广度和深度,一方面要有能力帮助老年人分析心理问题的深层原因,提供有效的社会心理支持;另一方面也要掌握精神疾病的诊断和心理治疗技能,才有可能在日后成为一名合格的老年人心理工作者,提升老年心理服务工作的质量。

四、后续思考

（1）除本文提到的几类专业人员之外，还有哪些人有可能成为老年心理服务工作者或从事老年心理服务相关工作？

（2）在实际工作中，如何较好地贯彻老年心理服务的相关原则？

知识链接

老年人社会福利机构基本规范（节选）

4.3 制度建设

4.3.1 有按照有关规定和要求制定的适合实际工作需要的规章制度。

4.3.2 有与入院老年人或其亲属、单位签订的具有法律效力的入院协议书。

4.3.3 有简单介绍本机构最新情况的书面图文资料。其中须说明服务宗旨、目标、对象、项目、收费及服务使用者申请加入和退出服务的办法与发表意见的途径、本机构处理所提意见和投诉的承诺等。这类资料应满足服务对象使用。

4.3.4 有可供相关人员查阅和向有关部门汇报的长中短期工作计划、定期统计资料、年度总结和评估报告。

4.3.5 建立入院老人档案，包括入院协议书、申请书、健康检查资料、身份证、户口簿复印件、老人照片及记录后事处理联系人等与老人有关的资料并长期保存。

4.3.6 有全部工作人员、管理机构和决策机构的职责说明、工作流程及组织结构图。

4.3.7 有工作人员工作细则和选聘、培训、考核、任免、奖惩等的相关管理制度。

4.3.8 严格执行有关外事、财务、人事、捐赠等方面的规定。

4.3.9 各部门、各层级应签订预防事故的责任书，确保安全，做到全年无重大责任事故。

4.3.10 护理人员确保各项治疗、护理、康复措施的落实，严禁发生事故。

4.3.11 服务项目的收费按照当地物价部门和民政部门的规定执行，收费项目既要逐项分计，又要适当合计。收费标准应当公开和便于查阅。

4.3.12 有工作人员和入院老人花名册。入院老人的个人资料除供有需要知情的人员查阅外应予以保密。

4.3.13 严防智残和患有精神病的老人走失。为智残和患有精神病的老人佩戴写有姓名和联系方式的卡片，或采取其他有效措施，以便老人走失后的查找工作。

4.3.14 对患有精神病且病情不稳定的老人有约束保护措施和处理突发事件的措施。

4.3.15 有老人参与机构管理的管理委员会。

4.3.16 长期住院的"三无"老人的个人财产应予以登记,并办理有关代保管服务的手续。

4.3.17 工作人员在工作时间内须佩证上岗。

5.1 老人居室

5.1.1 老人居室的单人间使用面积不小于10平方米;双人间使用面积不小于14平方米;三人间使用面积不小于18平方米;合居型居室每张床位的使用面积不小于5平方米。

5.1.2 根据老人的实际需要,居室应配设单人床、床头柜、桌椅、衣柜、衣架、毛巾架、毯子、褥子、被子、床单、被罩、枕芯、枕套、枕巾、时钟、梳妆镜、洗脸盆、暖水瓶、痰盂、废纸桶、床头牌等,介助、介护老人的床头应安装呼叫铃。

5.1.3 室内家具、各种设备应无尖角凸出部分。

5.2 饭厅应配设餐桌、坐椅、时钟、公告栏、废纸桶、窗帘、消毒柜、洗漱池、防蝇设备等。

5.3 洗手间及浴室应配备安装在墙上的尿池、坐便器、卫生纸、卫生纸专用夹、废纸桶、淋浴器、坐浴盆或浴池、防滑的浴池垫和淋浴垫、浴室温度计、抽气扇等。

5.4 有必备的洗衣设备,应有洗衣机、熨斗等。

5.5 建有老人活动室。有供其阅读、写字、绘画、娱乐的场所。该场所应提供图书、报刊、电视机和棋牌。

5.6 有配置适合老人使用的健身、康复器械和设备的康复室和健身场所。

5.7 有接待来访的场所。接待室配备桌椅、纸笔及相关介绍材料。

5.8 室外活动场所不得少于150平方米,绿化面积达到60%。

5.9 公共区域应设有明显标志,方便识别。

5.10 有一部可供老人使用的电话。

5.11 根据老人健康情况,必须准备足够的医疗设备和物资,应有急救药箱和轮椅车等。不设医务室的老年人社会福利机构应与专业医院签订合同。合同医院必具备处理老年人在社会福利机构内发生各种突发性疾病和其他紧急情况的能力,并能够承担老年人常见病、多发病的日常诊疗任务。

5.12 及时解决消防、照明、报警、取暖、通信、降温、排污等设施和生活设备出现的问题,严格执行相关规定,保证其随时处于正常状态。

5.13 保证水、电供应,冬季室温不低于16℃,夏季不超过28℃。

5.14 生活环境安静、清洁、优美,居室物品放置有序,顶棚、墙面、地面、桌面、镜面、窗户、窗台洁净。

(资料来源:http://baike.baidu.com/view/8012252.htm.)

老年心理维护与服务

子情境四 老年心理服务机构的发展方向

一、现实情境

案例引入

美国、日本真实民众的养老故事

到美国已24年的唐英敏目前居住在纽约的老人屋里,这是地处纽约黄金地段的房屋,面积约60平方米的一室一厅。"这个地段的这个面积的房屋,现在每月租金超过2 000美元。"唐英敏的大女儿阮淑英说,对于收入很低的老人而言,根本无法承担,而纽约对老人屋的房租规定使得老人屋的政策得以持续执行:即老人只需支付自己收入的1/3作为房租,差额部分由政府补足。

政府对养老的福利政策不止于房租补贴。唐英敏和老伴入住老人屋后,每周享有7个半天的免费看护服务、全免费医疗救助服务、1美元电话包月服务,以及每月近200美元的食品补贴券。

在美国,如果老人身体不错,生活能够自理,老两口完全可以独立生活。所以,集体照顾生活型即老年公寓型的养老方式较为普遍。这种生活也属于独立生活方式范畴之内,但许多方面比单独居住还方便得多。居住区一般提供午餐或午晚两餐,免去买菜做饭这一生活中的大负担。同时,居住区内的交通、游泳池、医疗点、银行、便利店、理发美容店、洗衣店、打扫房间和安全保卫服务等设施一应俱全,完全可以满足日常生活需要。而且,凡是居住公寓楼的住户,对公寓内所有的保健和运动设施的使用完全免费。

如果老人身体不好,就需视情况雇人帮助照料饮食起居。雇人的种类有钟点工、白天工和全日工等。也有需要专门人员照顾的老人,选择到养老院生活。在养老院生活有点类似长期住医院,但以养老生活为主。在这里,生活起居每日都有人照顾,并根据需要进行医疗和体质甚至是肢体、语言功能训练,但这类养老院收费不菲。支付这些养老费用主要是由老人自己和家庭、保险公司和政府三者共同承担。但养老机构也有经营性质和慈善性质之分,绝大多数属于经营性机构。一些穷人付不起费用,也可以申请政府的救济计划享受养老。如果家庭资产用完了也可以申请政府救济。

目前,日本老人有在家庭养老的,就是人们所说的居家养老;也有在养老院养老的,但更注重营造家庭的气氛;还有就是老人们白天聚在一起说话、喝茶、吃饭,晚上回家,这被称为居家日间服务。

情境二
老年心理服务的研究和应用

位于大阪市中央区的一家居家日间服务中心的 2 楼的老人活动室被布置得十分温馨。老人们不仅可以在这里唱卡拉 OK、做手工,还可以享受美容、康复训练、洗澡等服务。日本为老人提供服务的机构大体分为两种:民营的老人福祉设施和私立的高端养老院。两者经过政府批准后由民营机构经营,民营机构接受政府补贴。为了保证养老院的良性运转和避免虐待老人现象的出现,政府在老人服务机构自我检查的基础上,引入更为客观和公正的第三方评价体系,包括硬件上的建筑、设备、人员配置及软件上的服务质量、老人评价等。这些评价不是通过简单的检查、打分来达到警示督促的作用,而是在分析养老院现实的基础上由专业机构提出更好的改善方法。

2000 年,日本在世界上首推养老护理保险制度(介护保险制度),国民需要交纳一定的保险费,65 岁后就可以接受这项保险提供的服务。老人需要介护时可提出申请,经审查确认后可享受保险部门提供的不同等级的服务,被保险人只需承担 10% 的费用。

日本的养老护理保险制度有精细的划分,将需护理程度分成了不能站立、不能步行、不能脱穿裤子、不能排便、不能用餐、不能吞咽食物、不能记忆等级别,并按照这些不同的级别提供登门访问型、赴养老机构一日型、短期入住型、入住特别养老机构型、入住老人福利院等不同服务。

配合养老护理保险制度,日本还推行了地区综合护理服务系统。具体来说,是要打造"30 分钟养老护理社区",在距离大概 30 分钟路程的社区内,建设配备小型养老护理服务设施的新型服务社区,推行小规模多功能型自家养老护理和登门访问看护制度。

(资料来源:美国、日本真实民众的养老故事.新华社——瞭望东方周刊,2012-12-07.)

参与式学习

互动讨论话题 1:日本和美国养老服务的先进之处是什么?
互动讨论话题 2:我国目前养老机构存在的不足之处有哪些?

二、理论依据

(一)日本养老机构心理相关服务介绍

日本的社区老年护理包括以个人、家庭、特定企业、社区为服务的共同卫生护理和以居家养老者为对象的居家护理。共同卫生护理和居家护理协同发挥预防、保健、健康教育、康复、诊疗处置、照顾护理作用。日本公共卫生护理以 1937 年的《保健所法》为起点,已经有 80 年的发展历史。其组织机构主要由各级地方政府所属的保健所和再下一层次的保健中心构成,其活动主体为这些机构中就职的保健师。保健师的活动实行地区主管负责制,以《老人福祉法》《老人保健法》《健康增进法》《健康保险法》《介护保险法》等为依据,从事社区成员健康检查、健康危机管理、生活习惯病对策、老人保健、介护预防等各项活动。

根据服务对象的不同,日本社区护理师开展针对服务内容、健康教育、康复护理、生活质量、心理状况等需求的调查,在老年人护理方面,有家庭环境下的安全活动管理、生活自理能力管理等,在临终关怀方面,注重病人、家属及护理人员对于死亡的认知,并影响和改善其对死亡的态度。

日本是世界上老龄化速度最快的国家,早在20世纪80年代,日本就已经进入老龄化社会,并逐渐开始出现了介护服务。介护是指对独立生活有困难者提供帮助,是有别于以病人为主要服务对象的医疗护理工作。介护的服务对象为生活不能自理的弱势群体,包括不能完全独立生活的老年人、儿童和残障者。工作内容以照顾这些弱势群体的日常生活为主,并丰富他们的精神文化生活,其目标是提高被介护者的生活质量、最大限度地实现其人生价值。介护是对需要援助的人给予帮助,因此介护工作者应该具有3个"H",即Hand(手:技术)、Head(脑:知识)、Heart(心脏:爱心),没有爱心做不好介护工作,没有技术与知识会使介护工作变成一句空话。由于介护工作的全面性,心理问题也是介护人员关注的重点部分,这也是对介护工作的核心要求之一。

日本老年介护的工作范围涉猎较广,既包括医院护理,又涉及社区护理、家庭护理,工作的具体对象是不能完全独立生活的老年人和残障老年人;工作的内容是被介护的老年人的日常生活照顾、身心保健服务和给予身心残障的老年人的康复护理。

日本1987年开始实施介护保险制度,并将介护保险作为一种新型保险概念呈现在人们面前,构筑起社会参与家庭养老体系,为老年人提供治疗和照顾服务。通过家庭和机构的介护服务,建立起保健—医疗—介护服务体系,减少因老龄化带来的老年人社会医疗和照料问题,到目前为止,日本已经形成了相对完整的老年人介护体系。日本政府先后出台了数项相关法规,为开展老年人的介护工作指定了规范并提供了福利保障。

日本对于介护士的培训机构不断扩大,几十年来共为社会培养了近百万名介护士,其中介护福利士50万人,预计每年将增加5万人,参加短期培训的有3万人,但目前介护福利士仍然短缺。介护福利士的培训科目近20门,包括人文、自然、社会、外语等;专业科目有医学基础知识、心理学、福利知识、家政学、介护技术等。培训出的专业人员有社会福利士、介护福利士,经考试合格获得了国家资格认证。因此,他们可以依托完备的技术支持体系,为老年人提供所需的身体和心理服务。

(二)欧美养老机构心理相关服务介绍

美国在养老服务机构的整个发展过程中,受到凯恩斯(John M. Keynes)主义和新自由主义的深刻影响。在强调联邦政府在福利领域的责任的同时,也推行志愿主义和社会福利化,并十分重视市场的作用。为此,美国在养老事业方面,成为社会保障产业化、社会保险商业化和社会服务社会化的国家。在美国现行的养老服务体系中,国家公办的养老机构较少,养老机构大部分以私人运营和管理的方式存在。美国养老机构的类型可以分为传统的护理院、各州和当地政府监管的老年护理中心和老年公寓。

第一,传统的护理院。其服务的对象主要是肢体行为受到严重阻碍、生活不能自理的老年人,护理院为他们提供24小时护理照料。护理院机构运营中的资金来源主要是私人资金、医疗补助和长期照料保险。

第二,老年护理中心。服务对象主要是生活完全或部分可以自理的、经济条件较为宽裕的老年人。老年人可根据自身需要自由选择设施和专门的照顾服务。老年护理中心作为协助老年人生活的机构,是应市场需求建立的,不受政府的管理,资金完全来源于机构运营,具有较强的独立性。

第三,老年公寓。这是一种被大部分美国老年人接受的形式。服务对象大都是身体健康、生活能力自理、无须他人过多照料的退休老人(65周岁以上)。由政府或社区负责出资提供住所,老人只需要负担部分费用,就可以顺利入住。经济条件较差的老年人还可以享受来自当地政府的特殊补助,只要出示详细调查资料,并将每月所得的社会福利和所有财产完全交付老年公寓管理,费用不足的部分可以向政府申请补助。

美国从20世纪60年代开始发展社区心理健康服务,建设历时较长,故体系发展的也较为完善,主要表现在以下几个方面。

1. 服务途径多样化

首先,以政府力量为主导,制定各种法案、制度等硬性措施,健全社区心理健康中心,投入资金用于配备心理工作人员、精神科医师及相关的设施等。其次,采用医院和社区心理健康中心合作的形式。早期美国社区心理健康中心主要关注心理健康的干预计划,如心理危机诊断等。最后,通过建立社区学校、社区教育组织对特殊人群的社区教育来实现心理服务。社区教育机构由本社区具有一定专业经验的成员组成,为社区其他成员提供心理方面的帮助。

2. 服务内容多样化

服务的主要内容包括关注社区成员生活中的问题,并提供多元化的服务规划。针对不同的人群给予不同的心理服务内容,如针对老年人提供心理咨询,或是老年群体的集中心理辅导等。另外还包括3个特殊内容:压力的应对、危机干预、严重精神疾病的愈后心理康复服务。

3. 服务效果显著

社区心理健康服务的效果明显,反映良好。通常情况下,对于心理健康服务团队开展的心理服务,社区内部成员的满意度非常高,人们对于心理服务人员所提供的各方面服务感到非常满意,包括服务技巧、人际交往技巧、药物提供和各方面的信息沟通等方面的满意。

在西方国家,社区心理健康服务不仅在整个社区服务业中具有一定的影响,而且在应用心理学研究领域中也颇受重视。就实践的分布情况而言,社区心理服务与社区卫生服务是一样普遍的;就其理论研究而言,在社区背景中探讨心理学的应用,是西方心理学近年来的重要研究领域之一。社区心理健康服务在美国的发展已经有了近半个世纪的历史,20世纪70年代,美国就出版了《社区心理学报》和《社区临床心理学》,英国也于1991年创办了《社区和应用社会心理学报》,目前国外不少大学相继设置了社区心理健康的课程,主要目的是帮助社区工作人员对社区居民出现的心理问题进行预防和矫正,同时也能够让

社区居民亲身体验社区心理健康教育对于身心状态的良好影响。

美国社区心理健康服务开创了一种已用于实践的、面向社区老年人的综合服务模式。这种模式中,心理学工作者主要由三部分人员组成:志愿工作者、中级专业人员和高级专业人员。各个学科的从事人员和心理工作者及志愿者一起工作,共同提高服务能力和决策技能,然后将这些能力和技术应用于对老年人的服务之中,可以帮助老年人克服情绪紧张和焦虑的问题。

英国的养老服务机构作为福利制度的一部分,经历了很长时间的发展。英国于1993年推行社区内照顾模式,即老年人在社区内的养老服务机构接受专业人员的照顾。养老机构包括老年人日间护理服务中心、养老院、老人福利院、老人护理院等,所有与老年人相关的心理服务都由这些机构提供。目前,英国的养老院也开始向多元化发展的方向迈进。公立养老院由地方政府负责开支并吸纳老人;私立养老院根据市场规律经营,以满足不同状况的老人的需要。除此之外,英国政府还为缺乏亲人照顾,但有生活自理能力的老人提供了收费低廉的老人公寓。

加拿大非常重视老年人的精神需求,国家设立了大型老年中心,为老年人提供长期住所和护理,并建立以社区为基础的小型护理网络,包括护理室、老人之家、送餐和家政服务等。为满足老年人的精神需求,加拿大还特别建立了应对心理疾病的服务计划,建立社区心理康复机构。加拿大对于社会工作者的要求十分严格,社会工作专业的学生需要接受基础人文科学、社会工作专业知识、社会工作实用技巧和职业伦理道德方面的教育和训练。社会工作者需要丰富的法律、心理、护理知识和人际沟通的技巧,掌握优化工作场所、实现任务目标的技能,同时也能培养出专业化的社会工作者,使其致力于老年人和精神障碍者的护理和康复。

(三)符合当前社会发展阶段的养老心理服务模式探讨

每一个人在为家庭、社会做出贡献之后,在慢慢老去时,都应该享受幸福快乐的晚年生活。享受养老服务作为老年人的一项基本权利,被写入《老年人权益保障法》并受其保护。该法律规定,60周岁以上的老年人,国家和社会应当采取措施,健全保障老年人权益的各项制度,逐步改善保障老年人生活、健康、安全以及参与社会发展的条件,实现老有所养、老有所医、老有所为、老有所学、老有所乐,国家保护老年人依法享有的权利。老年人有从国家和社会获得物质帮助的权利,有享受社会发展成果的权利。同时,由于我国当今老年人口不断增加、养老福利机构相对较少的原因,可获得的养老服务供不应求,在现实中形成了供需双方不可回避的矛盾。

由于养老相关学科的建设主要集中于养老机构,而且增设老年心理服务是日后必然的发展方向,故建议以养老机构中的心理服务为试点,加强针对老年群体的心理服务事业的建设。为提升养老机构的心理服务水平,政府和社会各界应该从以下几点入手。

1. 发挥政府主导作用,完善养老服务机构的财力保障机制

首先,在满足基本养老需求的前提下,大力推进老年人心理服务。随着经

济和社会发展,政府不断增加对养老机构的财政投入,同时敦促养老机构加快心理服务部门和人员的建设。其次,放开政策以鼓励社会力量更多地参与到老年人照顾体系中,发挥补充作用。最后,完善补贴机制和强调专款专用,确保国家的经济补助能够应用到老年心理服务方面。也可以设立老年人心理健康服务专项资金,通过项目化运作来筹集老年心理服务资金。

2. 加强政府监督,制定养老机构心理关爱评估体系

可以通过政府出资购买专业服务的方式,聘请专业人员到社区中进行跟踪评估。而养老机构要把心理工作做在前面,老年人入院之后马上就对其心理健康状况进行测量评估,如发现存在异常情况,即安排经验丰富且具有心理学知识技能的精干人员进行护理,专业的心理健康服务人员随时跟进,对老年人的心理问题早发现、早处理、早见效。另外,也可将养老机构的心理服务纳入养老机构的准入和考核评估体系中,将心理服务与绩效考核挂钩,有利于提升养老机构对于老年人心理健康的重视程度。

3. 加强人员机构统筹,完善养老机构心理服务队伍的建设

第一,要着手于人才梯队的建设。一线护理员着重日常心理观察,通过服务过程中的点点滴滴体味和判断老年人的心理变化,及时觉察老年人心理健康若有异,就立刻上报;专业的心理工作者在一线护理员报告的基础上,根据老年人的个体情况制订相应方案,对老年人的心理问题进行评估、判断和处理;院内的老年人既是接受服务的对象,也可以作为服务的合作参与者,以相同的身份、相似的经历和背景与有心理问题的老年人沟通,提供抚慰和社会支持,更有利于达到优质的服务效果;社会志愿者团队可以作为推动养老机构心理服务的重要力量,在老年人的心理相关活动中起到补充作用。

第二,要加强业务能力培训。根据本机构心理工作者的业务素质和自身特点,制定培训规划,组织师资力量完成专业培训课程。对一线护理员要加强心理基础知识的培训,提升他们对老年人心理问题的识别能力;对于专业的心理健康工作者,要加强老年人心理咨询和测量的操作能力的培训,提升他们对于老年人心理问题干预的有效性;对于机构内的老年人,要加强心理健康教育,使他们能够更好地认识自己,适应环境,从源头上减少心理疾病的发生。

三、后续思考

(1) 结合当前社会形势,思考养老心理服务应完善哪些内容?
(2) 写一份关于发展我国养老心理服务的提案。

📖 延展阅读

[1]〔日〕住居广士.日本介护保险[M].张天民,等译.北京:中国劳动社会保障出版社,2009.

[2] 马强,熊仿杰.老年介护简明读本[M].上海:复旦大学出版社,2012.

情境三
带你了解老年人
——老年人的一般心理特征

 单元导读

"知己知彼,方能百战不殆。"老年心理服务的对象是形形色色的老年人,但多数心理工作者较为年轻,对老年阶段所扮演的角色和日常生活缺乏切身的体验,所有的相关知识只能通过间接经验获得。因此,本单元的学习便尤为重要。每个人的心理变化都是多方面因素作用的结果,只有深入了解老年时期生理结构和心理功能的细微改变,才能体会人到老年后所要面对的无奈、无力和无助感。

感觉系统决定着人的信息接收,认知结构和功能决定着人的观念看法,情感体验决定着人的情绪表现,人格特征决定人的态度行为。心理工作者必须立足于普通心理学、神经生理学和社会心理学等基础知识,以扎实的理论基本功为学习的起点,才可能走向技术应用的巅峰,才更有可能引领老年人获得心理自助的能力,重拾其对晚年生活的希望和憧憬。

学习目标

1. 了解老年群体的一般身心变化,尤其是普遍的心理特征。
2. 了解造成老年人心理变化的影响因素。

情境三
带你了解老年人——老年人的一般心理特征

核心内容

1. 了解老年期的身心变化趋势。
2. 掌握老年期的心理变化特点。
3. 了解经济状况、教育程度、职业类型、家庭关系及社会交际能力对老年人心理变化的影响。

教学方法

1. 课堂讲授。
2. 案例分析。
3. 参与式互动学习。

子情境一　进入老年期的身心变化

在当今时代，人们一般把60周岁以上的人口划为老年人群，尽管这个年龄划定的标准在未来还可能调整，但就我国老年群体的身心老化程度而言，把60岁作为判断老年期的标准年龄仍较为恰当。跨过老年门槛的人们，在肢体功能、感觉体验和思维认知等方面都具有显著的特色。这是由于步入老年之后，随着机体自然老化过程的逐步深入，老年人的躯体和心理方面都发生了差异的变化。

科学研究证明，大脑是心理功能的结构基础，所以人的心理特征变化与生理功能变化密切相关。老年期与生命的其他阶段相比，人体各组织器官的老化过程迅速而显著，当然也包括主导情绪和认识等方面的神经系统。所谓老化，其广义的含义，是指人类个体在完整的生命过程之中一直伴随发生的种种生理及心理功能衰退，是一种正常的生命现象；而对老年群体而言的老化，是取其对衰退状态的描述意义，即机体由动态转至完全静止（死亡）的过程。因此，主要有三方面机体的老化进程，决定着老年人的心理功能变化的方向和程度，即感觉器官的衰退、认知功能的下降和情绪行为的异常。

老年心理维护与服务

变化一　感觉！感觉！怎么没了感觉？

一、现实情境

案例引入

母亲的变化

那时，母亲有一头乌黑的长发，总是清爽地在脑后绾一个大大的发髻，尤其是每次洗完头发，浓密的青丝湿漉漉地搭在肩上一直垂到腰际，太阳一照会散发出动人健康的光泽，我小时候不知多少个夜晚就握着她一缕柔顺的秀发香甜地睡去。可是现在，她的头发日渐稀少，不但早已失去了往日的光泽，还夹杂着根根白发。

那时，母亲是远近闻名的美人，饱满、俊俏的脸庞整日挂着笑容，每次站在讲台上给学生讲课的时候都神采飞扬。可是现在，岁月的印迹悄悄爬满她清瘦的脸庞，尤其是母亲的眼角布满了纵横交错的沟壑，深深浅浅的老年斑像是被淘气的孩子用笔画上去的，然后却是怎么擦也擦不掉了。

那时，母亲最喜欢吃甜脆的东西，整齐、洁白的牙齿好似贝壳。可是现在，递上一个削好的苹果，母亲摇摇头，说这苹果越来越不甜了，不好吃，而且牙也不行了。我尝了一口，苹果爽脆、香甜，我说好吃。母亲渴望地说，很甜就给我咬一口吧。我把苹果递上去，母亲咬了一小口，疑惑地说，不甜啊，骗人。

那时，母亲明眸善睐，水汪汪的眼睛似乎会说话。可是现在，我已习惯于她戴着老花镜费力地看字，或者捏着针、线却怎么也引不进去的情景。每每与她日渐浑浊的眼神相对，我都会感到鼻子阵阵发酸。

那时，母亲动作利落，反应灵敏。她会把家里各种各样的事情处理得井井有条，忙碌的身影透露着一种蓬勃的生命力。可是现在，我经常要把一句话在她耳边大声地重复多次，她才能反应过来。洗碗时会把碗打碎，擦地时能把水洒得到处都是。听着她不时喃喃自语"现在真是不中用"，我的心就如刀割般难受。

母亲是真的老了，在我还没有反应过来的时候，如此清晰地呈现了出来，这样的展示不给人任何心理准备，因此也异常残忍，看着她那熟悉却又苍老的陌生的样子，我一遍遍地问自己，在那些逝去的时间里，岁月无情地偷走了母亲的青春。如今，我如何才能拖住母亲逐渐苍老的脚步？

参与式学习

互动讨论话题1：人衰老的表现都有哪些？

互动讨论话题2：感觉老化会对老年人心理产生哪些影响？

情境三
带你了解老年人——老年人的一般心理特征

二、理论依据

（一）老年人感觉老化的趋势

人类所生存的外部世界及人体的内部环境时刻都处于复杂的变化过程之中。所有内外条件的变化，必须由感觉器官加以感受之后，才能转变为特定的神经信号传入大脑而形成各种各样的"感觉"。换句话说，人们只有通过感觉器官才能获得信息，才能有根据现实情况制定策略和发起行动的可能。所以，感觉器官和感觉过程的老化对人们心理特征的影响是决定性的。

人体的老化进程在老年期开始之前就持续存在，只是在老年期明显地加速和深入。感觉器官的老化直接导致感觉功能的退化，人类与心理功能关联密切的几种感觉，如视觉、听觉、嗅觉、味觉、皮肤感觉、躯体感觉等均显著退化，并直接或间接地参与老年期特殊心理特征的形成过程。

1．视觉

眼睛是人类唯一的视觉感受器官，人们把眼睛辨别物体形状、大小及色彩等属性的能力称为"视力"。通常，人在中年后期，视力在原有基础上即有所下降，而步入老年期后，眼球的晶状体弹性变差，视觉的调节能力下降，会出现人们常说的"老花眼"。受老花现象影响的老年人，最主要的困扰是看不清近物，这是由于老年人对近距离的物件的视觉能力退化程度更深的缘故。于是老年群体普遍感觉近距离视物模糊，而且进展速度惊人，老年人的视觉器官对光线的敏感性和对颜色的辨别力也相应降低，所以老年人需要不断地提高照明灯光的亮度，特别是在读书看报、书写文字的时候；同时，逐渐对动态的目标，如行进中的汽车上的文字出现辨识困难；老年人对色彩的辨别能力也有所下降，特别是对一些相似的颜色，如蓝、紫或绿色等，看不出鲜明的差别。

因为老年人具有长期的视觉经验，有时可以依据记忆中的特征性信息，对眼前的事物进行辅助判断，在一定程度上弥补视力的不足，但视觉老化还是会直接影响老年人对周边环境的分析判断。例如，对事物大小形状、运动位置的误判直接会造成老年人出现意外损害、肢体受伤等。而关于意外的不良经验，使很多老年人产生担忧和恐惧情绪，进而因害怕出现意外而不得不中断某些运动和社会活动，使生活圈子逐渐变得封闭，从而增加各种老年心理问题发生的概率。并且，视觉老化也直接影响到老年人通过读书、看报或经由电视媒体得到外界信息的过程，一定程度上增加了智力减退的风险。

2．听觉

人的听觉是依靠耳朵来实现的，听觉器官接收声音信息的能力称为"听力"。声音振动在空气中形成的声波，经由耳的结构由外到内传递和换能而生成神经冲动，最后传送到脑的听觉中枢，形成人们能感知的听觉。所有的听觉障碍都是在产生听觉的过程中发生问题所形成的。

老年人随着年龄的增长，听觉器官必然出现退变。听力的退变一般有两种，一种是对高音敏感度的下降，另一种是对低音敏感度的下降。老年人听力退变的特征是对高音敏感度的下降要远超过对低音敏感度的下降的程度。因此老年人听男性的声音要比女性的声音容易,听低沉的声音要比高亢的声音容易。听力的损失通常情况下是由于耳部的听觉感受器的改变造成的,也有少数与脑内的听觉中枢病变有关。老年群体中,听力水平存在明显的性别差异,即女性的听力损失远远小于男性。

老年听觉退变的实质是耳的结构功能和脑内神经中枢等各处均存在程度不一的退变,表现为老年人听力的损伤,包括对声音的辨别能力持续下降,周围的人们要不断地用更大的声音与之交谈。分辨他人言语内容的能力也随之下降,使语言交流产生严重的困难。在听音乐时,老年人总会觉得那些相对低沉的音乐较为舒适和悦耳,能感受到旋律之美;但对相对高亢的音乐则听不出变化,觉得单调无趣。所有的损害造成的最终结果就是"老年性耳聋",但也并非所有的老年性耳聋都是由生理原因导致的,某些老年人如果认为身边存在非常糟糕的人际关系,并且通过长期努力也无法改善的情况下,可能会出现"保护性耳聋"。这种听力损伤虽然与社会心理因素密切相关,但久而久之也会造成功能的完全丧失。同时,听觉老化与情绪状态的关系也较为紧密,人们都知道持续的不良情绪会损害躯体整体的健康水平,这其中也包括听力下降所导致的老年性耳聋。另外,长期的营养不良和经济条件不好也会对老年人的听力产生负面影响。听觉老化不仅带来生活上的诸多不便,而且还会导致老年人对他人话语的理解障碍,产生持续加重的社会隔绝感,甚至因误解引发矛盾冲突。

3. 嗅觉

嗅觉对人类的生存有重要意义,嗅觉的全盛时期与成年阶段(18~45岁)大致相符,中年后期至老年期之间的时段就开始有所下降,进入老年期之后老化问题就更为显著。虽然嗅觉丧失可能会导致老年人因闻不到味道而发生气体中毒的情况,但总体上对心理特征变化的影响较少。值得警觉的是,当老年人突然开始抱怨自己闻不到气味,或是总能闻到很奇怪的味道,但周围的人却不能支持他的说法时,那么这种嗅觉障碍可能是老年人脑内某些病变的前兆,或者是老年精神疾病的特征性表现。这样的异常表现无关嗅觉功能本身,而是一种思维障碍,展现的是精神病性症状。

4. 味觉

人类通过舌头上的味蕾产生味觉,味觉主要由甜、咸、酸、苦等组成。味觉功能的完好对于持续高质量的日常生活较为重要,因为对食物刺激产生的快感需要有味蕾上的感受器参与实现,而味觉的敏感度由味蕾的数量和状态决定。

人进入老年期之后,舌头表面的味蕾数量逐渐减少,功能也直线下降,所以老年人明显感觉吃东西没有味道,最先老化的味道是甜味,而最迟老化的往往是酸味和苦味。这样就不难理解,为什么老年人吃糖没有什么感觉,一喝药却直皱眉头的原因了。同样地,躯体的整体状态和情绪状况对味觉也有深刻的影响,当人心事重重时,多半食欲不振,久而久之味蕾的兴奋性受到抑制,对美食的感受能力也随之减弱;而如果老年人一直承受着味觉老化,面对再美味的食物也很难体会到食用的快乐和满足,甚至把吃饭看成一种无趣或苦闷的差事,那么就会直接影响老年人的心情,并且给生活照料也带来一定的难度。

5．皮肤感觉

人的皮肤感觉包括触压觉、温度觉、痛觉和触觉定位等。由于触觉和压觉的性质类似,可统称为触压觉。触觉是人辨别外界刺激接触皮肤时的感觉。老年人的皮肤对触觉刺激产生的最小感觉所需要的刺激强度在衰老进程中逐渐增大,所以对触压觉不如从前敏感。老年人在老化进程中,会逐渐发生触压觉和温度觉减退的情况,容易被烫伤或碰伤。由于神经功能的衰退,老年人的触觉定位也较年轻人差。老年人温度觉减退的原因是皮肤中对感受小体数量减少,因而对外界温度变化的感受性降低,同时对自身体内温度变化也缺乏及时、有效的感觉能力。

痛觉是由各种有可能损伤或已经造成损伤的刺激作用于机体所引起的疼痛感,痛觉的产生还伴有强烈的负性情绪反应。痛觉的感受器遍布于人的机体各处,对疼痛刺激的敏感度各不相同,痛觉的存在对于人体是最重要的保护性机制,它有提醒危险存在、告知躲避伤害的作用。但是当机体处于无可逃避的条件之下,持续的痛觉告警就会使人们陷入万分痛苦的折磨之中。

痛觉不只是简单的神经反射原理就可以解释的,疼痛的产生涉及人的人格特征、生长经历、知识观念及需要动机等多方面因素。当前对老年期痛觉的认识颇有争议,有的学者认为痛觉随着年龄的增长日益迟钝,因此易造成外伤而不自觉,而有的学者则认为痛觉的感受能力并未随着年龄的增加而下降,这也能更好地解释众多的老年人长年遭受疼痛折磨的基本事实。

6．躯体感觉

躯体感觉包括浅感觉、深感觉和内脏感觉。浅感觉是皮肤在外界因素作用下,对触压、痛、温度等刺激产生的感觉。深感觉是躯体深部肌肉和关节受刺激或者位置改变而引起的感觉。深感觉的存在使人们可以在闭上双目的情况下,也会知道自己肢体的状态和位置。深感觉的持续老化就会使老年人对自身的位置和状态的感觉出现问题,进而影响肢体运动。

（二）应对老年人感知觉衰退的措施

为延缓老年人的感觉器官的结构和功能的老化,可根据每位老年人的具体客观情况,加强科学的功能锻炼,而且强调训练的个体化,对不同的老年人要采取不同的锻炼方法,同时还要注重老年人身心健康的维护。人的老化现象虽然具有一般规律,但是机体各系统的老化速度和程度均存在较大差异。这种差异的原因以先天遗传因素为主,同时生活环境、职业损伤等因素也具有重要作用。对于某种感觉功能教化具有家族倾向的老年人,或长期从事具有感觉损害工作的老年人而言,尽早采取措施干预,或许能有效地延缓感觉老化的进程。随着社会物质与精神文明持续进步,老年人感觉老化的具体表现与20世纪中后期相比在年龄上已有所推迟。而且感觉老化并不必然伴随着认知、情感、行为等方面的减退。科学技术的进步提供了很多可以代偿老年人感觉减退的方法和措施,所以感觉老化并非心理健康恶化的必然条件。

三、处理建议

(一) 处理原则

(1) 对应老年人各种感觉的老化,加强对其生活照料和安全维护。
(2) 以健康宣教来帮助老年人应对感觉老化。
(3) 注意其他躯体及心理问题所导致的感觉问题。

(二) 处理方法

1. 调整心态是上策

作为老年群体,对于感觉功能丧失的接受程度不佳,是可以理解的。因为"再也看不清,再也听不见,再也闻不到,再也吃不香"的状态不但代表着以后的日常生活会越来越不方便,更是意味着自己生命的枯萎和临近终结。所以老年人在面对感觉老化过程时,多采用"否认"的心理防御机制,以期降低感觉丧失对自己的伤害。但从心理健康维护的角度而言,这种方法并不能有效地解决老年人内心的冲突,时间久了还可能会产生心理障碍。故当面对此种情况时,老年心理工作者应该加强与老年人的沟通,用事例来向老年人证明:身体结构和功能的老化是不可避免的正常生理过程,开始都会感觉到很沮丧,但多数感觉的老化可以找到相应的代偿方法,并最终会在适应感觉老化的前提下安度晚年。

影响老年人看待自身变化的过程将会持续一段时间,其问题的解决方式的核心是认知观念的调整和完善。为了使老年人能以更平和的心态接受现状,具有成功应对经验的老年人发挥榜样带头作用是具有积极意义的。可以建议组织深受感觉老化困扰的老年人参加团体活动,使他们能够亲耳聆听他人的相同经历和成功经验,对于改善自身的认识结构具有良好的推动作用。并且还要积极关注老年人的情绪状态,在调整其认识和观点的同时,及时处理老年人因感觉老化而产生的焦虑、悲伤、苦闷和自卑等负性情绪,将其心理健康维持在一定水平之上。

2. 安全防护是根本

视觉和听觉老化的最极端结果就是失明和失聪。当然在这种情况下,老年人的生活主要需要他人照料,其安全多由专人负责或是能引起周围亲友的一定重视,故目前看来出现问题的可能性较低。但如果视觉和听觉老化仍处于进展阶段的老年人,即虽然并没有完全丧失视力,却已经不能分辨清楚事物的大小、形状、色彩及运动状态,或虽然并没有完全丧失听力,却已经不能听清人的话语或往来的汽车声,那么在没有专人看护的情况下,独自生活是具有一定危险性的。特别是仍需要自己做饭、上街、购物或从事其他社会性活动的老年人,一旦在某一时段中感觉老化的速度加快,往往没有充分的心理准备加以应对,所以需要在家庭、社区或养老机构中着力防范因感觉老化可能造成的老年人意外躯体损伤。具体措施有:保持老年人常用行走通道的清洁和通畅,移开可能导致老年人摔伤与磕碰的物品,在老年人的住处和活动场所增加保护性装饰,经常带领老年人熟悉周围的环境等。既然感觉老化是一个不可逆的自然过程,那么不但

老年群体要以平常心来加以看待,照料老年人的亲友和专业人员更应该考虑得周到、仔细一些,帮助老年人适应和处理相关问题,并切实保障他们的活动安全。

四、后续思考

(1) 老年人为什么容易跌倒?
(2) 在户外、家庭及养老机构中如何防止老年人跌倒?

延展阅读

[1] 熊仿杰,袁惠章.老年介护教程[M].上海:复旦大学出版社,2006.
[2] 〔英〕布丽姬特·贾艾斯.神经心理学[M].杜峰,译.哈尔滨:黑龙江科学技术出版社,2007.

必读概念

(1) 感觉器官:生物机体内的特殊感受器,如视觉、听觉、触觉、味觉、痛觉、温度觉、运动觉、位置觉和内脏感觉等方面的感受器。

(2) 感觉:其一般含义是指动物的脑对直接作用于感觉器官的客观事物个别属性的反映。在心理学里主要指的是人通过感觉器官获取各种信息的神经生理功能,而且是所有心理现象的基础。

(3) 否认:一种比较原始而简单的心理防御机制,指有意识或无意识地拒绝承认那些使人感到痛苦的事件,当作它根本没有发生,以获取心理上暂时的安慰。例如,小孩打碎东西闯了祸,用手把眼睛蒙起来;妻子不相信丈夫突然意外死亡等。

(4) 心理防御机制:人面临挫折或冲突等紧张情境时,其心理活动会具有自觉或不自觉地摆脱烦恼、减轻内心焦躁不安,达到恢复心理平衡与稳定的一种适应性倾向。常见的心理防御机制有退行、压抑、投射、内射、抵消、逆转、情感隔离、指向自我、否认、升华、置换、禁欲、反向形成及认同。

变化二 我的脑子变糊涂了!

一、现实情境

案例引入

咱家老人为何屡屡被骗?

"那帮骗子太可恶了,一步步地引你上钩,便宜就是上当啊!"河西区居民刘大娘遇到了骗子,两男一女以销售保健品为幌子,租场地专门针对老年人授课,实施诈骗。他们在宣传单中大肆鼓吹产品功效,授课时还免费赠送鸡

蛋、袜子等小礼品,致使每天都有三四百名老年人被吸引前去听课。当老人们被洗脑后,骗子先是让他们去推销少量的保健品,售价30～100元不等,但又表示公司因为回报社会,承诺5天后全额返还。此后,多次兑现承诺让老人们的警惕性越来越低。最后,骗子们推出不同的会员卡,800元办一张金卡,可购买保健药品一组;1 600元办一张钻石卡,可购买保健药品两组,依次类推,买得越多回报越多,购买两组以上的回报甚至高出成本。另外,持会员卡到专卖店购买的还会有优惠。被洗脑后的老人们感到机会难得,于是纷纷掏钱购买,有五六位老人甚至掏了上万元。没想到,返款时间还没到,骗子们就卷款失踪了。

　　日前,69岁的王老太到家住华苑莹华里小区的女儿家小住。一天下午,她出门遛弯时,被一个卖保健品的摊位吸引。在现场负责促销的是两名年轻女子,在两人巧舌如簧的攻势下,对于保健品的"万能疗效",王老太从半信半疑到被忽悠得渐渐感觉"机不可失"。于是,因担心"时不再来",她买了多达10个"疗程"的保健品,不仅花光了随身携带的数百元现金,还主动带着对方返回女儿家中拿出存折,准备到银行取款3 000元付清余款,幸亏在楼下碰到了提前下班回家的女儿。其女儿看到母亲的异常举动后立即上前询问,得知详情后马上进行了阻止。起初,王老太很是固执,对女儿的行为表示强烈不满,后来在几位邻居和一位社区医生的劝说下才悔不当初。

　　(资料来源:陈玉军.咱家老人为何屡屡被骗?天津日报,2012-10-27.)

参与式学习

互动讨论话题1:为什么老年人容易上当受骗?
互动讨论话题2:如何帮助老年人延缓大脑衰老?

二、理论依据

　　认知(cognition)是人类各种形式知识的总称,既包括内容,也包括过程。认知的内容是人们所知道的一切事物,如事实、概念、规则和记忆等。认知的过程是指人们以自身所独有的问题解决模式,在生活中操控心理活动中的各项内容。随着年龄的增长,老年人在注意力、记忆力及智力等方面持续出现不同程度的减退,这些都直接影响着人在老年期的认知过程,现将其分别加以阐述。

(一)注意力的老化

　　注意(attention)是人的心理活动对特定对象的指向和集中,是伴随着感知觉、记忆、思维、想象等心理过程共同发挥作用的。通常所说的注意力就是心理活动指向和集中于某种事物的能力。注意力对人的认知过程具有重要意义,人只有具有完好的注意力,才能够接收清晰无误的信息,甄选出对自身的生存发展较为重要的人或事物,并以此为基础进行综合分析判断,形成问题的最终解决方式。

　　人每时每刻都在应用着注意的选择功能,即注意是有选择地识别某些重要

情境三
带你了解老年人——老年人的一般心理特征

信息而忽视次要刺激。随着老化程度的加深,老年人注意力的集中渐渐不如从前,想去注意什么的时候,总是感觉心不在焉。人在年轻时能感知和注意外界环境中的对象数量原本不多,到了老年时可能注意一个对象都困难。另外,老年人注意的选择功能也受到损害,不能清楚地分辨什么是重要信息,什么又是次要信息;在保持对信息的注意方面,也存在着结构和内容的更多缺失,难以保持信息的完整性;而对于注意的调控能力,则不可避免地走向僵化和低效。注意力的老化严重危害着老年人的身心状态,特别是在人身安全方面更为突出。注意力的分散和难以集中,结合视力、听力的减退,很容易使老年人在外出活动时发生危险,或在不经意时遭受财产方面的损失。

 知识链接

注意的基本功能

(1)选择功能。对信息的选择是注意的基本功能,使心理活动选择有意义的、符合需要的和有助于当前活动的各种刺激;去除或抑制其他无意义的、不合要求的、干扰当前活动的各种刺激。

(2)保持功能。人体所接受的信息通过注意才能得以保持,如果不加以主动而经常的注意,信息很快就会丢失。因此,需要集中注意力将信息的结构和内容保持在意识中,一直到任务达成为止。

(3)调控功能。有意识的、主动的注意可以控制心理活动向既定的方向进行,使注意在需要时适当分配和转移。同时,注意在调节过程中需要实时监督,使得注意的精度和广度不发生过大偏离。

(二)记忆力的老化

心理学将记忆(memory)看作人类存储和提取信息的容量,人们常说的记忆力是指个体识记、保持和重现信息的能力。人过中年之后,记忆力随着年龄的增长而趋于下降,但多数老年人记忆力下降的幅度有限。人的记忆力在40岁左右会有一个较为明显的衰退趋势,然后逐渐稳定,到70岁左右再次进入较为明显的衰退时期。如果把人在青年期(18~30岁)的记忆力平均水平看作100分,那么,中年期(30~60岁)的记忆力平均水平约为95分,老年期(60~85岁)的记忆力平均水平降至85分以下。

老年人记忆力老化的特点有如下5个方面:① 记忆的速度减慢明显;② 再认能力保持较好;③ 短时记忆能力衰退明显;④ 远事记忆良好,近事记忆不佳;⑤ 机械记忆衰退明显,理解记忆保持较好。

老年人的记忆衰退是以生理结构和功能的变化为主的,是符合人的生长发育进程客观规律的自然现象。这种正常的老化对大多数老年人的日常生活的不利影响并不明显,但对部分老年人的生活起居及社会交往还是有所妨碍,特别是心理层面的损害仍不容轻视。老年人的记忆损害表现在记忆过程的不同方面,影响程度也不尽相同。因为老年人记忆减退主要是由于对存储在脑中的信息提取发生困难,而对信息的编码加工和存储保持的过程较少出现问题,所以其再认功能要好于自由回忆,即老年人对于有既定线索的回忆效果,要远远好于无既定线索的回忆效果。在现实生活中不难发现,老年人更容易在回忆亲身经历过的事件或回忆某个人的相貌特征时出现错误,这是因为老年人对发生过的情境记忆不佳,反而对人和事物的熟悉感较为明晰,所以在进行回忆时,老年人会过度依靠精确度较低的熟悉感,从而使其他情境性的特征变得模糊不清。记忆在生活中之所以占据着重要位置,是因为存储和保持着日常生活和人际交往的大量关键信息,老年人对熟悉环境的记忆力与年轻人没有明显差别,但对全新或陌生环境的判断差于其他年龄群体,这就是由于对新的空间记忆能力下降所导致的,而多年养成的对日常环境的经验可以在一定程度上起到补充辅助的作用。

总之,老年人普遍存在记忆力较年轻时下降的现象,这是衰老的表现之一,不必过于恐慌,但如果老年人出现明显的近事遗忘,就要警惕老年期痴呆的发生。(详见情境五)

 知识链接

记忆的分类如表 3-1 所示。

表 3-1 记忆的分类

学 者	分类依据	类 型	主 要 内 容
理查德·C.阿特金森(Richard C. Athkinson)理查德·希夫林(Richard Schiffrin)	把记忆看作一个系统,按照信息在系统内存储的时间划分为3个记忆子系统	感觉记忆	又称瞬时记忆,指感觉刺激停止之后保持的瞬间映象。输入作用时间极其短暂,感觉记忆的存储时间是0.25～2秒,是记忆系统的起始阶段
		短时记忆	短时记忆是指在刺激作用终止后,对信息保持十几秒直至1分钟左右的记忆。短时记忆的存储容量为7±2个项目,它是信息从感觉记忆通往长时记忆的一个过渡环节
		长时记忆	即信息经过深度加工后在脑中长期保留下来。长时记忆的保存时间很长,可以从1分钟到很多年甚至终生,其容量没有上限
安德尔·图尔文(Endel Tulving)	把长时记忆分为两类	情景记忆	人们根据时空关系对某个事件的记忆。主要内容是所见所闻,这种记忆与个人亲身的经历紧密相连。情景记忆受一定时间和空间的限制,也易受到其他因素的影响而不够稳定
		语义记忆	人们对一般知识和规律的记忆,如数学公式、单词解释等,受一般规则、知识、概念等的制约,较少受外界因素的干扰而比较稳定

续表

学　者	分类依据	类　型	主　要　内　容
J. 安德森 （J. Anderson）		程序性记忆	包括对知觉技能、认知技能和运动技能的记忆，往往需要多次尝试才能逐渐获得，在利用该类记忆时往往不需要意识的参与。例如，人们学会做饭，之后日常做饭时就不需要努力提取脑中有关的要领，而会自动地完成此项任务
		陈述性记忆	对有关事实和事件的记忆。它可以通过语言传授而一次性获得，提取时往往需要意识参与。例如，对数学公式的学习和记忆，日后的利用需要有意识地提取脑中有关的存储内容来解决具体的问题
格拉夫 （Graf） 沙赫特 （Schacter）		外显记忆	个体在意识的控制下，利用过去经验对当前作业产生有意识的影响。外显记忆的影响是个体能够意识到的，是受意识控制支配的
		内隐记忆	在个体无意识的状态下，其过去经验对当前作业产生的无意识影响

（三）智力的老化

通过对心理学多年的研究成果的总结，人们现在把智力看作人类的综合认识能力，包括注意力、观察力、记忆力、思维力和想象力等五大基本因素。对事物的抽象思维能力是智力的核心，极富创造的智力结构是人类智能的最高表现。

老年人的智力水平受到生理、社会文化及自身心理等多方面因素的影响。美国著名心理学家雷蒙德·B. 卡特尔（Raymond B. Cattell）与 J. L. 霍恩（J. L. Horn）根据因素分析的结果，按心智能力的功能差异，将人类智力划分为流体智力和晶体智力。卡特尔认为，流体智力是以生理为基础的认知能力，是不依靠文化和知识背景而学习事物和解决问题的能力，它依赖于先天的禀赋，多与人的图形推理、记忆和归纳有关；而晶体智力是以习得经验为基础的认知能力，是通过学习语言和其他经验发展起来的，它依赖于流体智力，多与人的语言理解、经验评估等有关。

人们都知道，人的智力在先天遗传方面是有差别的，绝大多数人们的智力水平处于中等水平，极为优异和智能不足的人只占全部人群中的极少数。智力水平在人口中的分布如表3-2所示。

表3-2　智力水平在人口中的分布

智力水平（IQ）	名　称	百分比/%
140 以上	极优等	1.30
120～139	优等	11.20
110～119	中上	18.10
90～109	中等	46.50
80～89	中下	14.50
70～79	临界	5.50
70 以下	智能不足	2.90

注：智力水平分数根据韦氏智力量表（Wechsler Intelligence Scale，WIS）测验而来。

（资料来源：赵慧敏. 老年心理学[M]. 天津：天津大学出版社，2010.）

人在早年生长发育的过程中，因神经系统、感觉器官和运动功能的特性，特别是脑组织发育的各项指标的不同，而决定了智力结构和水平的不同。经研究发现，流体智力的发展与年龄密切相关，一般20岁左右达到顶峰，30岁以后随年龄的增长呈逐渐衰退的趋势；而晶体智力则不同，并不因年龄增长而降低，甚至有些人因知识经验的积累，晶体智力反而会随年龄增长而升高。所以老年人由于脑神经功能的退行性变化，导致流体智力减退时，而因其经验丰富、阅历深广，晶体智力保持较好，作为补偿，故老年人的智力基本保持正常，从而保证了他们的工作、学习和生活。

在老年期之后，对智力影响最大的是老年期痴呆相关障碍，其次是诸多可以对脑的生理结构和功能产生破坏的躯体疾病，如脑血管病等。这些均是病理性的脑组织变化所致，而非老年人的智力本身发生衰退的结果，这与其他认识功能的老化有所不同。因此对老年人智力水平的保护，重点应当放在预防老年疾病、防止脑组织损害等方面。

智力水平还受到生活方式、经济居住、婚姻现状、人际网络等方面的影响。人是社会化的动物，如果在老年期发生严重的社会隔离状态，如丧偶之后的离群索居、子女离家后的独处空巢、肢体功能缺损后的久卧病床等，都会使老年人的智力受到损害。如果老年人失去了各种体力和脑力锻炼的机会，就阻断了保持智力的有效途径之一。虽然教育水平与脑力的活动具有密切的关系，但近年来的研究发现，老年期智力分布受性别因素的影响更为显著，即老年女性的智力普遍优于男性。此外，与其他年龄段的群体不同，心理健康水平对老年人的智能，特别是自我照料能力方面的表现有明显影响。精神医学研究发现，严重而持久的抑郁状态可以使老年人的智力出现衰退，同时会增加老年期痴呆发生的风险。同时，习惯于保持积极思考、心态乐观向上的老年人，其智能下降的概率明显小于其他老年人。

三、处理建议

（一）处理原则

（1）强调功能锻炼。

（2）尝试潜能开发。

（3）预防相关疾病。

（二）处理方法

对于老年群体认知功能的维护，所涉及的方面较广、内容繁杂，但是在充分认识老年人注意力、记忆力和智力方面的特点前提之下，针对老年认知功能的心理服务仍有重点可关注。

1. 手指运动与游戏

建议老年群体除日常的体育运动之外，适当增加手指运动等训练内容。医学研究表明，在人脑控制身体各个部位活动的中枢中，手部特别是手指运动中枢占有明显的优势地位，与发达的语言中枢一起构成了人类有别于其他高级哺乳动物的标志性脑结构。故通过增加与手指相关的精细活动,对脑部保健和功能保持具有积极意义。生活中人们也经常会看到很多老年人通过在手中把玩石球(保健球),来达到活动手指及锻炼大脑的目的。

随着科学技术的发展,计算机和网络已经普及,对于行动受身体条件、环境气候等影响的老年群体来说,使用计算机获取信息、娱乐休闲是较为理想的全新选择,只要在视力和上肢条件许可的前提下,经常性地通过敲击键盘和点击鼠标来活动手指,可以增加对脑部的刺激频度和强度。另外,计算机游戏具有强烈的趣味性和操作性,从易到难的设定可以让老年人在得到娱乐的同时,加强对智能结构的保持和开发,不断地活跃老年人的思维力和想象力,并带动相应的创造能力。故计算机可以成为新时期老年认知功能保健的重要辅助工具,具有与时俱进、开拓创新的积极意义。

2. 继续工作和人际交往

很多老年人在离退休之后不甘于闲散的居家生活,从而重新走出家门,参与社会生产。从技术岗位退下来的老年人,对其奉献多年的行业有着深刻的认识和充足的经验,这些感性认识在特定条件下可以向理论层面深化,从而形成对相关学科发展具有重要意义的理性认识成果。所以,科学合理地对老年人才进行再利用,在利于创造出更多更好的社会和经济价值的同时,也有利于老年人认知功能水平的保持和提升。另外,老年人多参与社会交往及娱乐活动,不但有益于强身健体,还可以保持愉悦的心情,更重要的是对脑部形成全方面的刺激,使左右脑的相关神经中枢得到更为平衡的功能锻炼。

3. 大脑的卫生保健

如上文所述,除有针对性地进行技能训练之外,维护老年人认知功能的主要措施仍在于预防老年疾病对大脑的损害。对注意力、记忆力和智力破坏性最强的老年期痴呆问题,本书将在以后的章节详细加以阐述。同时应该积极地防控老年群体的脑血管病,即因脑内动脉破裂所导致的脑组织损伤。一旦脑部的出血量和持续时间达到一定限度,就会形成不可逆的结构破坏,从而使部分或完整功能丧失。所以针对本身具有高血压、心脑血管疾病等高危风险的老年人,应当加强健康教育,使其认识到问题的严重性,做好自我保护,同时也应该对其家人和照料者反复强调科学照料的安全意义。只有尽可能地保持脑结构和功能的完整有效,才可能实现对老年人认知功能的心理维护的目标。

四、后续思考

(1) 如果老年人经常忘记刚刚发生的事情,如刚放下东西就忘记所在位置,刚见面的朋友就忘记对方名字,应警惕该老年人出现什么问题?

(2) 如何帮助老年人提高记忆力(具体措施)?

延展阅读

[1] 〔美〕罗伯特·J. 斯滕博格,等. 智慧 智力 创造力[M]. 王利群,译. 北

京：北京理工大学出版社，2007．

[2]〔美〕卡贝扎，等．脑老化认知神经科学[M]．李鹤，等译．北京：北京师范大学出版社，2009．

必读概念

（1）认知：指人类通过心理活动来获取知识的过程，即个体对内外部信号接收、检测、转换、合成、编码、储存、提取、重建、概念形成、分析判断和抽象想象的信息加工处理过程。

（2）记忆：是人类保存和再现知识经验的心理过程，即脑对来自于内外环境中的信息进行编码、存储和提取的过程。

（3）再认：是个体记忆过程中重要的部分，是通过所感知的事物的部分属性或其他线索，唤起对事物整体性质的全方位的记忆。通俗意义上的再认，就是对曾经感知过的人或事物再度进行感知时，对个别性质的判断以确认记忆中的相应存储，从而从记忆中提取出人或事物的先前经验。例如，当个体辨识他人时，对方的体貌年龄、衣着风格、声音特点、言谈举止及姓名职业等都可以成为再认的线索，确认其中一条或几条内容，即可成功地完成对这个人的再认。

变化三　他们说我是"老小孩"！

一、现实情境

案例引入

小董的困扰

小董一直是个孝顺的孩子，但是他最近因奶奶的事情困扰不已。在小董的记忆里，奶奶是个能干的、独立的、坚强的甚至有些冷酷的女人。爷爷去世早，奶奶一个人把4个孩子拉扯大不说，并且还供两个叔叔读了大学。认识奶奶的人都说："真是个要强的女人，干活不输给男人，一个人养活一家子，从没听她抱怨过，也没看她掉过泪。"而如今奶奶的变化，却让小董有些哭笑不得。

奶奶上了年纪之后一直跟叔叔住在一起，小董每次去看她，都会给她和刚满5岁的堂弟买些礼物。前几天，小董到叔叔家时间比较晚，就只在楼下的小超市给堂弟买了些水果，奶奶看见他来，高兴极了，赶忙迎上去问长问短，但一看到小董手里的东西，脸色顿时变了，闷闷不乐地说："明知道我有糖尿病不能吃水果啊，干吗买这个？"小董忙解释道："这是给堂弟买的，下次再给您买。"奶奶仍然不开心地说："也不记得给我买东西，就有他的，没有我的。"转身回到屋子里生闷气去了。小董纳闷地看着叔叔："这刚才还好好的，

情境三
带你了解老年人——老年人的一般心理特征

怎么变得这么快？"叔叔摆摆手，将小董让到客厅里，苦笑地说："你奶奶现在就跟小堂弟似的，要哄着来，不然就发脾气。我们还可以经常给你堂弟讲道理，可给你奶奶连道理都没法讲，她白天不管我工作多不多，经常给我打电话，一聊起来就没完，也没什么急事就是问我吃没吃饭什么的，我跟她提过几次，上班太忙了，没什么事就别打电话了，她立刻生气地说我嫌弃她，不管她。""可不是，"婶婶接着说，"上次我刚到家，看见她坐在沙发上哭，你说你奶奶多坚强一个人啊，什么时候见到她掉过眼泪？当时就把我吓傻了，我以为出了什么大事，结果一问才知道，原来是看电视剧看的，弄得我们虚惊一场。"

小董不解地问叔叔："这奶奶是怎么了，为什么变了这么多呢？"叔叔笑着说："也没什么事情，人老了都这样，老小孩呗。"可是人老了，为什么就会变成老小孩了呢？小董还是有些想不明白。

参与式学习

互动讨论话题1：人进入老年期后性格为什么会产生变化？
互动讨论话题2：作为心理工作者如何对待老年人的"无理要求"？

二、理论依据

（一）老年期的人格特征

关于人格的定义，很多心理学家都有独到的阐述。在我国比较通行的定义是：人类个体在先天遗传素质的基础上，通过与后天社会环境的相互结合而成的相对稳定而独特的心理行为模式。人格由多种成分组成，如能力、气质、性格等。

进入老年期之后，人的身心状态持续老化，其个人格特征也可能会随之发生某些变化。衰老往往导致老年期常见疾病，如高血压、糖尿病、心脑血管等频繁光临，老年人的性格就可能受疾病的影响而改变。如果老年人的身体比较健康，肢体功能完整，没有持续而显著的疼痛存在，那么其性格通常不会有重大变化；如果老年人在病痛缠身的情况下，经济困难又无人照料，那么其性格就容易变得怪僻暴躁、难以捉摸。

有的老年人退休回家之后无所事事，同时又缺乏兴趣爱好，不知不觉间养成了酗酒的不良习惯，或因为长期的睡眠障碍和疾病所带来的疼痛，不得不求助于镇静催眠药和强效止痛药，随着时间的推移造成了药物依赖的问题。无论是酒精还是药物依赖，都会在摧残老年人身体健康的同时，严重扭曲老年人的人格建构，使老年人的个性变得自私自利、冷酷无情、无信无义和行为冲动。

（二）老年期人格改变的主要趋势

（1）趋向于固执保守、缺乏变通。
（2）趋向于自卑多疑、褊狭善妒。
（3）趋向于适应性差、依赖性强。
（4）趋向于不满现实、追忆过去。

(三)老年期人格分布的主要类型

1. 健康成熟型

健康成熟型的老年人,对自己的人生具有客观而清醒的认识,对晚年生活持积极乐观和充满希望的建设性态度。在实现了自我人生价值之后,他们仍然愿意为社会贡献自己的力量,热心于自己的专业或公益事业。他们擅长人际互动,真诚地理解家人、朋友和社会其他人际关系中的种种表现,对待自己和他人均是宽厚理性的。他们有充实丰富的内心世界,心理上不依赖他人,并有能从容地利用自身经验和社会支持来解决各种困难的意愿和能力。身心健康、开朗豁达、兴趣广泛、朋友众多是这类老年人的共同特征。

2. 安宁和谐型

安宁和谐型的老年人,没有过多的个人要求,很易于满足现状,乐于轻松、闲适的生活,不太在意得失,待人接物平和自然,退休生活是他们一直盼望的。虽然在精神层面上独立性略差,但在生活方面上大体能照顾自己。这类老年人给人以安详和蔼的感觉,为人低调,较少引起冲突,是老年群体中的主流。

3. 操劳表现型

操劳表现型的老年人,不能接受自身老化的结果,希望用不断的各种各样的事物来填满自己的生活,以抵消衰老带来的不安和恐惧。他们总是对别人有太多的责任和义务,甚至在无利可图的情况下也甘愿为人奉献。虽然这样的行为对社会做出了一定的贡献,但往往终因难以找到合适的社会位置和角色冲突而产生心理问题。因为这类老年人具有强烈的控制欲和干涉欲,所以容易引发家庭内部和其他方面的人际困难。

4. 冲动暴躁型

冲动暴躁型的老年人,多数不能较好地适应退休生活,对未能实现的人生理想或具体目标感到绝望和不平。在生活中总是体会到很强的挫折感,并由此产生对他人、单位或社会的怨恨情感,易于对人产生敌意,于是表现得挑剔、偏执、苛求和易怒,比其他类型的老年人更易产生攻击性情感和行为。这类人格变化的本质是无法承认老年人的身份,回避老化及随时可能到来的死亡。

5. 封闭退缩型

封闭退缩型的老年人对自己的人生持否定的态度,认为自己是个一无是处的失败者。他们常把愤怒和不满压抑于心底,不轻易向人坦露,生活是在时常的自卑、自责中度过的。在行为方面表现得深居简出、拒绝交往、不言不语或长吁短叹,对晚年生活的前景极度悲观。

人格是与人类个体的身体状态、心理过程及生活环境都密切相关的多种因素共同交互作用的产物,老年期的人格特征是个体独特的人生经历在心理方面的必然后果。人人都希望拥有健全的人格,但这几乎是理想状态,只能尽可能地近似达成。因此,认识到自身人格的不健全,并尽力完善可以改变的部分,是人在老年期科学看待自己比较得当的方式。

三、处理建议

（一）处理原则

(1) 接纳自身人格的不完美。

(2) 接纳人与人之间的差异。

（二）处理方法

培养相对健全的人格对于老年期心理健康意义重大，老年心理工作者在针对老年群体展开服务的时候，应积极引导老年人树立以下观念。

(1) 真实坦率地认识自我，接受自我是个不完美的人，有优点也有缺点，有长处也有短处。

(2) 真诚坦然地面对他人，不必隐藏更不必掩饰。在尽可能尊重他人的前提之下，以互不伤害的原则进行人际交往。

(3) 宽容平等地为人之道，在人际交往中能设身处地为他人着想，认可别人的优势，容忍别人的缺点。

(4) 科学理性地充实内心，在自我的精神世界中拥有坚实的人生观、价值观和方法论，对外界事物有自身的见解，并能灵活运用新的知识和理念加以扩充。

四、后续思考

(1) 总结自身的人格特征，并与同学进行交换评判，以加深对自身的了解程度。

(2) 选择两名以上的老年人进行访谈，并总结他们的人格特征。

延展阅读

[1]〔美〕查尔斯·S.卡弗，迈克尔·F.沙伊尔.人格心理学[M].5版.梁宁建，等译.上海：上海人民出版社，2011.

[2]〔日〕市桥秀夫.人人都有病：图解人格障碍[M].徐琳，译.北京：光明日报出版社，2012.

必读概念

(1) 能力：直接影响个体活动效率的心理条件。也就是在各种活动中所表现出来的，可以直接影响活动效率，使活动得以顺利进行的个性心理特征。

(2) 气质：表现在心理活动的强度、速度、灵活性与指向性等方面的一种稳定的心理特征。

(3) 性格：是人类在社会实践活动中所形成的对自我、他人和事物的相对稳固的态度，以及与之相适应的习惯化的行为模式。

子情境二　进入老年期的心理变化方向

方向一　多数老年人通常怎么想？
——老年期共性心理特征

一、现实情境

案例引入

天津东丽区社区开展中老年心理特征及营养保健讲座

> 为迎接天津市第八届社科普及周的到来，东丽区委宣传部特别聘请了天津市医科大学史宝欣教授到张贵庄街兴业里社区，为社区百余名居民举办了一场"中老年心理特征及营养保健"讲座。通过这次讲座，在社区居民中进一步普及了健康知识，增强了社区广大中老年人群的保健意识，提高了他们的自我保健能力，丰富了老年人的科学养生知识。这次讲座也受到了广泛的好评。
> （资料来源：http://www.022net.com/2010-8-19/512525292953631.html。）

参与式学习

互动讨论话题1：你认为老年人的共性心理特征有哪些？
互动讨论话题2：为什么要了解老年人的共性心理特征？

二、理论依据

心理健康状态对人的幸福感有着决定性的影响，同时保持积极良好的心态能促进老年人的健康；反之，存在消极不良的心态则会危害老年人的健康。通过对老年期身心变化的学习，可以了解到老年人在感觉、认识和人格几大方面都逐渐发生速度不一的老化进程，而这些生理及心理的改变使老年人表现出特有的心理特征。

（一）心理功能衰退

人脑是心理活动和功能的基础，老年期的生理老化不可避免地影响到脑功能，使其在整体水平上有所下降，较成年期时的功能明显减退。老年群体中较常出现类似神经衰弱的表现，如精神易兴奋和易疲劳。所谓的"易兴奋"，就是自觉大脑容易兴奋，经常回想一些早年发生的人或事情，明知道没有什么用处却总容易被一些情境或时间引起回忆；注意力难以集中，对外界环境的变化较

情境三
带你了解老年人——老年人的一般心理特征

为敏感;脾气莫名其妙地变大,对方不合心意的言语或行为容易引起发火和不快,老年人对此深为苦恼。而精神的"易疲劳"主要是脑功能衰弱的表现,老年人明显感觉身体较易疲劳,经常感到无力、疲乏,经过调适休息后也难以缓解,这也使老年人认为自己身体大不如前,什么也做不了,悲观失望的情绪油然而生。同时,由于脑及神经、骨骼、关节和肌肉的老化,老年群体的运动功能衰退程度显著,故老年人在生活中过于谨慎,不轻易从事有可能会导致意外的身体活动。

(二) 自我评价降低

老年人大多数在退休后处于居家生活的闲散状态,离开熟悉的日常工作和人际圈子,会让人产生种种的不适应。其中较为突出的是自觉无事可做,失去原有的社会地位和人生价值,对晚年生活具有迷失感和强烈的不再被他人需要的感觉,于是情绪被失落、悲观和自我贬低所填满。此时的老年群体普遍认为自己对社会和他人已经没有意义,不但无法从经济等方面贡献于家庭,还成为家人的负担。老年人经常会对退休前的生活充满向往和追忆,喜欢与人谈论的话题也多关乎自己的过往,这些思想言行主要与"时光不再,今不如昔"的心理特征有关。也有部分老年人始终未能调整好认知结构和情绪状态,变得过分的沮丧和低落、对任何事物都提不起兴趣,拒绝人际交往并反复地责怪自己没用,陷入极度的悲观和自卑情绪之中,就有可能造成抑郁情绪,形成老年心理问题。

(三) 孤独寂寞感增强

在现代生活模式的影响下,中国人的家庭规模已经基本完成向独立化和小型化的转变。越来越多的年轻人或成家立业,或远足留学,从而开始独立生活;同时由于我国独特的独生子女政策的实施,已超过2亿个家庭中只有一个孩子。到21世纪初,我国开始进入首批独生子女求学和工作的高峰时期。这样与父母共同生活的年轻人的比重直线下降,所造成的"空巢"现象也越发地引起社会的关注。我国的老年群体普遍具有照料儿女生活、共享天伦之乐的习惯,当进入退休生活后,已经失去为社会继续贡献力量的机会,而子女的离家使照顾年轻人的任务不得不中止,生活中可做的事所剩无几,这使习惯于忙碌和有子女围绕的老年人就可能陷入孤独寂寞的感受之中。

而且,随着生活节奏的不断加快、社会竞争的激烈演变,使年轻人的生存压力持续增加,工作占用的时间越来越多,而无暇过多关注家人,使其与父母的沟通交流也日益减少。在这种时代背景下,老年群体所产生的孤独感远较上代人严重。缺少了子女陪伴的晚年生活是冷清而寂寞的,特别是相伴一生的配偶去世之后,愈演愈烈的孤独感会对老年人的身心造成严重损害。人类是最具群居特征的高级生物,每个人的一生都是在躲避寂寞和孤独的过程中度过的。孤独感使老年人处于被遗弃的境地,进而认为无论自己有什么困难,都不会有人来帮助;无论自己的心情怎样,都不会有人来安慰;无论自己是否在家里死亡,都不会有人知道,从而使老年人对自身价值和亲子关系感到绝望,老年人的情绪也会越发恶劣。如果不加以关注和处理,会对老年人的身心健康造成很大的威胁,甚至造成自杀等悲剧的发生。

(四)固执保守难动摇

和其他年龄段的群体相比,老年人普遍在接受新鲜事物方面存在困难。经过一生的风雨沧桑,人到老年之后已经形成了稳固的人生观和世界观,很难受外界的影响而发生较大变化。老年人的既有观念是由人格特质、成长经历、教育背景等多方面因素共同决定的,而人格特质在其中起相对主要的作用。因为人格具有相对的稳定性,除非发生极为重大的生活变故或心理创伤,否则不太可能有明显的改变,所以人的观念随着年龄的增长而越多地不易受到外界的影响,从心理学理论中可以得到合理的解释。很多年轻人都感觉到,自己的父母变得越来越固执己见,听不进去别人的建议,很多时候老年人虽然没有对外界的建议表示明确反对,却充耳不闻,我行我素,没有任何改变的迹象可寻。而且在认识和学习全新事物,特别是科技进步带来的日常生活变化时,接受度仍然较为低下。现在仍有很多老年人不能自如地应用手机,在接听电话时频繁出错;或者对家用电器的认识停留在十几年前,不能良好地操作和使用。老年人对社会生活中的种种新风潮、新时尚也普遍持负面评价,对年轻人的衣食住行都用相对保守的眼光来看待,也会因对人际交往方式的理念不合,而与子女发生矛盾导致不快。

对于这些老年群体心理特征变化的大体趋势,我们要以科学的眼光、宽容的心态来加以对待。老年期心理状态的走向主要受生理及心理老化的影响,同时社会环境和人际关系也发挥着一定的作用,是不以主观意愿而改变的自然过程。因此,老年心理工作者应当引导老年人及家属理性地认识客观规律,积极主动地调整自身状态,在保护好心理健康的前提下,追求更为幸福和快乐的、高质量的晚年生活。

三、后续思考

(1)了解了老年人的心理特征对开展老年心理工作有什么启示?
(2)根据老年人心理特征制订出一套切实可行的老年心理服务方案。

延展阅读

[1] 陈露晓.老年人特有的心理期待[M].北京:中国社会出版社,2009.
[2] 〔美〕Robert D. H.积极老年生活心理健康七法[M].王海梅,等译.北京:中国轻工业出版社,2011.

必读概念

神经衰弱:一种自我感觉在精神上容易兴奋和疲乏的状态,经常出现心理、生理症状的表现,属于神经症的一种。一般表现为精神紧张、心情烦躁、易激惹、爱发脾气等,并伴随有睡眠障碍,以及头晕眼花、耳鸣、心慌、胸闷、腹胀、消化不良、尿频、多汗等生理功能紊乱症状。

方向二 "服老"还是"不服老"?
——对年老的认识观念变化

一、现实情境

案例引入

老了不服老　儿女很烦恼

陆女士尴尬地对来到家中的消防员赔礼道歉,消防员严肃地对她说,没事就好,但一定要让老人提高防火意识啊,一旦出事就晚了。陆女士连连点头。事情要从上个月说起。母亲林阿姨经常在做饭时,点上煤气后,又去干别的事情而忘记关火,这样已经连续烧坏了3口锅,今天是最严重的一回,整个厨房冒起了浓烟,吓得邻居赶忙拨打了119。这让陆女士很恼火,以前她跟母亲说了多少回,尽量不要做饭,买现成的吃,或者干脆请个保姆帮忙做饭。可母亲就是不听,这要是真引起火灾怎么办? 唉,这人上了年纪可真固执!

如果仅仅有个爱做饭的老妈让女儿操心也就罢了,可最让人头疼的还是那个"活力四射"的父亲。老陆是个热爱生活的人,将近七十了还喜欢天天骑电动车四处闲逛,不是去花鸟鱼虫市场转转,就是去公园广场玩玩,没有一天闲着的。陆女士觉得骑电动车不安全,尤其是冬天,一旦下雪刮风危险系数更高,于是就给父亲办了张老年人免费乘车卡,可他根本不领情,用他自己的话说:"我还没老呢! 干吗用老人卡?"结果有一天,父亲被一个开快车的小伙子刮倒,造成盆骨骨折住进了医院。这下可把陆女士给忙坏了,天天工作单位和医院两头跑,自己的小家根本就顾不上了。看着被伤病折磨的父亲,她真是又心疼又生气,这样不服老的老人,可真让人操心。

不服老的人永远不显老

美国的老年人最爱显示自己年轻,他们从不服老。现在,很多美国老年人爱上了跳伞、滑雪、潜水、飙车之类紧张刺激的运动,他们的激情和年轻人相比一点都不差。

美国媒体披露,佛罗里达州94岁的老汉爱伦森(Aronsohn)刚考完驾照后,就独自一个人开着一辆豪华旅行车踏上征程,3个月内游览了6个国家,回来后非但没感觉疲劳,反而觉得精神比以往任何时候都要好。加利福尼亚州有一位名叫莫德的老太太,在105岁时领到了新的驾照,每天都要开车出去兜风,而且还时常抱怨前面的车子开得太慢。这位老寿星坦言:"我的健康状况主要得益于开车,它让我感觉到自己依然年轻。"

事实上,这些老年人"不服老"的做法,能很好地改善他们的衰老心态。美国康奈尔大学教授菲利斯·莫斯(Phyllis Moss)指出:"许多人退休后无所事事,容易产生老之将至的悲凉心态,这无疑对老人的健康没有任何好处。"如果不能老有所乐,生活就很容易陷入消极状态,而心态的老化也会加速生理的老化。

(资料来源:刘青.大道无形:121种内外保养法[M].北京:中国医药出版社,2011.)

参与式学习

互动讨论话题1:如果你是文中的陆女士,你将如何处理父母"不服老"的问题?

互动讨论话题2:你认为老年人应不应该服老?为什么?

二、理论依据

步入老年期的人们,对于"服老还是不服老"这个话题都颇有争议。人们常常会听到两种截然不同的观点。

一些老年人很是开通,觉得一定是要服老的。因为人只要是变老,体力就会衰弱,精力也跟着下降,脑子的反应越来越慢,这样的状态基本没有什么用处了,怎么可以不服老呢?

许多有如此想法的老年人在生活中,稍微复杂点的事情也不愿做,对以前没有听说过的新事物也不愿接触,运动量稍大的活动更是不愿参加。在思想上,他们则认为自己就应该老老实实地在家养老,而什么"老有所为"、"发挥余热"之类的想法是无稽之谈,异想天开。

而另一些老年人却不这么想,认为当然不能服老。虽然老年人退休了,但体力和精力也没有一落千丈,明明可以发挥"一不怕苦,二不怕累"的精神勇挑重担和大显身手,怎么能服老呢?

这些重燃斗志的老年人,明明经济条件不错,还是想要继续从事紧张繁重的工作。他们不从自己身体状况的实际出发,常常主动寻找与青年人比试、较劲的机会,勉强做超出自己身心承受能力的事情,以证明自己还不算老,仍然还很年轻。

其实以上两种观念都不是很全面,因为他们都没有根据具体情况进行具体分析,而是笼统片面地盲目下结论。当代的养老观建议:生理上服老,心理上不服老,才更符合科学养老、延年益寿、身心愉悦的目标。

人对自己的整体状态,往往都有着清楚的了解和掌握,包括自己的一般情况、性格特征、能力特长、兴趣爱好和情绪状态等,对于年龄的认识则属于和身高、长相、性别等同类的一般情况内容。人们的年龄观念是由生理年龄和心理年龄及个人意愿3个方面因素综合而成的。研究发现,人的生理年龄和心理年龄并不十分同步,因为一般情况下,老年人的心理老化速度要相对慢于身体老化的速度,从而造成了"人老心不老"的差异。而且同身体的老化特征相比,心

情境三
带你了解老年人——老年人的一般心理特征

理的老化并不明显,不易被观察。个人意愿就是个体所认为的自身年龄,本来生理年龄和心理年龄之间就存在差距,在个人主观意愿的推动下,往往使老年人难以客观、务实地认识年龄问题。

对于那些"不服老"的老年人,其问题的实质是在年龄问题上存在着"理想与现实"的心理冲突。对自身实际年龄的不认同导致相应的不当行为并对自己的成绩盲目乐观。而这种对实际年龄的不认同不只发生于老年期,很多人在青春期时,经常刻意表现得老练、成熟,则是出于对中年人心理特质的认同和模仿;也有很多进入中年期的女性,在言谈举止和穿衣打扮方面向年轻少女看齐,这是对青春期外貌特征的留恋和向往。老年人对自身实际年龄的否认态度也是出于对自己鼎盛时代的怀念和不舍。拒绝变老的现象归根结底是自我接纳的问题。这类老人有的退休后,再就业时仍然像在职人员那样拼命工作,加班加点,最后导致劳累过度,甚至患上重病;有的在运动锻炼中,追求跟年轻人一样激烈的、刺激的运动,如快跑、登山等,因为违背适度运动的原则,造成身体的不良后果,严重的甚至猝死;还有的老年人,在娱乐活动时"精力旺盛",在打牌或下棋时,不分昼夜,连续十几个小时不眠不休、不吃不喝,或者过分计较输赢,争强好胜,为此乱发脾气。这样,时间久了,极易导致老年人情绪剧烈波动,从而引起血压骤然上升,导致突发心脑血管疾病等严重后果。

而过于"服老"的老年人,精神意志消沉,不仅使大脑得不到有益的锻炼,认知功能的老化加速,也使身体的各系统器官的功能面临不利影响。心态的消极、保守和不思进取、安于现状,有可能使免疫力下降,各种疾病缠身,这样老年人就会陷入身体和心理健康失调的恶性循环之中。

因此,老年群体应当要承认老化是不可抗拒的自然过程,并接受身体衰退的客观规律,同时也要积极调整心态,保持相对年轻的心理。在退休之后还是以养生休闲为主,做一些体力能够承受并且心理轻松愉快的事情,如坚持散步、打太极拳、跳健身操等,这样既能达到运动养生的目的,又不会过于劳累身体;更要保持积极的心态,老有所为,发挥余热。老年人可以根据自己的爱好,多学习新知识,如学习外语、电脑、书法、绘画、摄影等,有条件的老人可以到老年大学参加培训班,丰富老年生活。有特长的老人,根据自己的身体状况,可继续为社会做奉献。

人的一生总要有起有落,有成有败,有光辉灿烂的瞬间,也就有黯然失色的时刻。老化是人人都不能躲避的生命历程,老年人对年轻岁月的留恋是可以理解的,但须不断深化理性、客观的年龄认知,调整好自己的心态和行为,为所能为,量力而行。如果老年人能做到"生理服老,而心理上不服老",就会拥有积极、健康而有意义的晚年生活。

三、后续思考

(1) 总结老年人"服老"及"不服老"的优点和缺点。
(2) 以"生理服老,而心理上不服老"为主题,做一期老年心理健康教育的宣传板。

延展阅读

[1] 于友. 不服老的报告：献给天下所有的老人[M]. 北京：群言出版社，2006.

[2]〔美〕William J Stockton."现在全明白了！"——你我他的自我认识之路[M]. 李辉，等译. 北京：中国轻工业出版社，2009.

必读概念

（1）生理年龄：是指人在生理结构和功能方面的年龄，代表人的生命活力。生理年龄的高低主要取决于人的生活方式和健康状况。

（2）心理年龄：是指人的整体心理特征所显露的年龄特征，与其实际年龄并不完全一致。人的每个心理年龄阶段均表现出不同的心理特点。

（3）心理冲突：是个体在有目的的行为活动中，存在着两个或两个以上作用相反或相互排斥的动机时所产生的矛盾心理状态。由于动机和目标几乎同时出现，使个体难以取舍和选择并引发焦虑紧张，是心理失衡的重要原因之一，一般有以下 3 种类型。

① 双趋冲突：有两个同样具有吸引力，但又不相容的目标，冲突中的个体想同时加以获得，由于现时条件的限制，只能全力争取达到其中的一个目标，因而产生的心理冲突，如鱼和熊掌。

② 双避冲突：当一个人同时面临两件非常讨厌、都想极力避免的事情，但由于实际条件的限制不可能同时加以避免时，而产生的心理冲突，如前有悬崖，后有追兵。

③ 趋避冲突：是个体对同一目标既想达到，又想回避时产生的心理冲突。这是最常见的心理冲突。通常这类目标既具有强烈的吸引力，又需承担一定风险才能实现，例如，牙齿坏了，拔牙很疼，不拔也难受。

方向三　"怪兽"还是"奥特曼"？
——个性特征变化的两极性

一、现实情境

案例引入

会"变身"的父亲

儿子安静地依偎在我父亲的怀里，听着爷爷柔声细语地讲他最爱的"奥特曼"的故事。讲到高兴之处，儿子便开始兴致勃勃地、肆无忌惮地大声喧哗，而父亲则一脸的慈爱和包容。我在一旁饶有兴致、津津有味地倾听，偶尔回应一两句，就会引来爷孙俩的开怀大笑。

情境三
带你了解老年人——老年人的一般心理特征

看着这样的情景,我惊奇地想,这是那个记忆中威严而不苟言笑的父亲吗?

小时候,父亲是严肃又严厉的,他几乎很少对我流露笑容,不管我表现得有多乖,学习成绩有多好,只要他向我一瞪眼睛,我就会像做错事般吓得直冒冷汗。每次看到同龄的小朋友与父亲嬉笑打闹、撒娇耍赖的时候,我都会分外眼红,艳羡不已。

可是现在,我的父亲已经完全找不到以前一丝一毫的影子,他褪去了所有的冰冷和暴躁,变得慈眉善目、平和亲切。

一天,儿子因为特别调皮把我惹恼了,在我重重地在他的屁股上打了一巴掌后,儿子号啕大哭并非常气恼地把自己关在了房间里。好长时间他都没有出来,我实在放心不下,想悄悄地看看他在做什么。可眼前的一切让我颇感意外。父亲正坐在床边,软言软语地安慰着并不领情的"小不点"。

这样温馨的场面让我想起儿子曾自豪地跟我说,爷爷是无所不能、善解人意的"奥特曼"。我不以为然,心中暗想:当年他在我面前是可怕的"怪兽",现在却变成儿子心中正义的化身,谁知道他是怎么"变身"的?

参与式学习

互动讨论话题1:你见过个性出现变化的老年人吗?请举例说明。

互动讨论话题2:你认为老年人为什么会出现个性变化?

二、理论依据

很多家人及照料者都有这样的困惑,有的老年人在日常生活中表现得很不稳定,想法、举动有很强的游移性。例如,一会说要吃饭,等饭菜端上来又推说不想吃;一会说要出去,等穿好了衣服又没了出去的兴致。时间久了,让家人和照料者无所适从,不清楚应该怎样应对。还有的老年人完全变了样,一向不善言辞的人,突然变得唠叨;或原来爱说爱笑的人,渐渐变得拒绝交流、沉默不语;甚至有的老年人异常地敏感,家人无意间的闲谈就有可能引起他(她)们激烈的情绪反应,要么悲伤哭泣,要么怒气冲天,而家人却完全不知道发生了什么事,或哪句言语触及老年人的伤痛,惊诧而又无奈。老年人的这些表现与其心理特征的极端变化有关,而出现性格极端变化的原因,可能由病理性因素和非病理性因素两方面造成。在此,我们对因病理性因素(情绪障碍、老年痴呆等)造成老年人性格出现变化的情况不赘述(详见情境五),而着重分析非病理性因素对老年人个性变化的影响。

(一)动机决定老年人的行为

言行的飘忽不定很可能折射出对老年人真实需求的了解不足。这有两个方面的解读,即老年人对自身需要的认识不足,以及其他人对老年人的需要认识不足。有一些老年人因内心存有某些迫切但难以实现的愿望,而又因为重重顾虑无法直接向家人说明,其内心因存在着激烈的矛盾冲突而感到异常苦闷,

进而影响到他们对生活中其他事物的思考和判断,导致目标行动的随意性加强,言语和行为前后不一致。例如,一位70岁的老年女性,因与儿子和儿媳发生矛盾后愤然离家,来到女儿家中居住。女儿、女婿非常孝顺,在生活上对其照顾得无微不至,但她心中挂念的仍然是与自己发生矛盾的儿子,也很希望能与之在一起继续生活。但儿子、儿媳不但没有反省自己的过错,还因为母亲离家一事与其他兄弟姐妹闹得非常不愉快,导致所有家庭成员对这对夫妻意见很大,而且儿子、儿媳也根本没有把母亲接回去的意愿,对母亲不闻不问、不理不睬。老人有心提出再回到儿子家,但一方面无法判定儿子、儿媳是否欢迎,另一方面又怕女儿、女婿心中不快,故数次话到嘴边却始终无法开口。这样复杂的内心冲突让老人吃不下、睡不香、坐立难安,于是在生活中时常表现得心不在焉、答非所问,进而出现想做什么自己也不是很清楚,做一件事往往没开始就放弃,反复做的事情也频繁出错等现象。

人类的行为是由动机所决定的,也就是说,人们做任何事情,在自己的内心都有相应的支撑这种行为的理由。人们的行为要么是为了获取自身利益,要么是符合自己的喜好,绝对不会无缘无故地出现。行为的混乱、无序恰恰反映的是动机的功能失调。当人们觉得老年人的话语和行为让人捉摸不透时,就是有可能对其动机的理解出现了问题。

(二) 自尊导致老年人的防卫

老年期是人生的黄昏时期,自身精力和体力的不断下降,会让老年人时常体会到强烈的挫折感。多数老年人能够泰然处之,尽快适应身体的变化,并把衰老和对自我的评价区分开,但也有部分老年人的适应能力较差,固执地认为自己做事的能力是受人尊重的前提条件,更是自我认同的必备内容。所以他们对有关老年人生活和态度的讨论比较关注,甚至在内心预先设定他人会轻视自己的想法。在日常的交流过程中,一旦这样的老年人认为家人的话语包含着轻视自己的意味,就会引起其自我保护的防卫反应,表达强烈的不满情绪,显得脾气古怪和不可理喻。或在长期孤独感、无助感或不被需要感的压抑之下,老年人的情感十分脆弱,任何极为微小的刺激也可能会引发老年人的伤感,导致悲伤情绪的溃堤反应。作为年轻人,应当努力理解老年群体对尊严和保护的渴求是迫切而又得不到关注的。很多过激的情绪和言行都在向人们传递着紧急的信号:老年人有迫切的心理需求并没有被关注,采取任何相关行动来了解和满足他们,都是必要和积极的。

(三) 环境影响老年人的心境

以前有种错误观念,即"乐观的人永远是开朗的,悲观的人永远是沮丧的"。这种观念表现出来的个性决定论非常绝对化,因为人的心理状态和外在表现不只是完全由自身内部因素决定的,还受到外界条件变化的影响。

正如前面提到的性情大变现象,在排除精神障碍和心理问题的前提下,老年人如果发生较大的言行变化,其个性改变的可能较小,而要考虑可能是环境因素的改变导致的。例如,一位老年男性,退休前为商业单位领导,负责协调各

部门的关系、统一调配资源。他的工作内容主要是与人打交道,通过人际互动来实现目标,所以他沟通能力非凡、健谈开朗。但退休之后,突然失去原有的沟通环境和熟悉的事物,在家中显得无话可说,兴趣索然,让家人觉得他变得不爱言语了。而另一位老年男性,多年从事司法管教工作,从监狱高层管理岗位离休回家,以前由于工作环境的特殊,平日总要保持一份威严和不可侵犯的神情,对同事也时常保持严肃谨慎的面孔,不苟言笑,下班回家后也很少谈及轻松愉快的事情。可离休之后,脱离了沉重的工作氛围,心情和感受焕然一新,时间充裕并拥有更多属于自己的空间,开始变得爱好广泛、广交朋友,每天一副开怀自在的样子,家人都觉得他变得随和温暖了。这些都是生活环境变化所导致的结果。国家提出建设"和谐社会",就是希望能创造更利于人的全面发展及幸福感受的社会环境,使人们能在愉快的氛围中努力实现人生价值,实现个人、家庭与社会祥和美满的终极目标。

三、后续思考

(1) 人一般在什么样的情况下会出现个性的变化?
(2) 面对个性发生较大变化的老年人,心理工作者应该怎么做?

延展阅读

[1] 陈露晓.老年人性格问题应对[M].北京:中国社会出版社,2009.
[2] 〔日〕木瓜制造,原田玲仁.每天懂一点性格心理学[M].郭勇,译.长沙:湖南文艺出版社,2012.

必读概念

(1) 需要:是机体自身或外部生活条件的要求在脑中的反映。个体在生活中感到某种欠缺而力求获得满足的一种内心状态就是需要,它是人脑对生理、心理和社会要求的反映。

(2) 动机(motivation):是对所有能引起、支配和维持生理及心理活动的过程的概括。人类也具有同其他生物一样趋利避害的天性,并根据自身的喜好和利益来安排具体的行为活动,动机就是行动的指引。

(3) 自我认同:是指对自己表示肯定。自我认同包括两个层面:一是肯定自己的能力、思想,并对自己表示信任,非常具有自信心;二是自己做事情的效果让自己满意。

(4) 个性:指具有一定倾向性的心理特征的总和。

子情境三 造成老年人心理变化的因素

一、现实情境

案例引入

多种因素影响老年人心理健康

研究发现，人类65%~90%的疾病都与心理上的压抑感有关。老年人中85%的人或多或少存在着不同程度的心理问题。影响老年人心理健康的因素有很多，以下3种情况是比较重要的原因。

1. 丧偶引发悲伤和痛苦

衰老、死亡是一种不可抗拒的自然规律，夫妻一方的早逝会不可避免地发生。在生活中，有些老年人丧偶后，仿佛失去了精神支柱，茫然、彷徨、孤独、失落、悲哀等情绪错综交织，严重损害了身心健康。

2. 期望值过高偷走快乐与健康

最近我的一个好姐妹打电话让我帮她在报纸上登一则寻人启事，说她表哥因患上阿尔茨海默病（老年痴呆症）走失了，我很惊讶。她表哥高大健壮、精神饱满，怎么会患上阿尔茨海默病呢？

原来，她表哥在短时间就变成这个样子，根本原因是他对儿子的期望值太高了。她表哥的儿子大学毕业后仕途顺畅，28岁就当上了某重要单位的一把手，她表哥常常以此为骄傲，一心希望儿子将来更有出息。谁知其儿子在正科位置上不到3年，因工作上的严重失误而被免职了。她表哥整天郁郁寡欢，不愿与老友相聚聊天，也不愿走出家门，常常闷在家里唉声叹气，结果不出半年，他就患上了阿尔茨海默病。

3. 患得患失造成心理困扰

67岁的王大爷退休在家多年，生活挺有规律，也怡然自得。老人有一儿一女，事业发展得都不错，他们想帮父母重新置办一所房子，想让父母在晚年也住上楼房。正好儿子住的小区有一套两居室，100平方米，一楼，向阳。王大爷听了也同意，儿女就准备买下。可是，王大爷看过房子后，觉得面积太大了，老两口住感觉空荡荡的，思前想后，又不同意买楼房了。既然老人不同意买楼房，就顺着老人的意思。正好女儿小区不远处有一套比较好的平房。王大爷也觉得平房要比楼房省钱，就同意买下来。但看过房子后，王大爷又改变了主意，说这平房和原来的平房有什么两样？再说，街坊邻居也不熟，何必

情境三
带你了解老年人——老年人的一般心理特征

搬家呢？最后，王大爷说，要不还在老房子先住着吧。结果，一件好事却弄得儿女空忙了一场。儿女暗中嘀咕：爸妈的许多想法似乎都有一定道理，可过去爸妈不是这样啊，怎么变得这么患得患失了呢？
（资料来源：http://www.chinanews.com/jk/2012/10-22/4265532.shtml.）

参与式学习
互动讨论话题1：你认为影响老年人心理变化的因素有哪些？
互动讨论话题2：针对这些影响因素你有什么样的建议？

二、理论依据

（一）"衣食住行"和"嘘寒问暖"——物质和精神贫富的影响

在对人类心理健康水平具有明显影响的几类生活事件中，经济困难是名列首位的因素。当今社会，人的衣食住行都离不开经济能力的限制，人们所有的物质需要和相当一部分心理需要的实现也离不开金钱，而消费的能力是由经济水平决定的。也就是说人如果要提高生活质量，增加幸福满意度，经济的影响是比较重要的。

绝大多数老年人由于劳动能力的下降，获取更多的可支配经济收入的可能性减少。城镇居民主要依靠工资等收入维持生活，农村居民则多数依赖持续的体力劳动赚钱。无论收入的类型如何，在进入老年期后，老年群体的收入会呈现突然下降的趋势，然后在一个较低的水准接近稳定。

在我国，60岁以上老年人的生活来源除退休金外，还来自于子女或其他家庭成员的供养。但由于独生子女家庭的增多，年轻一代的供养负担急剧加重，也阻碍着老年群体经济水平保持平稳。物价的持续上涨和收入的相对稳定，使每个家庭用于食物、水电、燃气等生活必需的消费，在家庭支出中的比例逐渐增大。这就加剧了部分贫困老年群体的生活负担，使其生存压力倍增；而中等收入的老年人也要缩减开支，以备不时之需，这样会使他们对未来的生活产生担忧。所以，老年人抵抗经济萧条的能力更为脆弱，收入的减少或物价的提升，都会对老年群体的心理状况产生不良作用。

不只是物质条件，精神世界的富裕和贫穷也在时刻影响着老年群体的心理状况，人在精神层面的满足主要来源于自身建设和人际互动两方面。有一定的兴趣爱好，如体育文艺、读书摄影等属于自身建设；走亲访友、乐于交际、善待他人等习惯属于人际互动。如果老年人居家无所事事，又不与人交往，那么就算衣食无忧、经济富足，心理健康也不可能得到有效保障。因此，物质和精神双方面的富裕与否，是老年期心理特征发生变化的首要影响因素。

（二）"目不识丁"和"学富五车"——教育程度高低的影响

自从人类进入文明社会，受教育的权利逐渐从精英阶层转向普通民众。教育程度的高低，习惯上已经和社会地位、文明水平及个人潜能等标签结合在一起，并广为民众所接受。多年来心理学的研究成果也足够证实，教育程度较高

的群体对心理状态的认知的确与教育程度较低的群体有所不同。其中的原因主要是高知识水平的人对人类自身的内在精神世界保持着浓厚的兴趣,并且拥有更多接触此类知识、理论及实践的机会。

进入老年时期,高知识水平的人在退休之后仍能不断学习,在生活中不放弃对全新事物的认识和思索,这对认知功能的保持具有积极的能动作用。而教育程度不高的老年人,由于多年来生活的必需技能多具有日常性和重复性,创造力的成分不高,而且退休前又没有机会养成在认知方面自我训练和提升的习惯,故可能在认知功能方面缺少相应的保护因素。有研究表明,老年痴呆相关障碍的发生与教育程度偏低具有一定的关联性也正基于此。

(三)"工、农、商、学、兵"——职业类型和层级的影响

排除先天条件造成的智力低下和极少数的智力超群者,绝大多数人的智力水平是没有显著差异的。而人与人之间渐渐拉开的,是关于能力方面的差距,这主要与后天的教育方式和职业类型有关。教育方式在青春期之前发挥作用,职业因素在成年期之后具有一定的稳定影响。职业特征给人们留下深刻的印迹,而且会一直持续到人们不再从事这种工作,如退休。很多时候,人们从外貌、衣着和言语中就可以马上判断出一位老人以前的职业类型,是技工、教师、医生,还是农民、警察、军人。长期从事一种职业所形成的独特风格会在老年人身上延续很久,直到他(她)对自身认识开始模糊的那天,也离生命的终结为时不远了。

一般来说,从警察岗位退休的老年人善于观察细节,比较严肃认真;从教育岗位退休的老年人表达能力较强,知识丰富,但有好为人师的习惯;从医疗岗位退休的老年人更注重健康状况,对卫生方面的要求比较重视;从军队离休回家的老年人常冷静沉着,有不怒自威的气息风范。不同的职业生涯构成人生经历中最具个性化的内容,老年人的心理特征也自然会受到职业因素的影响,表现出其特有的心理状态。在心理治疗中,有时从老年求助者的职业特点入手,寻找相应的解决方法,会取得很好的治疗效果。

(四)备受忽略的"鳏寡孤独"——家庭结构是否完整的影响

"老而无妻曰鳏,老而无夫曰寡,老而无子曰独,幼而无父曰孤,此四者,天下之穷民而无告者。"

——《孟子·梁惠王下》

人到老年,最需要陪伴在其身边的,自然是相伴一生的配偶,但生命无情地告诉人们,几乎所有的老年夫妇,都不得不承受一方先行离世,另一方孤苦伶仃的残酷现实。人们都知道失去子女,特别是失去独生子女对于老年人来说是毁灭性的打击,却很少有人提及失去共同生活的配偶对老年人同样打击深重。社会心理学认为,以夫妻关系为代表的亲密关系是人类人际关系中的最高形式。个体从亲密关系中所得到的支持、抚慰和依恋,是亲子关系或其他人际类型所不能代替的。有的子女会想当然地以为,虽然父母中的一方去世了,只要把另一方接来与自己同住,做到细心照料、衣食无忧,也就应该没有什么问题了。实

则不然,儿女的关爱的确非常重要,却不能发挥伴侣特有的功能,有太多的情感和言语,老年人无法跟儿女表达,却期望能有知心的老伴分享。所以,处于丧偶状态的老年人的心理会持续而微妙地发生变化,只有细心地观察和关爱,才能发现老年人心理状态失衡的原因,可能存在的因素。

(五)"离心力"和"向心力"——家庭关系是否和睦的影响

我国的绝大多数老年人都在家庭中生活,与伴侣、子女或其他亲人朝夕相处。老年人身边的人际环境对其心理特征变化的走向也具有不可低估的影响。家庭成员之间的关系与家庭的整体气氛密切相关。和睦亲密的家庭,父慈子孝,凡事都能为对方着想,充满关爱而不失尊重,就会让所有的成员的心理充满健康和正性;而失和疏离的家庭,关系紧张,遇事都以自己的立场为准,毫不考虑其他人,充满矛盾而缺乏秩序,就会让环境中布满情绪的雷区,使心理特征的变化趋向于负性和不健康。

老年人在独居环境中承受的多是孤独和寂寞感,而与家人或照料者一起生活时,难免因为认识观念和生活习惯的不同,使老年人感到不快或积累不良情绪,这需要全部家庭成员加以包容,并适时应用智慧和技巧加以处理。但如果涉及家庭成员互相之间的成见、误解和敌意,那么就需要认真思考应对了。年轻人的生活方式较为新潮,对消费、审美和价值等方面的看法与老年人有根本的差别,老年人如果不能从认识观念上改善对问题的理解,一味地只是坚持自身的想法和要求,对家庭关系的和谐还是具有一定破坏作用的。同时家庭的其他成员也应该明白,人与人的差别不可能消失,父母与子女也是一样,求同存异是幸福生活的最大公约数,不必完全强求父母跟上时代的步伐,顺其自然地让老年人尽可能按自己的意愿生活。当双方都不再强求,家庭关系的氛围就会回到健康发展的轨道,那么老年人的心理特征变化的趋势也必然会向良性的方面进展。

三、后续思考

(1)根据职业特征对心理影响的知识,举一反三,尝试了解和调查农民、商人两类老年人的心理特点。

(2)选择一部今年播出的关于婆媳关系为主题的影视作品,并以其中人物关系进行分析,借以说明老年人与家庭成员之间人际互动的质量对其心理健康的影响。

延展阅读

[1] 刘登阁.走出老年心理误区[M].北京:中国社会出版社,2008.

[2] 王伟.最美不过夕阳红:老年心理健康自助指南[M].北京:机械工业出版社,2011.

情境四
老年时期常见心理问题及处理

 单元导读

  本情境全面介绍了人在老年时期可能会遇到的心理问题类型,并针对其性质和成因展开讨论。老年时期的心理问题虽然与老年人身体和心理的全面老化具有一定关系,但社会心理因素所产生的影响也越来越明显。社会形势的发展、家庭结构的变迁和心理特征的共同作用,是导致绝大部分心理问题产生的根源。当代困扰老年群体的问题,按对心理健康的破坏程度可依次排列为独生子女死亡、对自身死亡过于恐惧、空巢现象、离退休产生的适应不良、性需求满足的困难、人际交往问题及各种原因所导致的负性情绪等。

  只有科学认识老年人的心理问题,理解老年人心理问题的实质,才能正确、理性地看待存在心理问题的老年人的诸多异常表现,才能更有针对性地提供心理服务,维护老年群体晚年的心理健康和生活质量。对于各类问题的处理,本情境也详尽而明了地加以说明,望教师及学生能举一反三,取得良好的学习效果。

情境四
老年时期常见心理问题及处理

 学习目标

1. 识别老年时期常见的心理问题。
2. 掌握如何处理老年人常见心理问题。

核心内容

1. 掌握老年人一般存在的情绪问题及处理方法。
2. 掌握空巢老人可能出现的心理问题及处理方法。
3. 掌握失独老人可能出现的心理问题及处理方法。
4. 掌握离退休老人可能出现的心理问题及处理方法。
5. 掌握邻里关系淡漠可能对老人造成的心理问题及处理方法。
6. 掌握老年人的人际关系问题及处理方法。
7. 掌握老年人过分恐惧死亡问题及处理方式。
8. 掌握老年人性需求满足的困难的问题及处理方法。

 教学方法

1. 课堂讲授。
2. 案例分析。
3. 参与式一体化互动学习。
4. 角色扮演。

子情境一　情绪的"杯具"

一、现实情境

案例引入

母亲的情绪

秦小姐是个女强人,大学毕业之后就在外地自主创业,现在是一家装饰公司的老板。62岁的母亲为了照顾秦小姐的生活起居,特意从老家来到这个陌生的城市。秦小姐工作很忙碌,跟母亲交流的时间不多,但是秦小姐发现母亲最近情绪很不稳定,脸上的表情跟天气预报似的,一阵"晴空万里",一阵又"阴云密布",让人摸不着头脑。她下班回家,母亲有时候会嘘寒问暖地迎上来,有时候却对她不理不睬,这种冷热不均的对待让秦小姐很不好受,她主动询问了几次原因,母亲都说心烦。秦小姐担心母亲因为孤独而出现什么心

理问题,就把跟母亲感情最好的小姨请到了家中陪伴她,经过几日的了解,从小姨的口中,秦小姐才知道母亲情绪变化的原因,令她哭笑不得。

原来,楼下邻居宋婶和秦小姐是老乡,母亲很快就与她熟悉起来,经常到她家做客。宋婶的女儿跟秦小姐年纪相仿,有一对2岁的双胞胎儿子。宋婶热情直率,逢人就夸自己的外孙聪明伶俐,时间一长,母亲心里不是滋味了。因为秦小姐由于工作的关系,一直没考虑个人问题,虽然已经32岁了,但仍然单身。母亲托了很多人给她介绍男朋友,都因为没有时间被她推托了,眼看着女儿的年纪越来越大,她的个人问题也成了母亲的一块心病。现在看着宋婶不是夸耀自己的外孙多么活泼可爱,就是谈论自己的女儿、女婿多么孝顺懂事,母亲听着不顺耳,就气不打一处来,觉得宋婶是故意说给自己的。所以再碰到宋婶一家,母亲要么脸色难看地走开,对方打招呼她根本不理睬,要么在背后与别人酸溜溜地说宋婶一家的坏话。慢慢地,母亲觉得秦小姐太不给她争气,所以对自己的女儿也没有好态度,时常冷言冷语、乱发脾气。

秦小姐了解了事情的经过后,特意安排好手里的工作,带母亲去风景秀美的景区游玩,并将刚确立关系的男朋友介绍给母亲,看到成熟稳重的"准女婿",母亲开怀了不少,跟秦小姐悄悄说:"你要是早这么做,我也不至于看着人家眼红,我要是想不起这些,觉得自己女儿又能干又独立,还挺美滋滋的。但是一看你宋婶家,我就乐呵不起来了,就觉得自己家哪都不如别人,什么都不行。一开始我还想找你说说,但你天天不在家,回来也晚,气得我不爱理你。看自己家人丁稀少,再看人家三代同堂,我就胸口发堵,浑身冒汗,这心闹腾得不得了,就是静不下来。我估计再这么下去,我非得跟他们家吵一架不可。现在你这么一开导,我再静下心仔细想想,自己挺不对的,回头给人家道个歉。"看着母亲轻松自在的表情,秦小姐这才放下心来。

参与式学习

互动讨论话题1:老年人的不良情绪有哪些?

互动讨论话题2:如何帮助老年人调节不良情绪?

二、理论依据

人们在生活中经常会有各种不良感受,如紧张不安、生气发怒、沮丧悲伤和痛苦绝望等,这些不良的情绪体验在心理学上统称为负性情绪。负性情绪可在人生的任何时间、任何地点,由任何人或事物所引发,没有人能避免它的影响。负性情绪有时候是某些心理问题的特征性症状,也可以作为因生活事件所导致的不良情感体验而独立存在。本任务重点介绍老年人常见的负性情绪,即焦虑、抑郁、悲伤、愤怒和厌恶。

1. 焦虑

当人们所面对的老年人表现得神情慌乱、坐立不安时,他就可能处在焦虑情绪的困扰之中。所谓的"焦虑",是指个体的内心感受到的紧张不安、预感到

情境四 老年时期常见心理问题及处理

似乎要发生不利情况而又难以应对的消极情绪体验。焦虑所担忧的是马上要经历的将来,所顾虑的是可能会发生的不幸或威胁,多数时候是个体对外界刺激所作出的不恰当的、超出正常范围的情感反应。

通常情况下,焦虑表现在4个方面:① 生理症状,包括头晕心慌、胸闷气短、手脚出汗等;② 认知症状,包括担心受伤或大难临头;③ 情感症状,包括紧张难安、精神痛苦;④ 行为症状,包括不知所措、行为退缩。

处于焦虑情绪之中的老年人的内心感受和外在表现会较为丰富,多数情况下焦虑情绪的产生是具有明确的诱发因素的,如突然发生的急性应激(心理应激理论详见本情境子情境三)、长期存在的慢性应激或重要的心理需要得不到满足等;但也有部分老年人的焦虑体验因为并没有明确的对象和具体社会心理诱因,而不被家人或朋友所理解。无论何种因素所导致的焦虑情绪,都会使老年人整日提心吊胆,内心被不安和担忧所占据,主观感受到很强的精神痛苦,还可能会伴有一定程度的心烦意乱、脾气急躁,有些老年人情感较为脆弱,也可能会因为过于担心和着急而伤心落泪,容易被误认为其他的情绪问题。焦虑的老年人多数眉头紧锁、表情慌张、在屋内来回走动、坐立不安且难以平静。处于焦虑情绪中的老年人,甚至有时会全身发抖、身体运动功能不协调,导致在走动过程中频繁碰撞物品或在做事过程中反复出错。焦虑状态的生理症状和体征如4-1所示。

表4-1 焦虑状态的生理症状和体征

生理症状和体征	生理症状和体征
食欲减退	肌肉紧张
神经质的发抖	恶心
胸痛或紧缩感	苍白
出汗	心悸
腹痛	感觉异常
头昏	性功能紊乱
口干	气短
呼吸困难	腹痛
衰弱	心动过速
脸红	颤抖
头痛	尿频
换气过度	呕吐
头晕	

(资料来源:姜乾金,张宁.临床心理问题指南[M].北京:人民卫生出版社,2011.)

焦虑情绪虽然在社会功能的损害方面未能达到焦虑障碍的严重程度,但对老年人造成的精神痛苦也不可低估。如果得不到有效的识别和处理,老年人的焦虑情绪必然会转变为持久的焦虑状态,甚至有可能走向焦虑障碍等多种精神疾病。故应该引起对此类心理问题的重视。(焦虑自评量表见附录1)

常见焦虑障碍的定义

（1）惊恐障碍：在一段特定时期内突然发生强烈的担忧、害怕及恐惧，并常伴随着即将死去的感受。发作时常有呼吸困难、心悸、胸痛或不适、梗阻感或窒息感、害怕即将发疯或失去控制等症状。

（2）广泛性焦虑：指持续3个月（DSM-Ⅳ为6个月）以上的多数日子中，伴有下列症状和体征，即运动性紧张增加（疲乏、颤抖、坐立不安、肌肉紧张）；自主神经系统兴奋（呼吸急促、心率加快、口干、手冷、头昏），但无惊恐发作；警觉增高（神经紧张感、易惊跳、注意缺损）。

（3）社交焦虑障碍（社交恐惧症）：其特征是暴露于某些类型的社交场合或工作情境时会触发临床明显的焦虑，常导致畏避性行为。

（4）场所恐惧症：对某些地方或情境焦虑或畏避，害怕在此地方或情境一旦发生惊恐发作或惊恐样症状，会逃脱困难（或令人困窘）或得不到救助。

（5）特殊恐惧：对某种特殊物体或场景的恐惧，如昆虫、鼠、蛇、高空、黑暗、雷击等。

（6）强迫症：以强迫思维、强迫行为或二者兼存为特征，造成患者显著苦恼或社会功能受损，但症状并非由药物或躯体疾病所致。

（7）一般医学状况造成的焦虑障碍：有着显著焦虑症状，并可断定是一般医学状况的直接生理后遗症。

（8）物质所致的焦虑障碍：有着显著焦虑症状，并可判断是药物滥用、临床用药、暴露于毒素的直接生理后遗症。

注：DSM 即 *The Diagnostic and Statistical Manual Disorders*《精神疾病诊断与统计手册》，DSM-Ⅳ为第4版。

（资料来源：姜乾金，张宁.临床心理问题指南[M].北京：人民卫生出版社，2011.）

2．抑郁

抑郁是人们常见的情绪体验之一，表现为沮丧失望、缺乏愉快感和自信心、对人和事物的兴趣下降等。"抑郁"一词在英文中有"消沉、绝望"之意，所包含的伤怀意味不多，应注意与悲伤情绪有所区别。抑郁是一种正常人在生活中的不良体验，也可以是某些精神障碍的主要表现，如抑郁症（详见情境五）。根据人们所体验到的抑郁的持续时间、严重程度及诱发因素等，可以明确地把存在抑郁情绪的正常人和患有抑郁症的病人区分开来，本书重点讨论的是非疾病状态下的抑郁情绪。

在抑郁情绪影响下的老年人，会在面对问题时倾向于悲观消极，在遇到挫折时多将责任归于自身原因，时常感觉到生活缺乏趣味和意义，日子变得缺乏生机甚至没有希望。而且老年人总是难以体验到欢乐与开心的感觉，总是觉得

情境四 老年时期常见心理问题及处理

过得不幸福,对自己的一生持相对否定的态度,认为白活这么大年纪却一事无成,缺乏自信,总是将自己和其他人比较,却也总是得出什么都不如别人的结论。

现代科学研究证明,所有情绪的产生都是认知过程、环境刺激和生理改变相互作用的结果,抑郁也不例外。每个人对于自身和外界的看法决定着抑郁情绪的产生与否。多数人都能理解,如果我们认为自己是健康的、成功的、受人尊重和喜爱的,那么发生抑郁的可能性就很低;反之,如果总觉得自己乏善可陈,无足轻重,那么抑郁情绪肯定会在某个适当的时刻找上门来。老年人经历了数十年时光的洗礼,已经接近对人生进行定性结论的重要时刻,每个人都会对自我有一个大致的评价,这种评价的结果直接作用于老年人日常的情绪体验。如果老年人经过对一生的认真思考,觉得无论风风雨雨还是曲折坎坷,都以自己的智慧和努力安然度过,觉得此生无憾了,那么其情绪体验就会偏于正性;如果老年人无论社会地位多高、经济能力多强、人际交往多广,夜深人静时总是觉得没能达成理想目标,或没能过上有意义的生活,那么其情绪体验自然会偏于负性。这就是认知过程对情绪状态的决定性作用。而老年群体对于外界环境的适应能力在逐渐下降,由较为有害的环境变化或精神刺激所引起的负性情绪体验中最常见的就是抑郁,这种情况下抑郁体验折射的是老年人内心的无助和无望感。与其他年龄段人群相比,老年人的身体状况是最差的,多年辛劳过程中造成诸多伤痛和功能障碍,在进入老年期之后越发地突出,同时各种老年病、慢性病的长期困扰也让老年人身心俱疲。生理结构和功能的全面老化带给老年人的是内心的负性情绪体验、健康水平和生活能力的持续下降,一而再、再而三地打击着老年人对未来的信心,故抑郁情绪的相伴相随也就更容易为人们所理解。(抑郁自评量表见附录2)

3. 悲伤

悲伤具有悲痛、哀伤之意,是多数高级哺乳动物所共有的情绪体验,而人类的悲伤情绪在形式和内容上最为丰富。由于心理学知识的宣传普及工作仍未能在全社会范围内广泛开展,所以至今多数人仍不清楚悲伤与抑郁的区别。抑郁具有消极和无望的意味,而悲伤强调的是丧失和痛楚。处于悲伤情绪的人,把注意力投注到自己所失去的人或事物,而处于抑郁情绪中的人,往往对包括自己在内的人和事物都不甚关注。也就是说,悲伤的人体验的是生命中难以割舍的丧失,而抑郁的人体验的是生命中无穷无尽的绝望。

作为老年群体,非常容易体验到悲伤情绪。当面临亲友(特别是配偶)一个个先行离世时,老年人会陷入巨大的悲痛之中,并在悲伤笼罩之中,越发地感到自己的晚年将孤苦伶仃、凄惨无比。人在失去至亲时最常见的言语往往是:"没有了你,我可怎么办?"对于老年群体,这不仅是极为痛苦状态下的主观想法,更是现实生活中无可逃避的客观难题。所以,极度的悲伤往往发生于重要的丧失,如亲人亡故等事件之后。悲伤情绪带来的负性体验,一方面来自于对失去的人和事物的珍视态度,另一方面也来自于对自身未来的担忧和顾虑。除极度的悲伤之外,人们也时常面临着普通意义上的悲伤体验,如亲密关系的中止(失

恋、离婚)、重大的财产损失(被窃、投资失败)、长期的病痛折磨及中等程度的丧失(宠物丢失及死亡)等。

对老年群体而言,慢性疾病是导致悲伤的另一个重要原因,高血压、糖尿病、心脑血管疾病及各种肿瘤是老年身心健康的主要杀手。慢性疾病具有无法彻底根治的共同特点,而且还对不同系统和器官造成不可逆转的病理性损害,甚至导致老年人的功能缺损。例如,瘫痪在床的老年人,即使有优越的生活条件、子女亲友的照顾陪伴、生活环境舒适优雅及随手可及的高端服务,但当他(她)无意间向窗外望去,看到蓝天、白云和绿树,或无意间听到草地上孩子嬉闹的笑声时,悲伤之情立刻袭上心头,从而左右老年人的情绪状态。

再谈谈失去宠物所带来的悲伤情绪。很多人在家中饲养猫、狗和鸟类等各种各样的宠物,在得到快乐的同时也与宠物建立起良好的情感联系。当然也有很多人经历了宠物的死亡或丢失,对那种悲痛的心情有真实的感受。但应该注意到,即使是当时万般痛心,即使是后来仍然难忘,这种宠物的丧失对大多数人而言,是一件终究会过去的生活事件,其持续的时间及恢复的速度都在正常可接受的范围之内。而具有同样经历的老年人则不同,这种悲伤体验的时间和程度均不亚于失去一位亲人或挚友。原因很是明了,老年人,特别是独居的老年人所饲养的宠物,被年迈的主人寄托以太多的情感含义,在相对孤苦无助的晚年生活中,宠物所带来的安慰和欢乐有时候是其他的人类也难以比拟的。所以在其他年龄段看来并不严重的丧失,对老年人来说可能就是具毁灭性打击性质的境遇,所造成的悲伤情绪定是短时间内难以抚平的。

4．愤怒

愤怒作为一种相对原始的情绪,对人类的生存、发展和种族延续都曾经具有决定性的意义。生物学环境下的愤怒是支撑动物面对危险时勇敢应战、身陷绝境时奋起求生及争夺配偶等资源的内在条件保证。进入文明社会之后,人们被要求遵循既定的社会行为准则获取生存和发展的资源,愤怒的积极意义让位于和谐稳定的群体要求,并渐渐带有负性情绪的色彩。

心理学对愤怒的定义是当个体的需要不能得到满足或有目的的行动受到挫折时所引起的紧张而不快的情绪体验,包含敌对、怒意、委屈不平等综合感受。愤怒在婴儿时期即已出现,经过社会化的进程加以约束和管理,最终被要求以合理和不伤害的形式有限表达。生活中的任何挫折和不满都会引起人们的愤怒情绪,特别是自我保护能力明显不足的弱势群体,更易于体会到不时发生的愤怒。

老年人的愤怒多来自于观念与时代相脱节的问题,在日常生活中可以经常听到老年群体对社会风气、生活环境及时尚潮流的负面评价,而且这种激烈的讨论往往带有强烈的愤怒情绪。其内容多集中于年轻人道德体系的失败、社会对老年人权益的漠不关心、持续上涨的物价及人心不古的产品质量等。这些问题有些与老年人的生活密切相关,有些则完全无关,但都会不同程度地造成老年人情绪激动地大发脾气,讨论得面红耳赤、气喘吁吁也不停止,甚至针对不同见解还会引发言语上的激烈攻击。

情境四
老年时期常见心理问题及处理

从老年群体的心理特点加以分析，可以发现：多数老年人的认知观念逐渐趋于保守和固化，而且老年人对社会环境变化的接受和适应能力普遍偏低。老年群体习惯用过去时代中的优点与当前时代中的缺点进行比较，或通过放大过去时代个别的优势，以证明当前时代存在普遍的劣势。故其愤怒情绪在年轻人眼中显得更加地毫无来由和莫名其妙。当然也不排除部分老年人在生活中长期体验到挫折和不如意，其愤怒情绪是由外界环境刺激和应激性事件所造成的。这种情况就应该及时加以关注和处理，以切实维护其心理健康。

5．厌恶

对于老年心理服务工作人员，经常可以捕捉到的情绪状态除以上几种类型之外，较为典型的还有厌恶情绪。因为厌恶是一种令人反感的情绪体验，人们如果在人际交往中不经意地流露出厌恶的表现，所释放的信息很容易造成对方的误解，恶化人际关系。对此加以阐释说明，利于人们从科学和人性的角度来理解厌恶情绪的产生和表现，正确认识老年人厌恶情绪的真实含义。

厌恶是人类在认知过程中对人或事物作出负面评价之后所表达出的一种情绪，其态度体验集中于反感、憎恶和拒绝。人们每天都会对不同的事物作出负面的认知评价，当然也会自觉或不自觉地表达出对此的厌恶。老年人对于外界信息的接受能力弱于其他年龄人群，在形成对人和事物的观念过程中，收集到的准确信息往往并不足够，但据此形成的看法和偏见会使老年人很容易生成负面印象，厌恶之情也溢于言表。或者老年人正处于某种生活事件的折磨之下，他人无意间提起一些相关的话题时，直接触发该老年人内心的痛处，于是强烈地对自身体验的负性情绪也以厌恶的方式表达出来，在医疗机构的老年病房中会经常遇到此类问题。例如，心理医生在进行心理评估时，所面对的某位老年人在访谈过程中不断地表现出厌恶和不耐烦，后来经过对家属的详细询问，才了解到该老年人对医院的收费标准非常不满，并经常为此感到不快。恰巧在心理医生征询的问题中，有对住院费用的态度一项，于是在访谈过程中引发了该老年人的不良情绪反应，而这种厌恶并非是针对医生个人的。

在实际工作的过程中，老年心理工作者不仅要认真识别和处理各种消极情绪，维护老年人的心理健康，还有可能直面老年人情绪可能对人们造成的伤害。但除了在职业道德层面加强对自身的要求之外，老年心理工作者也应该深入学习相关心理学的理论知识，真正体会和理解老年群体的负性情绪产生的深层原因，认识到绝大多数老年人的情绪表达都不是针对个人的。老年人的价值观、生活经历和现实环境与年轻一代的差距巨大，老年心理工作者不能以自身的经验比对老年人的观念态度。当真正从内心深度理解了老年人，也就淡化了因此在工作中受到挫折和委屈的感受，而且会更加直观有效地为老年群体提供力所能及的心理服务。

三、常见误区

（一）人生应该只追求正性情绪，而排除负性情绪

人们都知道情绪有好坏之分，除了前面提到的各种负性的或不良的情绪类

型之外,生活中还存在着愉快、喜爱等正性情绪。人都不愿意受到负性情绪的困扰,而是喜欢处于正性情绪的环绕之中。这种想法虽然符合人趋利避害的本性,但仍是基于对情绪功能作用的片面认识,并不十分可取,因为负性情绪也是有其正性的功能的。例如,失恋所引发的悲伤是人人都不愿意体验的糟糕感受,但也应该看到,正是在痛定思痛之后,很多人把精力更多地投放到工作和学习当中,反而成就一番事业,实现了较高的人生价值;面对犯罪分子时的愤怒,可以激发人的全部潜能,激励出高昂的斗志,在有一定把握的前提下与之勇敢斗争,从而维护自身和家人的生命财产安全,这就是愤怒最具正性的保护功能。所以,消极情绪在一定条件下,反而是利于个体生存和发展的必要条件。这也就是为什么许多条件优秀、从未经历过挫折和情感痛苦的人,在面临突然的精神打击之时会身心崩溃、无法应对的根本原因,所以负性情绪是人生所必须要经历的体验,而且人们可以从中汲取很多的经验和财富。

(二)老年人情绪低落就是得了抑郁症

抑郁问题按照对健康的损害程度及主观感受,可由轻至重分为抑郁情绪、抑郁状态及抑郁障碍。抑郁情绪特指的是正常人因具体明确的社会心理因素所导致的一过性或短暂的抑郁体验,症状虽然丰富,但对工作生活无严重和持续的影响,通过家人及朋友的理解、关心和支持,多数情况下可以自行调节并恢复健康状态。抑郁症是抑郁障碍中的主要类型,属于精神疾病的范畴,其核心特征是破坏人的社会功能,使其生活自理能力、工作操作能力及人际交往能力均呈现出全面下滑的趋势,甚至导致人的自伤、自杀行为,所以抑郁症必须依靠专业的治疗和干预方有可能得以改善。所谓的抑郁状态,是介于抑郁情绪和抑郁障碍之间的一种情绪状态,具有绝大多数抑郁障碍的症状表现,但社会功能受损情况不明或不甚严重,未见自杀意念及行为,通过社会心理支持有一定改善的可能。所以,发现老年人的情绪不佳、兴趣下降和不言少动时,一定要认真观察、积极沟通,方能了解问题的大体性质,切不可盲目而主观地下结论。

四、处理建议

(一)处理原则

(1)加强科普宣传教育。

(2)早期识别和处理。

(3)超出心理问题范畴的情绪障碍须进行专业干预。

(二)处理方法

1.预防远胜于治疗

老年心理工作者不可能深入到每一个家庭或社区,展开针对老年群体不良情绪的干预和处理工作。这就要求老年人的家人、朋友、照料者和其他服务人员必须掌握一定的相关知识和技能,从而能在与老年人的日常接触过程中,敏锐而准确地发现各种负性情绪。要实现这一目标,需要广泛地开展科普宣传和

情境四 老年时期常见心理问题及处理

专业知识讲座,并积极与媒体进行深度合作,借助电视、报刊和网络等多种形式对情绪的心理学知识加以普及,让老年人的子女、亲友及照料者能从多种渠道对负性情绪增进了解。这样就有可能在加深理解的前提下,有效地、及时地对老年人的情绪状态加以掌握,达到先期防控的目标。

2. 加强老年人的情绪自我管理

老年心理工作者也应当对老年群体展开系统、专业的培训,在教授情绪识别的知识的同时,应着重引领老年人掌握对自身情绪的管理。完好的情绪管理包括以下4方面的内容,即情绪的自我觉察能力、自我调节能力、自我激励能力和对他人情绪的识别能力。只有具备这些情绪管理实用技能,老年人才能在日常生活中更好地应对应激性事件,更理性地认识客观现实,并能更圆融地处理各种人际关系。培训的最低目标是使老年群体学会适当表达情绪和合理宣泄情绪,这样才不至于使问题走向更为严重的境地。

五、后续思考

(1) 情绪问题和情绪障碍的区别是什么?
(2) 如何进行自身的情绪管理?

延展阅读

[1] 〔美〕理查德·格里格,菲利普·津巴多. 心理学与生活[M]. 王垒,王甦,等译. 北京:人民邮电出版社,2003.

[2] 〔美〕Creer T L. 心理调适实用途径[M]. 张清芳,等译. 北京:北京大学出版社,2004.

必读概念

(1) 负性情绪(negative emotion):又称消极情绪或不良情绪,是指人类个体由于内外环境因素的影响而产生的,使人感受到不快、不满的态度体验。负性情绪往往对人的认知功能和行为反应具有负面的影响,常见的有焦虑、抑郁、愤怒、沮丧、悲伤、痛苦等。

(2) 应激(stress):是机体受到各种内外环境因素及社会心理因素刺激时,所出现的全身性非特异性适应反应。所有能引起应激反应的刺激因素统称为应激源。同时,应激也是在出乎意料的紧迫与危险情况下所引发的情绪高度紧张状态。应激一词的含义是"压力"、"紧张"或"应力",在多个学科都有所涉及,心理学领域中强调的是其产生的过程和后果。

(3) 生活事件:指人们在日常生活中遇到的各种社会生活的变动,如结婚、离婚、生子、升学、就业、失业、破产、意外损伤和亲友的疾病、亡故等。生活事件包括了正性与负性两方面的身心影响,不单独指对人有负面影响的事件。

(4) 焦虑状态:是介于焦虑情绪和焦虑症之间的一种状态,比焦虑情绪重

而较焦虑症轻。焦虑状态有明显的焦虑情绪，如烦躁、易怒、易激惹、紧张、坐立不安，伴有睡眠障碍及一些自主神经功能紊乱的症状，如心慌、心悸、胸闷、乏力、出冷汗。但这些症状一般时间较短，可有一定的诱因，而且波动性强，富于变化，通过自我调节可一定程度地得到缓解。

（5）情绪管理（emotion management）：是指通过对自身及他人情绪的认识、协调、引导、互动和调节，充分挖掘和培植自身情绪智商、培养理性情绪的掌握能力，从而保持良好的情绪状态，并由此对人际关系施加良性影响。生活中的情绪管理就是用正确的方式、方法，认识、了解自己的情绪，加以调整和放松的过程，是人完善自己，处理良好人际关系的必备技能。

子情境二　空巢！空巢！

一、现实情境

案例引入

一位空巢老人的自白

"说'一个人习惯了'，那只是为了安慰孩子们，不愿影响他们的工作和生活。"这位自称姓马的老先生说。他的爱人5年前去世了，两个女儿也早已各自成家。

"'空巢老人'的生活有多孤寂，没有经历过的人根本难以想象。每天自己买菜做饭，做好以后，瞅着孤零零的一副碗筷，基本上就没有胃口吃了。身体不舒服时，两三天不出一趟门儿，不说一句话是常有的事儿。有一回我正在拖地，忽然电话响了，我猜着是闺女打来的，就激动地去接，结果脚下一滑摔在地上，疼得骨头架子跟摔散了似的，半天站不起来……"

"最难熬的是夜晚，"马老先生说，自从老伴去世后，他就常常失眠，已经很久没有睡过一个好觉了。"夜里静得简直可怕，连个说话的人都没有，一个人守着空荡荡的房子，翻来覆去睡不着觉，只能睁眼熬着，盼着时间一分一秒地快点溜走……"

"转眼又快过年了，我最怕过年那几天。孩子们来陪我的时间有限，短暂的热闹过后，孩子们一走，就又恢复寂寞了。"马先生说，"相信所有的'空巢老人'都有同感。14年前，大年三十晚上就发生过一件老人因为孤独上吊自杀的事，当时人们还编了两句顺口溜——'三十放炮，孤老人上吊'。逢年过节对于孤独的老人来说，可想而知是什么滋味了……"

情境四
老年时期常见心理问题及处理

马先生坦言说,他也曾经动过自杀的念头。"尤其是老伴儿刚去世那年,我经常'绝食',满脑子就想跟着去算了。结果让孩子们整天提心吊胆,不得不耽误工作来陪我。我心里很过意不去,非常矛盾、非常痛苦。"

(资料来源:朱传芳. 一位空巢老人的自白. 河北青年报,2006-12-31.)

参与式学习

互动讨论话题1:空巢现象是怎么发生的?

互动讨论话题2:空巢老人可能会出现什么样的心理问题?

二、理论依据

空荡荡的巢穴是"空巢"的字面含义,描述的是众小鸟长大后离巢而去,只留下老鸟孤苦无依的凄凉情景。我国唐代诗人白居易的一首《燕诗》①将一双燕子抚养雏鸟的艰辛及雏鸟羽翼丰满离巢后空荡、凄凉的情景刻画得淋漓尽致。目前,空巢被越来越多地用来形容老年人独居于家,不得不面对子女远走高飞后的孤独寂寞及无奈无助的生活困境。在我国,一般意义上的空巢老人,多指离开工作岗位、生活以居家为主、子女距离较远或无法照顾的老人(包括丧偶独居或夫妇双居)。而从20世纪70年代起,"空巢期"这一名词在美国被广泛应用,主要用于定义子女离开家庭后父母独自生活的时间阶段。

"空巢"状态下的老年人,因与子女相见时间少,双方的亲子关系被迫长期中断,使老年人容易产生被忽略和嫌弃的感觉。由此更是会出现孤单、寂寞、空虚、悲伤、精神不振、情绪低落等一系列心理症状,这些负性情绪体验的集合多被媒体和大众称为"空巢综合征"。空巢期的老人会或多或少地表现出种种适应问题,这些纷乱的症状是人际适应障碍的集中表现。不同于精神障碍或心身疾病,空巢现象是一种由社会心理因素主导的,严重影响老年人的心理健康和生活质量的心理问题。(UCLA孤独感测试见附录3)

 知识链接

空巢老人的发展趋势

全国老龄工作委员会所公布的《中国人口老龄化发展趋势预测研究报告》(以下简称《报告》),详细分析了我国老龄化过程中关于"空巢"的问题。《报告》中提到:自2001年起,我国已正式进入快速老龄化阶段;未来20年,

---

① 《燕诗》:梁上有双燕,翩翩雄与雌。衔泥两椽间,一巢生四儿。四儿日夜长,索食声孜孜。青虫不易捕,黄口无饱期。觜爪虽欲敝,心力不知疲。须臾十来往,犹恐巢中饥。辛勤三十日,母瘦雏渐肥。喃喃教言语,一一刷毛衣。一旦羽翼成,引上庭树枝。举翅不回顾,随风四散飞。雌雄空中鸣,声尽呼不归。却入空巢里,啁啾终夜悲。燕燕尔勿悲,尔当返自思。思尔为雏日,高飞背母时。当时父母念,今日尔应知。

老龄人口的年均增长速度将超过3%;预计2050年,中国的老龄人口总量将超过4亿,老龄化水平将超过30%以上。而随着社会文化的变迁、人口政策的影响、家庭结构的变化和人口流动的加剧,我国空巢老人呈现出数量多、年轻化及时间长的趋势。第五次全国人口普查结果显示,我国有65岁及以上老年空巢家庭1 561.64万户,占65岁及以上有老年人家庭户的22.83%;生活在空巢家庭中的老年人2 339.73万人,占65岁及以上老年人口的26.51%。其中,农村老年空巢家庭约占老年空巢家庭户总数的七成,预计到2030年,空巢老人家庭比例或将达到90%,也就是说,届时将有超过两亿的空巢老人。

(一)"空巢综合征"产生的原因

(1)老年人对全新的生活节奏不能适应。

(2)老年人生活料理能力下降。

(3)老年人从情感上对子女过于依赖。

(4)老年人具有退缩、内向的个性特征和倾向悲观的认知结构。

(5)老年人对躯体健康的维护及生命安全保障不力。

(6)老年人以不给子女增加压力为最高目标。

(二)空巢老人的普遍境况

1. 无事可做,无人可依

子女未离家之前,父母除忙于自己的工作之外,还要在生活、教育等多方面悉心照顾子女,如此持续的生活状态是充实而丰富的。如果老年人相继办理离退休手续,彻底脱离原来的工作状态,转而进入轻闲无事的居家生活,本身就会产生严重的适应困难。而若在这个时期的前后,子女因为就学、就业等原因,也离开原来的家庭,特别是到别的城市、地区甚至是其他国家生活,那么老年人一方面失去能为社会做事的机会,另一方面又失去能为子女做事的机会,空巢现象就不可避免地产生了。空巢老人肯定无法立即适应这种生活,进而出现悲观失落、心情低沉、烦躁不安等负性情绪。

2. 无处倾诉,无话可说

处于空巢期的老年人,如果婚姻结构完整、夫妻感情稳固且共同生活经验良好,抵御子女离巢的心理损伤的能力就会较好;反之,丧偶而独居、夫妻关系长期不良、身患多种慢性疾病、精神或躯体功能残疾等类型的老年人,非常可能面临着社会交往完全或大部分中断的窘境。虽然生活照料方面可以通过一定的方式来解决,但雇佣关系不可能替代亲子关系,短时间内又不可能有效地建立与同龄人之间的人际关系,所以老年人会有找不到人说心里话的痛苦感受。久而久之,也就真的习惯了不主动表达内心需求的方式,变得沉默寡言、闷闷不乐。

3. 无法排解,无力摆脱

子女离家造成的空巢现象,对老年人构成了较重的精神压力,这在心理学中称为"应激"。应激状态下的老年人,受情绪状态和思维模式的影响,必然产生多种负性情绪,以抑郁、焦虑、失望、愤怒等为主要类型。负性情绪持续的时间越久,对心理健康状况的影响越深,进而可能引发心理障碍。除对精神心理方面的影响之外,老年人内心与子女生活在一起的愿望一直得不到实现,在情绪、认知及心理防御机制的作用之下,可能通过一系列的躯体症状表现出来。例如,入睡困难、早醒、睡眠感缺失、精力不足等与睡眠相关的问题,以及头晕、头痛、高血压、心慌气短、心律失常等循环系统疾病,或食欲不佳、腹痛腹泻、胃酸胃胀等消化系统问题。

(三) 空巢老人突出的社会问题

社会中空巢家庭不断地增加,随之也出现很多相应的现实问题,其中相对突出的有两方面:其一,空巢老人的生活缺少子女的日常照料,尤其是一些患有躯体疾病,如心脑血管疾病或肢体功能受损的老人,他们更容易发生意外伤害,有的地方甚至出现了老人在家中死亡多日才被发现的悲剧;其二,空巢老人的心理健康状态普遍不佳,子女的成家立业或异地求学、工作,让老年人持续几十年的忙碌生活突然中断,老年人必然会产生种种不适应,并伴随着强烈的孤独感、失落感和衰老感,情况严重的还有可能成为引发精神障碍的重要因素。在一些高龄化国家,处于独居状态的老年群体的自杀现象,已经引起了社会的关注。

(四) 空巢老人的特殊安全问题

空巢老人面临的生活困境中,最让他(她)们担忧的往往是生命和财产的安全问题。老年人在独居状态下,缺乏子女等亲人的时常上门走访,会造成很多充满危险的现实问题,具体如下。

1. 人身安全难保障

老年人普遍的肢体运动功能明显下降,行走活动均受到不同程度的影响。在空巢环境中,老年人得不到及时的生活照料,极为容易因跌倒、撞伤等导致躯体损害。因为不得不自行料理饭菜,烧伤、烫伤在空巢老年群体中几乎成为常见问题。而且独居老年人因为反抗能力弱、警觉性不高、社交关系差等不利因素,近年来经常受到犯罪分子的威胁。针对老年人的盗窃、抢劫及入室侵害行为,在空巢家庭中更容易获得成功。空巢老人最为担心的就是自己突然离世而无人知晓,这种情况也时有发生。而火灾、水灾等突发灾难性事件,对空巢老人的危害显然远大于有子女或亲友照料的其他老年人。所有的一切都在威胁着老年人,特别是空巢老人的人身安全。

2. 求医看病无人管

由于老年群体普遍对医疗护理知识了解较少、自我医药管理水平较低,随着年龄的增长,对家中常备药的储藏管理能力逐渐减弱,极易导致错服和误服,或应用过期的药品。空巢老人由于无子女照料,长期的独自生活也间接影响其

沟通、交流的意愿,故更可能在病情发作时不能及时、正确服药,这直接威胁老年人的躯体健康。随着年龄的增长,空巢老人身患的疾病在种类和程度方面均日渐增多。由于缺乏子女的有效照料和监测,空巢老人对于去医院求诊存在越来越重的畏难情绪,渐渐对生病时的处理原则是"小病不治,大病小治",对于各种病痛和症状是能忍则忍,实在忍受不了时才去医院,因而延误了病情,增加了治疗的难度。更有的空巢老人为了节省开支,在缺乏督促和发现的情况下,不主动寻求医疗帮助,结果导致更为糟糕的不良后果。

三、常见误区

（一）老人不愁吃喝就足够了

有的年轻人认为,因为工作在外地,不能尽孝心,所以多给父母金钱来改善他们的生活状况就足够了。实际上这样的想法存在认识误区,物质条件当然很重要,但更重要的是,老年人与儿女的情感交流,以及能够经常感受到来自儿女的关怀和爱护。更何况有一些老年人非常节俭,把儿女给的生活费全都储蓄起来,并未用于改善自身的生活条件,所以仅仅给予金钱或者物质只能有限地帮助空巢老人,并不能解决其实际困难。

（二）工作太忙,离得太远,陪伴父母有心无力

在与空巢家庭的访谈中,经常会听到这样的言语,子女称工作特别繁忙,生存压力很大,在同一个城市都没有条件经常回家陪父母,更何况分隔两地。其实,人们可以多角度地思考问题。诚然,能够经常陪伴在父母身边是最好的办法,但是如果条件不允许,子女也可以通过各种途径让父母感受到温暖。例如,经常与父母通电话、鼓励父母学习和使用电脑、定期与他们视频聊天等,能让父母感觉到儿女在心灵上并未远离自己。现实情况如何困难并不重要,关键看子女是否有真正关心父母的态度和创造条件的能力。

四、技能训练

1．训练目标

"空巢老人"的心境体验及心理支持技术训练。

2．训练过程

（1）角色扮演

步骤1：分组。请全体同学随机分为4个演绎组。

步骤2：任务。每组选出两名同学分别扮演一名老年心理服务工作者及一名空巢老人。

步骤3：表演。各组经过商讨后分别到台前现场模拟一段老年心理服务工作者支持空巢老人的工作片段。

提示：各组可自行设定场景使空巢老人表现出平日可能出现的困扰状态及

情境四 老年时期常见心理问题及处理

行为表现。老年心理服务工作者要体现出对空巢老人的支持、帮助。

（2）分析点评

步骤1：表演者自我陈述。在本次演示过程中，陈述意图展现的主要内容。

步骤2：各组相互点评。在其他组的演示中，点评其核心内容及更全面的表现方式。

步骤3：教师总结。总结各组演示的亮点，并讲授标准应对规程。

五、处理建议

（一）处理原则

（1）加强心理健康教育。

（2）辅助空巢老人与其子女建立常态化的亲子交流模式。

（3）扩展空巢老人的社会交往，建立人际资源储备。

（二）处理方法

1. 定期访谈，及时评估

对空巢老人应定期与其晤谈，熟练应用心理访谈技术，在轻松自由的氛围里可对多种话题进行沟通交流，目的是让其感受到有人陪伴、有人倾听，并且最重要的是根据访谈内容及老人当时表现来评估其心理状态。如发现老人可能存在心理或精神问题，应针对其出现的症状进行疏导和干预，并及时告知其子女，且与之沟通相关后续事宜。

2. 宣传空巢老人现状，引起离巢子女的关注

现代社会的进步，物质文明的发展，并不能理所当然地割断人类赖以维系的亲子关系。在当前历史时期，绝大多数人们都认为子女的态度和做法是解决空巢现象的核心。青年人的确应该有志在四方的事业精神，而且以自己的努力来获取美好的未来是无可厚非的事情，当代的老年群体在30～40年前，多数人也是依靠这种拼搏和闯荡打出一片天地的。然而与之不同的是，在20世纪70年代末以前，大部分家庭属于多子女家庭，而现在的青年人多数都是独生子女，照顾父母的责任突然变得相对沉重。在这种现实情况下，如何平衡好事业与家庭、自身发展与赡养父母的利害关系，成为考验当代青年人的一道严峻试题。可生活本身就是由无数的机遇和挑战组成的，如何在人生道路上不断地解决困难，而不是逃避责任，对困境视而不见，是一个人走向成功和辉煌的必经之路。其实任何人在任何时间里、任何情况下都不应该简单地规定空巢老人的子女应该选择什么或应该放弃什么。但为人子女者，是应该为自己所珍视的人们多加考虑，给父母一个力所能及又切实可行的具体安排和交代，这样也解决了发展事业和建设自己的小家庭的后顾之忧。而作为老年心理服务工作人员，则有义务帮助民众多了解空巢老人的困难和需要，引导空巢家庭的子女多思考父母的境况，以及引起全社会对空巢老人的关注。

3. 探索老年人生活照料的人性化互助合作模式

我国当前的社区环境是大多数老年人活动和交流的主要场所,建议在社区内建立老年人活动中心,并完善其结构和功能,增加文娱活动项目,便于老年人相互交流,有目的地减轻空巢老人的孤独感。在适当的条件下,介绍和安排空巢老人从事简单、低劳动强度的工作,在一定程度上解决经济压力的基础之上,还能让其找回被他人需要的感觉。长期在外的子女,可以积极、主动地与父母所在的社区进行沟通联系,授权社区工作人员和老年心理工作者为父母提供定期的上门帮助。同时加强同一社区内空巢老人群体内部的互动和交流,鼓励以群体的形式共同解决生活物资的采购和运动健身活动等问题,多进行家庭之间的帮扶,以防止部分老年人产生耻感,减轻自己拖累社区工作人员的不良感觉。或探讨建立相同处境的老年人生活照料的共同体,由子女规划建设,并争取政策方面的支持。

4. 建立心理联防网络,提供专业心理支持

空巢现象的产生有其特殊的历史文化和时代背景,诸如独生子女政策的影响、国家养老制度的调整和变迁等,若想彻底改变这种现象,需要全社会的努力和充分的时间。但作为面向老年群体、提供专业服务的老年心理工作者,应立足于客观现实,在力所能及的范围内,大胆探索,勇敢创新,以科学理论为依靠,以实践工作为基石,面向空巢老人时,不但要做好其心理健康教育工作,更要提供及时、有效的社会心理支持。在处理已经发生心理问题的空巢老人的同时,更要积极主动制定策略,防止其他的空巢老人也发生精神心理障碍。所以在空巢所引发的相关问题上,预防仍然是重中之重。防止一位空巢老人陷入生活与情感的困境,仅靠心理工作者的努力是远远不够的。老年心理服务人员应该以老年人的子女为核心,把社区服务人员、社区其他空巢家庭、非空巢老人及全科医护人员都纳入到联防网络中来,使空巢老人在不同的心理和躯体维度都能得到及时、有效的支持,从而避免发生不良事件,导致难以挽回的后果。

六、后续思考

(1) 空巢老人常见的心理需求是什么?
(2) 心理工作者为什么要重视空巢现象?

📖 **延展阅读**

[1] 吴华,张韧韧.老年社会工作[M].北京:北京大学出版社,2011.
[2] 杨德森,赵旭东,等.心理和谐与和谐社会[M].上海:同济大学出版社,2009.

情境四
老年时期常见心理问题及处理

子情境三　当白发人送黑发人……

一、现实情境

案例引入

失独老人的孤苦

"与死亡俱来的一切，往往比死亡更骇人：呻吟与痉挛，变色的面目，亲友的哭泣，丧服与葬仪……"这是弗兰西斯·培根(Francis Bacon)《论死亡》中的一段话。这其中的含义，失去独生女儿4年的桂女士比谁都明白。

2008年，桂女士30岁的女儿遭遇车祸，经抢救无效去世。多年过去了，回忆起女儿从小到大的音容笑貌、点点滴滴，桂女士和丈夫李先生还是忍不住放声痛哭。

"以前孩子在的时候家里多么热闹，现在这个家安静得让人害怕。"提到女儿，李先生声音变得哽咽。"女儿刚走那阵，我就像疯了一样，怎么也不相信这是真的，感觉她没死，只是出了差，很会就会回来。她房间里所有的东西，我们一直保留着原样。每天我会做一大桌菜，摆好3副碗筷，然后不停地给她发短信，告诉她该回家吃饭了。"而桂女士不是歇斯底里地痛哭，就是极度压抑地哽咽，内心的悲愤和凄苦总是无法排解。"刚开始几年，我几乎患上了严重的'恐惧症'，恐惧出门、恐惧见人……"桂女士说，"心就像玻璃一样脆弱，一碰就碎，特别怕见邻居，怕他们问长问短，每天将自己锁在家里，小心翼翼地活着。"4年了，女儿的离世带走了父母所有的欢乐和希望。

"孩子走了，我们一直在痛苦中挣扎着。女儿生日、忌日，还有节假日对我们来说是最难熬的，每逢佳节倍思亲啊！"桂女士说，"别人过节，我们过劫。"对节日的恐惧使64岁的她寝食难安，而丈夫李先生这个时候一定会抽着烟，一个人坐在客厅沙发上，双眼盯着电视，却很久不换台。时间一分一秒地过去，他就一直那样静静地坐在那里，有时甚至一坐就是一夜。桂女士说为了让自己不去想女儿，她经常没完没了地做家务，有时候把昨天刚洗过的衣服再重新洗一遍，"总之要使劲分散注意力"。

精神创伤加上病痛，两个人的身体也每况愈下。李先生的体重从160多斤一下降到不到100斤，妻子也瘦成了皮包骨。两个人的退休金有2 000多元，平时维持生活还可以，但是维持夫妻俩的医疗支出还是有些吃力。

"我们除了对子女的爱和思念之外,大多时候还是担心老无所养、老无所依的明天,"李先生说,"我们现在腿脚还算利索,将来行动不便,谁来为我们购置日常生活用品?生病住院了,谁来陪护我们?这些都让我们担心不已,但也实在想不出什么好办法。""我们的情况,居家养老实在太难,但是去养老院同样也不能回避一些困难,"桂女士说。前几天她去打听了几家养老院,希望能找到一个合适的场所,等她和丈夫需要的时候住进去,但却都被拒绝,理由很一致:必须由子女签字做监护人才可接收。桂女士有些绝望地说:"这么多年,很少有人关注我们,我感觉我们这类人已经被社会抛弃了!"

参与式学习

互动讨论话题1:失独老人一般会面临什么样的问题(社会层面、心理层面等)?

互动讨论话题2:应从哪几方面来帮助失独老人?

二、理论依据

案例引入中提到的失独老人,在我国是指因独生子女的死亡而失去仅有的儿女,不得不面临孤独、痛苦的晚年生活的老年群体。卫生部发布的《2010中国卫生统计年鉴》中显示:截止到2010年,中国大陆地区15~30岁的独生子女总人数达到1.9亿左右,该年龄段的人口死亡率每年在40人/10万人以上。也就是说,每年至少新增7.6万个失独老人家庭,经过多年积累,全国失独家庭已经超过百万。这些风烛残年的老人,和天下所有独生子女的父母一样,倾注了所有的爱来养育唯一的后代。然而,当他们眼看着子女即将升学、就业或结婚时,一场突发意外或危重疾病残忍地结束了孩子朝气蓬勃的生命。从那一刻起,他们剩余的人生只被一个刺目的词语所标记——失独老人。

子女是自身生命的延续,在父母心目中自然占有极为重要的位置,这在世界所有的亲子观念中是普世标准。而在此基础之上,中国独特的传统文化,又在子女身上投注了"养儿防老,养儿送终"的现实和精神寄托。在进入文明社会的数千年中,中国人的家庭一直以多子女形态存在,除非发生大规模战争、饥荒、自然灾害或流行疾病,很难发生众多子女全部或大部分死亡的极端情况。但当20世纪70年代实行独生子女政策之后,拥有唯一子女的家庭数量直线上升,经过30多年的持续发展,到当今已经成为我国主要的家庭类型之一。独生子女一方面有利于控制人口,减少家庭用于抚养子女的经济支出,另一方面也造成了诸多现实问题。随着时间的流逝,某些问题显得越来越突出,其中就包括让老年人深陷噩梦的"失独"问题。

(一)失独之痛与应激障碍

心理学很早就对亲人死亡对个体构成的心理创伤进行了深入的研究,将最有可能影响人的心理状态的数十种生活事件进行排序后可以发现,亲人(配偶、子女及父母)的亡故占据着相对靠前的位置,对人的身心健康的破坏程度远胜于生活中遇到的其他问题。而老年群体由于身心全面的老化、自身照料能力的持续下降及对儿女心理依赖的增强,当子女的意外亡故发生后,因心理应激所受到的精神打击的程度和持续时间均大大超过其他年龄段人群。而在老年群体中,失去独生子女的老年人更是弱势之中的弱势,受到的摧残和折磨更是难以承受。失独老人的生活持久地陷入常人无法想象的痛楚之中,他们的精神极为脆弱,内心非常敏感,生活和工作几乎处于全面崩溃的境地。所以几乎所有的老年人在失去儿女之后都会产生一系列的心理症状,这些症状或许会在一段时间之后减弱或消失,或许一直持续而加重地进展,最终导致失独老人产生由心理所致的精神心理问题,其中较为常见和突出的是急性应激障碍和创伤后(慢性)应激障碍。

知识链接

心理应激过程如图4-1所示。

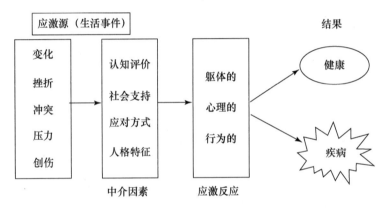

图 4-1　心理应激过程

1. 失独之痛与急性应激障碍（ASD）

当老年人突然得知唯一的儿女猝然离世之后,通常的反应多数是震惊、否认及慌乱地放声大哭;但也有相当数量的老年人,面对如此毁灭性的打击,表现得一脸茫然、答非所问、分不清现时的地点和时间、也不认识熟悉的人、对外界表现得陌生而失措等。失独的老年人,还可能同时伴发心慌、大汗、肢体发抖及面色发红等躯体表现。随着时间的推移,老年人会产生没有目的性的愤怒,严重的抑郁焦虑情绪、绝望的恐惧感、声嘶力竭地哭泣和呼喊及类似"发疯"一样的行为紊乱状态。这种状态被临床心理学称为急性应激障碍,它可能会在闻及噩耗1小时之内发生,可能会持续几个小时到1周,多数能在1个月左右缓解,但也有部分老年人的情况错综复杂,在多种因素的共同作用下,逐渐产生创伤后应激障碍。

知识链接

急性应激障碍

（1）定义。急性应激障碍旧称急性应激反应，是以急剧、严重的精神打击作为直接原因。在受刺激后立刻（1小时之内）发病。表现为有强烈恐惧体验的精神运动性兴奋，行为有一定的盲目性；或者为精神运动性抑制，甚至木僵。症状往往历时短暂，预后良好，缓解完全。

（2）症状标准：以异乎寻常的和严重的精神刺激为原因，并至少有下列1项：

① 有强烈恐惧体验的精神运动性兴奋，行为有一定的盲目性；② 有情感迟钝的精神运动性抑制（如反应性木僵），可有轻度意识模糊。

（3）严重标准：社会功能严重受损。

（4）病程标准：在受刺激后若干分钟至若干小时发病，病程短暂，一般持续数小时至1周，通常在1个月内缓解。

（5）排除标准：排除癔症、器质性精神障碍、非成瘾物质所致精神障碍及抑郁症。

（资料来源：中华医学会精神科分会.CCMD-3中国精神障碍分类与诊断标准[M].3版.济南：山东科学技术出版社，2001.）

2. 失独之痛与创伤后应激障碍（PTSD）

一些失独老人在失去子女的初期，并未像常人以为的那样，表现出悲痛欲绝和身心崩溃，而是强忍悲痛，竭力保持着相对平稳的状态，办理子女的身后事务，和亲友的沟通交流也比较通畅，让大家感觉到非凡的勇敢和坚强。然而，当事情已经了结，人们都以为时间会抚平老人丧子的伤口之时，有些失独老人的心理状态反而不如从前，并慢慢地越来越差。老人经常会在梦中梦到关于子女的重复性场景，或子女生前最快乐的片段，或子女离世前最后的心碎瞬间，老人不断地被这种梦境所惊醒，醒来后悲痛万分，整夜身心俱疲。甚至不只是在梦境中，老人在意识清醒的状态下，眼前也会反复出现与子女有关的错觉，更常见的还有针对子女的幻觉和想象，就是总以为子女回来了，和自己说话，或想象着子女并没有死，只是去了很远的地方，不久就会回来陪伴自己。无论是想象中的虚无，还是清醒后的落寞，均让失独老人陷入极为强烈的精神痛苦之中。如此这般在生活中来回往复的创伤性事件的重新体验，被称为"闪回症状"。在社交生活中，失独老人表现得更为退缩和畏惧，特别是当看到别人家庭美满、儿女双全的时候，往往不敢直视，不得不马上离场，否则极易情绪失控，重新引发或许刚刚平静一些的伤痛。所以失独老人往往不敢走亲访友，与他人的交往多数也以小心谨慎为原则，生怕无意中看到、听到什么关于孩子的信息，引发自己难以承受的悲伤。久而久之，失独老人给外界的印象渐渐是表情木讷、待人淡漠、回避接触等；老人自己也感觉得出，原来生活的一切欢乐和希望随着子女离世

情境四 老年时期常见心理问题及处理

而远去,一切的兴趣和爱好也不再有吸引力,生活就是苟延残喘地等待死亡临近。当然也有相当部分的失独老人选择以自杀来结束这无休止的地狱式生活。

知识链接

创伤后应激障碍

(1) 定义。

创伤应激障碍是由于异乎寻常的威胁性或灾难性心理创伤,导致延迟出现和长期持续的精神障碍。主要表现为:①反复发生闯入性的创伤性体验重现(病理性重现)、梦境,或因面临与刺激相似或有关的境遇,而感到痛苦和不由自主地反复回想;②持续的警觉性增高;③持续的回避;④对创伤性经历的选择性遗忘;⑤对未来失去信心。

少数病人可有人格改变或有神经症病史等附加因素,从而降低了对应激原的应对能力或加重疾病过程。精神障碍延迟发生,在遭受创伤后数日甚至数月后才出现,病程可长达数年。

(2) 症状标准。

① 遭受对每个人来说都是异乎寻常的创伤性事件或处境(如天灾人祸)。

② 反复重现创伤性体验(病理性重现),并至少有下列 1 项:不由自主地回想受打击的经历;反复出现有创伤性内容的噩梦;反复发生错觉、幻觉;反复发生触景生情的精神痛苦,如目睹死者遗物、旧地重游,或周年日等情况下会感到异常痛苦和产生明显的生理反应,如心悸、出汗、面色苍白等。

③ 持续的警觉性增高,至少有下列 1 项:入睡困难或睡眠不深;易激惹;集中注意困难;过分地担惊受怕。

④ 对与刺激相似或有关的情境的回避,至少有下列 2 项:极力不想有关创伤性经历的人与事;避免参加能引起痛苦回忆的活动,或避免到会引起痛苦回忆的地方;不愿与人交往、对亲人变得冷淡;兴趣爱好范围变窄,但对与创伤经历无关的某些活动仍有兴趣;选择性遗忘;对未来失去希望和信心。

(3) 严重标准:社会功能受损。

(4) 病程标准:精神障碍延迟发生(即在遭受创伤后数日至数月后,罕见的延迟半年以上才发生),符合症状标准至少已 3 个月。

(5) 排除标准:排除情感性精神障碍、其他应激障碍、神经症、躯体形式障碍等。

(资料来源:中华医学会精神科分会.CCMD-3 中国精神障碍分类与诊断标准[M].3 版.济南:山东科学技术出版社,2001.)

(二) 失独老人的养老困境

就算失去唯一子女的老年人,能够勉强调节好自己的心理状态,避免心理障碍和创伤症状的困扰,那么接下来非常现实的"老无所养,老无所依"的问题,便显得日益严峻了。经历过"白发人送黑发人"的悲凄苦楚,失独老人很难重获对晚年生活的任何希望,最关键的还是要走出自己的记忆阴影。就现阶段的我国家庭结构而言,压在青年人身上的养老负担本身就很重,往往双方同为独生子女的夫妇,要直接或间接地承担4位老人的生活和医疗照料。而一旦发生独生子女的意外身亡,这些负担几乎是成倍数增长。对于失独老人来说,这几乎就是断绝了日后儿女照料的一切可能。若是老人本身经济能力较差,需要儿女接济生活,那么失独直接就会把这部分老年人推入到贫困群体之中,在忍受巨大创痛的同时,还不得不为以后的生存问题忧心。当前虽然有一些民政救助措施或社会慈善行为,可以一定程度上缓解失独老人的物质困难,但这样的救助并未形成主流,失独老人的医疗和心理抚慰就更成为难以解决的问题。子女的责任,无法通过任何法律、道德或习俗的保证,转移到其他青年人身上,而且即使可以从形式上达成这一目标,那么非亲子女与失独老人缺乏天然的血缘联系,在当前我国社会环境中对转移亲子关系,仍是一种现实的阻碍。

失独老人和其他普通老人一样,面临着身心功能的全面老化,再加上经受常人无法想象的精神创伤,失去生活自理功能者不在少数。一般情况来说,应该有公办养老机构来解决失独老人的养老问题,因为他们已经没有在家庭养老的可能性,只能求助于相关机构。但令人遗憾的是,当前多数公立养老机构均要求老人入住时,必须有直系子女的签字,如果无子女,可由老年人原工作单位担保,这样无形中就把相当一大批失独老人拒之门外。而私立养老机构门槛虽低,收费却相对高昂,是普遍经济条件下的老年人难以承受的。所以,从社会大环境的方面来说,对失独老人的扶助仍需要着力加强。随着我国失独现象的逐渐凸显,失独老人的相关问题已经引起政府的重视。《国家人口发展"十二五"规划》中明确提出:"鼓励有条件的地区在养老保险的基础上,进一步加强养老保障工作,积极探索为独生子女父母、无子女和失能老人提供必要的养老服务补贴和老年护理补贴。"这为大力推进针对这一弱势群体进行的物质和心理援助,提供了政策保障。

但是,经历了"白发人送黑发人"的悲楚,步入老年的失独者要重获生活希望,最关键的还是要走出自己的记忆阴影。所以相比于物质帮扶,对于失独老人的精神慰藉更是迫在眉睫的问题。但是目前,中国社会对于失独群体的心理救助机制几乎没有,甚至社会上还存在一些对于他们的误解与歧视。

三、常见误区

(一)如果我……,孩子或许不会死

每当有亲人过世,无论是父母的自然离去,还是子女的意外亡故,人们除沉浸在巨大的悲痛之外,更产生出极大的内疚感。失独老人总会对身边的人说这样的话:"如果我那天不让他出去,孩子就不会出车祸了!""如果我早点发现她胸口难受,孩子就不会突发心脏病了!""如果人们直接去北京的医院,孩子的病或许就有救了!""如果我不逼着她学艺,孩子就不会打工的时候被坏人……"

人们可以发现,这些假设其实和子女的死亡是没有直接关系的,失独老人把它们和孩子的离世联系起来,表面看来是向外界表达自责,其实质是在丧亲后内心所压抑的否认、怨恨与懊悔的总爆发。人们都知道,失独老人如此这般的自责是于事无补的,既不能使子女再生,也进一步地把自己推入万劫不复的深渊,终日以泪洗面,用无中生有的悔恨来填充整个悲痛无望的晚年。所以应对这种不当认知及时加以调整。

(二)是那家的父母"克"死了孩子

非常遗憾,在当前的社会历史文化背景之下,仍有部分人民群众不同程度地受到迷信思想的影响,甚至有些观点不仅有失公允,还有失人性。当失独老人承受着莫大的精神痛苦之时,周围或许会传来些许不和谐的声音。例如,会有人风传:"他们家的父母命硬,把孩子给克死了!""他们家父母平时都不积德行善,孩子死了肯定是报应!""他们家祖上肯定不是好人,所以要绝后!"可以想象这种不负责任、扭曲事实和有失道德的言论,对于失独老人的打击是何等深重。这种类似于在伤口上撒盐的行为,更加促使失独老人自我封闭,远离社会交往,更加执著地活在愁苦的内心世界,无法离开,更不允许他人靠近。故在增强科普教育工作的同时,应该积极倡导和引导当前急需的生命观、人性观和价值观,不能把愚蠢当作善良,把故意当作无意,只有实现了人与人之间的真正尊重,才会把诚挚的关爱引入每个社会单元。

四、技能训练

1. 训练目标

失独老人的心境体验及心理支持技术训练。

2. 训练过程

(1) 角色扮演

步骤1:分组。请全体同学随机分为4个演绎组。

步骤2:任务。每组选出两名同学分别扮演一名老年心理服务工作者及一名失独老人。

步骤3:表演。各组经过商讨后分别到台前现场模拟一段老年心理服务工作者支持失独老人的工作片段。

提示:各组可自行设定场景使失独老人表现出平时可能出现的困扰状态及行为表现。老年心理服务工作者要体现出对失独老人的支持、帮助。

(2) 分析点评

步骤1:表演者自我陈述。在本次演示过程中,陈述意图展现的主要内容。

步骤2:各组相互点评。在其他组的演示中,点评其核心内容及更全面的表现方式。

步骤3:教师总结。总结各组演示的亮点,并讲授标准应对规程。

五、处理建议

(一) 处理原则

(1) 加强关注及心理支持。

(2) 通过多种渠道讨论失独老人的心理问题,引发全社会的持续关注。

(3) 辅助社区及非政府组织对失独老人进行综合帮扶。

(4) 对建立失独老人心理支持体系进行有益探索。

(二) 处理方法

1. 定期访谈,及时评估

针对失独老人承受的独特的重大丧失(如独生子女死亡),访谈的核心目标是尝试评估和处理心理创伤。在明确失独老人心理需要的情况下,定期提供晤谈,熟练应用访谈技术对其进行社会心理支持,争取减轻老人的孤独感及提供释放压力的渠道,并根据访谈内容及老人当时表现来评估其心理状态。如发现老人可能存在心理或精神问题,应针对其出现的症状进行疏导和干预,并及时通知其家属或当地社区工作人员,且及时与之沟通相关后续事宜。

2. 提供心理救助

失独老人如果有幸能进入养老机构,处于老年工作者全方位的照料之下,那么其心理健康状况可以得到有效的观测和评估,总体上需要紧急心理救助的可能性较小。但我国目前绝大多数老年人都处于家庭养老状态,自然也包括失独老人中的大多数。这些老人受心理问题的威胁较久,程度也较深,急需及时而高效的心理救助。故老年心理工作者不仅要在特定机构内设置专门的老年心理咨询室或诊室,更要定期、定区域地走访失独老人相对集中的社区街道,与社区相关主管人员建立长期联系,当有失独老人需要初步心理评估和危机干预时,可通过社区进行联合救助。当然,对失独老人进行专业的创伤治疗,是解决该群体心理困扰较为得当的手段,可惜目前我国从事创伤心理治疗和康复的机构和人员极为缺乏,更是缺少针对失独老人的工作实践经验,这一研究和应用的空白,通常由失独老人的亲友自发地不定期以访谈安慰来填补,其作用较为有限。而社区工作既紧张又繁忙,能抽出的人力和物力毕竟有限,因而人们可以把眼光投向近年来方兴未艾的"NGO"(Non-Government Organization),即非政府组织,在NGO的组织和主导之下,老年心理工作者可积极参与相关活动,以综合救助的模式定期走访和支持失独老人。

3. 加强经济援助

失独老人的经济问题需要从几个方面来加以解决。老年心理工作者可以通过在社会各种场所进行授课宣传的效果为基础,定期与媒体机构展开合作,面向社会征集捐助,并委托媒体负责信息核对及发放善后工作;或深入到企事业单位,利用举办各种讲座的机会,争取企业家对此项慈善事业的理解和支持,不定期为失独老人的生活和医疗提供扶持,特别是对经济困难的老人,尽可能

情境四 老年时期常见心理问题及处理

为他们争取到"临终关怀"服务,可以体面而安详地走完最后一程;并在一定的工作积累之上,争取影响民政部门投入的部分倾斜,使失独老人在民生方面得到一定的照顾和实惠。

4．着力健康教育

（1）对失独老人加强健康教育。老年心理工作者在了解老人现实需求的情况下,向其宣传心理卫生知识,可教授其一些简单的放松训练技术及自我评估心理状况的方法,提高老人对自身心理健康的关注和重视程度。

（2）对社会民众加强健康教育。当人们对现存的事物充满不解的时候,往往也伴随着难以明了的恐惧,这种不安情绪会把人们推得远离失独老人。因为不知道怎么帮助,更不知道面对他们应该说些什么,有太多的人虽然与失独家庭比邻而居,却始终未能勇敢地踏出关爱和照料的第一步。因此,老年心理工作者增加面向大众的解释说明,让人们都能了解到,每个家庭都有可能滑向失独的深渊,每个人都有可能失去自己的子女,而失独老人更需要真诚而有力的关怀,这种关怀是随时随地的,可以是物质的,也可以是精神的,善于沟通的人们可以提供心灵的陪伴,不善言辞的人们可以在生活中予以方便。观念改善了,才有可能提升行为水准。所以,健康教育是解决所有社会心理相关问题的重中之重。

5．掌握创伤干预

针对心理创伤的治疗,大多数举措需要由精神科医生和心理治疗师来完成,但不代表老年心理工作者仅懂得初步的识别和转介就足够应对。失独老人内心较为敏感,非常可能在感觉受到伤害后中止接触,所以老年心理工作者必须假定每次的访谈都可能是最后一次进行心理干预的机会。所以熟悉创伤的处理原则及一定的危机干预技巧,是实际工作中非常重要的技术保证。心理创伤处理的原则包括：① 提供安全保障,即保证失独老人的生存需要得到基本满足；② 提供稳定保障,即帮助失独老人在身体和心理两方面恢复平稳状态；③ 建立和保持富建设性的人际关系；④ 关注社会文化习俗对失独老人的影响并及时处理。

六、后续思考

（1）对失独老人进行心理服务时要特别注意什么？

（2）深入理解心理应激理论,思考减少应激相关心理损害的措施有哪些。

延展阅读

[1]〔法〕大卫·赛尔旺·施莱伯.痊愈的本能：摆脱压力、焦虑和抑郁的7种自然疗法[M].黄钰书,译.北京：中国轻工业出版社,2010.

[2]〔美〕Victoria M F, Jacqueline P.找到创伤之外的生活[M].任娜,等译.北京：中国轻工业出版社,2009.

📖 必读概念

心理创伤：医学定义是指个人直接经历一个涉及死亡，或死亡威胁，或其他危及身体完整性的事件，或目击他人涉及死亡、死亡威胁，或危及身体完整性的一个事件；或经历家庭成员或其他亲密关系者预期之外的暴力的死亡、严重伤害，或死亡威胁或损害。

（资料来源：American Psychiatric Association. Diagnostic and Statistical Manual of Mental Disorders（DSM-IV-TR）[M]．精神疾病诊断与统计手册[M]．4版．Amer Psychiatric Pub Inc，2000）

子情境四 我没有用了！

一、现实情境

案例引入

郭老退休后

60多岁的郭老性格开朗豁达，耳聪目明，精神矍铄，退休前是市区某国有企业的负责人，他从20岁开始工作，整整工作了40年。认识他的人都知道，郭老工作时尽职尽责，几乎很少休假，凭着他高度的责任心和对事业的热爱，郭老取得了辉煌的成绩。在他的带领下，一个濒临倒闭的企业转变成业内的佼佼者，随着效益的蒸蒸日上，不仅郭老心里充满了成就感，就连企业里的全体员工都没有不敬佩他的。

近日，企业领导换届，郭老的职务被自己一手提拔的年轻人取而代之，他光荣退休了。一开始他认为辛苦了这么久，这回可以好好歇歇了。但过了一星期的无所事事的生活之后，情况却完全不是他想象的那样，他觉得自己除了会工作，其他的什么也不会了，有时候早晨会起得很早准备上班，在老伴的提醒下才反应过来。不知怎么的，一种失落感油然而生。时间一长，每天吃早饭、看电视、吃午饭、午休、看电视、吃晚饭、睡觉，这种"安逸"的退休生活使郭老就像完全变了一个人似的，他目光呆滞，脸色灰暗，精神萎靡不振，过去经常侃侃而谈的精神头，现在一点也没有了，反而还越来越不愿意出门见人，常常心烦不安。

尤其是春节这几天，郭老更郁郁寡欢了，还不时哀叹"我真是没有用了，世态炎凉啊！"原来，郭老的邻居是一位公司老总，门前天天车水马龙，家里的客人送走一拨又一拨，而自己家门前却冷冷清清，与退休前相比简直是天壤

情境四
老年时期常见心理问题及处理

> 之别。这使郭老心里很受刺激,然而最让他不能接受的是,就连他最亲信的下属也没有来探望他,甚至一个电话也没有。郭老越来越感觉自己好像已经被世界抛弃了,怎么想也想不通,脾气越来越糟糕,本来不太喝酒的他也开始酗酒了,时常喝得酩酊大醉,对任何人都不满意,做任何事情都感觉不到快乐,还时常伴有失眠多梦、胸闷心悸的症状。郭老有时自己也在想:我这到底是怎么了?

参与式学习

互动讨论话题1:案例中郭老出现了什么问题?为什么?

互动讨论话题2:如果你是老年心理服务工作者,将从哪些方面对郭老提供帮助?

二、理论依据

案例中郭老所出现的情况,是目前普遍存在的"离退休综合征",特指老年人因年龄因素彻底离开工作岗位之后,无法适应完全居家生活环境和闲散无事的生活方式,而出现的抑郁、焦虑、恐惧、悲伤等一系列负性情绪,并产生偏离常态的举止和行为的一种适应不良问题。这种适应不良问题不同程度地损害着老年人的身体和心理健康。

离休和退休是人在晚年较为重要的生活事件之一,离开工作岗位,告别奉献了一生的事业,是老年期开始的显著标志。从此,老年人在社会角色、人际关系、生活规律等各个方面都会发生根本改变,从原本紧张、充实的职业生活,突然转换为无所事事的状态;从原本门庭若市般的迎来送往,突然变成了无人打扰的尴尬。这必定会让老年人内心中出现巨大的反差。"离退休综合征"是复杂的情绪症状和行为异常的动态集合,离开工作岗位后面临适应困难的老年人,通常会出现以下症状:居家时坐立不安,遇事时不知所措,无事时精神恍惚,对小事乱发脾气。这些老年人往往最听不得别人讨论与自己以前从事的工作有关联的事物,一旦闻及就心情烦躁,时常对家人、朋友表示不满,总处于赌气和不快之中。处于"离退休综合征"作用之下的老年人,经常在生活中因为注意力不够集中而手忙脚乱,频繁出错,甚至伤及肢体;在夜里难以入睡,或入睡之后多梦,醒来时周身疲惫,白天精力不足。离退休状态持续一段时间后,老年人的情绪倾向于整体走低,整天感叹自己无用,不再被社会和外界所需要,或不言不语,对别人的沟通采取拒绝和不予理睬的态度,甚至有时会因情绪的影响,对周围事物产生带有偏见的主观评价。处于离退休状态的老年人,在不得不忍受现实处境的同时,越发喜欢用回忆来填充内心的空虚。这部分老年人常常会让周围的家人和朋友觉得诧异,他们现在的表现与从前判若两人,言行举止中异常的部分让人难以接受。

离退休综合征属于适应不良方面的心理问题。其表现为老年人对生活环境和作息习惯的不适应、角色转换和社交变动的不适应、自我认知和主观感受的不适应等,这些适应问题的实质,就在于离退休导致老年群体自身的社会角色的转变。老年人在退休之前,身兼职业角色和家庭角色双重身份,在退休之后,被动地保留父母、长辈和闲散老者的普通角色,失去了过去作为领导者、决策者或其他具有成就感的角色,这种过渡使老年人从主角转化为配角,在社会中从此变得无足轻重。部分老年人无法尽快适应社会角色的转变,即发生角色中断,导致内心中激烈的矛盾和冲突。

为了更深入地理解老年人离退休心理问题的实质,有必要了解一下社会角色对于人类个体的意义。每个人所担负的社会角色,对其自身的社会态度和社会行为具有重要影响。人们对事物的态度、对生活事件的情绪反应及表现的各种社会行为,均依从于其具体的社会地位和社会角色。如果老年人在退休之前长期服务于纪律部队,如军队、警察等机构,那么在家庭生活中难免不展现出职业经历带来的影响。在退休之后,原有的社会地位会马上消失,而社会角色的转变却需要一定的时间才能完成,所以老年人就会把原来的军人或警察角色中严谨、认真的特点持续地带入家庭生活。每个人不同的社会角色,都为人们之间的相互识别、了解和评价提供形象鲜明的依据。例如,一位在高等院校工作的老年人,或许从事的是行政管理工作,但退休之后社区内的人们往往将其看作"老专家"、"老教授",这也是社会角色的标签作用之一。人们长期以来形成一种既定的认识观念,即社会角色决定人的态度和行为。如果发生了富人与穷人的冲突,那么人们多半会觉得富人承担的责任要大些,转而同情穷人,因为人们都认为社会地位和资源的不同决定着矛盾的性质,而不专注于讨论事情本身的实情和是非。不只是行为,就连穿着打扮都被习惯性地标注上角色的印迹。人们可以根据自己的理解去识别他人及其状态,并对人们的行为是否与角色相符作出评价。如果一位从领导岗位退下来的老年人,穿着朴素,在家门口摆摊卖报纸,那么周围人不会考虑是出于他本人的兴趣爱好或者发挥余热,而大多会认为这位老领导一定非常落魄,已经沦落到没人关照和生活窘迫的程度,这种想法就多半来自于对社会角色刻板的印象。

老年人在离退休之前,生活中充满着多个角色的扮演任务,虽然每天操劳忙碌,周旋于工作和家庭之间,有时也会疲惫不堪,但是对于部分老年人尤其是从事高层管理工作的"老领导们"而言,扮演更多的社会角色也是个人取得成就感、获得心理满足感的必要手段之一。如果退休生活使社会角色大幅减少,最终变得单一而无趣,那么角色扮演的积极作用便荡然无存,使老年人不断地坠入空虚寂寞的不良感受之中。

(一)离退休综合征的表现

深受离退休后适应不良困扰的老年人,可能会表现出在家里心情焦躁、坐立不安;整天无所事事,不知做点什么才好;有时勉强能做点家务,却行为忙乱,机械重复;甚至需要对生活中的事务有所决定时,变得优柔寡断,许久也不能决断;注意力容易分散,难以集中,在生活中经常出错;待人接物缺乏原有的耐心,时常表达不满,性情急躁易怒,对某些事务较为敏感;疑心重,非常介意他人谈论有关自己工作的事;对晚年生活中的人和事形成一定的偏见。大多数老年人在适应不良的过程中,深受入睡困难、早醒多梦、心慌气短、燥热多汗等生理症状的苦恼。退休后的适应不良或许会放大老年人原本并不严重的一些躯体不良感受,如头晕、头痛、周身酸胀及呼吸不畅等。如果老年人本身就患有一些特定的慢性疾病,如心脏问题、高血压、糖尿病及胃肠道疾病等,那么脱离岗位后的适应困难则会加重这些躯体不适或慢性疾病的症状。

从没有能较好地适应离退休状态的老年人的主观感受上来讲,老年人会清楚地感觉到以下几种精神层面的痛苦感。

1. 无力感

许多老人离开工作岗位时,无论从体力、精力和实际经验等方面来说,都处于事业的巅峰时期,人为地用年龄来划分离岗的统一标准,其实并不能解决人尽其才和岗位轮替之间的矛盾。以当前的社会发展眼光来看,"一刀切"的退休制度的确应该加以讨论和改革。在目前的离退休制度决定下,离开工作岗位主要是为年轻一代让路,并非完全出于对工作效能的考虑。老年人对此也只能是无可奈何,既想继续在奋战一生的事业中发挥作用,进一步实现自我,又觉得的确应该把机会让给年轻人,以培养和锻炼新的社会中坚力量。所以,在面临退休之时和退休归隐之后,老年人时刻都在体会着这种无力感。

2. 无用感

由于人际互动是基于双方的实际需要,而且家庭之外的人际关系或多或少地受到利益因素的影响。有些老年人在离退休前,位高权重、事业有成、资源丰富、八面玲珑,所以习惯于生活在受人敬重和赞赏的环境之中。一旦退休回家,所有先前的喝彩和掌声、邀请和求助很快烟消云散,几乎化为乌有。很明显,老年人的退休成为骄傲和光荣的中止符,老年人觉得自己经历了残酷的"无用化",不再被社会需要,不再被事业需要,不再被伙伴需要,最后变得一文不值。退休前后的巨大反差,使老年人感受到极强的失落感,每天都被无用感所包围。

3. 无望感

离退休后的老人一方面要面临身体和心理的全面老化,另一方面还要承受事业终结及人际交往动荡的精神痛苦,有可能对于自己的晚年生活感到失望,或认知判断中时常带有绝望的色彩。这会使老年人的身体健康状态受到明显影响,不断加重的病痛会加重无望感,让老年人对未来失去信心,觉得自己在离世之前,不会有任何好事发生,只会越来越差,因而终日郁郁寡欢。

4. 无助感

离开原有的单位、岗位和工作内容,老年人的社交圈子急剧缩小,同事几乎不再来往,业务伙伴联系得少了,知心朋友见面的机会也不多。于是老年人内心中的孤独无助感便油然而生,在适应全新的生活环境和生活起居方式的过程中,离退休的老年人必然会感到孤立无援,产生无助感。

(二)离退休综合征的影响因素

1. 老年人的性格特征

如果一个人具有明确的事业目标,并持之以恒地向着目标前进,在奋斗的

过程中付出很多,那么工作岗位对其的重要性就是不言而喻的。有些老年人,素来争强好胜、专注事业,视工作为自己的第二生命,那么在离退休之时,便很难割舍原来的紧张忙碌、担负重责的有价值感的生活。同时,个性偏重于刻板和保守的人,易受到离退休综合征的困扰,因为这类人对于生活中的重大改变的适应能力较差,突然的环境和节律变化往往在很长时间内也难以顺利地加以调整。与之相反,生性平和、随遇而安,在多年的职业生涯中并没有过于追求成功和荣耀,一直过得清闲自在,甚至是对事业成败看得比较淡的老年人,较为不易出现离退休后的异常心理与生理反应。这主要是由个性类型的差别造成的。

2. 老年人的职业特征

如果一个人从一种事物中得到的利益较多,那么放弃或失去此种事物就意味着不可忽略的损失,有时这种损失甚至是难以承受的,在离退休对老年人的影响方面也是如此。若老年人在离退休前长期担任领导干部,或掌握丰富的社会资源,或处于他人羡慕和欣赏的光环中央,那么受到离退休综合征的折磨就变得较为合理。而一直从事普通工作,没有从岗位中得到过多利益的老年人,对离退休往往能持以平和的心态,甚至部分人有种如释重负的解放感,感觉劳累一生终于可以回家了,其身心健康受到离退休这一生活事件影响的可能性就相对较小。

3. 老年人的人际关系

有些老年人热心于人际交往,在回到家庭和社区环境之后,马上投入到对全新的人际关系的经营之中,通过主动结识相邻近的同龄人,发展出一批志趣相投的玩伴老友。这种善交际的个人能力,可以迅速让老年人脱离离退休的负面影响。而个性较为封闭,缺乏交朋友的兴趣,或渴望交流但人际能力有所欠缺的老年人,很难在离开工作环境后结交到新的朋友,于是在社交方面得不到足够的支持和理解,也缺少有人相伴的户外活动,故较易引发与离退休相关的身心问题。人际扩展能力不佳的老年人经常会感到孤独和苦闷,心中充满烦恼又无人倾诉;而人际扩展能力良好的老年人,经常保持情绪上的愉快,心胸宽阔而舒畅,其生活质量处于平稳的状态。

4. 老年人的个人爱好

作为一种被广泛接受的社会共识,健康的兴趣爱好在各个年龄段均受到提倡。如果老年人在离退休前除工作之外,还拥有一种或数种良好的个人爱好,如下棋、书法、音乐、美术或体育项目等,突然空出来的时间,反而给予老年人从前所渴望的专注于爱好的难得机会,那么老年人就会自然而然地把精力和时间向兴趣转移,无暇思虑其他问题。同时,整个身心状态也会越来越好,处于良性进展的过程之中。反之,如果多年来生活中除了工作还是工作,没有其他内容的老年人,就不具备离退休后面对空闲的保护机制,缺乏丰富自己的生活、提升自我感受的有效手段。所以事业作为唯一的精神寄托不得不消失之后,老年人的生活就变得枯燥无趣、缺乏生气,在整体的无聊气氛下,情绪上出现异常的可能性便会有所增加。

三、常见误区

（一）离退休心理问题就是老人自找的

人们都习惯以自身的角度来看待别人的问题，当年轻群体面对家庭中的老年人产生离退休心理问题时，也难免会存有各种各样的主观臆断。在子女看来，老年人为了家庭辛苦工作、操劳一生，吃过太多的苦，受尽太多的累，眼看退休回家，明明是放松休息、享受天伦之乐的最好时机，为什么就想不开、放不下，整日为此苦恼，还影响了身心健康呢？其实这种观点没有关注到人的社会价值，因为每个人承担的角色都具有非常强的社会性，家庭作为社会的基本单元，能满足人最基本的爱和保护等需要，但更高层次的需要，如尊重和自我实现需要，则须到社会中加以满足。什么样的生活是令人满意的，一定要当事者才能分析和判断。人们对于离退休适应不良的老年人，一定要尽可能将心比心地深入理解，而不是以自己想当然的认知观念轻易判断。

（二）对生活的适应不良就是适应性障碍

适应性障碍是一种精神医学和临床心理学的定义，它界定的是由于某种明显的生活处境变化或应激性生活事件，个体所表现的身心不适的综合反应，是一种性质明确的精神心理障碍。在可能引发适应性障碍的各种诱因中，也包括老年人的离退休事件。虽然离退休综合征与适应性障碍在具体表现上有相近之处，但二者的程度和范围还是有本质的差别。适应性障碍强调老年人社会功能所受到的严重损害，即不只存在明显的精神痛苦，更使老年人照顾自己、人际互动、料理家务、接受信息、外出活动、言语交谈等各方面的能力都发生显著下降的情况下，才考虑以精神障碍的角度来看待。而一般情况下，离退休的老年人所发生的不适反应，在让老年人经受精神痛楚的同时，对生活中各种基本功能的影响较为有限。当然，如果老年人因离退休回家所致的心理问题，得不到家人和照料者的重视及有效处理，极有可能发展为适应性障碍。

（三）退休之后就什么也做不了，完全没有用了

这种悲观的认识在离退休心理问题较严重的老年群体中较为常见。老年人经历了角色转变过程，被迫接受闲散在家的生活之后，有可能会走向另一个观念的极端，即反正也就这样了，一切都不会回到从前，那我就认命算了，能活一天是一天，什么也别找我，什么也不想管了，这种心态是非常不可取的。因为晚年生活可以做的事情非常多，有些老年人选择重新走上社会，利用自己的专业知识和丰富经验发挥余热，为社会作出了巨大的贡献；还有的老年人，热情投入到公益事业当中，充当志愿者，为公众提供力所能及的服务，内心获得了极大的充实和满足；更有的老年人，抛开原有的职业影响，投身于文化艺术活动，并广交朋友，在老年群体中形成了以自己为核心的健康活动小圈子。这些都是老年人可以积极尝试，并能得到相应身心回报的良好选择。与其在家失望懊恼，不如大方走出去开拓全新的人生天地。

老年心理维护与服务

四、技能训练

1. 训练目标

离退休综合征老人的心境体验及心理支持技术训练。

2. 训练过程

(1) 角色扮演

步骤1：分组。请全体同学随机分为4个演绎组。

步骤2：任务。每组选出两名同学分别扮演一名老年心理工作者及一名离退休综合征老人。

步骤3：表演。各组经过商讨后分别到台前现场模拟一段老年心理服务工作者支持离退休综合征老人的工作片段。

提示：各组可自行设定场景使离退休综合征老人表现出平日可能出现的困扰状态及行为表现，老年心理服务工作者要体现出对离退休综合征老人的支持、帮助。

(2) 分析点评

步骤1：表演者自我陈述。在本次演示过程中，陈述意图展现的主要内容。

步骤2：各组相互点评。在其他组的演示中，点评其核心内容及更全面的表现方式。

步骤3：教师总结。总结各组演示的亮点，并讲授标准应对规程。

五、处理建议

(一) 处理原则

(1) 充实老年人的生活内容。

(2) 密切关注身心健康动态的变化。

(二) 处理方法

1. 定期访谈，及时评估

对离退休综合征老人要定期访谈，熟练应用心理访谈技术，给予其理解和心理上的支持，引导其改善对离退休后个人价值的观念认识，帮助其尽快适应离退休后的家庭生活。根据访谈内容及老人当时表现来评估其心理状态，如发现老人可能存在心理或精神问题，应针对其出现的症状进行疏导和干预，并及时告知其配偶和子女，且沟通后续事宜。

2. 鼓励部分老年人尝试再就业

不可忽视的是，相当一部分离退休的老年人，具有丰富的工作经验和较高的理论水平，如不为其提供发挥作用的机会，的确是对宝贵的人力资源的浪费。而可喜的是，当前社会各行业蓬勃发展，对高端技术人才的需求缺口越来越大，这就给一部分有特长的老年人重新走上工作岗位提供了可能。所以，老年心理工作者应该通过真诚而细致的交谈，了解备受离退休心理问题困扰的老年人内

情境四 老年时期常见心理问题及处理

心中最真实的想法,如果综合评价了老年人的真切愿望、身体条件、社会支持及技术特长之后,与老年人及其家庭达成支持其重新工作的共识,那么可以在心理上对老年人提供定期的支持,帮助老年人处理因复出工作而遇到的各种心理问题。因此,鼓励部分老年人尝试再就业是可以有效帮助一部分老年人摆脱离退休综合征的首选方案。

3. 开发老年人的兴趣爱好

如果有些老年人并不具备复出工作的技术条件,又没有自行养成健康良性的兴趣爱好,那么就需要其本人、家庭和社区来共同参与,培养其具备一种或数种兴趣爱好。对老年人来说,生活中就算没有了工作和事业,还是应该保持适度的紧张状态,从而避免生活的无趣化和无聊化。因此,参加社区内老年群体组织的文体活动是上上之策,因为这部分老年人多年来没有自己培养兴趣爱好的习惯,那么将其置于群体中间,接受其他老年人的感染,或许是在晚年补足培养良好兴趣这一课的最佳方式。如果老年人个性并非乐观开朗,不喜欢热闹及与人合作的活动,那么可以建议其去就读老年大学,通过学习一门专业知识来丰富自己的生活。

4. 倡导积极心态,着力调整观念

(1) 调整认知结构,顺应自然规律。老化是不以任何人的意志为转移的客观规律,离退休生活也终有一天会到来。离退休固然对老年人的情绪感受具有一定的负面作用,但对于促进行业的代际传承和新陈代谢的意义重大。老年人如果站在微观和宏观的双重角度就能更好地认识和接受这一事实,进而消除自我贬低、自我感伤的悲观消极态度,确立建设美好晚年的信念,积极投入到重新安排自己生活的过程中,力争向老有所为,老有所学,老有所乐的目标前进。

(2) 扩展人际交往,重视心理需求。老年人既要努力保持退休前的人际关系,因为这样的人际互动是老年人所熟悉和习惯的,也要加强对全新友谊的积极寻求。建立新的人际网络,有利于老年人在社区和家庭环境中从事自己喜爱的活动,学习新的知识和兴趣爱好,增添生活中的各种情趣。同时,老年人也要多注意维护家庭中愉快和谐的氛围,不断加强与家人的情感交流和信息沟通,获得更多的社会心理支持。

(3) 加强科学养生,生活健康规律。老年人在离退休后虽然不再定时上班,但最好制定相应的作息时间表,在按时休息、早睡早起的同时,要注意合理营养及科学运动。养成良好的晚年生活理念,建立起以保健养生为目的的生活方式。

(4) 保持心理平衡,适时主动求医。老年人出现焦躁不安或情绪低落时,最好主动向家人或朋友倾诉,争取以宣泄的方式处理好不良情绪,恢复心理平衡。如果老年人的精神过于痛苦,出现自我调节和社会支持均不能有效应对的离退休心理问题,应该在家人和照料者的陪同下,主动寻求老年心理工作者的帮助,必要时应在精神科医生的指导下应用一定的药物,或考虑接受专业的心理治疗。

六、后续思考

(1) 如何帮助老年人找到适合自己的兴趣爱好?

（2）为某老年大学设计一套切实可行的心理课程（以老年心理健康保健为主要内容）。

📖 延展阅读

[1]〔美〕约翰·卡乔波,等.孤独是可耻的[M].焦梦津,译.北京：中国人民大学出版社,2009.

[2]路海东.社会心理学[M].长春：东北师范大学出版社,2002.

📖 必读概念

（1）社会角色：社会对于具有某种社会地位的人提出相应要求的行为模式。人的本质就是社会性,是从自然人演化为社会人的结果,能够承担各种社会角色。所谓的角色,是指人们所要求的具有特定社会职位的人所该具有的行为,或者是指处于这一职位的人实际的行为。

（2）角色中断：处在某一社会角色位置的个体,由于在主观或客观等各种因素作用之下,无法继续承担此角色而出现的中途间断现象。

（3）角色扮演：个体完成社会对自身的角色期待的行为。每个人在社会所受到的期待都具有不同的行为准则和不同的角色扮演模式。例如,某位女性,在单位中扮演的是经理,在家庭中扮演的是妻子、母亲和女儿。不论承担哪种角色,都要按照社会公认的角色要求去行事,作为经理要每天组织生产、规划销售,还要不定期的加班出差等；而作为母亲要给子女做饭、洗衣服、收拾家务、关注其学习和个性成长；而作为女儿,要定期探望父母,提供生活方面的帮助,关心和注意老人身体方面的问题等。

子情境五 远亲不如近邻？

一、现实情境

案例引入

邻里间关系的变化

城市之中高层住宅越来越多,邻居之间的交流却越来越少,一些住上"豪宅"的老人们都怀念起当年住平房的快乐日子。刚刚搬进18层楼房的钱老先生感慨道："过去的居住条件虽然差,但几户人家共同住在一个院子里,邻

情境四
老年时期常见心理问题及处理

尺相处,平时嬉笑怒骂间透着亲密与热闹。当时居住面积都不大,不少街坊将日常生活搬到室外,街头巷尾总能看见前院的婶子在择菜,后院的大哥在修自行车,媳妇们边洗衣服边说着家长里短,老大爷们象棋下得面红耳赤,孩子们一放学满院乱跑,这样朝夕相处的日子令大家彼此信任、爱邻如己,大街小巷都充满了浓浓的人情味,谁家包了饺子、谁家炖了猪肉都会给邻居送上一碗,尤其是夏季入夜,不分男女都坐在自家门口纳凉,大人们天南地北地闲聊,孩子们屋前屋后地嬉闹。"

一回忆起从前,钱老先生便神采飞扬,话匣子打开了就滔滔不绝:"那时候,住家一户挨一户,谁家也不锁门,白天不上班的老人们总会不请自来地聚到一起摸个小牌、打个麻将,热热闹闹地顺带帮着看门。那时候,可真是远亲不如近邻,亲戚之间距离远的,交通不方便,多少年也不走动,倒是邻居街坊,谁家有个急事难事,都热心痛快、不计得失地施以缓手。"

他面色一沉,话锋一转:"哪像现在,我都住了三四年了,邻居们长什么样都不知道,刚开始我嫌屋里闷得慌,还想像住平房那样到别人家坐坐,可谁知碰到邻居,人家也就礼节性地点点头,顶多问声好,不会再多说一句。我闷得实在受不了了,就去敲邻居的门,要不没人,要不就隔着铁门冷冰冰地问有事吗?想出去走走,可岁数大了,腿脚不利索,上下楼不方便,乘电梯又头晕,所以渐渐地我也很少出门了,整天一个人在家浇浇花、看看电视、听听广播,真孤独得要命。前几天儿子看见我经常发火,实在不开心,就开车把我送到了一位老朋友家。我们开始还高兴地叙叙旧,后来聊到当年热热闹闹,再想到现在的冷冷清清,都觉得是住上了高楼大厦把我们一点点地改变了。常年深居简出,导致腿脚活动少了,平时没什么人说话,语言和思维都跟不上了,缺少了邻里间的走动,我们的脾气也变得越来越古怪,真想再回到从前住的院子里。这生活条件好了、生活水平上去了,可是人怎么就越活越没精神了呢?"

参与式学习

互动讨论话题1:案例中钱老先生出现了什么心理问题?为什么?

互动讨论话题2:如果你是老年心理服务工作者,将从哪些方面对钱老先生提供帮助?

二、理论依据

人们常说的"高楼综合征",是指一种因人们长期居住于城市的高层闭合式住宅里,与外界接触较少,并不常到户外活动,从而引起人们的生理和心理层面的多系统和多表现的身心症状和异常反应。这种综合的身心反应,在现代城市中生活的老年群体中表现得更为明显。

(一)高楼综合征的表现

患有高楼综合征的老年人精力不足、虚弱无力、面色苍白、免疫力差、消化

不良,对外界环境和不良生活事件的适应能力较弱,因社交功能退化表现得孤僻和封闭等。虽然这本身不能称为明确的疾病,但也可能成为某些慢性老年疾病的重要诱因之一。

(二)高楼综合征产生的原因

城市化进程的加快,使人们的居住环境得到了长足的改善,特别是多层及高层住宅的普及,最大限度地利用了生存空间,是人类社会面临人口持续增加、资源逐年减少的严峻现实所不得不采取的措施。但随之而来的问题也渐渐突显,高楼大厦在扩展人们的居住空间的同时,也拉远了人与人的社交距离。老年群体由于全面的老化过程,身体活动的灵便性大不如前,住进楼房之后,上下楼梯即成为颇让老年人头痛的事情,于是很多老年人索性待在家里,以防因外出所带来的麻烦和造成的意外伤害。如此持续一段时间以后,由于缺乏必要的人际交往,会产生很多特征性的问题。

人际交往对于任何年龄段的人类个体均具有重要意义,良好的人际交流和互动可以减轻孤独感,满足人们对于交往的强烈渴求。相互间不同层次的人际交往,是人类形成之后基本的社会心理需要之一。人的社会化进程始终伴随着人际互动的作用,所以人际交往对于人格和认识结构的形成有着不可估量的影响。如果人际方面的需求得不到相应的满足,就会积累一定的负性情绪,进而影响身心健康。交往之所以在个体的生活中不可或缺,是因为它维持着人与人之间的思想碰撞和情感交流,是保证社会环境中人类身心健康的首要条件之一。当人缺乏人际沟通和情感寄托时,就会产生可怕的孤独感,老年人对于孤独感的承受能力相对脆弱,所以更容易受到人际交往不足的伤害。人类天生害怕孤独感,终生都在逃避这种让人恐惧的不良感受,而人际交往是人类社会中抵抗孤独感的最佳途径,所以对于包括老年群体在内的人类而言,人际交往具有基础的防卫作用。

人际交往还能增加老年人的幸福感,实现躯体和心理的双重保健功能。经过多年的观察和研究,人们发现协调而高效的人际关系有利于提升个体幸福感,甚至改善生活质量。有研究表明,亲密且具有建设性的人际关系,会使人们因为得到理解和共鸣而感到幸福,更可以因相互影响而感激和自豪。人际互动所形成和保持的友谊,可以经常性地唤起积极的情绪反应,是人们在社会环境中获得幸福感的源泉之一。而老年人更需要良好、多维和高质量的人际关系,以增强其晚年生活中的幸福感,远离负性情绪的困扰。某些老年期心理问题或心理疾病所产生的根源,多与不良的人际关系密切相关。其实人际互动是一种内心的自我表露过程,人们不仅在沟通过程中获取对方的信息,更具有把自己的感受、观点及情绪状态表达出来,获得对方的认同和支持的需要,所以老年人迫切地需要实现自我表露功能,建立和发展人际关系。而持续、深入的人际交往和健康良性的人际关系,会使老年人得到充足的社会心理支持,这些社会支持不可能在独居家中的状态中得到,也不可能在缺乏沟通条件的封闭生活中加以强化。故增加高楼大厦中的老年人发生人际互动的机会,可有效地减少各种心理损害的危机因素,使老年人在同龄人中获得急需的理解和安慰。

情境四
老年时期常见心理问题及处理

作为社会化程度较高的人类,相互需要及亲密关系中的相互依赖已经成为人们维持正常的工作、生活不可或缺的成分。老年人由于远离工作环境,多数时间处于居家生活状态,人际中的亲密成分远不及青年人丰富。有相当一部分老年人因丧偶失去伴侣,从而失去对身心健康最具有积极、正性意义的亲密关系。大多数老年人与子女的接触有限,并不能每天与子女生活在一起,亲子关系的维护和促进较为困难。在这种情况之下,在家庭之外展开人际交往即成为老年群体满足心理需要的必要手段。而已经普及的高层或多层居住模式,却成为老年群体进行人际互动的阻碍。所谓的高楼综合征就是在老年群体被迫离群索居、人际关系需求长期得不到满足的情况下发生的。

三、常见误区

(一) 老年人只有待在楼里才安全

相对于年轻人而言,老年群体因为身体全面老化,导致在神经系统和运动系统方面的功能明显下降,增加了发生跌倒和其他意外伤害的概率。但仅以安全得不到完全保障作为不支持老年人外出活动的理由,是在科学上站不住脚的。常言道"流水不腐,户枢不蠹",经常性地进行肢体运动,对于任何年龄段的人类个体都具有积极意义。近年来公认的学界观点认为,不仅身体相对健康的老年人应该维持定期定量的科学锻炼,就连因疾病或伤害导致肢体功能存在缺损的老年人,也应该尽全力加以康复治疗,力求使其功能部分得以恢复。而且一定量的运动或体力活动,对于维护老年人心情愉悦和情绪稳定具有积极意义。良好的身体状态和多样化的户外人际交流,特别是后者,对于老年人整体的晚年生活质量至关重要,所以在帮助老年人认识自身情况,加强安全意识的培养的情况下,是可以鼓励老年人走出高楼大厦,积极参与力所能及的体力活动,并增加人际交往的机会的。

(二) 老年人即使下楼聚在一起也没趣

经常有青年人甚至是中年人会如此看待老年人的交往,觉得老年人有吃有穿,风吹不着、雨淋不到;没事就在家里读书、看报,或看电视、上网;有很多事情可以做,老年人通常在一起不是闲聊,就是打麻将,千篇一律,也没有什么趣味性可言,不如就让父母待在高楼里,想和谁交流就打电话,互通信息就行了。这种观点的问题在于,没有从老年人的角度来看待老年期的人际交往,更直接忽视了老年群体内部的支持作用。困守在高楼住宅中的老年人,即使可以时常通过电话等方式与外界沟通,也代替不了参加群体活动所带来的愉悦感和满足感。在缺乏设身处地为老年人着想的态度情况下,极易滋生此类观点。

(三) 父母和子女谈心就足够了

有这样一些家庭,老年人与子女或照料者在一起生活,子女要么亲自陪伴父母,要么雇用专业的保姆提供服务。这类老年人看上去是有人伴其左右,有人倾听自己的心声和感受,但却忽略了一个重点——老年人当然愿意与亲人交流,但更愿意和同龄人进行人际互动。根据社会交换理论,人与人之间建立人

际关系,是为了利于一种自身利益的实现,即人们选择付出,是为了能有所回报,甚至希望这种回报会更为丰厚,所以最有可能提供最大化情感交换的对象,才是老年人的最佳选择。只有老年人才可能最为深入地相互理解,故也只有老年人之间的人际互动,才可能实现精神和情感的共鸣。但是,这不代表父母与子女之间的互动是低效的,二者必须相互结合、相互补充。

四、技能训练

1．训练目标

高楼综合征老人的心境体验及心理支持技术训练。

2．训练过程

(1) 角色扮演

步骤1：分组。请全体同学随机分为4个演绎组。

步骤2：任务。每组选出两名同学分别扮演一名老年心理工作者及一名高楼综合征老人。

步骤3：表演。各组经过商讨后分别到台前现场模拟一段老年心理服务工作者支持高楼综合征老人的工作片段。

提示：各组可自行设定场景使高楼综合征老人表现出平日可能出现的困扰状态及行为表现,老年心理服务工作者要体现出对离退休综合征老人的支持、帮助。

(2) 分析点评

步骤1：表演者自我陈述。在本次演示过程中,陈述意图展现的主要内容。

步骤2：各组相互点评。在其他组的演示中,点评其核心内容及更全面的表现方式。

步骤3：教师总结。总结各组演示的亮点,并讲授标准应对规程。

五、处理建议

(一) 处理原则

(1) 增加老年人室外活动的时间和内容。

(2) 推动社区内老年人的人际交往互动。

(二) 处理方法

人们的生存环境正从"熟人社区"向"陌生人社区"转变。老年群体受高楼综合征困扰的可能性有增无减。为尽可能减轻高楼综合征对老年群体的影响,应从以下几个方面加强对其干预和处理的力度。

1．定期访谈,及时评估

对高楼综合征老人要定期访谈,熟练应用心理访谈技术,给予其理解和心理上的支持。根据访谈内容及老人当时表现来评估及心理状态,如发现老人可能存在心理或精神问题,应针对其出现的症状进行疏导和干预,并及时告知其

情境四
老年时期常见心理问题及处理

配偶和子女,且与之沟通后续事宜。

2. 重视室外活动

具有较为自如的活动能力的老年人,建议应该经常走下高楼,呼吸自然环境中的新鲜空气,增加晒太阳的时间,如能在绿地公园等有氧环境下活动最好。即使在寒冷的冬季,老年人也须坚持适度运动,理想情况下应每日外出活动1次以上。根据气候条件、自身健康和兴趣爱好等现实情况,加以选择活动项目,如散步、太极和舞蹈等,特别要注意练习徒步走楼梯,少乘坐电梯。

3. 多参加社会交往

居住高楼的家庭应尽量鼓励和支持老年人多参加以同龄人为主的社会活动,拓宽和深化人际交往,可以定期与左邻右舍谈天说地,交流内心的感受,以增进友谊、开阔视野。同时,要积极培养老年人相互照顾、相互关心、分享生活事件带来的喜悦和忧伤的习惯,一旦有老年人家里发生困难,人们要以群体的形式施以援手,建立起真正具有社会支持意义的人际环境。

4. 保持室内空气畅通

如果在老年人无法外出或因特定原因减少外出的时期,高楼住宅内的家庭应每天保持一定量的开窗时间,保持空气的新鲜洁净,减轻室内空气污染。此种举措利于帮助老年人在足不出户的情况下,保持清醒的头脑和愉快的心情。在室内或阳台等老年人易于观察得到的地方,有意识地增植绿叶植物和色彩鲜艳的花卉,对安抚老年人的情绪具有一定作用。如果老年人的行动不甚方便,负责照料的人员要多主动与老年人聊天,询问其对于生活和娱乐的需求,条件允许时多用轮椅推老年人外出,接触新的事物,并使其与其他老年人建立联系。

六、后续思考

(1) 老年群体进行人际交往的困难有哪些?
(2) 如何提高自身的人际交往能力?

延展阅读

〔德〕亚历山大·冯·舍恩堡. 生活可以这样过[M]. 王德峰,等译. 北京:华艺出版社,2008.

必读概念

(1) 社会化:人类个体的社会化是在特定的社会与文化背景之下,人类个体所形成的适应于这一时期的社会环境与文化氛围的人格物质,掌握这一时期所公认的社会道德规律和行为准则的成长过程。

(2) 人际关系:当代的人际关系具有多个学科角度的定义。社会学观点认为,人际关系是人类在生产生活等各种活动过程中所建立的一种社会关系。而心理学将人际关系定义为人与人在交往中建立的直接的情感联系和心理距离,表现在人们的相互需要和依赖及相互之间的影响等方面。在我国特定的文化背景中,因格外注重人际距离和互动,故常以人际交往来代指人际关系。人际关系常见的类型包括亲子关系、婚恋关系、朋友关系、同学关系、师生关系、雇佣关系与同事关系、其他特殊类型的关系等。人际关系对人类个体的情绪状态具有直接能动作用,并且对个体的认知结构的变迁具有间接影响,对在社会中生存的个体的整体身心状态都具有不可忽视的综合作用。

(3) 人际交往的协调功能:人际交往具有调节个体不良情绪、协调个体相互关系及增进团结的功能,称为协调功能。人们依据自身的需要,通过人际互动在相互之间建立人际联系,从而形成不同的人际关系。为使某些共同活动实现同步和有组织化,形成社会规则作用下的秩序,防止人与人之间各种矛盾的失控,于是人们在群体中共同制定并认可一系列的行为规范和准则。人际交往作为载体,把关于规范和准则的各种信息传递给社会中的个体,保持人们行为的相对一致性和规范化,使其形成具有共识的社会心理氛围,并使之在特定历史时期处于主导地位,促使整个社会处于和谐稳定的有序发展的状态。

(4) 自我表露功能:人与人之间需要建立和维持稳定的社会关系,并在与他人进行整体比较的过程中,界定其自身价值。故可认为人际互动过程具有一种自我表露的功能,即在人际交往中人们自愿地把自身的感受和观念传递给对方,并期望得到对方的情感支持。在人际交往中适当地进行自我表露是具有健康意义的,这是促使形成亲密的情感联系的前提,也是建立深厚友谊的前提。

(5) 亲密关系:用以界定和形容人际关系之中依赖程度较高的类型,如与配偶的关系、与父母的关系、与挚友的关系、与重要的事业伙伴的关系等。亲密关系具有如下特征:首先是长时间的频繁密切接触;其次是关系中的各方共同经历诸多生活事件或工作单元;最后是关系中的各方均具有很强的相互影响力。

(6) 相互依赖理论:人际关系相关研究中最具影响力的观点是社会交换理论,而在社会交换理论中,最受社会心理学关注和强调的往往是相互依赖理论。相互依赖理论的观点是以心理需要的视角分析人际交往过程中的互动模式,即人们通常都希望以最小化的付出和最大化的回报来界定人际活动的目标,并以此来设计、实施和评价自己的人际交往。但即使获得的回报再小,人们也懂得必须先行付出才有可能获得,那么人与人之间就因为各种需要而形成了复杂多变的依赖结构。这使人们自幼便学会和遵守普遍的互利互惠式人际原则,即每个人都应该回报那些给予自己利益的人,如此才能维持人际关系的深入并获得更大的利益。如果别人帮助了自己,那人们就会觉得有义务反过来去帮助对方;如果别人对自己的生活毫不介入,那么当对方有需要时人们就缺乏帮助对方的意愿。

情境四
老年时期常见心理问题及处理

子情境六 "不好相处"的老年人

一、现实情境

案例引入

儿媳的烦恼

婆婆搬来与我们同住已经两年了,都说婆媳不好相处,一开始我并不相信,总觉得那是有人不太孝顺老人造成的。我喜欢热闹,性格开朗,人缘也极好,所以当丈夫说把婆婆接来同住时,我很高兴地答应了。但慢慢地,我发现事情并不是我想象的那样简单。

婆婆的性格倔强,很难接受别人的意见。她每天都要站在椅子上擦玻璃,因为她腿脚不好,这样很容易跌倒,我们跟她说了几次,但是根本不起作用,该怎么做还是怎么做。哪次丈夫说的话有些重了,婆婆就眼泪汪汪地说你们嫌我老了,没有用了。结果有一天,她在椅子上没站稳,摔下来造成了腿部骨折,我们不得不请假到医院照顾她。到了医院,医生发现婆婆的血压很高,丈夫很奇怪,因为婆婆的高血压已经有好多年了,一直吃药维持得不错,医生详细地询问了服药情况,我们才发现,婆婆为了省钱,把有的药偷偷地减半服用,有的药换成便宜的药吃。丈夫很生气,说婆婆是拿命开玩笑。婆婆振振有词,我没事,我好了,吃那么贵的药没有用。我苦口婆心地跟她解释高血压是怎么回事,乱停药会出现危险,她当时点头答应,可后来还在偷偷地减药。

婆婆在家休养期间,丈夫的工作特别忙,照顾她的任务就落在我的身上,我总觉得做什么她都不满意。做饭之前问她想吃什么,她说什么都可以,但是做好之后,她不是说这个菜没味道,就是那个菜切得不对。有时候我买一些她喜欢吃的蛋糕和水果,她又说我乱花钱,不知道节约。这让我非常苦恼,我真不知道究竟该怎么做才能让她高兴。

婆婆还特别愿意管闲事,她看不惯的事情,一定要说几句,我买件新衣服,她认为很浪费,就会不停地说我花钱太冤枉,不会过日子。弄得我每次买件新衣服都要像做贼一样藏起来。有时候我与丈夫说几句悄悄话,她听不到的时候会很着急,会问丈夫,是不是又说我呢。为此,我感到心力交瘁,面对如此不好相处的婆婆,我好像有一腔热血却只起到反效果,我究竟该怎么样对待她才好?

参与式学习

互动讨论话题1：老年人在人际交往中会出现哪些常见的问题？
互动讨论话题2：哪些因素影响着老年人的人际态度？
互动讨论话题3：与老年人相处需要注意什么问题？

二、理论依据

对于处于安居养老的老年群体而言，与家人、朋友和其他人进行良性的人际互动，是获取重要信息、沟通内心感受、建立和维护友谊、丰富晚年生活的必然渠道。健康而良好的人际互动，会使老年人的情绪保持愉悦，拉近与他人之间的心理距离，使老年人的社会适应能力得以维持在较高水平。而缺乏人际互动或人际关系不良，则会导致老年人充满不良感受和负性情绪，容易滋生无能感、无望感和无助感，形成各种各样的心理问题，甚至成为心理疾病的重要诱发因素。

（一）老年人"固执"的原因

任何人类个体都生活在特定的社会单元之中，不可能脱离各自的社会群体而离群索居。人们总是在自身所特有的自我概念的基础之上，开展不同层次和范围的人际交往的。也就是说，喜欢和什么样的人交流沟通，喜欢和什么样的人一起生活，甚至是愿意为什么样的人付出物质和情感成本，都受自我概念的支配。进入老年期之后，人们仍然会受到多年以来形成的各种人生信念的左右，会对生活中的人和事持有相对固定的认知评价体系，而且这种认知的结构很难发生变化，让外界感觉到老年人所特有的"固执"和难以相处。老年人的社会认同由于多种因素的影响，与其他年龄段的人群具有显著的差别，这也是为什么老年人聚在一起讨论问题时更容易达成共识，而和子女或其他的年轻的照料者之间很难达成对事物的一致看法的原因。社会认同的倾向性让人从群体层面划分了无形的界限，也让老年人越发觉得不被理解，更难发自内心地接受青年人的建议。

很多子女和照料者，以及提供老年服务的医护人员、社会工作者及心理工作者等，都在生活和工作中对老年群体形成共有的独特印象。在经常接触老年人的人们看来，老年人往往在沟通过程中固执己见，拒绝接触和认识新事物，并不愿意对新观点进行分析和接受，甚至采取"管你千变万化，我只一路向前"的态度来应对生活中的困难，结果老年人身心都受到不同程度的损害，利益也得不到有效的保障。这种心理倾向源自于人们常说的偏见，老年人与其他年龄段的人群相比，认识观念中的负性预判更为显著，即经常先入为主地评价人和事物，有失客观而不自知。存有偏见的老年人，可能更容易讨厌那些与自己观念差异较大的人，当然这样的人以年轻人居多。

偏见作用于人们对信息的加工处理过程，使老年人的归因过程受到固有观念的影响，即老年人出于社会认同，习惯性地把老年群体的长处和优势进行内部归因，把老年群体的短处和劣势进行外部归因；而对其他年龄段人群的长处

情境四 老年时期常见心理问题及处理

和优势进行外部归因,其短处和劣势进行内部归因。也就是说,老年人思维模式经过归因的筛选之后,把成功的原因全部归结于自身,把失败的原因全部归结为外界环境。同样的例子也会发生在人们的日常生活的其他方面,当人们认为一个人非常优秀,而且具有卓越的能力和良好的人际关系时,在这个人事业成功时,人们的脑中会自动忽略外界对他的帮助和支持,以及时机、运气等方面的因素作用。而在这个人事业遇到挫折时,人们又觉得是工作任务远远超出所有人的能力范围,或是与其工作的合作者素质不佳,甚至是时运不济所致,绝对不会相信是这个人本身的因素导致了不可避免的失败。偏见的作用在各个年龄段的人群中,大致如此,而老年人由于本身的心理特质倾向于保守和固化,更容易以偏见的态度来应对生活中的人和事,从而引发诸多人际摩擦和不快情绪,使人感到难以合作,让照料者觉得难以管理。

(二)老年人"情绪化"的原因

除了自我概念的影响,老年人还会在某些方面具有较强的自尊心,一旦感觉到自尊受到损害,在强烈的挫折感作用之下,老年人可能会采取并不理性的方式加以应对,在行为上体现更多的言语或非言语攻击。很多家人或许并不能理解,这其实正是老年人对自身能力下降的保护性心理反应。他们有些恐慌地看着自己在不断地老化和衰退,出于对掌握自己生活的担忧,采取了强化控制力的行为模式,即在生活中反复证明自己仍然是可以的,不是没有用的,更不是不被需要的。所以在老年人感觉到家人或朋友,甚至是外界的其他人有可能采用怀疑的眼光来看待自己时,在自卑感和挫折感的共同作用下,变得脾气古怪、富有攻击性。

知识链接

自 尊 量 表

自尊量表如表4-2所示。

表4-2 自尊量表(self-esteem scale,SES)

请在你认为最适合自己的选项后划"√"
1. 我认为自己是个有价值的人,至少与别人不相上下。
 (1)非常同意____ (2)同意____ (3)不同意____ (4)非常不同意____
2. 我觉得我有许多优点。
 (1)非常同意____ (2)同意____ (3)不同意____ (4)非常不同意____
3. 总的来说,我倾向于认为自己是一个失败者。*
 (1)非常同意____ (2)同意____ (3)不同意____ (4)非常不同意____
4. 我做事可以做得和大多数人一样好。
 (1)非常同意____ (2)同意____ (3)不同意____ (4)非常不同意____

5. 我觉得自己没有什么值得自豪的地方。*
   (1)非常同意____ (2)同意____ (3)不同意____ (4)非常不同意____
6. 我对自己持有一种肯定的态度。
   (1)非常同意____ (2)同意____ (3)不同意____ (4)非常不同意____
7. 整体而言,我对自己觉得很满意。
   (1)非常同意____ (2)同意____ (3)不同意____ (4)非常不同意____
8. 我要是能更看得起自己就好了。*
   (1)非常同意____ (2)同意____ (3)不同意____ (4)非常不同意____
9. 有时我的确感到自己很没用。*
   (1)非常同意____ (2)同意____ (3)不同意____ (4)非常不同意____
10. 有时我觉得自己一无是处。*
   (1)非常同意____ (2)同意____ (3)不同意____ (4)非常不同意____

SES 由罗森伯格(Rosenberg)于 1965 年编制,用以评定青少年关于自我价值和自我接纳的总体感受。此量表由 5 个正向计分和 5 个反向计分的条目组成,分 4 级评分。"非常同意"计 4 分,"同意"计 3 分,"不同意"计 2 分,"非常不同意"计 1 分,*号表示是反向记分测量。总分越高说明自尊水平越高。

虽然有强烈的自尊在表面上支撑着,但是绝大多数老年人内心也十分清楚,老化的进程是无法逃避的,自身的能力在一天天下降,越来越多的事情明显力不从心,从前非常容易完成的事情,现在即使花费更多的时间和精力,也达不到从前的标准。但老年人往往难以接受这沮丧的现实,越是难以恢复到从前年轻力壮的状态,就越急切盼望和渴求努力达到当年全盛时期的能力水平。这种心态会使老年人产生强烈的负性情绪体验,时常经历愤怒、失落、不满和绝望的折磨,并在一定程度上折损老年人的自尊心。这种心理变化过程称为自我差距,就是由于理想自我与真实自我之间的差异,所引发的与沮丧相关的情绪及自尊水平的下降。

知识链接

独立性自我和相互依赖性自我之间的主要差异

独立性自我和相互依赖性自我之间的主要差异如表 4-3 所示。

表 4-3 独立性自我和相互依赖性自我之间的主要差异

特征比较	独立性自我	相互依赖性自我
定义	独立于社会关系	与社会关系密切相关
结构	有限制的、单一的、稳定的	灵活的、变化的
重要特征	内在的、私人化的(能力、思维和感情)	外在的、公众化的(地位、角色和关系)

情境四
老年时期常见心理问题及处理

续表

特征比较	独立性自我	相互依赖性自我
任务	① 保持独立性； ② 表达自我； ③ 实现内在特征； ④ 提升固有的目标； ⑤ 直接了解内心状态寻找归属	① 找到自己恰当的位置； ② 采取恰当的行动； ③ 提升其他人的目标； ④ 间接了解其他人的思想
其他人的角色	自我评价：在社会比较时，其他人很重要，他们可以提供评价	自我定义：通过在具体情景中与其他人的关系来定义自我
自尊偏差*	① 表达自我的能力； ② 使内在特征有效	① 调整的能力； ② 约束自我； ③ 保持与社会情境间的和谐

* 自尊的概念来源于西方，人们可能需要用自我满意度或能够反映个体完成文化所要求的任务的术语来替换这一概念。

引自：Markus，Kitayama，1991。

（资料来源：Shelly E Taylor，等.社会心理学[M].10版.谢晓非，等译.北京：北京大学出版社，2004.）

（三）老年人"脾气坏"的原因

老年人的子女、家人或老年工作者有时候会觉得非常困惑，自己无论如何包容忍让、无论怎样的小心谨慎、无论如何避免冲突，还是有部分老年人看什么都不顺眼，甚至把脾气发到不相关的人身上。也就是说在这些情况发生时，并不存在观念与想法的矛盾碰撞，这就要从深层次来理解与攻击相关的心理问题。当人们感受到挫折和愤怒之时，对认为应该为此负责的人和事表现出反感和攻击性，这是正常的反应。但如果由于各种原因，如恐惧、利益关系或人际成本等因素的制约，无法直接对导致愤怒的人和事实施攻击反应，那么就有可能把负性情绪发泄到其他的人或事物之上，这被心理学称为"替代性攻击"。而这些"替罪羊"多数是存在于自身周围环境中，是物理距离和人际距离最近的对象，如老年人的家人和照料者，或者是在特定时刻接触的老年服务工作者。

举一个具体的实例或许可以更好地说明此类情况。例如，老年人通过调动很多的人际资源，费尽力气联络到一位权威的医学专家为自己看病，但在诊疗过程中，专家无意中表达出"这种病只要维持不加重就好，不要指望能完全好转"的意思，这与老年人的心理预期完全相反，老年人在心中升起对专家的不信任和不满，充满了不快的情绪却又不好面向专家发作。结束求诊回到家里之后，马上挑三拣四，对子女的言行表现出无缘由的攻击性，让家人惊异而不解，后来拒绝吃饭、乱发脾气，接着反锁房门在屋里生闷气，让子女担心不已，怀疑是自己做错了事情而惹怒了父母，感到苦恼而不知所措。

与行为方面的攻击相比，老年群体所表现出来的攻击多集中于言语和情绪方面。人们的攻击性情感是一种内在的心理状态，在表现出来之前，是很难被

感受和观察到的。人们都体验过难以压抑的愤怒,在一生之中,每个人类个体都曾有过伤害他人的念头,大多数人甚至在一周内至少有数次感到轻度以上的愤怒。决定人们的愤怒的主要因素有3个方面:受到威胁、被攻击和挫折失败。

每个人都有自身认定的安全范围,老年人也不例外。在与他人的交往之中,人不可能通过无限制的侵犯来获得利益,也不可能任由对方的挤压而毫无反应。当人际关系中的一方做出使另一方感受到威胁的举动,那么受威胁的一方首先会感觉到不快。例如,子女劝说老年人到养老机构生活时,那么部分老年人可能先感觉到的是被抛弃的威胁,马上会产生波动的情绪。接着,人们对所受到的威胁会进行认知评价,分析对方的言行是不是具有恶意和不良目的的无意之举,还是带有强烈主观意愿的伤害行为。如果分析判断的结果指向的是后者,人们会进一步感受到程度更为强烈的愤怒,并觉得自身的利益受到了严重的侵犯,于是启动向对方攻击的行为。例如,子女劝说老年人到养老机构生活时,如果老年人坚持认为子女的行为动机是不良的,是为了把自己当成包袱甩出去,而不是为了更好地提升自己的晚年生活质量,那么老年人立刻就会被愤怒和伤心的情绪包围,对事物的理性分析被冲动所替代,激烈的家庭冲突几乎在所难免。

有些老年人,在理解他人的日常言行,即无关重大原则或是非问题的语言方面过于敏感和执拗,经常把家人或照料者的无心言行当成是针对自己的负性评价,是对自己品质、能力及态度的攻击行为,那么自然会导致老年人产生反射性的攻击,还会令对方难以理解。例如,老年人闲居在家时经常帮子女做家务,如果子女无意间抱怨饭菜味道不佳,那么做饭的老年人听到的话语与所理解的含义会有所不同,就有可能直接理解为对自己的不满意。于是,一句"饭菜不好吃"的闲话,就可能引发老年人大发脾气的情绪攻击,从而使家庭陷入一场本不应该发生的不快和矛盾之中。

挫折是人类产生愤怒情绪和攻击行为的另一个重要因素。人们经常对亲密的朋友诉说自己的"受挫"经历,并表现出挫折所导致的攻击性情感。很多心理学家都认为,攻击行为越来越多地被发现有挫折的成分,挫折的存在也与之后发生的不同类型的攻击行为密切相关。对于大多数人来说,挫折的主要来源是家庭生活中的人际互动。老年人与家人的不快几乎都来自于家务处理、伙食质量、子女教育及生活照料方面的问题。而由于已经离开原有的从业环境,故工作中的压力和挫折已经对老年人不构成影响。

(四) 使老年人"不好相处"的家庭影响

除以上深层次的心理因素之外,促使老年人在晚年发生性格变化、情绪波动和出现攻击性情感体验的因素还有很多。首当其冲的是老年人的家庭关系,家庭的基础和核心是夫妻关系,家庭的主要职能都是通过夫妇间的有效沟通和互助互动才得以实现的。老年群体的夫妻关系相对中青年群体而言,多数是稳定而健康的,具有安宁、真挚、和谐、深厚的特征。其双方的感情表达方式不如年轻时代那般热烈奔放,但多年的共同生活所形成的理解和默契,是其他年龄段夫妻关系深为羡慕的。如果老年人的夫妻关系不良,特别是在进入老年期之前就充满波折和冲突,那么这样的家庭关系面对老年期的各种问题,无疑是相对脆弱的,不能有效地实现家庭的保护、安抚及互助功能,甚至在家庭中频发各种矛盾,更加促进老年人的性格和情绪发生质的变化。其次,老年人与子女的亲子关系也在影响着老年人攻击性情感体验。当子女成家立业、拥有独立的家庭生活后,很多老年人会体验到空巢现象的痛苦,而有些老年人仍与子女居住在一起。无论以哪种方式生活,如果亲子关系有裂痕,老年人与子女的关系长期存在明显的问题,那么双方的相处必然不会十分理想。

(五) 老年人常见的不良人际互动模式

综合以上多方面的原因,老年人有可能在生活中形成较为不当的人际互动模式,可大致作如下总结。

1. 过于自负,傲慢待人

有些老年人自恃从事过高端的工作,或曾经位高权重,或一直见解非凡,为家庭和社会做出诸多贡献,于是不信任其他人的能力,看不起包括子女在内的年轻一代的全新观点,表现得盲目自大、主观武断,所以常在生活中与家人发生冲突。

2. 过于自卑,孤僻封闭

有的老年人由于缺乏光鲜亮丽的人生经历,在同龄人当中显得非常普通,没有什么可以自夸的资本,便对自己缺乏信心,经常妄自菲薄,不敢过于表达自己真实的想法,形成了偏重于自卑和孤僻的晚年个性特征。

3. 过多干涉,争夺控制

与子女共同生活的部分老年人,平时经常以自己的观念为绝对标准,总是要求子女按照自己的意愿行事,总为一些非原则的生活琐事引发口角,并把这种对他人生活习惯的干涉认为是理所当然。这种干涉行为主要表现在对子女生活的影响,较少表现在干涉家庭之外的其他人的生活。

4. 过多猜忌,疑虑重重

通常情况下,当子女独立生活后,就渐渐不再依赖老年人生活。这使个别老年人缺乏安全感,觉得不再被需要,一时间又找不到人生价值实现的替代方式,所以形成了好乱猜、疑心重的心理问题。

三、常见误区

(一) 人的脾气随着年龄的增大会变得温和

有的人认为,老年人的身体一天不如一天,体力和精力方面大不如前,而且在社会上也不再具有丰厚的资源,性情应该随着能力的消退而发生变化,会比年轻时平和自然,好相处一些。老年人的性情的确是与全方位的老化有着密切联系的,但并不一定如家人和照料者所愿,甚至有时候还朝完全向相反的方向发展,即变得暴躁、易怒、固执己见和不讲道理。老年人性情大变的原因是多方面的,同时也是相当复杂的综合过程,仅就老年人对自我认识的变化来说,不时

地发脾气、表达不满,或许会有证明自己仍具有一定能力,仍对家庭事务具有掌控权的情绪表达意味;抑或是面临自身能力的衰退产生的惊慌失措,而使其在行为举止方面表现失当。总之,人对自我的了解本身并不具有很强的客观性,而基于不客观的认知得出的判断和结论,每时每刻都在影响着人们的情绪和行为。

(二)关系恶劣主要是因为老年人故意找碴

普通大众并非心理工作者,很难以科学和理性的眼光来看待老年人的行为失当和情绪表达。作为老年人的家人、子女或朋友,当面对老年人蛮不讲理的言语和态度攻击时,可能马上就会产生相应的不满和负性情绪。在负性情绪的影响下,本能地会出现同样的攻击反应来应对。这样就失去了了解老年人的攻击性情感背后所隐藏的心理动因的最佳时机,并且在很短的时间内迅速恶化双方的关系,让本身就有误解和怀疑的老年人更加坚信自己的错误判断,从而使问题的解决变得雪上加霜。所以,当面对老年人的百般挑剔和发"无名火"时,家人及照料者一定要尽可能地保持冷静,克制自己不要马上加入到攻击反应的行列之中,而是认真观察老年人在发脾气的过程中的言语和表情,借以分析其可能存在的深层次原因,进而寻找适当的时机和突破口,动之以情、晓之以理地加以处理,而不能只是简单粗暴地把责任全都推给老年人,对事情不管不顾,从而影响老年人的心理健康,也破坏家庭的和睦气氛。

四、技能训练

1．训练目标

老人愤怒的心情体验及心理支持技术训练。

2．训练过程

(1)角色扮演

步骤1:分组。请全体同学随机分为4个演绎组。

步骤2:任务。每组选出两名同学分别扮演一名老年心理服务工作者及一名愤怒的老人。

步骤3:表演。各组经过商讨后分别到台前现场模拟一段老年心理服务工作者支持愤怒的老人的工作片段。

提示:各组可自行设定场景使愤怒的老人表现出愤怒的动作表情及语言,老年心理服务工作者要体现出对愤怒的老人的支持、帮助。

(2)分析点评

步骤1:表演者自我陈述。在本次演示过程中,陈述意图展现的主要内容。

步骤2:各组相互点评。在其他组的演示中,点评其核心内容及更全面的表现方式。

步骤3:教师总结。总结各组演示的亮点,并讲授标准应对规程。

五、处理建议

(一) 处理原则

(1) 以良好的人际互动关系为基础对老年人施加影响。

(2) 用宽容、温暖的关爱持之以恒地打消老年人的疑虑。

(3) 掌握一定的心理学常识,防控心理疾病的发生。

(二) 处理方法

1. 真诚而富技巧性地与老年人进行沟通

其实无论想对老年人施加哪些方面的影响,都必须争取与老年人建立健康、良好、富有建设性的人际关系。那么,掌握一定的高效灵活的沟通技巧就显得极为重要。部分常用的沟通技巧如下。

(1) 以收集信息和资料开场,避开容易引发老年人不快和不满的话题。从老年人的兴趣、爱好、往事和现在的生活谈起,争取以最短的时间让老年人感受到对其真挚的关心,得到老年人充分的信任。

(2) 选择方便与老年人沟通的位置,与老年人距离适中,避免因听力缺损而影响交谈,使老年人可以在平视或略向下视的角度注视着心理工作者,这样可以避免给人以高高在上和缺乏亲和力的感觉。

(3) 注视着老年人的眼睛,目光不要闪烁不定,防止给老年人造成心理工作者并不是很认真地与之沟通,只是应付了事的错觉。同时注重各种非言语沟通方式的转换。

(4) 说话的速度要放慢,尽量语调适中、发音清晰,以利于老年人接受到心理工作者提供的关键信息。而且心理工作者要具备良好的耐心,不要表现出烦躁和不耐,使老年人失去对心理工作者的信任。

(5) 适当表达真挚的欣赏。每个人都希望被他人肯定,老年人甚至会如小孩子一样喜欢赞扬,所以人们毫不虚伪的表扬可以使老年人心情愉悦,利于持续增进双方的人际关系。

2. 帮助老年人改善人际交往的风格

从心理学的视角来看待人际交往,往往将其划分为几种特定风格,即领导控制型、热情活跃型、随和圆融型及理解支持型。顾名思义,以领导控制型为主要人际风格的老年人,在群体中具有领导者的组织管理能力,坚强守信,值得信赖,但同时也喜欢指挥他人,发号施令,有可能因为过于刻板和控制的行为方式招致其他老年人的反感。热情活跃型的老年人,为人积极坦诚,行事主动积极,是社交活动中的情绪带动者,但也容易头脑发热,行事不计后果,容易因为给人办事不可靠的感觉,而引发其他人的不满。随和圆融型的老年人,为人谦和、行事厚道,能顺利与人合作,具备良好的团队精神,可以在群体中增加融洽的气氛,但是因为缺乏主见,意志不够坚定,时常会被脾气急躁的同伴所诟病。理解支持型的老年人,能在个人和群体的互动之中找到灵活的相处模式,既有个人

标准,又能与人合作,具有现实主义和实用主义精神,对他人较为宽容大度,综合素质较高,但也容易因曲高和寡和过于务实,被群体中的其他类型所孤立。人们不能强求老年人完全改变与人交往的风格,但应该引导老年人充分认识自身为人行事方式中的优势和欠缺,扬长避短,求同存异,更好地化解与他人的矛盾,增进人际互动中的良性成分,进而拥有被友谊包围的晚年生活。

3. 掌握良好的攻击言行化解技术

当老年人已经表现出攻击言语和行为时,人们应该具备一定的应对和处理方法。由于挫折感、受威胁和被攻击是老年人产生愤怒的主要来源,那么,有效地减少攻击的手段,就能减少这些诱发因素产生的概率。而选择采取具体措施,弱化老年人的攻击言行的诱因的时机很重要,但当老年人通过归因,把使自己产生愤怒的因素归结于对方主观意愿的行为时,攻击反应似乎已经无所避免,这时就不是一个很好的介入时机。只有当老年人情绪激动的状态平缓之后,再试图立足于良好的人际互动,通过多角度解释说明,才有可能避免事态恶化。立刻的道歉可以显著降低攻击性言行的发生。多数情况下,人们都不是为了攻击他人而制造冲突,如果为可能会造成误解的行为致以歉意,大多数老年人都不会过于严苛地加以追究。当然,如果当场采取的措施效果不大,应该寻求老年心理工作者介入处理。

六、后续思考

(1) 为什么老年人容易形成偏见?

(2) 如果老年人对你产生偏见,作为心理服务者,你将如何处理?

延展阅读

[1] 〔美〕戴维·N.萨特勒,等.左看右看心理学[M].王瑾,译.北京:机械工业出版社,2010.

[2] 赵慧敏.老年心理学[M].天津:天津大学出版社,2010.

必读概念

(1) 自我概念:是人类个体对自己所持有重要信念的集合,即"我是什么样的人?""我最重要的特质是什么?""我最擅长和最不擅长的是什么?""我所偏好的事物是什么?""我所讨厌的事物是什么?"……这些信念构成了人的自我概念。

(2) 社会认同:是自我概念的组成部分。它源自于个体的社会群体成员角色(身份),以及与此相匹配的价值观和社会情感。这些群体包括家庭、社区和各种社会关系、职业工作、宗教信仰、政治意识形态、种族或民族等因素所形成的群体。每个人所出生和成长的家庭一定拥有独特的价值观念和生活习惯。当人们成年之后,对自身价值观的评估结果,使人们更倾向于选择利于反映和

情境四 老年时期常见心理问题及处理

强调相同或类似价值观的群体,这就是人的社会认同行为及过程。

(3)偏见:是对个人或群体的一种评价,多带有负性情绪色彩。偏见产生的基础是个体自我认知中群体归属差别,和其他的态度观念一样,偏见也是建立在所属群体内的评价或共同情感维度之上的。这导致人们在深入认识和了解一个人之前,就会根据其所属的群体对其作出某种非理性的、带有既定印象的主观评价。偏见还可能源于对外界的刻板印象,即无论世界如何变化,对事物的认识都一成不变而且充满了负性评价。

(4)归因:是人类个体依据自身经验所归纳理解而得出的,关于自己和他人的行为原因及其行为之间的联系的观念和认识,可分为内部归因和外部归因等类型。所谓内部归因,是指将自身的行为及后果归因于性格、品质、态度、需要、动机及能力等个人特征。而外部归因是指将行为或事件发生的后果归因于个人机遇、他人的合作、时代背景、任务难易程度等外部条件,也可称为情境归因。

(5)自尊:是人们对自我作出的评价。人们不仅关注自己具有的特质的类型和功能,并且更加关注这些特质是如何受到评价的。高自尊的人对自己的评价很高,是由于对自我有着相对清醒的认识,从而能制定相应的目标并加以实现,还能够有效地应对困境。而低自尊的人对自己的评价较低,对自我概念没有清楚的认识,经常性地低估自己的能力和意志,所制定的目标多不切实际或无法承担对目标的责任,对未来持悲观看法,对外界的评价多以消极的情绪加以应对,低自尊的人会对与他人的关系更加敏感,并注重自身行为有可能产生的社会影响。

(6)自我差距:是人类的自我意识中直接影响认知、情感和行为的重要因素之一。即存在于客观真实中的自我和主观愿望中的自我之间的差距,当这种差距的距离不断加大或没有缩小的趋势时,将产生极为强烈的负性情绪体验。当人们感知到自己的个性特征、实际能力或人际关系与一直追寻的理想自我之间,存在不可跨越的差距时,人们将不断经历与绝望和沮丧有关的情绪,即悲伤、失落及不满,而且人的自尊心也会受到严重挫伤。自我差距还会引发与内心烦乱有关的情绪,如担忧、惊慌及紧张不安。按人本主义心理学的观点,人终其一生所努力的是自我完善的过程,也就是缩小现实自我与理想自我之间的距离的过程。故人的幸福感很大程度上取决于自我差距的动态变化。

(7)攻击:通常指的是个体对他人身体和情感的伤害行为。攻击行为具有许多形式,包括躯体攻击、言语攻击、愤怒情绪及持久的敌意等。各种形式的决定因素及行为后果均不相同。

子情境七　我能否看到明天的太阳

一、现实情境

案例引入

老人对死亡的恐惧

老人：这是一个心理咨询的电话吧？我有件事情不能解决，你们能帮我吗？

接线员：您好！这里是心理服务热线，请问有什么可以帮助您的吗？

老人：我今年73岁了，最近总是很害怕，晚上都不敢睡觉。我现在特别烦心，不知道怎么办才好。

接线员：老人家，不要紧，请慢慢说，您害怕什么？

老人：我老伴去世之后，我就一个人住，当时就觉得心里很难过，你说人老了，说没就没了。前两天，有两位以前常在一块遛弯、晒太阳的街坊死的死、病的病，我就觉得自己是不是哪天也一下子就死了，连个知道人都没有。因为这个我就不敢睡觉，怕睡着睡着就过去了，我有一位老邻居就是睡死过去了。

接线员：周围的人出现这样不幸的事件让人联想到自己，确实很痛苦，我非常理解，我想问一下，儿女住的离您远吗？

老人：儿女有的在外地，有的在本地，不过还都挺孝顺的，经常给我钱，但就是没有时间常回来。我一个70多岁的老头，钱也没什么地方可花，还不是想多看看儿女和孙子、孙女。

接线员：您的这些想法跟儿女说过吗？

老人：唉，说过啊，他们都说我胡思乱想，身体好好的，哪能说死就死了。可是老话说73、84都是坎儿，我也不知道能不能过了这个坎。有时候我也知道自己想多了不好，可是我控制不了啊。我这个岁数，真是过一天少一天，所以我特别害怕。

接线员：这确实是很多老人都会担心的问题，那最近您的生活是怎样过的？

老人：已经好几个月了，我也不爱出去遛弯了，谁招呼我出去晒个太阳聊个天什么的，我也不想下楼。每天想起来就吃点饭，想不起来就算了，我也真没什么食欲，看见饭就发愁，基本上就是一个人在屋里待着瞎琢磨。说了不怕你笑话，就是特别怕死，这个念头折磨得我是吃不下、睡不着，这让我太难受了。

情境四
老年时期常见心理问题及处理

> 接线员：从目前您描述的这些情况来看，您现在的确出现了一个心理上的问题，而且它已经影响到您的日常生活了，使您睡觉、吃饭及人际交往都出现了一些问题，继续这样下去对您是很不利甚至是危险的。但是今天您能打这个电话寻求帮助，我们就有了一个很好的开始，感谢您对我们的信任，我相信您也可以从我们这里得到帮助的，所以我建议让您儿女陪您过来接受专业的心理咨询，尽快摆脱这种害怕和担心，好吗？
>
> 老人：好的，我尽快联系一下他们。
>
> 接线员：如果他们还需要进一步了解其他情况，或者您还有什么其他的想法，可以随时打电话过来，我们会随时为您提供帮助。
>
> 老人：跟你说说我好一些了，非常感谢你，那先这样吧，再见。
>
> 接线员：再次感谢您对我们的信任，再见。

参与式学习

互动讨论话题1：案例中的老人出现了什么样的心理问题？

互动讨论话题2：生命的意义是什么？

互动讨论话题2：你对死亡有什么看法？

二、理论依据

对大多数中国人而言，死亡是不愿谈及的禁忌，是缺乏直接体验分享的禁忌。人们忌讳死亡、恐惧死亡，并且躲避与死亡有关或可能相关的一切。所以当死亡临近之时，难言的恐慌和对生命的疑惑往往一直困扰着人们，无论是清醒还是在睡梦中，对死亡的惧怕和担忧如影随形。除因患病及意外伤害而身亡的其他年龄段人群之外，对死亡恐惧体验较为深刻的当属老年群体。随着全面老化的进程不断深入，老年人日复一日地感觉到生命已近黄昏，这时其本身形成的生死观成为左右死亡恐惧的发生和影响程度的主要因素。从人类个体第一次目睹死亡事件开始，对于生命和死亡关系的研讨和认识会贯穿其一生的每个发展阶段。每个社会或民族的人们，因生活经验、文化背景、教育程度及宗教信仰的不同，而形成独特的死亡态度。死亡态度一方面具有本国家民族的共性，另一方面也具有个体的特性，它的形成受历史文化和宗教等因素的综合作用。

（一）西方社会的生死观

欧美等西方社会由于普遍信仰基督教，形成了具有强烈宗教色彩的生死观，西方人认为人出生的那一刻，既是新生命的开始，同时也是生命走向死亡的序曲，生与死是不可分割的问题，就如同硬币的正反两面。每个人都将走向死亡，而生存的过程就是一个不断地与死神捉迷藏的过程。人的一生有太多的不确定性事件，唯一确定的只有最终的归宿，而且死亡面前人人平等，相差的只有死亡的方式、时间和地点。欧美的传统文化源于古希伯来文化和希腊理性哲学，故有着深深的悲情意识成分。基督教及其分支派别，其核心建构中的主要

内容就是关于生与死的认识。从而，在欧美等西方社会中，人们更能相对平静地讨论死亡问题，从宗教意义上的死亡教育渐渐演化为当代注重生存价值的生命教育。西方文化背景中的生死观主要表现在以下3个方面。

1. 勇于面对死亡，进而超越死亡

古希腊的很多哲学家把人看作灵魂与肉体生命的结合体，特别是柏拉图（Plato）。他坚持认为人类的灵魂是永恒不灭的，灵魂赋予人类的肉体以思想和智慧，灵魂又可以独立存在，所以人类个体的死亡并不可怕，可怕的是人们忽视对高层次灵魂生命的追求，而沉迷于低级趣味之中。这种生死观后来成为基督教的核心思想之一。基督教正是通过确立以上帝为象征的终极价值观念，构建人的生存信仰体系，从而使人们相信死亡具有摆脱自身的罪孽，实现生存的价值和死生的超越，达成灵魂的永生状态（天堂）的能力。

2. 生命价值的核心是责任

西方哲学走入20世纪之后，不仅关注死亡的意义，更开始关注生存的幸福。有些学者认为，来世如何对于今世来说毫无意义，讨论死亡不是为了来世，而是为了今世，为了更好地活在当下，寻求可感可得的幸福。死亡意味着生存的终结，也因此凸显出生命应当积极而精彩，才具有现时的意义。人们只有充分认识死亡、感受死亡，才有可能感受到生命赋予人们的责任，进而争分夺秒地充实自我，为自身和社会的幸福努力奋斗，在有限的生存时光中实现生命的价值。

3. 生存质量与死亡选择密切相关

少数欧美国家已经不再把"安乐死"界定成犯罪行为，这表明西方社会在生死选择的问题上，更加地注重生存的质量。"安乐死"的含义是指在承受巨大的身心痛苦并且没有治愈的希望时，人可以自行选择无痛苦地死去，这肯定了生命存在的质比量更具有价值，死亡的选择权体现了人最基本的权利。当人已经丧失生存的能力，只能由其他方式维持生命，仅为活着而活着时，人也就失去了生存的尊严，更不具备人的生存意义，不如在尊重本人意愿的前提下，安详而无痛苦地结束自己的生命。"安乐死"行为从出现到受到广泛的争议及被越来越多的人理解和接受，表明西方社会在树立起一种全新的生死观，即质量与价值密切相关的生死观，这是对死亡态度的升华，也是社会文明进步的重要标志。

西方国家在普及生命教育和死亡教育方向方面也走在前列。美国关于死亡问题的课程开设、科普讲座已经有了50多年的历史。通过这些教育活动，美国公民系统地学习和讨论了死亡的全过程、自杀的危险因素及相关防控、死亡的选择权及丧事办理等相关知识。同样地，德国也出版了关于死亡问题的专业教材，引导学生以坦然、理性的态度直面死亡。所有这些关于死亡的教育，不仅在确立科学、理性的生死观方面成绩斐然，并且在很大程度上帮助西方社会提升了公民的幸福感和生活质量。

（二）我国传统文化中的生死观

与西方人的生死观相比较，中国人看待死亡更具有感性色彩，因而"乐见其

情境四 老年时期常见心理问题及处理

生,恶闻其死"的回避态度成为数千年来生死观的主流认识。中国传统教育对死亡教育和性教育采取了几乎完全漠视的态度,或与儒家思想中重生轻死观点的影响相关。中国人历来认为谈及死亡是不吉利的,可能会带来厄运,这可能与中国当今社会没有占据主要地位的宗教有关,即对于死后世界的讨论从未在数百年内形成可观的气候。与西方世界的主流生死观相比,中国社会所认可的观念可大致进行如下概括。

1. 求生拒死,注重今世

中国人的生死观深受儒家思想的影响。孔子曾言:"未知生,焉知死?"意思是,一个人如果连"今生"都经营不好,更不会有能力考虑"来世"。儒家的这种观点是源于对生命和生活的积极理解,就是希望社会中的人们关注自己的感性生命,对个人、家庭及社会生活负责,以"齐家、治国、平天下"为终极理想,进而实现人生价值,在这种时不我待的状态下,不必思索死亡及死后世界等虚无缥缈的事物。儒家的这种把死亡认知排除于生命观念之外的生存哲学,是具有现实主义精神的中国人恐惧死亡、抗拒讨论和认识死亡的主要文化根源。所以,中国人虽然表面拥有从不谈论生死的从容,但隐藏在内心深处对死亡的恐惧仍时不时地显现出来。因为如果死后世界没有任何的形态和意义,那就意味着在生存时拥有的一切也将最终化为虚无。中国人把死亡看作是对人生的否定,意味着所有欢乐、成就和价值的完全毁灭,也就不难理解中国人为什么总是在逃避和忌讳死亡了。

2. 危难之时,舍生取义

中国人虽然总体上畏惧死亡,在日常生活中对与死亡相关的事物加以排斥,但当在精神层面有所需要时,有很大一部分人却能不顾个人安危,追求死亡的象征意义。儒家思想认为生命的意义在于其社会价值,而不是个人生存所体现的价值。这具有强烈的非人性化意味,从而在很多人内心造成了严重的心理冲突,即"我不想死,我是怕死的,但为了某种原因我又不得不主动寻求死亡的选择"。

传统的忠孝观宣称:当一个精神上有追求的人,面对死亡威胁之时,如果只考虑个人的生存而置国家、民族的利益或道德准则的标准于不顾,则其生存即成为不义之举,近乎一种耻辱的犯罪行为。若能战胜人性中与生俱来的怯懦,将生命的社会价值视为高于生存价值的首要评估标准,从而使自身过早中断的生命价值在受到后人敬仰的过程得以实现。在儒家思想体系中,清楚地阐述了人生存的社会含义,即只有在追求精神上的完美、服务于社会和群体的过程中,人的生命才具有存在的真正意义。

 知识链接

中国传统哲学流派关于生死观的核心观点比较

中国传统哲学流派关于生死观的核心观点比较见表4-4。

表4-4 中国传统哲学流派关于生死观的核心观点比较

流派	核心观点
儒家	以道德价值为生死观的核心。对生命的领悟源于现实主义和理性主义的世界观。其基本的死亡态度：重生不谈死，拒绝探讨死后世界和灵魂不灭的相关问题，主张把有限的生命投入到积极参与社会事务上来，把个人生命的价值投到对国家、民族利益及公理、正义的实现上来。在实现了个人价值之后的死亡，是平静、满足和安详的，即"此生无憾"
道家	把死亡视为自然转归的过程，希望人们能够以超脱的心态看破生存和死亡，跳出对于生死的情感束缚，以自然的态度对待安于生，更安于死，是自然主义色彩深厚的生死观。道家认为生命的长短无关紧要，其质量在于对世间万物的感悟。人生其实短暂如"白驹过隙"，生与死都是瞬间的事。死亡是一种还原，是把人放回自然的循环过程而已，体现了生与死的永恒性。道家把世间万物和人都当作无穷尽的变化中的暂时形态，所以无所谓生与死
佛家	人生的一切都是苦难，从身体的生理病痛到精神心理层面的痛苦，从追求物质财富到争夺社会地位，可谓"时时皆苦，事事皆苦"，故其生命观的核心思想是轮回和虚空。简单而言就是人活在今世必然要经历苦难，而今世只是数个空间之一，以修行的境界和参悟能力来争取进入极乐净土，是脱离苦海的唯一通道。此种过程最高的境界就是"涅槃"，它超脱了生与死的界限。通常情况下，人在生死的轮回中难以摆脱，只有一心向佛，领悟到一切皆因机缘而成，看破世间万物皆为虚空，才能超脱生死轮回，脱离生命的无边苦海，进入极乐世界，达成终极的永恒

（三）当前占主导地位的生死观

在我国当前历史文化发展阶段，对于死亡的认识受到西方哲学的巨大冲击，传统的生死观越来越多地受到质疑，而全新的死亡观念仍未能以完备的理论体系形式加以确立。故在看待生命的自然老化和终结这一自然现象上，社会各界的理解各不相同。老年群体的生死观受到其个人成长经历、文化宗教色彩、教育类型和程度及认知领悟模式等因素的综合影响。但就目前而言，占主流地位的仍是以非理性应对的死亡态度，即对死亡持有恐惧和躲避的心态。部分老年人能够认识到，和所有的生命一样，人类也是有生则必有死，但也有一部分老年人因其主观的意愿，一直不肯接受最终必然要承受的生命终结。面对死亡的恐惧，使老年群体承受着沉重的心理压力，并有可能引发一系列的问题。

（四）老年人畏惧死亡的心理症状表现

当老年人受到死亡威胁或目睹亲友身故的事件之后，其本身具备的死亡态度会影响老年人对自身死亡的认知过程。如果老年人的生死观是以恐惧死亡和逃避死亡为主，那么可能引发一系列的心理问题。

首先，会出现紧张、恐惧和焦虑症状。每当老年人想到死亡或感受到与死亡相关的事物，马上会产生强烈的害怕和担忧，精神高度紧张不安。最常引发此类表现的多数是身体方面的不适感，或是偶尔发生变化的慢性疾病症状体征。例如，一位老年人如果患有并不严重的心脏疾病，始终按医嘱服药治疗，故

病情多年来平稳,偶然发生的胸部不适感并不足以产生危险,但该老年人每当无意间触摸前胸时,就神情紧张、坐立不安,觉得自己可能来日无多,那就属于畏惧死亡的心理症状的表现。

其次,对死亡的担忧会让老年人持续地感觉到悲观无望,甚至觉得有可能一觉睡去再也不会醒来,看不到明天的太阳。这样的老年人心情非常恶劣,心中经常布满愁云,甚至茶饭不思,总觉得自己如果就这么死了心有不甘,又无计可施,只好唉声叹气,一般的劝说也起不到作用,整体上给人以和抑郁情绪类似的感觉。

最后,这部分老年人还因为过度地担心害怕,使自己夜里难以入睡,白天精力不足,破坏了睡眠的周期节律,或是陷入深深地矛盾心绪之中:既想提前安排后事,又想说服自己不会很快就死亡;既怕给家人带来麻烦,又无法摆脱死亡的阴影在心头的困扰。

总之,老年人对死亡的畏惧心理,在某些特定的条件下,有可能造成心理方面的异常表现和情绪症状,需在充分认识其根源的基础之上加以调节处理。

三、常见误区

(一)老年人不应该过于恐惧死亡

由于数千年传统观念的影响,很多人到现在仍不能以人性的角度来看待死亡恐惧。甚至觉得老年人已经活了很大的年纪,不应该像年轻人那样怕死。这种观点首先没有将心比心地考虑问题,对死亡的恐惧每个人都会经历,只是时间的早晚不同而已。人们固然支持、鼓励老年人在认识死亡的过程中,能积极地看待生存的价值和含义,更加珍视晚年生活,但也要更加宽容任何人对死亡的畏惧之心,因为人作为生物,对死亡具有本能的抗拒。作为人类社会中的一员,对充满不确定性的事物怀有强烈的不安全感也是可以理解的。人们应该积极倡导生命教育和死亡教育,但是更希望每一位正在经历死亡恐惧的老年人都得到相应的支持和理解,而不是责难和拒绝。

(二)"安乐死"就是杀人的借口

中国人认为能"寿终正寝",而且相对无痛苦地、平静祥和地离开人世是莫大的福气,这体现着对死亡质量的理想和现实需要。但由于医疗科技的飞速进展,虽然很多疾病仍不能完全治愈,但却可以通过各种手段使更多的危重患者实现了生命的辅助存活。但这种过程对于病床上的患者,造成的创伤和痛苦是健康人无法想象的。例如,呼吸机和气管、插管,每天不断的点滴,长期放置于体内的胃管和尿管,让老年人在生命的最后时段受尽折磨,每一分钟都过得异常痛苦,而这一切的努力和付出并不能恢复老年人的躯体状态。所以,人们要从患者躺在病床上苦苦挣扎的角度来看待"安乐死"。我国明确禁止"安乐死",但并不妨碍人们就其本身的合理性与否展开多角度的讨论,这对促进当前社会对死亡认识的进步具有积极的意义。

(三)经常担忧自己会死亡的老年人是不是有心理疾病

部分老年人出于对死亡的畏惧心理,过于在意身体的不适感和症状表现,惶惶不可终日,所以家人或照料者就会认为老年人的精神状态不正常,甚至可能得了心理疾病。实际上,死亡恐惧可以引发一系列的情绪问题,如抑郁、焦虑等,但一般情况下仍属心理问题的范畴。只要不影响老年人的衣食住行,没有如惊弓之鸟一样要求达到绝对的安全,没有使正常进行的社会交往难以为继,就不要过于惊慌。对于这些老年人,心理工作者应使其尽可能多地理解生命和死亡的具体含义,对其生死观进行适当的补课。

四、技能训练

1. 训练目标

体验老人面临死亡的心境,塑造个人的生死观念。

2. 训练过程

步骤1:前提。假如你是面临死亡的老人,由于疾病原因,只有一个月左右的寿命,写出你最想做的五件事,并将其按重要程度排序,最后写下遗嘱。

步骤2:讲述。① 自己写出并排序的事件;② 解释原因,并谈谈写的时候有什么感受,对自己有什么启发;③ 人应该以什么样的死亡观念来面对死亡,又应该用什么样的人生观面对生活。

步骤3:讨论。同学之间可就他人的意见发表自己的看法。

步骤4:总结。教师汇总学生的发言,并对其深化正确的生死观。

五、处理建议

(一)处理原则

(1)提早预防。

(2)加强沟通和支持。

(3)注意心理健康维护。

(二)处理方法

1. 生命教育和死亡教育

因我国有回避死亡问题的传统,目前,生死教育仍是全民教育的盲区。不仅老年人对死亡的认识不足,青少年的自残和自杀行为也暴露出我国各年龄段群体均未能真正地理解生存和死亡。生命教育和死亡教育宜早不宜迟,这是人们从对西方生死教育实践的考察中得到的启示,更是无情的现实交给人们的紧迫任务。生死两方面的教育最好从小学开始,这样才能做到及早干预、及早起效,同时也要针对成人群体(以中青年为主)及老年人群体展开科普讲座和各种活动。教育的内容大致有以下几个方面。

(1)强调重视此生的价值实现与个人幸福。生存是人类存在的形式,是个体人生的意义所在。死亡因为其必然性,就算采取回避的态度也不能得到避免,不如索性坦然面对。而正因为有死亡作为终结点,人们才会更加珍惜有限的生命。所以,虽然教育的切入点是如何看待死亡,但其根本目的是在于倡导对生命的热爱,强调对生存的珍视。

(2) 强调生死转换过程中的精神价值。个体的死亡如果能利于群体的生存,那么死亡的意义就会转向积极和有价值的方面,这是中国传统生死观的核心理念。如果当死亡无可避免时,勇敢面对并以此换取尊严,到今天仍是许多人的价值选择。但是,对生存和死亡进行教育的目标,是首先要引导民众珍惜肉体生命,寻求幸福安康;其次才是提倡必要时的奉献和牺牲精神。

(3) 强调对死亡心怀宽厚并尊敬亡者。所有人类文明对于死者的缅怀和宽容都是近似的,无论国内、国外,人们都会对死者怀着同样的虔诚加以纪念,并对其来世寄托美好的期望。因此,教育必须解除公众层面对生命和死亡的种种困惑,建立科学理性的生死观,使人们不再单纯地畏惧死亡,而把注意力放在健康幸福地活在当下之上。

2. 老年群体的干预措施

当人进入老年,不可避免地要面对死亡这个尴尬又无法逃离的问题。关于正确认识和科学对待死亡的问题,有如下几条建议。

(1) 在接受生命教育和死亡教育,重新确立科学、豁达的生死观的同时,着力于对自己的心理状态进行监测。例如,发现针对一些所谓的身体及外界的信息,自己的反应超出了平常的水准,那么老年人须加强自我调节,必要时可寻求专业心理工作者的帮助。

(2) 不要把对死亡的思考当成生活的重心。除了可能会到来的死亡,老年人的生命中还有太多的事物,其中不乏美好和具有建设意义的事情。老年人与其坐在沙发上为不知何时会到来的生命终点惶惶不安,不如依照现实条件和自身能力,为家人、朋友和社区多做些力所能及的贡献,让晚年时光丰足而富有光彩。

(3) 保持好心情,活好每一天。老年人在平常生活中要高度重视心理方面的建设。例如,长寿老年人除在饮食、运动等方面具有成功经验之外,几乎都具有遇事想得开、成败放得下、胸怀宽广、乐天知命的性格。平日善于调节情绪、不钻牛角尖、不计得失、对生活充满热爱的老年人,最有可能比别人看到更多的明天的太阳。

六、后续思考

阅读以下文字,并思考佛教的生死观。

(1) 佛祖释迦牟尼有两个优秀的弟子,其中善于艰苦修行的叫做迦叶,而另一个以智慧闻名天下的叫做舍利弗。某天,人们慕名前来向他们求教。

有人问:"请问舍利弗尊者,你师父死后还存在吗?"

舍利弗回答:"我师父从不谈论这个问题。"

这人继续问:"那么看来你师父死了之后就不存在了?"

迦叶和舍利弗都不作声。

"你师父死后也许在,也许不在?"

"你师父没有死后存在或不存在的问题?"

舍利弗一概回答:"我师父从不谈论这个问题。"

所以那些人就非常失望,他们觉得已经问遍各种可能性了。如此聪明绝顶的舍利弗都无法说明和详细解释,看来这师徒也没有什么了不起的,便都离去了。

这些人走后,迦叶就问舍利弗:"为什么你要这么对他们说?"

舍利弗道:"普通人看待生死是从形体的角度,而我们看待生死是从认知的角度。师父的存在与死亡已经超脱这种形体与认知的拘束,所以没有什么可说的。"

(2)曾经有人连续3次问释迦牟尼,说:"我是什么?我是确实存在的吗?"释迦牟尼却再三不答,此人不得不怅然离去。

众弟子问释迦牟尼其中缘故,释迦牟尼缓缓作答:"如果我说他是真实存在的,那么这会增加他原有的错误观念,即会坚持认为人的身心是常驻不灭的;如果我说他并不真实存在,那么他的错误观念也会增加,即会认为人们的身心由于这一轮回的生命停止而断绝。"

(资料来源:中国佛教文化研究所点校.长阿含经[M].宗教文化出版社,1999.)

延展阅读

[1]〔美〕查尔斯·科尔,等.死亡课:关于死亡、临终和丧亲之痛[M].6版.榕励,译.北京:中国人民大学出版社,2011.

[2]〔美〕林恩·德斯佩尔德,等.最后的舞蹈:关于死亡[M].夏侯炳,等译.北京:中国人民大学出版社,2009.

必读概念

(1)生死观:是人类关于如何看待自然界生命物体的根本态度,即对生存和死亡的认知,是个体世界观的组成部分,其核心体现在对人类自身生命的认识和态度上。人类不同历史时期的生死观,反映着当时社会的文明程度和人类对自身的认识水平,各种宗教教义中就包括对生存和死亡观念的内容。从相对狭义的角度来看,人生观与生死观的内容大部分相互重叠。

(2)死亡态度:指人类个体,特别是临近死亡的个体或在自觉可能受到死亡威胁的特定情况下,由认知、情感及行为等因素构成的一种相对稳定的心理倾向。死亡态度是一个种族或民族文化特征的重要组成部分,稳定地影响着社会主流意识对于死亡的观念和处理模式。

情境四
老年时期常见心理问题及处理

子情境八 难以启齿的闺房之乐

一、现实情境

案例引入

老年夫妻也需要"肌肤相亲"

看过电影《泰坦尼克号》的人一定不会忘记这样一个镜头：巨轮在不断下沉，在舷窗里，一对白发苍苍的老夫妇相拥而卧，执手相看，平静地等待海水浸满舱房。这幅相濡以沫的画面感人至深，丝毫不逊于年轻主角的生死恋情。

古人常说"少年夫妻老来伴"，很多人觉得年龄大了，夫妻间的感情日趋平淡，仍然沉湎于房事未免有失端庄，因而逐渐荒废甚至停止了性生活。其实，这是不可取的。压抑性冲动、中止性生活，对老年夫妻情感的维系有一定影响，还会增加老人孤寂冷清之感，对身心健康不利。

年纪大的人，性生活也许不能再像以前那样激情澎湃，但也可以如涓涓细流。如果说年轻时的性爱如烈酒，让人如痴如醉，那么老年的性爱便是香茗，慢慢品味也能沁人心脾，而时常的爱抚和亲吻，就如杯底翩然泛起的茶叶，显得至关重要。因而老年夫妻不仅应保持同床共枕的习惯，还要时时不忘给予温柔的抚摸、临睡前一吻等亲密行为，适度调整性生活的频率和方式。由于性能力的下降是一个缓慢减弱的过程，且又有"用进废退"的特点，如有需求，身体健康的老人每周安排一次性生活也未尝不可。天天耳鬓厮磨，加强对皮肤和感官的刺激，既能增强抵抗力、延缓衰老，还能使夫妻关系更融洽、恩爱，避免老人感到孤独。

爱抚不应仅局限于双方的性器官，最好能亲吻、抚摸对方的全身，轻拂爱人的额头、双颊、臂膀，都是不错的选择。这些部位虽然未必能唤起性欲，但温暖的感觉却能令人柔肠百转，或许当年光洁的额头已刻上深深的皱纹，善睐的明眸蒙上了阴翳，纤纤素手已变得枯瘦干硬，但每一次深情抚摸，都能让人回忆起那些共同走过的岁月。

性爱并不是中青年人的"专利"，在人们健康的一生中，它始终如影随形。每个老年人都应牢记，性爱可以是晨起时的微笑一吻，是夜半时的喁喁私语，是午后阳光下的相互按摩，也可以是落日余晖里相偎搀扶的身影。

（资料来源：http://fashion.xinmin.cn/2012old/2012/10/20116793161.html.）

参与式学习

互动讨论话题1：人的性心理是如何发展的？

互动讨论话题2：男性、女性心理特征的差异是什么？

二、理论依据

性功能属于人类的基础生理功能，是和呼吸、吃喝、睡眠一样的生物本能行为。性行为本身包含生殖功能，但不仅仅只是代表生殖功能。心理学研究证明，性生活除具有延续种族的作用之外，更是人类的根本情感需要的重要组成部分，故得名为性爱。高质量的性爱会使人得到愉快、幸福和满足感，甚至成为人在成年期之后最重要的快乐源泉，超过其他任何因素所能引发的快感。因此，老年人在性生活方面遇到各种各样的困扰，如得不到及时解决，可能造成心理问题，损害身心健康。

（一）性功能的老化

随着年龄的增长，人们的性欲望、性幻想和性行为都在缓慢衰退之中，但无法证实在进入老年时期之后性功能的衰退速度明显加快。虽然全世界范围的老年群体都有着对性生活越来越消极的态度倾向，但是也不能从科学上断定老年人的性生活在生命终结之前的一段时间内就消失了。正相反，根据在不同国家和时期进行的性心理调查结果显示，绝大多数老年人对性生活仍抱有很高的兴趣，而且认为性的满足对于晚年生活仍具有重要作用。现将男女两性在性的生理结构功能方面的老化简单加以介绍。

1. 老年男性的变化

男性老年人在性功能方面的衰退是渐进的，青春期的男性可以在很短的时间内通过性幻想而达到性高潮并射精；而当男性进入成年后期，射精的时间就会相对延长。雄性激素分泌的下降，拉长了性兴奋到性高潮的时间间隔，使老年人的射精的力量感降低，甚至个别人会存在一定的射精功能紊乱现象。男性生殖系统的老化主要体现在睾丸体积的缩小，40岁之后，睾丸所分泌的雄性激素一直保持下降趋势，但并不明显影响男性精子的数量和质量。同时，无论激素的分泌量如何变化，老年男性一直可以产生活动正常的精子，并保持着把精子射出体外的能力。男性在50岁以后，勃起的强度、持久度和频率都会有所降低，但是性功能的总体衰退与老年男性的主观愉悦感受并不平行，即老年男性完全可以通过相对年轻人并不令人满意的性行为，达到与年轻人相同或相近的性满足。

2. 老年女性的变化

与男性不同，女性在性的结构和功能方面具有显著的分水岭，即绝经的发生。由此很多人认为绝经后的女性在雌性激素分泌减少的影响下，对性生活采取的是可有可无的态度，这并不符合客观事实。尽管老年女性在绝经后，生殖系统整体趋于萎缩，阴道和子宫的形态、体积都在缩小，时常引发性交困难或是疼痛，但也无研究可以证明，老年女性群体因为生理变化所造成的不便而厌烦

情境四
老年时期常见心理问题及处理

或抗拒性行为。相反老年女性仍不同程度地对性体验抱有美好的期待。雌性激素的应用,可以帮助老年女性克服阴道的干涩,而男女两性之间言语和行为的爱抚,能有助于老年女性唤起更高的性欲。所以,虽然女性生殖系统的老化给性生活带来了一定的困难,但是老年女性仍有能力达到性高潮,并且对高潮的主观感受体验也具有较高的满意度。

老年人的性功能和性行为不仅受到自身年龄阶段生理结构老化的影响,更受到夫妻关系亲密度、社会角色期待和生存环境因素的左右,这些社会心理因素甚至有时占据着老年人性生活的主导地位。

(二) 老年人的性生活面对的心理困扰

老年人的性生活在生理方面的变化是可以适应的,即使有些困难也可以通过自己的调整加以克服。当前社会形态下,老年人与性相关的心理问题绝大多数是由社会心理因素决定的,具有代表性的因素有以下3个。

1. 缺乏私密性爱环境

多数老年人选择家庭养老,与子女或其他照料者共同生活在一起。由于对老年人的性需求缺乏客观认识,家人并不会有意识地尊重老年人的私密空间,创造老年人自由进行性行为的必要条件。有很多老年人不得不苦候家中没人的时间才得以略微温存的机会,却还要提心吊胆,生怕被家人撞见而难堪。还有的老年人担负着较重的家务,给子女做饭、接送孩子、打扫卫生、照料花草和宠物等,每天不停地忙碌,顾及不上自己和配偶的性需求,等自己偶然可以闲下来时,身体极为疲乏和酸痛,并不适宜进行性爱活动,还没有休息好,又不得不开始忙前忙后,如此日复一日,性生活的事就无限期地被拖后,最后不了了之。虽然物理环境和心理环境的缺乏对老年人性满足的实现形成一定的制约,但性欲望是每个人都不能摆脱和逃避的,需求无法满足会给老年人内心造成无形的压力,影响其情绪状态的平稳。

2. 家庭成员的不理解和过多干涉

我国经历了2 000多年的封建社会才发展到现代文明形式,非人性化的封建礼教思想残余在社会生活的各个层面均不同程度地存在,特别是对待性道德、性行为和性生活方面,多数民众仍以之为耻,不肯公开谈论。而且很多为人子女者,在观念上存在着先入为主的问题,即默认父母步入老年之后,已经不需要性爱的愉悦和满足,无性的生活对老年人最为理想。所以,如果老年人有意或无意间表露出对性生活的兴趣或渴望,马上就会受到子女态度强硬和蛮横无理的阻挠和谴责,因此造成家庭失和的事件层出不穷。特别是在落后地区,当儿女拒绝父母再婚的要求时,说得最多的一句话就是"那么大岁数丢不丢人"。这些都严重损害了老年群体最基本的性权利和性自由,对老年人原本正常的性生活和性满足过程构成了实际的干扰。

3. 对自身行为的不当要求

我国的老年群体一向习惯于在言行方面严于律己。老年人在步入老年后,特别是在和子女一起生活的过程中,多数选择压抑自身的想法和需要,迎合子女的心情,为的是不给子女带来麻烦,同时建立起良好的长者形象。然而,性生活不可能是一件严肃的事,部分老年人觉得自己为人父母,甚至为人祖父母,应该"存天理,灭人欲",给后辈一身正气、以德服人、以理为先的感觉,或许能有助于家庭风气建设的良好走向。这种观念带有强烈的非人性观的色彩,因为幸福和快乐是人生追求之本,家庭之中不同于工作环境,和谐而有活力、愉快而亲切温暖的氛围,才是让家庭成员生活得舒适的前提。老年人必须重新认识长者对于后辈的道德示范作用,让人性化的观念进入家庭并发挥作用,使成员都能生活在轻松、愉快的气氛之中。

(三)健康的性生活对晚年生活的良好影响

老年人时常获得性生活的满足感,可以保持情绪愉悦,提升晚年生活质量,增进应对外界环境的信心,有利于改善身体免疫力,降低各种心理问题发生的可能。我国传统医学早在1 000多年前就发现禁欲生活不但不能有助于健康,还会导致身体和精神的高度疲劳,心情长期压抑、紧张和不安,甚至会缩短人的寿命。宋代主流的养生观也提出建议,妇女即使年过半百,已经绝经,丈夫仍要定期与之进行性生活,对双方都具有延年益寿的作用。

现代性科学证明,和谐、适度而高质量的性生活,对老年人的心理健康具有极强的能动作用,而且性爱所带来的欢愉是其他事物无法替代的。老年人通过性爱活动,可以宣泄不良的情绪,缓解生活中的各种压力,加强夫妻间的情感联系。同时,还可以促进性激素的分泌,改善新陈代谢状况,促进血液循环,调节神经系统的兴奋能力,有强身健体的作用。

性生活满意度高的老年人,在生活的其他方面也相应地表现出健康、完满的倾向。国外研究发现,夫妻关系和谐、性爱质量较高的老年人,在社会人际交往的过程中会显得更为自信和圆融;性生活满意度高的老年人,在兴趣爱好方面也展现出更多的创造力和想象力;注重性生理和性心理健康的老年人,身体其他系统的慢性疾病较为少见;持有科学而理性的性观念的老年人,应对生活中重大应激事件时的承受能力,也优于性观念保守落后的老年群体。

三、常见误区

(一)一滴精,十滴血

在缺乏生理卫生教育的男性群体中,惜精如命的观念广为流传并经久不衰。其实把精液看得与血液同等重要没有必要,更何况还将二者建立倍数关系。男性生殖器官每时每刻都有精子生成,每一次射精射出的精子数目可高达2亿左右。精液的主要成分除了精子外,主要是水分和各种生物酶,并不像有些人以为的那样具有丰富的营养物质。所以,人们认为精液的射出是对自身体质的巨大损失,是缺乏科学依据的,十分荒唐。以"节精养生"模式主导的晚年生活,不但导致生殖系统可能发生炎症而肿胀,还可能阻碍脑部生殖中枢的功能紊乱,使性激素的分泌减少,反而会使身体产生病理性的衰老。科学研究发现,习惯于以各种理由禁欲的老年人,身体衰老与死亡率比有正常性生活的人高

30%以上。所以老年人对性生活的正常掌握,可以延缓衰老、延年益寿。

(二) 追求性爱就是老不正经

在封建落后和非人性化、非理性化及非科学的性观念的左右下,很多人对老年人的性要求不但不加以理解和接纳,反而摆出一副抵制的姿态,故意把老年夫妻之间正常的性行为和性需求,涂上浓重的道德负面色彩,甚至把性的愚昧和羞耻强加于意欲再婚的老年人头上,为其造成沉重的心理压力。性道德的要求具有时代性和文明性,人们不能强求原始社会实现一夫一妻制,当然也不能在当今的时代恢复群婚制。人类文明进入现在的历史发展时期,是走入了对人的权利的尊重、人的本性的接纳及人的发展的保护的全新时代。性欲作为和食欲、睡欲一样的生存之本,任何人类个体都要正视和接受。人们从性爱中来,到性爱中去,并在性爱的陪伴下走过这一生,是一件充满温情和美好的事,不要带着无知、无礼的态度来看待性,那其实是用丑陋的心来看待自己。

(三) 只有完整的性行为才是高质量的性生活

有些老年人为了追求完好的性爱质量,无视自身生理功能的老化,以年轻时的性生活模式要求自己,不但能力有所不及,还造成强烈的挫折感,对性生活产生畏惧感。其实这是完全不必要的,因为老年人的性生理机能虽然有所退化,但多年的性经验完全可以抵消生理方面的不足,不仅不会弱化性爱的快乐感受,而且有可能使快感提升到更高的层次。国内外的研究证明,老年夫妻对性生活的满足感,主要来自两性互动中的配合和响应程度,而不是其他身体方面的硬性指标。也就是说,性爱的内容不只是性交过程,更重要的是性生活过程中各种方式的爱意交流,老年人要正确认识这点,不必强求自己和对方,以轻松开放的心态融入到晚年的性生活之中。

四、技能训练

1. 训练目标

培养学生初步建立老年性心理调查评估体系的能力。

2. 训练过程

步骤1:带领学生学习心理测验理论及心理问卷的设计流程知识。

步骤2:设计一个有关老年人性问题的自编问卷,主题可选择以下方面,即性观念、性态度、性行为、性幻想、性知识。设计时间为30分钟。

步骤3:选择2、3名学生分享自编问卷的设计理念、项目内容说明及评分标准。

步骤4:教师点评。

五、处理建议

(一) 处理原则

(1) 端正不良观念。

(2) 科学指导具体行为。

(3) 提供心理支持。

(二) 处理方法

1. 开展性心理咨询

无论是处理老年人及家属对性生活的不良观念,还是对老年群体的性行为进行技术指导,均需要专业的性心理工作者的深入参与。老年心理服务机构可设置相应的工作岗位,或是派遣相关人员进行专项进修来承担这方面的工作。老年人性心理咨询的内容主要包括性科学知识宣教、认知结构的调整、性生理咨询、性心理问题处理、性生活技巧指导等。

2. 为老年人创造相对轻松的环境

针对老年人的家属展开讲座和培训,引导公众科学地认识老年人的性需要,并能自觉、主动地帮助老年人实现性满足。建议居家养老的家庭,每月给老年人一或两次的自由活动时间和空间;建议家务繁忙的老年人,每月给自己和伴侣放假一或两天;建议丧偶和离异的老年人,加快接触异性的步伐,并在适当时机再度进入婚姻,以获取自身应当享有的性权利,完善晚年生活。

六、后续思考

(1) 如何切实维护老年群体的性权利,心理工作者在其中扮演的角色是什么?

(2) 在老年性心理工作中应当掌握的法律常识有哪些?什么情况下应当考虑引入法律援助?

📖 延展阅读

[1] 〔荷〕哥肯·佛克. 走进男性健康生活[M]. 李振华,译. 北京:世界图书出版公司,2011.

[2] 〔荷〕哥肯·佛克. 走进女性健康生活[M]. 李振华,译. 北京:世界图书出版公司,2011.

[3] 史成礼. 中老年性生活与健康[M]. 北京:中国人口出版社,2003.

情境五
老年群体常见精神障碍识别及处理

 单元导读

　　老年精神医学是研究老年期各类精神障碍的预防、诊断和治疗的学科，而老年期精神障碍是指发生在老年时间的各类精神障碍的总称。这一特殊的群体还包括多年前已经发病，但未能经过有效治疗和康复，使病情一直延续到老年阶段的精神疾病患者。老年期精神障碍是心理服务无法绕过的内容。老年心理服务工作的重点人群之一，就是精神障碍患者，虽然他们的数量较少，但实际需求在质量上的要求较多，工作的难度也偏高。由于生理、生化及心理、社会等综合因素的作用，老年人的精神异常表现具有很强的独特性。

　　认识和处理老年精神障碍时，不应直接将之简单地视为医学问题，仅以打针、吃药来解决，而须以"生物-心理-社会"的多重视角加以审视和分析。老年精神障碍的综合干预处理是近年来研究和应用领域的热门话题。老年心理工作者掌握并及时识别精神症状的业务能力，是保证老年人身体安全和心理健康的前提条件之一。

 学习目标

1. 识别老年群体常见的精神障碍。

2. 掌握老年精神障碍加重期的转介能力。
3. 掌握老年精神障碍恢复期的心理服务技能。

核心内容

1. 掌握老年抑郁症的一般表现及其处理方法。
2. 掌握老年疑病症的一般表现及其处理方法。
3. 掌握老年精神分裂症的一般表现及其处理方法。
4. 掌握老年物质依赖的一般表现及其处理方法。
5. 掌握老年期痴呆的一般表现及其处理方法。

教学方法

1. 课堂讲授。
2. 案例分析。
3. 参与式一体化互动学习。
4. 角色扮演。

子情境一　蓝色夕阳
——悲观绝望的老年抑郁症

一、现实情境

案例引入

张大爷的自杀事件

在风景如画的 A 市有一位 66 岁的张大爷,前些年从某国企退休后,一直赋闲在家。他平时身体硬朗,喜欢运动,经常到公园散步、打拳、下棋、聊天。他喜好摄影,不时到全国各地旅游,遇到得意之作,回来后定会与家人津津乐道。他幽默风趣,乐于助人,邻里街坊有个大事小情都喜欢找他帮忙,他都乐呵呵地毫不推辞。因此也交到了不少志同道合的老年朋友。认识张大爷的人,只要提起他,都不住地交口称赞。

张大爷的老伴张大娘虽然有时嗔怪他好管闲事,喜欢折腾,但眉眼之间提及老伴时不经意流露出的温柔与体贴却是掩藏不住的。老两口性格相近,志趣相投,经常一起锻炼、出游。有的亲戚、朋友邀请张大爷到家中小住做客,时间一长,张大爷一定着急回家,主人若热情挽留,他就会说:"多少年了,

情境五
老年群体常见精神障碍识别及处理

离不开我家的老婆子,我也不放心她一个人。"次数多了,大家渐渐了解他们感情深厚,都艳羡不已,连儿女都笑着说:"谁说老年人不懂爱情,我的父母就是榜样,他们秤杆离不开秤砣,两人谁也离不开谁呢。"

但世事无常,两年前张大娘发现身体不适后,一直缠绵病榻,张大爷每天照顾老伴,忧心忡忡,愁眉不展。由于病情过重,张大娘撒手人寰。从此张大爷像变了一个人一样,他没了往日的欢声笑语,每天都闷闷不乐,唉声叹气,经常独自垂泪,家人想方设法地劝慰、开解他,一个月过去了丝毫没有效果。起初大家都认为是因为夫妻感情深厚,老伴去世对他打击太大,导致哀伤过度,好多老年人一开始也是这样,时间长了,慢慢就好了,所以儿女并没有太过在意。但是情况真的是这样吗?真的如想象中那样乐观吗?事实是,这样的变化才仅仅是个开始,更可怕的事情还在后面。

慢慢地儿女发现,随着时间的推移,张大爷的情绪不但没有好转,连一向健康的身体也出现了问题。他经常感到头疼,而且是整天隐隐地发作,紧接着吃饭时胃里感到难受,消化不良。不管是休息还是活动胸口都有阵阵憋闷的感觉,让他喘不过气。因此他食欲开始下降,不愿吃饭,睡眠也出现问题,入睡很困难,躺在床上要辗转反侧一个多小时才能睡着,但是就算入睡后,轻轻的一点响声就会让他惊醒,即使环境很安静也经常会在凌晨2:00左右醒来后,直到天亮也不能再次入睡。儿女多次带他到当地或者外地的正规医院,找多位专家、教授诊治,做全身详细的检查化验,但专家均未发现张大爷的身体有任何异常。儿女喜忧参半,喜的是专家认为张大爷没有躯体疾病,身体是健康的,忧的是虽然多次检查化验的结果让人满意,但张大爷的病情却没有任何起色,一个月内他的体重从原来的70公斤锐减到60公斤。

有人出主意说,张大爷还是受到老伴去世的影响,想得太多,应该多出去走走就好了。所以儿女鼓励他出去旅游散心,知道他爱好广泛,给他买了单反相机,帮他找以前一起打拳、下棋的朋友,希望他能高兴起来,但张大爷的表现却让人大吃一惊,他对以前所有的爱好都不感兴趣了,连他最喜欢的摄影都提不起兴致。就算强迫他出去活动,他也从中体会不到一点快乐的感觉。

在儿女的束手无策中,张大爷的情况越来越糟糕。他经常感到浑身无力,头部、胸部及腹部的不适感越来越严重。他做一般的家务和日常活动会感到心烦,坐立不安。他不再愿意出门,不再愿意见人,朋友约他一起去公园广场,他一律拒绝,天天只在家里焦躁地来回走动,或者躺在床上。有时邻居再来找他聊天或帮忙,他都避而不见,就算儿女与他沟通,哄他开心,他也不愿说话,偶尔回应也只有几个字。家人问他怎么了,他只是说全身无力,不爱活动,而且做什么事也感觉不到快乐。

3个月后,最可怕的事情出现了,以前性格乐观、开朗的张大爷渐渐对家人的话没了回应,反应也变得迟钝,甚至有了轻生厌世的想法,他言语中透露着悲观绝望,多次跟儿女说:"我活着真没有意思,不想吃饭也睡不着,什么事

也干不了,只会给你们添麻烦,这不是累赘吗?我有罪啊,都是我的错,我这样好不了了,让我死了吧。"但这并没有引起儿女的足够重视,终于有一天,张大爷趁儿女不备,吞下了一瓶早已准备好的安眠药自杀。幸好被正好提前下班的家人发现,及时送医院抢救了过来。苏醒后的张大爷在全家悲痛的目光中,淡淡地说:"救我干什么,这次死不了,我下次也要死。"

张大爷自己及家人对此感到非常痛苦,但却不知道如何做才能改变目前的状况。如果你作为老年心理服务工作者,面对这样的情况,该如何处理呢?

参与式学习

互动讨论话题1:案例中张大爷出现了什么问题?如何分析判断?

互动讨论话题2:应从哪些方面来帮助此类老人?

二、理论依据

(一)案例推断

综合考虑,张大爷很可能患上了老年抑郁症。(老年抑郁量表见附录4)

(二)分析判断

1. 基础知识

在西方文化中,常常以"蓝色"象征忧郁的心境,故本书以蓝色夕阳指代患有抑郁症的老年群体。

案例中提到的老年抑郁症是常见的老年精神障碍之一,如果未能及时加以识别和干预,所产生的不良后果可能是极其严重的,甚至危及生命安全。由于抑郁障碍以持续的情绪低落为主要表现,长期的情绪低落会损伤人体的免疫功能,因而易引发高血压、冠心病、心肌梗死等循环系统疾病,或者成为恶性肿瘤等疾病的重要诱发因素。抑郁障碍最严重的后果可导致老年人的自杀。《抑郁障碍防治指南》中明显指出:老年群体的自杀意念及自杀行为,约70%是继发于老年期的抑郁障碍,可以认为,损害躯体功能的慢性疾病和各种不良生活事件所致的精神创伤是影响老年人自杀的主要因素。

2. 判断依据

老年抑郁症与其他类型的抑郁障碍相比较,往往带有自身的独特之处,即可能伴随着一种并不严重的躯体疾病开始,随着躯体相关症状的逐渐改善,情绪相关症状却日渐加重。或是存在以早醒为主要特征的睡眠障碍,入睡困难却不十分明显。有时候,还能观察到类似"痴呆"的智能下降,并且老年人对此表现出漠不关心的样子,故老年抑郁症一般可从以下几方面来判断。

(1)躯体不适感。躯体不适感简单地理解就是老人经常会体验到一种慢性、渐进的身体不舒服的感觉。例如,胃痛胃酸、胀气便秘,或是感到头晕目眩、双耳鸣响,还可能会感到手脚发麻、胸闷气短,有些老人还不时受到失眠早醒及精力不足的折磨,总是感到无原因的乏力,导致老年人怀疑自己是否得了严重的疾病，多次到医疗机构求诊而未发现检查化验结果的异常。这些突显的躯体症状，其实是老年抑郁症的典型症状，也使专业人员在判断的过程中过于偏重关注躯体症状，而忽略其中的情绪因素，形成误判。

（2）认知功能差。患有抑郁障碍的老年人，往往对外界刺激的反应越发迟缓，思考和回答问题时有困难，甚至长时间的沉默不语，虽肢体功能完善仍行动缓慢。如果抑郁障碍加重，有可能使老年人变得对自身需求极度降低，出现思维、注意、记忆等各个层面的功能损害，形成类痴呆样表现。

（3）情绪情感低。老年人一旦患上抑郁障碍，多半会面临持久的情绪低落，整日伤感，悲观厌世且充满悔恨和内疚。老年人对原本喜爱的活动渐渐丧失兴趣，很难体验到愉快的感觉，对自身的状态评价过低，经常自责，认为自己没有用，是家人的负担。还有些老年人会无端地担忧自身和家人的安全，总有种大难临头的不良预感，焦躁不安，经常哭泣，更甚者脾气暴躁，让亲人有种难以理喻感。

（4）轻生言行现。抑郁障碍如果没有得到及时的识别和干预，那么老年人的自杀意念几乎是必然出现的结果，甚至引发其反复的自杀行为，包括成功自杀和自杀未遂。特别是当老年人经常诉说自己活得不快乐，而且还拖累他人，感觉到各方压力过大，又难以得到家人的支持和安慰时，家人尤其要警惕老年人自杀的高危风险。

 知识链接

诊断抑郁障碍的科学标准

以下是国家精神卫生系统诊断抑郁障碍的科学标准，可作为部分疑难个案或经验不足时的佐证参照。

附：抑郁发作[F32]

抑郁发作以心境低落为主，与其处境不相称，可以从闷闷不乐到悲痛欲绝，甚至发生木僵。严重者可出现幻觉、妄想等精神病性症状。某些病例的焦虑与运动性激越很显著。

（1）症状标准。以心境低落为主，并至少有下列4项：① 兴趣丧失、无愉快感；② 精力减退或疲乏感；③ 精神运动性迟滞或激越；④ 自我评价过低、自责，或有内疚感；⑤ 联想困难或自觉思考能力下降；⑥ 反复出现想死的念头或有自杀、自伤行为；⑦ 睡眠障碍，如失眠、早醒，或睡眠过多；⑧ 食欲降低或体重明显减轻；⑨ 性欲减退。

（2）严重标准：社会功能受损，或给自己造成痛苦或不良后果。

（3）病程标准：

① 符合症状标准和严重标准至少已持续 2 周；② 可存在某些分裂性症状，但不符合分裂症的诊断，若同时符合分裂症的症状标准，在分裂症状缓解后，满足抑郁发作标准至少 2 周。

(4)排除标准：排除器质性精神障碍或精神活性物质和非成瘾物质所致抑郁。

说明：本抑郁发作标准仅适用于单次发作的诊断。

(资料来源：中华医学会精神科分会. CCMD-3 中国精神障碍分类与诊断标准[M]. 3 版. 济南：山东科学技术出版社，2001.)

三、常见误区

(一)情绪问题不是病

有些老年人被诊断为抑郁症后，家属往往不能接受，觉得这只是情绪方面的小问题，时间长了就会自动消失，或是经过一定的思想工作就可以解决，而忽视了对其的治疗和看护，甚至未能判别老年人自伤或自杀的明显征兆，最后造成了不可挽回的严重的不良后果。抑郁症是一种患病率很高的精神疾病，人在各个年龄段都可能受其损害，特别是中老年群体和弱势群体。虽然人时常会出现情绪低落的情况，但如果老年人的负性情绪达到一定程度，并持续到一定时间之后，就须高度怀疑其患有老年抑郁症。认识情绪问题需要科学和冷静的态度，不能以自身经验或情感好恶来界定现状。

(二)丧亲的悲痛不可能是抑郁症

亲人的离世给老年人带来巨大的精神痛苦，居丧反应会在很长时间之内左右人的情绪状态，老年人的言行也会发生较大变化。心理学意义上的居丧反应，描述的是丧失所致的悲痛，失去亲人的老年人，经常会向他人诉说痛彻心扉的心情。如果认为自己对亲人的去世负有责任，那么还会伴有难以面对的内疚与悔恨。通常这种居丧反应尽管明显，但一般在 2 个月左右会慢慢减弱，12 个月内情绪最终恢复平稳。而老年居丧者患的抑郁症是一种异常的悲痛反应，与居丧反应有多方面的不同，老年抑郁症患者的负罪感极为强烈，甚至发展为罪恶感，认为自己的生存毫无价值和意义，考虑以结束生命来解决所有的痛苦，并伴有明显的体重减轻和睡眠障碍，这些特征性的症状多持续 2～12 个月。因此，不可把抑郁症看成必然的居丧反应，而耽误了老年抑郁症的早期发现和治疗。

(三)退休后的情绪差只是不适应

老年抑郁症患者的发病因素为有较为严重的躯体疾病、经济环境的持续恶化、家庭关系紧张等。特别是在步入老年，离开原来的工作岗位，社会活动突然中止，老年人一时无法适应，容易产生多种负性情绪，甚至发展为老年抑郁症。当回到家庭环境中的老年人出现情绪低落、兴趣下降和活动减少时，亲人、朋友往往只从理解其处境的感受的角度出发，认为这是正常的心理状态，当适应期结束后即会调整过来，其实这样往往延误了老年抑郁症患者的病情。退休的适应期多在 12 个月以内结束，如果老年人在告别工作 12 个月后，仍处于情绪低落的过程之中，那么首先考虑其可能患上了抑郁障碍，切不可因为主观认识不

情境五 老年群体常见精神障碍识别及处理

足而无视其变化表现。

（四）只是身体不好，没有精神问题

某些老年人患上抑郁症后，往往体验和抱怨最多的是自己身体上的各种不适感，而在这些不适感之下，经常隐藏着老年人抑郁情绪的痛苦。家人和专业人员应认真、仔细地询问老年人的各种感受，并协助其完成必要的医学检验检查，排除导致情绪低落的躯体疾病后，有针对性地对其进行心理卫生方面的帮助。

（五）老年人说自杀，不见得是真的想死

老年抑郁症患者长期经受负性情绪、不良认知、生理和心理症状的折磨，感觉每天生不如死，出现自杀意念和行为几乎是必然与合理的。与其他年龄段的患者相比，老年抑郁症患者对待自杀的意念，往往更为坚决，行为隐秘难现，自杀行为的成功率更高。因此，对于患有抑郁症的老年人，只要证实其存在自杀意念，就必须严加护理，24小时使其不能离开监护视野，并尽快联系精神卫生专业机构求助，千万不可忽视。

四、技能训练

1．训练目标

（1）疑似老年抑郁症的识别和判断能力。

（2）老年抑郁症的处理和转介能力。

2．训练过程

（1）角色扮演

步骤1：分组。请全体同学随机分为4个演绎组。

步骤2：任务。每组选出两名同学分别扮演一名老年心理服务工作者及一名抑郁症老人。

步骤3：表演。各组经过商讨后分别到台前现场模拟一段老年心理服务工作者支持抑郁症老人的工作片段。

提示：各组可自行设定场景，尽量体现出抑郁症老人在不同时期的抑郁相关症状，老年心理服务工作者要体现出对抑郁症老人不同时期抑郁症状的处理原则和技巧。

（2）分析点评

步骤1：表演者自我陈述。在本次演示过程中，陈述意图展现的主要内容。

步骤2：各组相互点评。在其他组的演示中，点评其核心内容及更全面的表现方式。

步骤3：教师总结。总结各组演示的亮点，并讲授标准应对规程。

五、处理建议

(一)处理原则

(1)提升老年抑郁症康复的可能性,减少老年人的自杀行为,保障老年人的生命安全。

(2)提高老年抑郁症患者的生存质量,恢复其社会功能。

(3)减少复发风险。

(二)处理方法

1. 老年抑郁症的一般处理

(1)密切观察

众所周知,抑郁障碍如果得不到及时的识别和处理,其自杀的风险会直线上升。故无论在家庭环境中还是养老机构中,如果高度怀疑老年人有抑郁症状或向抑郁障碍进展的趋势,则必须立即加以密切观察。观察是考察或调查的意思,其目标是为判断事物的现象和动向做资料上的准备。在针对老年心理问题的观察中,老年心理工作者着力观察的是老年人的认知、情感和行为3方面的现实表现,并从中努力发现可能隐含的疾病学意义。具体而言,就是要了解他们的生活起居、喜怒哀乐、言谈举止、待人接物等方面的变化情况,观察的时间段要以"每天"来界定,即每天比前一天在哪些方面有哪些不同点,这不仅是了解老年人的一般状态,更是一个判断的动态过程。在一定时间内的周详观察,可以有效帮助老年心理工作者对老年人的心理健康水平作出恰当的评估,进而根据现实情况切实选择恰当的处理方式。故观察的作用是不可替代的,是采取任何措施维护老年人心理健康的前提条件。

(2)增进营养

如果发现家庭或养老机构中的老年人疑似患上了老年抑郁症,应该在加强观察、了解的同时,增强对其饮食方面的关照,增加营养,以克服非心理因素影响下的情绪问题,特别是躯体疾病伴发的抑郁情绪。有研究表明,老年抑郁的发生与营养不良有关,而随着抑郁程度的加深,食欲的下降使老年人茶饭不思,更易加重营养不良,从而形成相互作用的恶性循环过程。所以当人们觉察到老年人情绪低落时,要注重提高其食物摄入量,通过耐心沟通,劝说老年人尽可能多地食用营养价值丰富的食物,以提高抵抗不良情绪的身体条件。建议多吃富含高蛋白、多种维生素的膳食,如蛋类、精肉、水果蔬菜、新鲜的豆制品和奶制品,一定情况下要控制淀粉的摄入量。如果疑有抑郁问题的老年人,处于长久的卧床状态且饮食功能不良,无法正常进食,那么应该寻求医学营养专家的介入,通过静脉输入更多的营养物质,以达到增进营养的重要目标。

(3)加强护理

长期以来,护理工作是老年群体服务的核心内容,由于老年抑郁症患者的自我料理能力日渐丧失,专人护理措施就势在必行。护理任务最好是由直系亲属来担负,但若条件不允许,也可邀请专业护理工作者或看护团队,应达到老年

情境五
老年群体常见精神障碍识别及处理

人身边常有护理者的状态,防止老年人在情绪状态不稳的情况下出现意外损伤。同时,还要使老年抑郁症患者拥有规律的生活起居状态,引导其早睡早起,在天气情况许可时,多安排户外活动的时间和内容。另外,应注重老年人原有的躯体疾病的影响,积极与老年医学工作者沟通,加强对高血压、心脏病、糖尿病等慢性疾病的治疗,防止与抑郁症状产生协同效应,加重老年人的负性情绪体验。

(4)心理辅导

一般意义上的心理辅导是指辅导者与被辅导者之间建立一种具有一定心理咨询功能的人际关系,帮助被辅导者科学地认识和接纳自我,进而地面对完善自我,并改变原有的不良认识和错误倾向,在充分发挥个人潜能的前景中,鼓励其勇敢地进行自我实现。老年抑郁症患者的康复,不仅需要专业的药物治疗和心理治疗,更需要易于获取的心理辅导。心理辅导和心理治疗具有相同的理论体系和操作原则,但是心理辅导的应用范围更为宽泛,而且不需要由具有国家认证的执业心理治疗师来操作。从事医疗、护理、教育、社会工作或养老机构的人员都可以依据工作实践来尝试实施,而规律、规范的心理辅导往往对老年人的心理康复具有较强的现实意义。并且,心理辅导工作应该是第一时间即规划展开的,老年抑郁症患者受疾病的困扰,其语言功能相对不够完善,经常发生理解力下降的情况,如果老年心理工作者及时、恰当地提供非言语交流和高效能的社会支持。例如,紧握其双手,为其整理仪容,探求其内心苦闷的原因等措施,则可显著提升老年人的安全感和自尊心。

(5)同龄互助

在条件允许的情况下,推动患有抑郁症的老年人参加同龄人的座谈会,听取有成功克服抑郁障碍的老年人介绍自身经验,对化解其无力感、无助感及无能感能起到明显作用。还可以适当选择一些具有积极意义的影视作品,在老年人进行群体活动时加以播放,如喜剧片、风光片或音乐歌舞片等,通过在群体活动中真实可信的欢笑,来感染患有抑郁症的老年人,使老年人在与同龄人的交往中得到真诚的理解和支持,交到晚年珍贵的知心好友,从而能与其共同分享欢乐和悲伤。

2.老年抑郁症的特殊处理

(1)抑郁障碍的非急性期

当老年心理工作者面对所负责的老人,发现其以躯体不适感等为主要症状,但未能明确观察到认知和情绪症状且无自杀意念及行为时,应首先考虑躯体疾病,由医疗机构加以诊断排除,如未发现明确的躯体疾病,即初步怀疑老年抑郁症发生的可能,应加强观察、沟通,注意其生活起居中可能暴露的其他症状细节,作为进一步判断的佐证。老年心理工作者应定期进行访谈,动态评估其现有症状有无加重或出现其他抑郁障碍的典型表现。

(2)抑郁障碍的急性期

若老年心理工作者可明确观察到老年人具有躯体不适感,认知功能减退,情绪抑郁焦虑及脾气暴躁等表现,即可高度怀疑其进入老年抑郁症的加重期,此时应首先针对自杀意念和行为的有无进行深入访谈,以评估老年人是否具有生命安全的风险,如证实其存在厌世轻生的想法或曾自杀未遂,必须第一时间上报养老机构负责人及业务主管,同时为该老人提供24小时全天候的安全防护,防止不良后果的发生。通知其直系亲属,将其转至精神卫生医疗机构,以明确诊断及治疗。如未能证实其存在自杀意念及行为,则上报业务主管,通知其直系亲属,建议转至精神卫生医疗结构,以明确诊断及治疗。

3．老年抑郁症的治疗

（1）老年抑郁症的心理治疗

心理学意义上的心理治疗,是指求助者(或有心理服务需求的人)与具有执业资格的心理治疗师共建的一种互动人际关系过程。期间,双方需通过咨商,共同制订以改进求助者不适宜的观念、态度、情感、行为或环境为目标的计划,并按规程分步加以实施。可以认为,心理治疗是特定的专业人员通过采用不同的应用心理学技能,影响对方思维、态度、情绪和行为,并使其趋向健康的一种互动过程。由于心理治疗是一门专业性较强的实用科学技术,而且国家已经对相应执业人员和范围作出了法规层面的界定,因此,老年抑郁症患者的心理治疗需要由具有心理治疗师资格的、经历专业化培训的老年心理工作者来进行。但不具有执业资格的其他工作者,也可以在合乎法律规定的情况下,开展一定的心理辅导工作。一般来说,可应用于抑郁障碍患者的心理治疗种类较多,常用的主要有支持性心理治疗、动力学心理治疗、认知治疗、行为治疗、人际心理治疗、婚姻和家庭治疗等(关于适用于老年群体的心理治疗实用技术,将在后续章节中加以详细介绍)。对确定患有抑郁症的老年人,应积极寻求心理专家的介入,适时开展心理治疗,加快其痊愈和康复的过程。

（2）老年抑郁症的药物治疗

虽然多数服务于老年群体的人员并非医生和护士,对治疗抑郁症状的药物机制没有相应的专业知识背景,但简单了解一定的用药常识和不良反应类型,仍具有很强的现实意义。因为除一部分处于急性期,具有自杀、自伤风险的老年抑郁症患者必须住院治疗外,大多数有抑郁症状的老年人在经历精神科诊断后,要回到家庭环境或在养老机构中服药治疗。在生物学治疗的过程中,也会发生不一而同的医疗相关问题,为了更好地认识可能存在的风险,下面介绍几种老年人常用的抗抑郁药物及其可能的不良反应。选择性5-HT(五羟色胺)再摄取抑制剂是近年广泛应用的抗抑郁药,具有疗效好、不良反应少、耐受性好、服用方便等特点。其中经常应用于老年人的有氟西汀、舍曲林、氟伏沙明、西酞普兰、艾司西酞普兰等。这些药物在有效抗击抑郁症状,改善老年人情绪的同时,也可能产生头晕、头痛、失眠、乏力等副作用。而且有部分老年人由于腺体分泌功能下降,会感觉到明显的口干,口腔不适,偶尔会有腹泻、恶心等胃肠道症状,也会有个别老年人因过敏而发生皮疹,影响性功能等。

六、后续思考

（1）如何能更有效地提升老年抑郁症的识别率？

情境五
老年群体常见精神障碍识别及处理

(2) 在 24 小时全天候安全防护的过程中,需要注意哪些问题?

(3) 养老机构中的老年人自杀应急预案的内容应包括哪些?

📖 延展阅读

[1] 江开达.抑郁障碍防治指南[M].北京:北京大学医学出版社,2007.

[2]〔美〕玛札·杰克逊-特里奇,等.战胜抑郁[M].单学伦,译.北京:新华出版社,2004.

[3] 何扬利,吴智勇,等.住院老年人抑郁与营养不良的相关性研究[J].中华老年医学杂志,2011,(02):148-149.

📖 必读概念

自杀的分类:国际上将自杀依据行为的性质和后果,划分为自杀意念、自杀未遂和自杀成功 3 类。

(1) 自杀意念:指个体存有意欲自杀的想法,但未付诸行动。与普遍人在心情不佳时出现的短暂"不想活"的想法有本质区别,前者是认真考虑的结果,后者是一过性的念头。

(2) 自杀未遂:指个体存有坚定的自杀意念,并实施了具体的自杀行为,但未能导致自身的死亡结果,是对人决心自杀但未成功的状态的描述。具有自杀未遂行为的人有再度自杀的高度危险性,应当引起警觉和加强保护。

子情境二　黄色夕阳

——病感难消的老年疑病症

一、现实情境

案例引入

医院里的"常客"

"大夫,你说我只是得了胃溃疡?不可能,你再好好给我看看,你别骗我,我是老教师,经常看你们医学书,对照着上面说的,我一定是得了胃癌。"

"检查结果没问题也不能说明我没有胃癌,可能是你们的设备不行,结果不准呢,也可能是你们故意做假骗我呢,反正我是不相信,我要求重新检查化验。"

"大夫,我昨天又感觉到不舒服了,吃完饭就打嗝,而且今天早上我发现头发多掉了几根,而且身上又出现了一些小红点,我怀疑自己不光有胃癌,还得了红斑狼疮,大夫,救救我吧。"

医院里,在医生无奈的目光中,孙女士忧心忡忡地看着自己72岁的母亲——李大娘,这是她这个月第8次来到医院,而在这一年中,她已经几十次到各大医院求医了,甚至要求女儿陪着自己到外地找著名的专家、教授,每次看病时,她都会长时间诉说自己的病情,从发病的原因、发病时有什么表现、发病的部位到就医的经过都逐一详尽地介绍,生怕自己忘记什么而造成医生的疏忽大意,但是不管医生如何解释,根据她的身体检查结果,可以诊断是普通的胃溃疡,只要注意饮食、休息,按时服药就会痊愈。但她就是不相信,甚至认为医生是故意的欺骗和隐瞒,所以仍然不停地奔波于各大医院。

李大娘的这些变化还得从一年前说起,那时候生活过得很平静,性格有些内向、做事认真细致的她与女儿一起生活,平日里很注意保养身体,是电视台健康养生节目的忠实观众,每当看到重要的保健方法,一定要认真地用笔记录下来。她身体很健康,除了胃溃疡的老毛病外,偶尔的头疼脑热也并不在意并且很快就能康复。她时常帮着女儿做做家务,带带外孙,日子倒也过得轻松自在。

一天,李大娘的老同事打电话来,约她一起去探望正在生病的朋友,当她看到病床上以前丰腴、乐观的老姐妹现在因为患有胃癌而消瘦颓唐时,心里很不是滋味,朋友私下说:"这人啊,就那么回事,到了我们这个岁数,什么病都来了,人说没就没啊"。她起初反驳道:"只要好好保养身体就行,何况现在医学发达了,什么病都能治呢。"朋友却说:"保养身体也不一定有用啊,像老刘以前身体多好啊,比我们都强,现在怎么样,都胃癌晚期了,医院才查出来,唉,时间不多了,没什么用。"李大娘沉默不语了。

渐渐地,孙女士发现母亲越来越在意自己的身体了,哪怕一点微不足道的变化也会让她非常重视,为了更准确地了解自己是否得病了,李大娘买回来各种各样的医学书籍天天在家研究,而越研究她就越肯定自己得了大病,整日惶恐不安,再也无心照顾外孙和料理家务,为此家人多次劝告她,事情并不是她想象的那样,她的怀疑是没有根据的,不要无谓的担心。然而家人的劝说,不但没有减轻李大娘对自身的怀疑,反而更加坚定,她说:"你们是不是都知道我得什么病了,都故意瞒着我呢?"次数多了,家人都对她敬而远之,认为她没事找事,无理取闹。孙女士也不知为这件事跟母亲吵了几次。但李大娘依然我行我素,甚至越来越严重,她一开始只是认为自己患有胃癌,到后来只要自己哪个部位有一丁点不舒服,她都会认为得了相关的恶性疾病,为此她常常感到十分的烦躁和担忧。

今早起床后她突然发现枕头上有自己掉落的几根头发,穿衣服时又注意到胳膊上有几处并不明显的小红点,于是就出现了开头的一幕。如果你是老年心理服务人员,你会怎么帮助李大娘呢?

情境五
老年群体常见精神障碍识别及处理

参与式学习

互动讨论话题1：案例中李大娘出现了什么问题？如何分析判断？

互动讨论话题2：应从哪些方面来帮助此类老人？

二、理论依据

（一）案例推断

综合考虑，李大娘很可能患上了老年疑病症。

（二）分析判断

1．基础知识

黄色是种鲜亮的色调，经常看会让人产生具有兴奋的动感。在本书中以这种颜色来形容老年疑病症，是取其醒目、警示和使人纷扰的含义。

心理学中对疑病症的定义，指的是一种以担忧或坚信自身患有严重躯体疾病的持久性优势观念为主的神经症。在疑病观念的影响之下，患者会为根本不存在的躯体疾病过于烦忧，反复到医疗机构检查化验，并且各种阴性结果和科学的解释，都不能打消其对健康的疑虑。患者生活在"不断怀疑、不断求医"的来回往复过程之中，精神极为痛苦，生活质量低下。

疑病症是老年期较为常见的心理疾病之一，老年人常因为怀疑自己得了重病而感到恐慌不安，其担忧的程度与其实际健康状况并不相符。虽然人们都了解，当步入老年期后，人体的各项生理功能明显退化，各系统器官的疾病也许会接踵而来，与医院打交道成为老年人生活的常态，但过于担心某些器官或系统具有难以治愈的严重疾病，或是虽然存在一定程度的躯体问题，而其损害远远轻于患者所感受和担心的程度，那么即高度怀疑老年疑病症的发生。

老年疑病症患者往往对自己的身体健康状况或器官组织的功能施加了过分的关注，对身体的生理变化异常警觉，以至于任何微小的变动，如舌苔变厚、脸色发白等现象，都会被放大并加以高度的关注，而且在不自觉中对某些部分进行曲解或夸大，以当作自己已经患有重病的有利证据。与此同时，对这种并不存在的疾病的恐惧和担忧，会让老年人感到惊慌不安、情绪不稳。老年疑病症患者都迫切渴望通过医学检查明确诊治，而医生对疾病的解释或客观的检查结果常常不能消除老年人对自身状态的成见，老年人对医生的解释毫无理由地拒绝相信，并感到失望。老年疑病症患者深受占主导地位的优势观念困扰，常伴有焦虑及抑郁情绪，精神痛苦，时常长吁短叹，惶惶不可终日，甚至可能及早安排自己的后事，以防因主观想象中的疾病发作而死亡，严重危害了老年群体的心理健康和生活质量，故应及早加以识别和处理。

患有疑病症的老年人，多数性格方面存在某些缺陷，如较为敏感多疑、容易自我暗示或者相对内向，甚至有些过于以自我为中心等。某些疑病症的发生与当事老年人的人生经历也有一定关系，如近期频繁接触患有重病的亲友等。当然，疑病症状也有可能是老年抑郁症的组成部分，人们在分析判断时，需要加以认真排除。

2. 判断依据

(1) 排除躯体病

不可否认的是，有相当一部分老年人因生理功能的变化，的确经常感到身体不适，而这种主观上的"不舒服感"经过详细的医学检查，绝大多数是可以发现具体原因的。只有从科学的角度，基本证实该老年人的确不存在任何其所怀疑的躯体疾病的客观证据，才可以考虑老年疑病症的可能性。

(2) 优势观念强

老年疑病症患者会根据自己的主观感受，并结合各种渠道所得到的不完整甚至是错误信息，对身体状态作出武断的判断。进而在意识层面形成具有绝对优势地位的疾病观念，即"我一定是得了什么病"，医院没有发现是因为其水平不高，家人没有发现是因为其不懂科学。这种错误观念不能以沟通、教育或科学理论加以影响。

(3) 反复就医忙

除了言谈过程中所表现出的错误而坚定的疾病观点之外，非常重要的判别指标就是老年疑病症患者"多次、重复而频繁"的就医行为。每当医院作出该老年人未患有其所声称的疾病的判断时，老年疑病症患者就会高度质疑此医疗机构的权威性，并认为接诊医生业务能力低下，没水平，马上转到其他医疗机构，重新要求检查和诊治。甚至在走遍当地所有的医院之后，该老年人仍回到第一次就诊的机构，重新要求明确诊断。

(4) 感受描述细

患有疑病症的老年人，平日最喜欢讨论的就是自己的主观不良感受、身体方面的异常征兆及其隐含的意义，对除此之外的话题不甚感兴趣。而且老年人在描述的过程中，言语生动形象，听起来对不良感受的体会极为精确，远超过普通情况下人类个体对疾病的感知程度。

 知识链接

诊断疑病症的科学标准

以下是国家精神卫生系统诊断疑病症的科学标准，可作为部分疑难个案或经验不足时的佐证参照。

附：疑病症［F45.2 疑病障碍］

疑病症是一种以担心或相信患严重躯体疾病的持久性优势观念为主的神经症，病人因此种症状反复就医，各种医学检查呈阴性和医生的解释均不能打消其疑虑。即使病人有时存在某种躯体障碍，但也不能解释所诉症状的性质、程度或病人的痛苦与优势观念，常伴有焦虑或抑郁。对身体畸形（虽然根据不足）的疑虑或优势观念也属本症。本障碍男女均有，无明显的家庭特点（与躯体化障碍不同），常为慢性波动性病程。

一、症状标准：
1. 符合神经症的诊断标准。
2. 以疑病症状为主，至少有下列一项。
（1）对躯体疾病过分担心，其严重程度与实际情况明显不相称；
（2）对健康状况，如通常出现的生理现象和异常感觉作出疑病性解释，但不是妄想；
（3）牢固的疑病观念，缺乏根据，但不是妄想。
3. 反复就医或要求医学检查，但检查结果呈阴性和医生的合理解释均不能打消其疑虑。
二、严重标准：社会功能受损。
三、病程标准：符合症状标准至少已3个月。
四、排除标准：排除躯体化障碍、其他神经症性障碍（如焦虑、惊恐障碍或强迫症）、抑郁症、分裂症、偏执性精神病。
（资料来源：中华医学会精神科分会.CCMD-3中国精神障碍分类与诊断标准[M].3版.济南：山东科学技术出版社，2001.）

三、常见误区

（一）心理是心理，身体是身体

以现在的社会文化发展水平而言，不要说普通大众对老年心理学的相关知识了解极少，就连从事老年相关工作的医生、护士或养老机构工作人员所掌握的理论和技能都十分欠缺。关于人的心理与躯体的互动关系，多数家庭的理解并不科学。以往大家倾向于躯体方面的疾病不可能引起心理变化，而心理方面的症状也不可能以躯体形式表现出来的观点。但实际上则完全不同，近年来，随着医学知识的普及，多数公众已经能接受躯体疾病引发心理问题的观点，意识到当人的身体不舒服的时候，会直接影响情绪，让人不开心，感到愁苦而悲观。但对心理因素引发的躯体问题，特别是由于各种因素产生的真实的疾病感受和不当观念，能科学加以认识的人还是少数，此时就须由专业的心理工作者帮助加以判断和处理。

（二）反复就医就是为了折磨家人

由于家庭成员或其他亲友不具有临床心理学的基础知识，对发生在老年疑病症患者身上的诸多异常表现难以理解，又被这些老年人执拗的看病行为所烦扰，因而难免产生怨气，甚至把老年疑病症的症状看成老年人故意和家人过不去的行为。其实这种想法可能混淆了主观意愿和疾病特征的区别。第一，老年疑病症患者的反复就医并不是一种主观意愿的体现，从根本上讲，老年人也不想得病，他的就医行为，是为了让自己不在真实的痛苦感受中生活。第二，疑病症的核心症状就是优势的疾病观念和反复的就医行为，这是具有精神病理依据的表现，绝非老年人能在意志上可以控制和左右的。所以，作为老年人的家属、

朋友或养老专业工作者,一定要科学理性地认识这些表现,并以极大的耐心来对待。

四、技能训练

1．训练目标
(1) 疑似老年疑病症的识别和判断能力。
(2) 老年疑病症的处理和转介能力。

2．训练过程
(1) 角色扮演

步骤1：分组。请全体同学随机分为4个演绎组。

步骤2：任务。每组选出两名同学分别扮演一名老年心理服务工作者及一名疑病症老人。

步骤3：表演。各组经过商讨后分别到台前现场模拟一段老年心理服务工作者支持疑病症老人的工作片段。

提示：各组可自行设定场景,尽量体现出疑病症老人在不同时期的疑病相关症状,老年心理服务工作者要体现出对疑病症老人不同时期疑病症状的处理原则和技巧。

(2) 分析点评

步骤1：表演者自我陈述。在本次演示过程中,陈述意图展现的主要内容。

步骤2：各组相互点评。在其他组的演示中,点评其核心内容及更全面的表现方式。

步骤3：教师总结。总结各组演示的亮点,并讲授标准应对规程。

五、处理建议

(一) 处理原则

(1) 理性、耐心地应对老年人的疑虑。
(2) 加强对老年人日常照料中的心理支持。

(二) 处理方法

1．观察鉴别

由于躯体不适感既是老年疑病症的主要症状,也可能是老年抑郁症的前驱症状之一,因此在发现老年人有躯体不适主诉之后,应该结合其近期情况,严密观测其情绪状态,判别该老年人是否有日渐情绪低落、悲观失望及轻生厌世的表现。若该老年人的心理问题是以情绪为主的,而非关于疾病的优势观念,那么随时间的流逝,老年人并不会出现反复求医的异常行为,反而是放弃对自身健康的关注,甚至试图结束自己的生命。这就要求人们必须带着预判的问题去鉴别和观察,从而采取更恰当的应对方案。

情境五 老年群体常见精神障碍识别及处理

2. 心理辅导

老年疑病症患者的心理辅导,应考虑此类老年人多数易受暗示的特点而有针对性地进行。由于患有疑病症的老年人很直观地把家人、朋友的劝阻看成对自身权益的损害,所以进一步与之争论其疾病的存在与否,可能会损害人们与老年人好不容易建立起来的良好人际关系。当人际关系受到危害之后,老年人就会失去对他人的信任,进而更加封闭自我,更不易于接受外界的影响而作出任何改变。所以人们要正面肯定老年人的不良感受,告诉老年人,虽然不能确定疾病的有无,但能体会到他(她)的痛苦和担忧,并真诚地想提供解决问题的方法。另外,人们要最大可能地争取老年人的合作,鼓励老年人加入社区或机构中的老年群体兴趣爱好活动小组,通过不断培养正性的感受、愉悦感来对抗负性的感受,使其渐渐地把对疾病的关注放在次要地位,不要尝试完全转变老年人的优势观念,而是引领老年人把生活中的乐趣和身体的不良感受共存于自己的生活中,进而达成心理平衡。

3. 药物治疗

尽管老年疑病症的产生因素为社会心理方面及个人性格方面居多,但在病程进展之中,会伴有明显的抑郁、焦虑、愤怒或恐惧情绪。在各种不良情绪交织之下,老年人的精神异常痛苦,而且无法自拔,情绪作用下的老年人,行为会更加偏执、冲动,不顾亲友的规劝,愈发加重求医行为的频率和程度,甚至瞒着家人,独自前往外地寻找"更权威"的机构和医生。故除应用心理学相关技术处理其恐惧、愤怒等情绪之外,长期困扰的焦虑抑郁情绪也需要尽可能改善,这一般需要通过心理治疗来解决,但如果情绪的困扰较深或老年人对心理工作的配合程度不佳,那么就要依靠一定的药物加以治疗。关于抑郁情绪的药物,在子情境一中已经讨论,不再赘述,现将适用于老年人焦虑情绪的药物简单列举几种。以医学模式处理较为严重的焦虑情绪时,首选的有安定及其同类别的药物,常用于老年人的有阿普唑仑及劳拉西泮等。此类药物对老年人的坐立不安、心烦意乱及伴发的难以入睡等具有肯定的效果,特别是对因疾病观念引发的惊恐感有良好的干预效果。但人们也要注意,如果老年人的呼吸功能不佳或患有肺及支气管相关疾病,就应该及时告知负责处理老年人情绪问题的医生,以免发生用药的不良后果。

4. 心理治疗

老年疑病症患者如果能自由行动,每天会忙于寻找一切可证实自己所患躯体疾病的过程之中,如果行动不甚方便,也会要求亲朋好友时常带自己去医院看病,关注每次新得出的检查结果情况如何。这给老年人的生活起居照料、日常活动规律等造成了极大的困扰,而且还不可能由老年人身边的人员通过规劝和解释加以解决,故定期的心理治疗即成为处理的首选方案。

由于疑病症症状的核心是针对疾病的优势观念,故应用认知治疗处理错误观念是符合心理治疗的首要原则。但考虑到老年群体独特的文化结构,对西方心理学应用技术的接受程度有限,近年来心理学专业人员尝试应用多种治疗方

式来帮助老年人摆脱疑病症症状。例如,针对老年人群体设置的一种特殊催眠治疗,在催眠状态下,寻找老年人过于关注身体感受的潜意识因素,探索老年人压抑许久,又不能在家人、朋友或其他人面前直观表达的内心冲突,进而加以科学的暗示促动,争取在潜意识层面解决老年人的愿望、遗憾或需求,最终实现其在意识清醒状态下的心理健康。这是一种较为切实可行的治疗模式,当然也须由国家认证的和经历专业培训考核的心理催眠师来操作,当人们几尽努力,也不能使老年人的疑病症问题得到改善时,即可通过精神卫生专业机构来寻求专业治疗师的帮助和支持。

5．预防措施

我国古代医学家扁鹊对疾病的防治观有其精彩的论断,其原文如下。

魏文侯问扁鹊曰:"子昆弟三人其孰最善为医?"扁鹊曰:"长兄最善,中兄次之,扁鹊最为下。"魏文侯曰:"可得闻邪?"扁鹊曰:"长兄於病,视神未有形而除之,故名不出於家。中兄治病,其在毫毛,故名不出於闾。若扁鹊者,鑱血脉、投毒药、副肌肤间,而名出闻於诸侯。"魏文侯曰:"善。"

这段话的意思如下。

魏文侯问名医扁鹊说:"听说你家兄弟3人都擅长医术,那谁的医术最高明啊?"扁鹊回应道:"我大哥医术是最高的,我二哥其次,我是兄弟中最差的。"魏文侯很惊讶地问:"那为什么你天下闻名,而他们两人却默默无闻呢?"扁鹊说:"因为我大哥给人治病,总能做到防患于未然,病还没有显出征兆,他就手到病除。而病人都不知道,他是在给别人去除预先的病。而我二哥给人治病,是在病兆初起之时,他一用药就把病给除去,大家总认为他只能治小病,却不知道这个病发展下去会要命的。我的技术最差,因为我只能在人生命垂危时,才出手治病,往往能够起死回生,所以名扬天下。"魏文侯感叹:"真是了不起!"

人们应该参考传统医学关于预防为主的思想,及早进行规划和设置,尽可能减少老年人走入疑病症的困扰。具体措施包括有计划地增加老年人生活的内容,从具体事务到兴趣爱好或社会活动等,不一而足地引领老年人,特别是原本性格有些内向、不太主动参与社交活动的老年人,鼓励他们在负起料理自己的责任同时,积极关心和帮助同龄人或其他弱势群体,把有可能集中在自身健康方面的注意力,分散至诸多的生活方向和层面。时间长了,老年人的视野渐渐开阔,也更有意愿体会老年生活的各种乐趣,并在各种活动的操作过程中得到成就感,实现晚年的自我价值,那么疑病障碍产生的可能就大大降低了。

六、后续思考

(1) 哪些因素可能与老年疑病症的发生有关?
(2) 老年疑病症与老年抑郁症的相似处和异同点分别是什么?

情境五
老年群体常见精神障碍识别及处理

延展阅读

[1]〔法〕大卫·赛尔旺-施莱伯.痊愈的本能：摆脱压力、焦虑和抑郁的7种自然疗法[M].黄钰书,译.北京：中国轻工业出版社,2010.

[2]曾文星.心与身的关系与治疗[M].北京：北京医科大学出版社,2002.

必读概念

（1）暗示：心理学中的暗示是指个体是否易于接受外部环境或他人的愿望、情绪、观念、判断及态度的影响。心理暗示是日常生活中常见的心理现象，它是人或环境以非常自然的方式向个体发出有意或无意的信息，个体接收到这种信息及含义后，通常作出外界和他人所期望的反应。从机制上讲，暗示是一种被主观意愿所肯定的假设，虽然没有确定的根据，但因为主观上已肯定其存在，其心理过程便竭力趋向于这种判定方向的意愿。人们在生活中无时不在接收着外界的暗示，也在不断地对他人释放着暗示的信息。

（2）自我中心：个体完全以自身的价值观对人和事物进行评判，凡事以自身利益为优先考虑的因素，不关注他人的想法和感受，给人以我行我素和特立独行的感觉。但应注意其与自私自利的表现仍有一定区别，不会唯利是图、不择手段。

子情境三 黑色夕阳

——不可理喻的老年精神分裂症

一、现实情境

案例引入

古怪的母亲

"我们实在受不了了，你妈她也不能总上我家，我老婆心脏病都被气犯了，她以前也不是这样的，我都跟她解释过多少次了，一点用都没有，如果你们再不想办法，我就要报警了。"在林先生不停的赔礼道歉中，邻居黄大哥气愤地拂袖而去。

林先生回到自己的家中，母亲还在喋喋不休："就是他们家，不停地说我坏话，说我作风不好，说我不得好死。他们这是想尽一切办法害死我，我不会放过他们的。"林先生气愤难耐地说："妈，你真是太不可理喻了！"

事情还要从两年前说起,一天林先生刚下班,母亲非常神秘地把他拉进了自己的房间,并很紧张地问:"有没有人跟着你啊?你以后走路注意一点,楼上的邻居小黄两口子最近经常说我坏话,你说我也没得罪他们,你小心点,别让他跟着到屋里来。"起初林先生并没有在意,黄大哥是跟他从小玩到大的朋友,对母亲非常尊敬,两人空闲时经常到对方家中喝酒聊天,根本不会发生像母亲说的那样的情况。而且母亲上岁数之后,听力有所下降,尤其是最近,对什么事都异常敏感,有时自己跟父亲聊几句,母亲就会认为是在背后说她,为此闹了几次不愉快。所以他暗自心想母亲准又听错什么误会了别人。林先生好说歹说,母亲仍然将信将疑。随后的几天她还是会嘟囔几句类似的话,林先生觉得老人家太啰唆,慢慢地也懒得回应了。然而后面发生的事情却让人大吃一惊。

一个月后,黄大哥苦着脸找到刚出差回来的林先生:"小林,你妈是怎么回事,这两天没事就到我家去砸门,不开门就敲墙,开门就冲着你嫂子一顿臭骂,说我们经常在背后给她使坏,诬陷她,偷她东西,这还不算,她说我们还要害死她,你说这不是没有的事吗?弄得我们都不敢出门了,晚上也不能休息,你跟你妈说说,别让她折腾了。"林先生很不好意思地安抚完一肚子火气的黄大哥,匆匆地赶回家中。父亲看见儿子回来,慌忙迎了出来,悄悄而焦急地说:"儿子,我看你妈不对劲啊,你出差这段时间可把我愁坏了,我不知道怎么办好。"林先生拍拍父亲的手,看母亲没有在家,就示意他接着说,父亲又道:"这小黄两口子也不知道怎么把你妈给得罪了,她就非说人家到处讲她坏话,要害死她,晚上也不睡觉,非说楼上的小黄半夜到家里来把她的衣服、首饰都偷走了,送给了什么国家领导人。这都哪跟哪呀,不没影的事吗?人家小黄也跟你一样前一阵出差了,就他媳妇自己在家,你妈这一想起来不分白天黑夜的就上人家闹去,这么多年的邻居了,处得都不错,弄得我这老脸都没处搁了,你说怎么办?"林先生安慰父亲:"我妈可能是担心我,最近也没休息好,导致自己胡思乱想,这样吧,我明天带她到医院看看去。"

第二天,经过某综合医院神经内科的老教授详细地询问病情,结合检查化验的结果,他婉转地告诉林先生:"你母亲的病不属于我们科诊治的范畴,我建议你带她到精神心理科去看看。"林先生不以为意:"医生,我妈她年轻的时候是有点神经衰弱,性格也固执一些,现在老了耳朵有点背,但精神绝对没有毛病,虽说没什么文化,但我家里里外外都靠她干活,就现在除了不知道怎么就看这个邻居不顺眼,其他也都正常,没有不认识人,还能伺候我爸,你说精神病有这样的吗?"老教授严肃地说:"小伙子,我看了几十年的病,很有经验,我暂时只能给你们开点调节睡眠的药物,你母亲的病还是赶快到精神专科医院去看看吧,她比较严重,别耽误了。"林先生半信半疑,暗自想:"我妈怎么也不可能是精神病,这说出去多丢人,这些大夫就会危言耸听。"

就这样又过了半年,母亲越来越奇怪的想法和行为令林先生不得不认真考虑起老教授的话,母亲仍然坚定不移地认为小黄一直跟她过不去,几乎天

情境五
老年群体常见精神障碍识别及处理

天到小黄家大吵大闹,谁解释都不起作用。出去买菜时,遇到邻居跟她打招呼,她认为别人的眼神有特别的意思。坐车遇到陌生人互相聊天,她觉得是在谈论自己,就冲上前与人理论。大白天将所有屋子的门窗都紧闭,窗帘将全部窗户挡得严严实实。问她为什么这样做,她说窗外有人拿望远镜监视。母亲睡眠越来越差,吃饭也成了问题,父亲做好的饭她说有怪味,不能吃,水也不喝,因为被人下了毒,她自己出去要坐2个小时的车到所谓的她"最信任"的超市买矿泉水。林先生这才发觉事情比他想象的严重得多,当他提出要带母亲再次到医院看病时,她充满警觉地说:"我不去,我才没病呢。"对此,林先生一家苦不堪言,他实在想不通母亲这是怎么了,他到底应该怎么办。

参与式学习

互动讨论话题1:案例中林母出现了什么问题?如何分析判断?

互动讨论话题2:应从哪些方面来帮助此类老人?

二、理论依据

(一)案例推断

综合考虑,林母很可能患上了老年精神分裂症。

(二)分析判断

1. 基础知识

一提及精神分裂症,大多数民众的脑海中就会浮现出一个穿着怪异、蓬头垢面,不认识亲人,嘴里叫喊着乱七八糟令人听不懂的语言,行为举止疯癫暴力,甚至无缘无故会置人于死地的恐怖形象。的确,精神分裂症属于重症的精神疾病,如果不及时治疗,患者会出现肇事、肇祸行为,甚至产生危及自身及他人生命、财产安全的严重后果,同时也因为此类患者无自知力,令其治疗难上加难,给家庭和社会造成极大的痛苦与负担,使其家人如坠深渊。但是,患有精神分裂症的病人真的像一些影视及文学作品中表现的那样吗?真的就是不治之症吗?

古希腊时期,一位精神病患者被高高地吊在雅典市政广场的一根立柱上,与此同时,巫医正不停地对他施以种种酷刑。在患者撕心裂肺的呼喊中,广场上观者如潮,人头攒动。患者阵阵凄惨的呼叫声不仅没有招来围观者的同情,反而激起他们更大的痛骂声。原来,古希腊人认为精神紊乱或精神失常的人是由于魔鬼附体所致,对患者动刑实际上是对魔鬼的惩罚。因此,那时候,很多精神病患者就这样被折磨而死甚至被活活烧死。

古希腊伟大的哲学家希波克拉底(Hippocrates)则坚决反对这种荒谬的说法和残忍的做法。他认为,人的精神因素(包括快乐、喜悦、哀伤和眼泪)来自大脑,而且只来自大脑,有的人精神失常、情绪紊乱是由于大脑受伤的结果,这是一种疾病而并非是魔鬼或神灵作用的结果。因此,希波克拉底勇敢地走向广场,不顾有神论者和巫医们的极力诋毁和诽谤,多次将无辜的精神病人解救下来。

在我国,也有类似的事情发生,古代民间一些人认为精神失常是鬼怪作乱的结果。所以在病人发作期间不去治疗,而往往请神汉神婆、和尚道士驱鬼辟邪,烧符念经。就是在科学技术日新月异、医疗卫生日益发达的今天,社会上对精神分裂症患者另眼看待的现象也仍然存在。亲友往往认为谁患有精神分裂症就根本不用治,反正这病也治不好,就任其自生自灭,更有甚者,简单粗暴地用铁链将患者一锁就是几十年。邻里间,大家一般会对精神分裂症患者敬而远之,并叮嘱自己的孩子:"出门躲他远点,他是疯子,一犯病就会打人!"就更别提此类患者在就业、择友、婚恋方面面临的重重困难、困境,就算病人经过治疗后已经得到很好的缓解或者痊愈,这种病耻感仍旧如影随行。就连在精神科工作的医院人员也常被人说:"在那个环境待时间长了,你是不是也会得精神病?"

这种普遍现象的存在,究其原因,一是对精神疾病的相关知识宣传不够,大多数民众仍然对此类疾病抱有恐惧和排斥的态度,对治疗机构也用戴有色眼镜的目光审视。二是精神分裂症本身属于重型疾病,目前尚不能彻底根除,它确实给患者本人、家庭和社会造成了沉重的负担。但是作为老年心理服务的工作人员,要有清醒、客观的认识,有义务向病人及家属宣教科学的精神卫生知识,并且此类老年患者理应受到人们更多的关怀和照顾。

2. 判断依据

迄今为止,老年精神分裂症的概念尚未统一,一般认为初次发病于60岁及60岁以上的老年人精神分裂症为老年精神分裂症,而更多的学者所称的老年精神分裂症是起病于40岁或45岁以后的晚发性精神分裂症。

老年精神分裂症中女性的比例略高于男性。由于听力障碍的原因,其中很多人患病之前就因为与他人沟通交流不顺畅,而容易产生偏执的想法。当这部分老年人得病之后,其主要的症状表现是关系妄想和被害妄想,如"邻居总凑在一起说我的坏话"、"警察要来抓我"、"我姐姐侵吞了我的财产",说法繁多,并因此与亲朋好友及左邻右舍不断纠缠,不管亲友怎么耐心劝说,都无法使其放弃荒谬的念头。在这病态的心理作用下,老年人时常大闹四邻,扰得社区内鸡犬不宁。通常情况下,老年精神分裂症除妄想或幻觉症状以外,其他类型的精神症状并不明显,智力不受影响,生活能力正常。

老年精神分裂症的幻觉多属于假性幻觉,内容与听觉的联系紧密。妄想的对象多涉及生活中熟悉的人物,如配偶、子女或邻居、朋友。妄想内容与经济财产有关的较多,与生命安全有关的较少。最重要的是,幻觉体验与妄想症状往往联系在一起,而且内容多与老年人近期的生活状态和环境条件有关。另外,老年精神分裂症患者的表情和态度相对自然,接触和沟通能力损害不大,其他年龄段分裂症患者所特有的思维形式症状和情感不协调的现象也不突出。

老年精神分裂症患者通常在发病前就有鲜明而特别的个性基础,如过于执拗和倔强、能力强、脾气大、偏于好斗等。这种个性特征在现实生活中容易破坏人际关系,不时引发冲突。老年期所可能经历的各种丧失,如丧偶、丧子等,都

能形成巨大的精神创伤,有可能引发各种精神症状。此外,老年期感觉器官机能的老化使老年人容易误解他人,其错误观念也得不到及时纠正,这些都为老年精神分裂症的发病创造了条件。

 知识链接

诊断精神分裂症的科学标准

以下是国家精神卫生系统诊断精神分裂症的科学标准,可作为部分疑难个案或经验不足时的佐证参照。

附:分裂症(精神分裂症)[F20 精神分裂症]

精神分裂症是一组病因未明的精神病,多起病于青壮年,常缓慢起病,具有思维、情感、行为等多方面障碍,以及精神活动不协调。通常意识清晰、智能尚好,而有的病人在疾病过程中可出现认知功能损害。自然病程多迁延,呈反复加重或恶化,但部分病人可保持痊愈或基本痊愈状态。

一、症状标准:至少有下列 2 项,并非继发于意识障碍、智能障碍、情感高涨或低落,单纯型分裂症另规定:

1. 反复出现言语性幻听;
2. 明显的思维松弛、思维破裂、言语不连贯或思维贫乏、思维内容贫乏;
3. 思想被插入、被撤走、被播散、思维中断或强制性思维;
4. 被动、被控制或被洞悉体验;
5. 原发性妄想(包括妄想知觉、妄想心境)或其他荒谬的妄想;
6. 思维逻辑倒错、病理性象征性思维或语词新作;
7. 情感倒错或明显的情感淡漠;
8. 紧张综合征、怪异行为或愚蠢行为;
9. 明显的意志减退或缺乏。

二、严重标准:自知力障碍,并有社会功能严重受损或无法进行有效交谈。

三、病程标准:

1. 符合症状标准和严重标准至少已持续 1 个月,单纯型另有规定。
2. 若同时符合分裂症和情感性精神障碍的症状标准,当情感症状减轻到不能满足情感性精神障碍的症状标准时,分裂症状需继续满足分裂症的症状标准至少 2 周以上,方可诊断为分裂症。

四、排除标准:排除器质性精神障碍及精神活性物质和非成瘾物质所致精神障碍。尚未缓解的分裂症病人,若又罹患本项中前述 2 类疾病,应并列诊断。

(资料来源:中华医学会精神科分会.CCMD-3 中国精神障碍分类与诊断标准[M].3 版.济南:山东科学技术出版社,2001.)

三、常见误区

（一）抑郁症和精神分裂症是一回事

精神分裂症患者的情感有时表现得比较平淡和冷漠，出现情绪低落时往往持续时间比较短暂，或者没有表现出情感低落的相应的内心体验，并常伴有幻觉和妄想，其内容也多为荒谬离奇。抑郁症患者的情绪是发自内心的，并非受幻觉和妄想的影响，常伴有自卑、自责等，内心体验深刻，思维常常比较迟钝，但整个精神活动是协调的。虽然也可出现幻觉和妄想，但经过治疗，很快可以消失。

（二）就算有病也不能去精神病医院看，那里越治越重，经常打骂、电击病人

由于普通民众对精神卫生知识了解的匮乏，使其对精神分裂症的治疗也存在一定的误解。不可否认，在20世纪90年代以前，我国精神卫生事业发展比较落后，并没有较好的治疗手段，一些医院在病人病情发作时采取粗暴捆绑，甚至通过殴打的手段来达到缓解其行为冲动症状的目的。但随着治疗精神分裂症药物的相继开发和治疗方法的不断丰富，相关法律法规的日益完善，正规的精神卫生机构医护人员绝对禁止对病人谩骂与殴打，更不会用电击惩罚病人。所以，如果在工作中遇到服务对象疑似老年精神分裂症，建议家属带其到正规专科机构及时就诊。

（三）得了精神分裂症根本就治不好

精神分裂症与其他生理疾病一样，如果能及时就医，正规治疗，坚持服药，就一定能看到治疗效果，最大程度上减轻疾病对患者及其家庭的折磨。尤其对于首发的老年患者，只要治疗得当，定时复诊，遵医嘱服药，便可逐渐恢复到正常的生活状态，并且完全有治愈的可能。

（四）治疗精神分裂症的药物不能吃，吃了就变成白痴

精神分裂症最重要及最有效的治疗手段之一就是服用较大剂量的抗精神病药物，此类药物的作用部位主要在大脑，旨在通过调整脑内的神经介质，矫正病人的思维、情感和行为，使他们适应正常人的社会生活。抗精神病药物有不同程度的镇静作用，因此除了能起到缓解或减轻精神症状的作用以外，还有一些影响神经系统的副作用。例如，可能会引起患者面无表情、行动迟缓、四肢肌肉僵硬，让人看起来似乎变得"痴痴傻傻"，但并不是真变傻了。在疾病的急性期，由于需要有效而快速地缓解症状，用药剂量一般较大，出现的副作用有时不可避免，有些体质敏感的病人甚至会出现较重的副作用。不过随着病情的逐渐好转，药物逐渐减量，副作用也会慢慢减小甚至消失。但是，无论这种副作用存在与否，病人的智力都不会受到影响。然而如果已出现了行动缓慢、表情呆板等副作用，应及时向医生反映，医生会酌情调整药物剂量或更换药物品种，并加用对抗副作用的药物，其目的是在发挥最佳疗效的前提下，将副作用控制在最

情境五 老年群体常见精神障碍识别及处理

低限度。随着老年人精神分裂症的好转,在医生指导下药物剂量会逐渐减少,副作用就会越来越小。所以虽然抗精神病药物确实会有些副作用,但这些副作用与其缓解或减轻精神症状的原作用相比,是微不足道的,也是暂时的、可逆的。因此家属千万不要因为药物的副作用而担心患者会变"痴"、变"傻",而擅自让患者停药或中断治疗,这样只会令患者的病情加重。

四、技能训练

1. 训练目标

(1) 疑似老年精神分裂症的识别和判断能力。

(2) 老年精神分裂症的处理和转介能力。

2. 训练过程

(1) 角色扮演

步骤1:分组。请全体同学随机分为4个演绎组。

步骤2:任务。每组选出两名同学分别扮演一名老年心理服务工作者及一名精神分裂症老人。

步骤3:表演。各组经过商讨后分别到台前现场模拟一段老年心理服务工作者支持精神分裂症老人的工作片段。

提示:各组可自行设定场景,尽量体现出精神分裂症老人在不同时期的相关症状,老年心理服务工作者要体现出对精神分裂症老人不同时期症状的处理原则和技巧。

(2) 分析点评

步骤1:表演者自我陈述。在本次演示过程中,陈述意图展现的主要内容。

步骤2:各组相互点评。在其他组的演示中,点评其核心内容及更全面的表现方式。

步骤3:教师总结。总结各组演示的亮点,并讲授标准应对规程。

五、处理建议

(一) 处理原则

精神分裂症是一种病程迁延、损害深重的疾病,若不经过有效的干预处理,随时间的推移,有半数的病人会造成精神残疾。因此,无论是精神卫生专业人员,还是老年精神分裂症患者的家人、社区和机构的老年工作者,均需掌握此类问题的处理原则。

1. 老年精神分裂症的急性期处理原则——院内原则

(1) 治疗缓解老年精神分裂症的以幻觉、妄想为主的精神病性症状。

(2) 防控老年人自伤、自残或自杀等危害自身的冲动行为,防控危害社会的肇事、肇祸行为。

(3) 监测和处理药物的副作用,维护老年人的躯体健康。
(4) 训练和提升老年人的社会功能,准备使其回归家庭和社会。

2. 老年精神分裂症的非急性期处理原则——院外基础原则

(1) 督促老年人规范服药,防止精神病性症状复发。
(2) 预防老年人继发的抑郁情绪和自杀问题。
(3) 着力促进老年人的社会功能进一步恢复。

3. 老年精神分裂症的康复期处理原则——院外最终原则

(1) 推进老年人维持服药或参与心理治疗。
(2) 协助老年人康复的老年人及家人应对各种生活事件。
(3) 力求老年人最大程度地回归社会。

以上3条原则中,第一条是患有精神分裂症的老年人在医疗机构中得到规程医治时的原则,由专业人员在操作过程中加以掌握。后两条则与老年人、家人、所在社区或养老机构等密切相关,其实不被公众所了解的是,在医院的治疗及好转,只是任重道远的康复之路所迈出第一步,绝大多数关键而复杂的工作,均需要在医院以外的环境中进行,故对于老年精神分裂症患者的家庭及老年相关工作者而言,院外基础原则和院外最终原则更为重要。

(二) 处理方法

1. 督促服药

人们已经知道,老年人的精神障碍和心理问题的发生机制、损害程度、处理模式有根本的差别。精神分裂症和其他老年期精神障碍一样,都是必须以"生物—心理—社会"模式加以综合治疗的,而坚持服药的意义,对精神分裂症患者的人生的意义尤为重大。患有精神分裂症的老年人在结束医疗机构的专业治疗并达到一定的临床疗效之后,终有一天要回到家庭之中,回到亲友的身边。那么如何保障其精神心理状态的稳定,就成为人们必须慎重考虑的问题。针对精神分裂症这种严重危害老年人身心健康的疾病,当前的权威观点仍然是长期应用药物加以维持,但可惜并不是所有的患者都能始终自行坚持服药。特别是精神疾病患者所特有的"病耻感",更让老年患者和家属从内心抗拒服用药物。所以离开医院后的老年精神分裂症患者的持续服药,是目前的难题之一,这应该在不断的工作和生活实践中努力克服。

当顺利经过急性期治疗并取得良好改善的老年精神分裂症患者回到家庭环境或重新进入养老机构之后,负有看护责任的人员应首先与该老年人的主治医生建立通畅的联系,全面了解其病情及看护的注意事项。特别是要清楚老年人须每日应用的药物名称、剂量、时间及次数,最关键的是不同药物的主要副作用,以及老年人受其影响之后的身心表现,这对老年人的用药安全极为重要。

下面介绍常用的抗精神病药物所共有的副作用,以供实践应用时参照。

(1) 急性肌张力障碍

出现急性肌张力障碍副作用的老年人,会不由自主地发生双眼上翻、头和

颈部向后方倾斜、张嘴和吐舌头困难、面部表情扭曲类似于扮鬼脸、身体胡乱扭曲等症状。这些症状非常容易被社区医疗人员误认为破伤风和癫痫等疾病,此时家属或养老机构人员应及时告知医疗人员该老年人应用抗精神病药物的情况,以免造成误诊。

(2) 静坐不能

如果发现老年人有反复地走来走去或无原因地在原地踏步、无法在被要求的情况下安静地坐下及情绪失控、过于激动等表现,结合该老年人持续服用的抗精神病药物,需怀疑有发生药物副作用的可能性。

(3) 类帕金森症

类帕金森症是服用抗精神病药物的老年人最常见的药物副作用,包括行动能力减弱、全身肌肉紧张、手和脚持续地发抖,且伴有情绪低落和疑似的智能下降。若情况严重,老年人的身体的运动功能完全丧失、肢体僵硬、面无表情、不断地流口水和皮肤大量溢出油脂。

(4) 其他副作用表现

其他副作用表现为口干、便秘、排尿困难及视力下降,食欲旺盛和体重增加,偶有头晕感、低血压发生。还有一种较少见但后果严重的恶性综合征,这种情况下的老年人意识状态不清、全身肌肉紧绷、发高烧等,对生命威胁较重,必须马上送医院治疗。

2. 防止复发

(1) 防停药

精神疾病多数具有高复发性,精神分裂症更是如此。如果老年人在家庭或其他环境中不能坚持按医生的叮嘱维持治疗,复发基本上是百分之百的结果。一定要反复进行宣教,长期维持药物治疗是精神分裂症康复、防止复发的重要措施,医疗工作人员需要使患者及其家庭清楚地认识到,擅自停药的结果不但会引起复发,还会增加再次治疗的难度。

(2) 防应激

精神障碍的发病原因中或多或少都存在社会心理因素的影响。故需要建议患者在回到家中后,保持有规律的生活状态,尽可能使睡眠充足,通过培养兴趣爱好、参与社交娱乐,来维持相对愉快的心境。同时要注意避免过度的精神刺激和应激事件,以免直接造成病情复发。

3. 日常照料中的心理支持

(1) 总体目标

① 增加老年精神分裂症康复者的社会功能和实际操作技能。

② 增强患者面对各种生活事件的心理承受能力。

③ 增进患者的各种人际关系。

(2) 操作内容

① 加强自我监护。带领老年人了解康复和保健的相关知识;帮助老年人掌

握和管理药物；在恰当的时机，引领老年人认识曾有的精神症状；指导老年人学会识别复发的先兆症状。

② 避免症状下的暴力。当老年精神分裂症患者在幻觉或妄想的支配下处于行为高度危险的状态时，照料者应沉着冷静，及时启动应急机制，寻求专业、有力的帮助，避免出现暴力危险。对情况严重的老年人可提供专人监护，创造安全环境。在联络和等待医疗人员的时间内，密切观察老年人的情绪表现，并尽量减少外部环境对其的刺激。

③ 促动认知功能恢复。与老年人建立互信的关系，注重对方的感受；以诚相待，遵守正式的相互承诺；从事照料的人员应具有一定的连贯性，力求效果的持续提升；在生活的细节过程中，协助老年人区分症状与现实；和蔼而坚定地向老年人表示"您的想法我们都能理解，但不可能被赞同"；指导老年人通过分散注意力等方法，学习阻止幻觉的技能，如打牌、唱歌或玩其他东西，也可以专注于艺术创作等；以鼓励为主，慎重批评。

④ 教授应对压力。老年精神分裂症患者的照料者应帮助其了解压力和症状之间的关系。例如，老年人可以掌握阻断压力的技巧，就可能减轻或暂压制某些症状。同时，应尽量转移老年人对压力的注意，在安全的条件下，熟练地指导老年人学会终止幻觉或妄想的技巧。当病人努力学习和应用终止技巧时，照料者应持续地给予其表扬和正性回应。照料者应创造机会，让老年人扩大人际交往圈，增加其社交网络结构，可以尝试先从一对一的交往开始，逐步推进到团体活动。最终达到让老年精神分裂症患者最终确实可以实现回归现实社会的目标。

4．生活照料

（1）满足老年人自我照料、个人卫生及充足营养的需求。

（2）帮助老年人制定日常生活规律表，培养其科学的生活模式。

（3）给老年人创造相对安静的睡眠环境。

六、后续思考

（1）在养老机构中，心理工作人员如何服务于老年精神分裂症患者？

（2）老年精神分裂症患者在治疗后如何更好地回归家庭和社会？

延展阅读

[1] 徐一峰.社会精神医学[M].上海：上海科技教育出版社，2010.

[2] 徐一峰.精神分裂症[M].北京：人民卫生出版社，2012.

必读概念

（1）精神分裂症：是一种常见的病因尚未完全阐明的精神病。常有特殊的

情境五 老年群体常见精神障碍识别及处理

思维、知觉、情感和行为等多方面的障碍和精神活动与环境的不协调,患者一般无意识及智能障碍。病程多迁延,约占我国住院病人的50%。

(资料来源:江开达,马弘.中国精神疾病防治指南(实用版)[M].北京:北京大学医学出版社,2010.)

(2)自知力:是指病人对其自身精神状态的认识能力,即能否判断自己有病和精神状态是否正常,能否正确分析和识辨,并指出自己既往和现在的表现与体验中哪些属于病态的能力。

(3)幻觉:是一种缺乏外界相应的客观刺激作用于感觉器官时所出现的知觉体验,如没有人讲话时听见讲话的声音。幻觉可以在意识完全清晰时发生,也可以在有不同程度的意识障碍时发生。正常人有时也会有幻觉,主要发生在入睡前和醒来后。正常人的幻觉通常是短暂的、单纯的,如听到铃声或者一个人的名字。

老年人常见的幻觉类型有:① 听幻觉,最常见的一种幻觉,患者可以听见各种声音,如讲话声音、噪声、音乐等;② 视幻觉,可以是简单的闪光,也可以是复杂的图像,如人体画像,幻觉中的图像的大小有时与正常一样,有时较正常大或小;③ 味幻觉和嗅幻觉,通常是患者可以辨认的特殊气味和味道,如花香、臭味等。多数是患者以前接触过的令人不愉快的气味或者味道。

幻觉按其结构性质分类,可分为如下两类:① 真性幻觉,患者的幻觉体验来源于客观世界,具有与知觉体验相同的确信性、鲜明的生动性和不随意性;② 假性幻觉,出现在患者的主管空间,患者可以不通过感官而获得幻觉。

(4)妄想:一种病理性的歪曲信念。老年人常见的类型有:① 被害妄想,患者毫无根据地坚信自己被跟踪、被监视、被诽谤、被隔离等。例如,某患者认为自己吃的饭菜中有毒,家中的饮用水也有毒;② 关系妄想,患者将环境中与自己无关的事物都认为是与自己有关的。例如,认为周围人的谈话是在议论他,别人吐痰是在蔑视他,人们的一举一动都与他有一定的关系。常与被害妄想伴随出现;③ 被窃妄想,患者毫无根据地认为自己所收藏的东西被人偷窃了;④ 疑病妄想,患者毫无根据地深信自己患了某种严重疾病,常常为难以治疗的绝症,如癌症、AIDS等。一系列详细检查和多次反复的医学验证都不能纠正患者的病态信念,常伴有反复就医的行为和焦虑不安的情绪;⑤ 虚无妄想,患者认为世界或者自己均已不复存在,一切都是虚假的。例如,患者感到自己的胃肠已消失,不必吃饭,因为没有饥饿感;⑥ 嫉妒妄想,患者捕风捉影地认为自己的配偶另有新欢,坚信配偶对自己不忠,常跟踪、逼问配偶,以求证实,甚至对配偶或"第三者"采取攻击行为。

(资料来源:江开达,周东丰.精神病学[M].北京:人民卫生出版社,2005.)

子情境四 白色夕阳

——难以摆脱的老年物质依赖

一、现实情境

案例引入

酒改变了他

于大叔原来是位国有企业的中层干部,性情开朗、大方,遇事仗义执言,单位里无论谁有困难找他,他肯定帮忙,绝无二话,所以在领导和群众心中颇有威望,事业前景也被人大为看好。可惜天有不测风云,10年前因为单位改制,企业对人员进行了优化组合,于大叔在不到50岁的年纪不得不退到二线岗位,过起了相对闲散的生活。而在另一家国有企业工作的老伴,却由于单位市场化改革遇到了事业的"第二春",创建和带领几十人的团队,为公司创造的效益达到每年近千万元,成为不折不扣的事业成功女性。家里的收入明显增加,生活水准已经上了几个台阶,这本是值得高兴的事情,但让老伴和儿女不懂的是,于大叔却越发地不开心了。

家人发现,于大叔手中渐渐离不开酒瓶了,从每天有一餐必须喝酒,在几个月的时间内演变成每日顿顿都得喝。家人了解于大叔从前就有没事喝几口的小爱好,但这些年来一直并不频繁,只是当家中有客人或单位有应酬时,才会小酌几杯。虽然和从前的老战友相见时会尽情痛饮,毕竟那也是不常有的事情,根本没有遇到过像现在这样,几乎天天都要喝酒,不用人陪,也不要下酒菜,而且越喝酒量越大,最后发展到每天早晨起床之后就要先喝半斤白酒的程度。于大叔整天醉醺醺的,完全不在乎老伴和儿女的苦苦劝说,任何事都不能阻止他对酒的渴望,家里有什么喝什么,有多少喝多少,一点也不节制和自控。

于大叔的喝酒问题让家人伤透了脑筋,儿女每次回家跟他聊天,他都爱理不理,沉默以对,和老伴之间的言语交流也越来越少,就这样过了3年左右,突然有一天,于大叔的老伴颤抖着敲开大女儿家的门,看着站在面前的母亲,大女儿简直不敢相信自己的眼睛。母亲的眼部青肿、左耳流血、身体各处都有大块的瘀伤,由于极度的惊吓和羞辱,母亲一个字也说不出来,只有全身发抖地站在门口。"妈?"大女儿一把将母亲抱在怀里,"到底是怎么了?谁干的?我和他拼了!"这时母亲才哇的一声哭出声来。经过详细了解,闻讯赶来的子女陷入了深深的沉默,原来于大叔在酒后无故殴打老伴已经有了几个月

情境五
老年群体常见精神障碍识别及处理

的时间,只是老伴采取了忍让的态度,希望大事化小,小事化了,期待用自己的善良和忍耐感化于大叔。但事情却朝着相反的方向发展,于大叔非但没有收敛,反而变本加厉,这次的殴打直接导致老伴的耳膜穿孔,手段残忍,毫不留情。子女回到家中,狠狠地数落了于大叔,于大叔看上去很自责,承认自己打人是不对的,并一再向家人保证自己再也不会动手了。儿女坚决要求父亲戒酒,几经沟通,于大叔也算是勉强答应了。但于大叔总是管不住自己,一有机会就偷偷出去买酒喝,喝多了依然殴打老伴。家人实在没办法了,就干脆把家里的酒全部扔掉,并"没收"了于大叔所有的零用钱,甚至告诫附近的商家不许赊给于大叔酒。

这次于大叔真的没有酒喝了,才不到一天的工夫,他就烦躁不安,在屋里走来走去,双手不停地颤抖,全身大汗淋漓。到了夜晚则无法入睡,说自己的头痛得厉害,深夜时突然大喊:"鬼呀!有鬼!"老伴被惊醒后,见到他神情惊恐,一直指着家中空白的墙壁直叫有鬼,还说:"你看,你看,那是死了的老齐,他来找我了,他要带我走啊!"说完放声大哭。好不容易挨到天亮,于大叔总算是迷迷糊糊地睡了过去,精疲力竭的老伴打电话把儿女叫了回来商量,大家都不知道父亲到底怎么了,也想不出具体的对策。只有小儿子迟疑了一下,小声地说:"要不上医院看看吧,咱爸不是精神有了问题吧?"

"你胡说什么?"二儿子大怒,"都是他的儿女,他有没有精神病咱们不知道吗?没事跟着瞎乱,你赶快上班去得了!"小儿子看兄弟姐妹中也没有支持自己的观点的,只好闷闷不乐地走了。

虽然没有得出一致的解决方案,但儿女都觉得或许是由于自己对父母的关心太少,才导致于大叔处于孤苦的心情之中,于是约定轮流每天回父母家吃晚饭。渐渐地,儿女发现于大叔又控制不住地饮酒了,而且酒量直线上升。他的状态只有两种,一种是不喝酒的时候,整个人都很低落,不爱说话,不爱活动;另一种是喝酒的时候,马上就会显得很兴奋,说的话很多,脾气非常大,一言不合就对人大吵大嚷。为了让父亲能戒掉酒,儿女几乎找遍于大叔所有的老朋友和老同事,让他们来进行苦口婆心的规劝,但都没有什么效果,于大叔的酒是越喝越多,脾气越发越大,经常在家里吼叫、乱摔东西,自然也少不了殴打老伴。

在一个盛夏的夜晚,困扰这个家庭许久的饮酒问题到了大爆发的地步。于大叔在一口气狂饮了一斤多高度白酒之后,像发了狂一样,拼命谩骂和喊叫,抓起老伴的头使劲往墙壁上撞,并冲上楼一脚踢开了二女儿的房门,把年仅3岁的外孙女吓得直接尿了床。家人不得不拨打了110,在警察的帮助下把于大叔送到精神卫生专业机构求诊,当医生看到被绑在警车里的于大叔时,他口中反复讲的话是"再给我喝一口,就一口,求求你了,就一口"。

如果你作为老年心理服务工作者,无论是在家庭、社区环境,还是在养老机构中面对这样的情况,该如何处理呢?

参与式学习

互动讨论话题1：案例中于大叔出现了什么问题？如何分析判断？

互动讨论话题2：应从哪些方面来帮助此类老人？

二、理论依据

（一）案例推断

综合考虑，于大叔很可能患上了老年物质依赖中的酒精依赖，且合并有酒精所致的精神障碍。

（二）分析判断

1．基础知识

众所周知，高度的饮用酒多数是白酒，多数的口服药物是白色，甚至危害极深的毒品也多以白色形态示人。如果老年人在人生的最后阶段不慎沾染了以上几种物质，就可能患上一种很普遍的老年精神障碍——物质依赖。

酒精、毒品和某些药物的主要成分在精神卫生学中称为精神活性物质，可以简单地理解为成瘾物质，它们是一大类可以影响人类情绪和行为、改变意识状态，并导致心理和躯体依赖作用的化学物质。而依赖所指的是一组由于反复应用成瘾物质所引起的生理症状和认知障碍、负性情绪、不良行为，具体包括对成瘾物质的强烈心理渴求、明知有害仍持续应用、自身无法控制的强制性觅药行为等。有的老年人在持续应用成瘾物质一段时间之后，如果突然中断使用，会产生明显的戒断症状。戒断症状是一种与所应用的物质作用机制相反的症状，依所使用的物质的种类不同而各不相同。

目前学术界把成瘾物质大致分为七大类：第一类，以酒精和部分镇静催眠药物成分为代表的中枢神经系统抵制剂；第二类，以咖啡因、可卡因等为代表的中枢神经系统兴奋剂；第三类，大麻；第四类，致幻剂；第五类，以海洛因、吗啡等为代表的阿片类；第六类，各种挥发性化学溶剂；第七类，烟草。而我国老年人较为容易接触和获得的物质主要是酒精、吗啡及镇静催眠药物等。故在此分别加以介绍，以判断老年人的身心异常是否与以上物质有关。

2．判断依据

（1）酒精依赖及酒精所致精神障碍

酒精的化学名称为乙醇，千百年来一直是人类社会应用最为广泛的成瘾物质，并导致严重的医学和社会问题。酒精损害人体的多个系统器官，并破坏人的心理功能，毁坏人际关系的基础，引发酒后的事故和犯罪行为，给个人、家庭及社会带来精神痛苦和经济负担。酒精对人的神经结构具有很强的亲和性，老年人过量饮酒之后，可能导致严重的胃肠道症状、肝脏和胰腺病变等。老年人某一次超量饮酒，便有可能发生精神异常，产生幻觉和妄想等精神病性症状，甚至过度兴奋、冲动伤人等。若老年人长期大量饮用酒精，会引发脑功能的减退和各种类型的精神障碍。

情境五
老年群体常见精神障碍识别及处理

判断老年人是否有酒精依赖并不困难，只要具备明确的饮酒史及可确定的躯体或心理问题均为饮酒或戒断反应所引起即可。但若怀疑老年人已经如案例中的于大叔一样，发展成为酒精所致精神障碍，那么还需要具备以下特征：在形成酒精依赖之后的一段时期中，老年人渐渐出现精神异常症状，或是在突然停酒或饮酒量下降后，出现精神异常症状。在这些精神症状中，存在一些具有特征性的表现。例如，出现幻听，即耳边能听到一些古怪的声响，有时是说话的人声，有时是机械性声音，不一而同。还有的老年人出现幻视，多数情况是在夜晚环境中，看到离奇的光线或鲜活、具体的小动物。也有少部分老年人在慢性酒中毒的情况下，渐渐产生他人要害自己的妄想，并因此与人对立。老年人在酒后对他人的谩骂、攻击等冲动行为也具有一定的特征性意义，而且事后存在程度不同的回忆困难。

（2）吗啡依赖及阿片类物质所致精神障碍

在现代社会，吗啡作为一种强效止痛药物，已经在人类的老年医疗工作中占据着重要位置。老年群体通常患有多种躯体疾病，深受病痛的长期折磨，故与吗啡等镇痛剂的接触较年轻人群更为频繁，于是更可能产生滥用或吗啡依赖问题。而阿片类物质是对人体能产生类似于吗啡效应的一类化学物质，包括吗啡、海洛因、哌替啶及美沙酮等。现以吗啡依赖及相关的精神障碍为例加以说明。

怀疑老年人存在吗啡依赖，首先要确定的问题也是吗啡应用史，即该老年人是否有使用吗啡来对抗病痛的经历。如果可以确定是长期持续、而且是用量日渐增大的吗啡应用情况，而且在应用后出现欣快感，类似于电击般快感，接着会有半小时至两个小时的松弛状态，似睡非睡，让人感觉所有的烦恼全部消失，觉得自己处于非常温暖和安宁的状态之下，思绪天马行空，似乎像已经得到需要的一切一样快乐和欣慰，最后达到人们常说的"飘飘欲仙"的极佳感受。这种感觉虽然不能被周围的人所直接观察，但通过事后的访谈交流是可以明确了解的。随着吗啡服用次数的增加，以上快感逐渐减弱直至消失，故老年人需要不断增量以维持快感的获得，并避免产生戒断症状。

吗啡依赖可以分为躯体和心理两个方面的表现，所谓的躯体依赖，是指老年人的血液内须存有足够高的吗啡浓度，不然就会发生戒断症状。所谓的心理依赖，是指老年人对吗啡的强烈的内心渴求，开始是为了获取服药后产生的快感，到后来则是为了防止戒断状态的发生，也就是人们常说的"心瘾"。通常情况下，如果没有专业人员的帮助，"心瘾"是难以克服的。如果患有吗啡依赖的老年人在一段时间内得不到吗啡，就会产生戒断症状，即不停地打哈欠、流眼泪、流鼻涕、全身冷战和出汗等。当症状加重形成戒断状态时，会表现出血压升高、恶心呕吐、周身疼痛、整夜失眠和精神痛苦等症状。观察到这些问题，可以有效地帮助人们判断老年人当前的状态及其相关因素。而且，如果长期应用吗啡的老年人出现情绪低落、好发脾气、性格突然变得古怪异常、过于以自我为中心的自私自利、没有诚信及经常说谎、记忆力不佳、睡眠障碍等问题，则必须怀

疑其发生了吗啡依赖及相关的精神障碍,须及时寻求精神卫生机构和专家的帮助。

(3) 镇静催眠药物的依赖问题

步入现代文明社会之后,睡眠行为作为一种必要的生理现象,却日益成为困扰人类的重大难题之一。失眠、早醒、无睡眠感及其他相关障碍,对人们的身心健康构成了较大的危害。老年群体由于生理功能的变化,随年龄阶段的推移,有效的睡眠时间整体上呈现逐渐减少的趋势。这是正常人体生命的变迁历程之一,大多数老年人都能在生活的体验和调节中加以接受。但也有些老年人,因睡眠障碍形成身心问题,异常痛苦且难以解脱。于是有相当一部分老年人在尝试了多种方式改善睡眠均无疗效的情况之下,转向利用镇静催眠药物来解决问题。

镇静催眠药物种类较多,因其很多类型还兼有抗焦虑的作用,故在医学临床中应用广泛,长期应用能造成依赖的主要有巴比妥类和苯二氮䓬类。在此不对其药物机制和作用原理进行讨论,仅介绍镇静催眠药的功能及其老年人依赖的相关问题。

判断的首要问题,还是要先行了解老年人的睡眠情况及情绪状态,因为长期存在的睡眠障碍或焦虑情绪,才是应用镇静催眠药物加以对抗的基础前提。有明确的用药史,并且用药剂量是持续上升的过程之中的老年人,可结合以下内容进一步综合评判。

巴比妥类是在睡眠方面应用较早的药物,最易产生依赖的有司可巴比妥及戊巴比妥。由于此类药物极易产生耐药性,因此在治疗失眠时产生的滥用现象较为普遍。长期服用巴比妥类药物的老年人,可能会身体消瘦、全身无力、食欲不振、肤色灰暗。突然停药后,其戒断症状与阿片类物质所致的戒断症状大体类似。而人们必须要注意,依赖巴比妥类药物的老年人,在某次大量服药之后可能会产生精神症状,即躁动不安、四处乱走、神经功能易于兴奋和疲劳、无原因的欣喜感等。同时,巴比妥类药物也可能造成老年人的过量中毒,表现为冲动攻击他人、情绪极度不稳、言语口齿不清,甚至昏迷死亡等,故应引起人们的高度注意。

苯二氮䓬类在生活中更为常见,许多家庭都备有此类药物,如地西泮等,近年来应用较广的还有阿普唑仑、氯硝西泮等。此类药物的作用是松弛肌肉、催眠和对抗焦虑情绪等。与巴比妥类相比,苯二氮䓬类安全性高,一般情况下大量应用也不至于危及生命,但同样也会形成药物依赖。长期服用苯二氮䓬类药物,也会面色苍白、消瘦无力、出现性功能障碍及焦虑不安等问题。若中断服药,所产生的戒断症状以失眠、发脾气、躁动不安、举止混乱和幻觉妄想为主,总体上戒断状态不是十分严重。故对于此类问题的评估和判断并不十分困难,只要掌握好老年人的用药史和身心症状,及时发现镇静催眠药物的依赖是相对容易的。

情境五
老年群体常见精神障碍识别及处理

诊断酒精所致精神障碍的科学标准

以下是国家精神卫生系统诊断酒精所致精神障碍的科学标准,可作为部分疑难个案或经验不足时的佐证参照。

附:复杂醉酒[F1x.8 其他精神活性物质所致精神障碍]

一、症状标准:

1. 符合酒精所致精神障碍诊断标准,并有颅脑损伤、脑炎、癫痫等脑病史,或脑器质性损害的症状和体征,或有影响酒精代谢的躯体疾病,如肝病等的证据。

2. 在一次饮酒后突然发生意识障碍,并至少有下列2项,病理性错觉或幻觉;被害妄想;情感或行为障碍,如兴奋、焦虑、紧张、恐惧、惊恐或易激惹;无目的的刻板动作;冲动行为;痉挛发作。

3. 发作后对发作部分或完全遗忘。

二、严重标准:自知力受损或社会功能受损,如丧失正常的人际交往能力。

三、病程标准:通常为数小时或1天。

四、排除标准:排除单纯醉酒和病理性醉酒。

酒精所致震颤谵妄[F10.06]

酒精所致震颤谵妄通常是长期饮酒的严重成瘾者,在突然停酒或减少酒量时引发的一种历时短暂、并有躯体症状的中毒性意识模糊状态。经典的三联征包括伴有生动幻觉或错觉的谵妄、行为紊乱及震颤,也常有妄想、自主神经功能亢进或睡眠障碍。

一、症状标准:

1. 符合酒精所致精神障碍诊断标准,并有意识障碍及肢体粗大震颤,可伴有发热、瞳孔扩大、心率增快、共济失调;错觉、幻觉或感知综合障碍;妄想,如被害妄想;惊恐、激动;冲动性行为。

2. 再次足量使用酒类可缓解症状。

3. 恢复后对病中情况部分或完全遗忘。

二、严重标准:发作期内社会功能严重受损。

三、病程标准:停用或减少饮酒或在躯体疾病后数日内出现症状。

四、排除标准:排除非精神活性物质所致谵妄。

说明:酒精所致震颤谵妄如出现在某次暴饮过程中,也应在此编码。

病理性醉酒[F10.07]

病理性醉酒是指病人在饮酒后突然发生暴力行为,这并非其清醒时的典型行为,其饮酒量不多(对大多数人而言,该量不会引起这类症状)。

一、症状标准：

1. 符合酒精所致精神障碍的诊断标准。

2. 饮酒量虽然不大，但在酒后突然发生意识障碍，并至少有下列2项：病理性错觉或幻觉；被害妄想；情感障碍，如兴奋、焦虑、紧张、恐惧、惊恐，或易激惹；暴力行为；痉挛发作。

3. 发作后对发作完全遗忘。

二、严重标准：社会功能严重受损，如丧失正常的人际交往能力，有自知力障碍。

三、病程标准：在酒后突然发生，通常历时数小时或1天。

四、排除标准：排除单纯醉酒和复杂醉酒。

（资料来源：中华医学会精神科分会. CCMD-3 中国精神障碍分类与诊断标准[M]. 3版. 济南：山东科学技术出版社，2001.）

三、常见误区

（一）老人喝点小酒没什么问题

不只是沉溺于饮酒的老年人自己会这么想，甚至他们的亲人、朋友也有很大一部分持这种观点。当然，如果像案例中所提到的于大叔的家人一样，一直没有对老年人的物质滥用问题施加应有的关注，那么物质依赖几乎必然生成，甚至还会引发诸多的精神障碍，伤害老年人自身健康的同时，也给家庭带来巨大痛苦。故切不可盲目乐观，认为饮酒、吃药是正常的，量大量少是无所谓的事情。

（二）药物是药物，毒品是毒品，这两个怎么能混为一谈

之所以把酒精、毒品和某些药物统称为精神活性物质，就是因为它们具有共同的特性与功能。酒精和药物如果应用超过正常的剂量，也可以给机体造成类似毒品作用的生理反应。而毒品在特定的情况下科学应用，也可以达到某些治疗的药理作用。所以，物质依赖的问题不在于物质本身，而在于应用的人、时机、剂量和根本目标。

四、技能训练

1．训练目标

（1）疑似老年酒精依赖的识别和判断能力。

（2）老年酒精依赖的处理和转介能力。

2．训练过程

（1）角色扮演

步骤1：分组。请全体同学随机分为4个演绎组。

步骤2：任务。每组选出两名同学分别扮演一名老年心理服务工作者及一

名酒精依赖老人。

步骤3：表演。各组经过商讨后分别到台前现场模拟一段老年心理服务工作者支持酒精依赖老人的工作片段。

提示：各组可自行设定场景，尽量体现出酒精依赖老人在不同时期的相关症状，老年心理服务工作者要体现出对酒精依赖老人不同时期症状的处理原则和技巧。

（2）分析点评

步骤1：表演者自我陈述。在本次演示过程中，陈述意图展现的主要内容。

步骤2：各组相互点评。在其他组的演示中，点评其核心内容及更全面的表现方式。

步骤3：教师总结。总结各组演示的亮点，并讲授标准应对规程。

五、处理建议

（一）处理原则

（1）戒酒、除药、去毒是心理工作者处理老年物质依赖相关问题的最终目标，同时也是优先应该采取的必要手段。

（2）对症处理躯体问题：应用相关物质的拮抗剂，有中毒问题的进行脱毒治疗，详细操作由医疗卫生专业机构实施。

（3）防止复饮和复吸，并加强对老年人的看护和生活照顾，注重对其进行心理治疗和康复训练。

（二）处理方法

1. 断绝成瘾物质及治疗

如果发现老年人对酒精、吗啡或镇静催眠药物的服用量明显上升，照料者就应该对其加强恰当的关注，并在接下来的一段时期之内进行密切观察。若证实老年人患有物质依赖问题，则必须到专业医疗机构就诊，并在医疗环境下中断成瘾物质的供应。之所以必须将老年人转到医院方可进行断瘾治疗，是考虑到突然中断成瘾物质的摄入有可能会引发强烈的戒断症状，这可能会危及老年人的生命，故在家庭、社区及养老机构中的处理当须慎重。

2. 医学治疗后防复发

老年物质依赖及其所致精神障碍，通常在发现之后，由具有专业资质的医疗机构进行医学治疗。当老年人治疗结束，达成临床治愈水准而回到家庭或养老机构后，照料者对其进行的最重要的工作是防止老年人的酒精复饮和药物复服，当然也有少部分的毒品复吸。近年来学术界在讨论一种观点：物质依赖的发生与患者长期的情绪问题密切相关。事业挫折、婚姻不幸、儿女不孝、经济困境等生活中种种的不顺利，使包括老年人在内的人们长久地处于心境不愉快的状态之中，为了减轻心态的苦闷，应用成瘾物质便成为人们切实可行的选择之一。所以，如果治疗已经结束的老年人回到原有的生活环境之中，使其情绪低

落和感受不良的各种条件仍然存在，那么老年人在一段时间之后再次寻求成瘾物质的安慰也就不足为奇。防复发的具体办法如下。

（1）知识宣教及建立信心

人们应该积极宣传普及物质依赖的相关科学知识，让老年人充分认识到过往的生活是极其损害身心健康的。并帮助老年人确立坚定的信念，即成功戒除后的自己是完全有能力克服对成瘾物质的渴望的，只要自己不放弃，那么家庭、朋友和社会更是不会放弃的。通过所有人员的共同努力，老年人完全可以不再遭受成瘾物质的控制，而这一切的关键就在于老年人是否正确地认识自身的问题及重新开始正常生活的决心和意愿。

（2）有效监督

老年物质依赖患者的家人及养老机构的心理工作人员必须从制度和管理层面严格控制老年人接触成瘾物质的可能。在家庭环境和养老机构中，患者视觉范围内应没有成瘾物质的出现，这就要求该老年患者的家人、朋友建立共同行为规范，杜绝老年物质依赖康复者有可能从任何人际关系中获取成瘾物质。

（3）改变生活模式

必要时可暂时改变老年人原有的生活模式，避开重新寻找成瘾物质的现实条件。例如，多子女家庭的老人可以轮流到子女家小住，从而建立更广阔的人际关系，加入到全新的社会活动当中，丰富自己的兴趣爱好。

（4）加强心理支持

在最佳的介入时机（往往是医学治疗刚刚结束之时），照料者与老年人共同寻找使老年人心境低迷的主要原因，并加以处理，争取从根本上解除老年人对成瘾物质的渴求。

（5）鼓励和支持嗜酒者互诫协会等组织的互助

对于酒精依赖问题的长期康复问题，结合国内外相关的成功经验，可建议老年心理工作者支持和鼓励具有饮酒问题的老年人，参照嗜酒者互诫协会（Alcoholics Anonymous，AA）的运作模式，建立当地的戒酒互助组织。老年心理工作者可以在起始阶段帮助老年人联系场地、准备资料及辅助联络，当组织初步成型即完全交给老年人自行管理和运营，只是在适当的时候参与相关活动即可。老年心理工作者持续对协会成员给予心理方面的支持，帮助酒精依赖老人的家人和照料者维护好老年人的心理状态。

 知识链接

嗜酒者互诫协会

嗜酒者互诫协会（AA），于1935年6月10日创建于美国，是一个人人同舟共济的团体，所有成员通过相互交流经验、相互支持和相互鼓励而携起手来，解决他们共同存在的问题，并帮助更多的人从嗜酒中毒中解脱出来。有戒酒的愿望是加入协会所需具备的唯一条件。近70年中，已经使200多万

情境五
老年群体常见精神障碍识别及处理

的嗜酒中毒者得到了全面康复。2000 年大约 150 个国家有 AA 的活动,分会超过 99 000 个,会员总数在全世界已经超过 100 万人。

AA 共出版过 4 本读物,被会员们视为"教科书",它们是《嗜酒互诫》、《十二个步骤与十二条准则》、《发展成熟的嗜酒者互诫协会》和《比尔的看法》,《嗜酒互诫》的引言指出:AA 是一个团体,会员不分男女,彼此分享他们的经验、力量和希望,为解决共同的问题而互相帮助,以从嗜酒中毒中得到康复。对会员的唯一要求是要有戒酒的愿望。

AA 会员改变行为的具体步骤称为十二个步骤(12 Steps),而指导 AA 小组活动的原则称为十二传统/准则(12 Traditions)。

AA 的原则和程序不仅用于戒酒,用于戒毒也成效斐然,于是名称相应地改为戒毒匿名会(Narcotic Anonymus,NA)。

（资料来源：http://baike.baidu.com/view/587162.htm.）

六、后续思考

(1) 成瘾物质对老年人的危害有哪几方面？

(2) 老年物质依赖患者戒断成瘾物质时,心理工作者应重点注意的问题是什么？

延展阅读

[1] 张伯源.变态心理学[M].北京：北京大学出版社,2005.
[2] 张宁.异常心理学高级教程[M].合肥：安徽人民出版社,2007.

必读概念

(1) 强制性觅药行为：是指成瘾物质的使用者将寻找酒、药物或毒品作为生活的绝对重心,高于其他任何活动的需要,并因此完全不顾自身的社会角色所带来的责任和义务,甚至不惜违背社会公德或触犯法律。

(2) 耐受性增强：即持续、反复应用一种成瘾物质一定时间后,其化学反应对应用者的效应呈降低趋势。如果想再次达到相同的身心效应,须加大应用剂量才可能实现的现象。

(3) 戒断状态：是在突然中断或减少成瘾物质之后,由各种戒断症状组成的身心综合状态,可以表现为躯体症状、精神异常或社会功能损害等。

(4) 物质滥用：即成瘾物质的有害使用行为,是指不恰当地应用酒、药物或毒品的方式,并且在反复应用过程中导致躯体和心理的不良后果,但与物质依赖相比较,物质滥用强调的是物质应用行为的不良后果,并不强调对戒断状态、耐受性及强制性觅药行为的判定。

（资料部分来源：季建林,吴文源.精神医学[M].2 版.上海：复旦大学出版社,2009.）

子情境五 灰色夕阳

——无法逆转的老年期痴呆

一、现实情境

案例引入

韩爷爷的晚年

家住城南新街的韩爷爷今年82岁,患有老年期痴呆近20年,老伴郭奶奶为了照顾他,可谓是尝尽了酸甜苦辣。

韩爷爷是一位老军人,21岁参加抗美援朝,长年的军旅生涯造就了他豁达、乐观的性格和健康的体魄,用郭奶奶对儿女的话说,年轻的时候你爸不知道迷倒了多少大姑娘呢。

然而自从韩爷爷62岁后,不知道什么时候开始郭奶奶发现与自己一同生活了大半辈子的老伴开始变得陌生了。起先是经常丢三落四,不是用水后忘记了关水龙头,就是出门忘记锁门,而且常常不记得刚才发生的事情。一天吃完午饭后,郭奶奶从兜里拿出一个存折说:"这是咱闺女给我的,你找个地方把它放好。"韩爷爷转身进了卧室,随后空着手出来了。郭奶奶在厨房,一边刷碗一边随口问道:"你放哪了?好好放着,过两天咱们还得用钱呢。"可半天却没听见老伴的回应,她回过头看见老伴坐在沙发上低头沉思,又开玩笑地说:"刚放的,你不会忘了吧。"话音刚落,韩爷爷又进了卧室,一阵稀里哗啦翻东西的声音后,他出来沮丧地说:"我真的忘了。"郭奶奶惊诧不已。过了10分钟,韩爷爷又说:"老郭,我饿了,怎么还不吃中午饭啊?"郭奶奶傻眼了,望了望刚刷完的碗筷,跟他说:"咱们刚吃完,你这是咋的了?"

郭奶奶把这些事情跟儿女说了,大家都认为韩爷爷年龄大了记忆力不好也正常。但随着时间的流逝,他的状况似乎一天不如一天,以前看到感兴趣的电视剧,韩爷爷都会兴致勃勃地给老伴讲剧情、说人物,可现在连前一天看过的都说不明白。渐渐地,别人也发现了韩爷爷的不对劲,几次遇到熟悉的邻居或者来串门的亲戚,面对对方热情的招呼,他都尴尬地站在那里,张了张嘴却喊不出对方的名字。

韩爷爷的生活能力也有所下降,有时出去买菜,要么买了东西不给钱,要么给了钱不拿东西,有时连很简单的小账都算不清楚,几次之后郭奶奶再也不敢让他单独出去买菜了。除了这些"老糊涂"的表现外,韩爷爷像变了个人一样,对以前疼爱有加的小孙女不理不睬。

情境五
老年群体常见精神障碍识别及处理

在这20年间,韩爷爷的情况越来越严重,从最初的忘东忘西、丢三落四,发展到了离不开人、不知饥饱、大小便失禁的地步。韩爷爷乐观的性格也不见了,取而代之的是固执、古怪、斤斤计较,经常冤枉郭奶奶不给他饭吃,说儿子经常对他不好,虐待他,还到儿子的单位大闹。

半年前他的走失让郭奶奶仍心有余悸。一个晴朗的下午,郭奶奶对老伴说:"出去晒会太阳吧。"韩爷爷颤颤巍巍地端着一个小板凳,走出楼门。15分钟后,做完家务的郭奶奶到楼下一看,却发现其已不知所踪,只剩下一个空空的小板凳。韩奶奶慌了神,赶忙给儿女打电话。很快,儿女迅速地赶了回来,一边报警,一边让更多的人帮忙分头寻找。这并不是韩爷爷第一次走失了,以前有一次因为时间较短,被家人碰巧发现给送了回来。可没想到,事情又毫无预兆地发生了。在韩爷爷失踪的几天,全家人通过各种手段,有的找到电视台寻求帮助,有的到街上贴寻人启事,有的街头巷尾地大海捞针,但仍然没有韩爷爷的消息,郭奶奶在自责与愧疚中已经整整两天两夜没有合眼了。就在大家都累得精疲力竭的时候,有好心人发现了蓬头垢面、身体虚弱的韩爷爷,并将他送回家中。儿女都问他去了哪里,他啥也不说,脸上始终带着一种莫名的笑容,眼神发痴地望着大家。儿女随后带韩爷爷到医院做了全身体检,医生说,老爷子除了老年期痴呆之外,其他都正常。

送韩爷爷回家的好心人是55岁的杨先生,当韩爷爷的儿女提出要给他钱以表谢意时,被杨先生直接地拒绝了,他说:"你们的情况我太熟悉了,当时看见老爷子的状态我就知道怎么回事了。"原来杨先生的78岁的父亲也患有老年期痴呆,与韩爷爷不同的是,杨先生的父亲经历了两次脑出血后,很快就不会说话了,每天不给饭吃不知道饿,不给水喝也不知道渴,智力下降得厉害,跟两三岁小孩差不多,现已完全黑白颠倒、卧床不起了。以前父亲是一位工程师,自从得病后,所有的专业知识全都忘记了,连自理能力也完全丧失了。患病前,父亲烟瘾很大,经常一根接着一根地抽,患病后,杨先生还给他买烟,但父亲拿着烟也不知道抽,就是痴痴呆呆地看着它冒烟,或者拿着拿着就睡着了。最让人无奈的是,杨先生的父亲有时会管自己的儿子叫爸,管儿叫妈,管女婿叫姥爷,弄得子女无所适从,不知道该怎么对待他。

同样的经历让杨先生和韩爷爷的子女有了共同语言,他们都苦恼地表示面对这样的老年人,真的不知道应该怎么做才好。

参与式学习

互动讨论话题1:案例中韩爷爷和杨父病情的相同点及异同点是什么?如何分析判断?

互动讨论话题2:应从哪些方面来帮助此类老人?

二、理论依据

(一)案例推断

综合考虑,韩爷爷与杨父均患上了老年期痴呆,不同的是韩爷爷患有阿尔

茨海默病,而杨父患有血管性痴呆。

(二)分析判断

1. 基础知识

老年期痴呆是由多种原因所引起的,是以认知功能缺损为主要表现的一组综合征,常见于老年群体,病因主要有脑神经的病变、脑血管的损伤、脑外伤、脑部的感染、营养代谢因素和脑部肿瘤等。患有痴呆的老年人,不但在分辨方向、学习能力、思维记忆、人际沟通等方面存在日渐加重的损害,大多数老年人还存在精神障碍。老年期痴呆的认知功能缺损和精神障碍最终使老年人的社会生活丧失,生活几乎完全需要他人帮助,甚至造成老年人的个体死亡。老年期痴呆往往起病较为隐匿,发病过程较长,对老年人及家庭造成的经济及照料的负担很重,故老年期痴呆是我国步入老龄化社会之后,全社会均应引起高度重视的老年卫生服务问题。

阿尔茨海默病(AD)是 1906 年首先由德国一位精神病和神经病理学家阿尔茨海默·阿勒斯(Alzheimer Alois)所描述,并以他的名字命名。人们常说的老年性痴呆,实际上是指阿尔茨海默病,又称阿尔茨海默型痴呆、早老性痴呆,是一种原因不明的进行性痴呆,是老年期痴呆中最主要的类型。

知识链接

老年期痴呆

  1906年阿尔茨海默首次报告了一例具有进行性痴呆表现的51岁女性患者。当医生给她看一个物体时,她最初能够说出这个物体的正确名称,重复几次都是一样,但是之后突然间,她把一切都忘掉了。有时,她在说话过程中会突然停下来,一言不发,不能理解向她提出的任何问题,找不到回自己住处的路。她病情逐渐恶化,4年半后死亡。患者死后病理检查结果显示:大脑皮层萎缩,神经原纤维缠结。其后,又有类似的病例报道。因其发病于老年前期,早期认为这是一种和老年性痴呆不同的疾病,于1910年把这种病命名为阿尔茨海默病。近年来研究表明,两种病的病因、病理和临床表现并无本质区别,只是发作年龄不同,二者系同一疾病。因此,目前有许多书中所说的阿尔茨海默病就是老年性痴呆,而老年性痴呆也就是阿尔茨海默病,它是以进行性痴呆为主的大脑变性疾病。

  我国目前仅因阿尔茨海默病导致的老年期痴呆就超过数百万人,而且老年期痴呆的患病率随老人的年龄上升而直线上升。随着当前我国老龄化进程的迅速加快,老龄人口总数的快速增加,在可预见的将来,我国老年期痴呆的患病人数将逐年增加至相对高位水平。考虑到痴呆种类繁多,根据老年群体所患痴呆的分布情况,本子情境仅以阿尔茨海默病和血管性痴呆为例,以期简洁明了地说明老年期痴呆的典型表现。但是,学术界之所以把老年期痴呆称为综合

情境五
老年群体常见精神障碍识别及处理

征,而非划定为单一的病因机制和表现的疾病,是由于其原因复杂,人体的各个系统器官的变化都可能成为形成痴呆的重要因素。

知识链接

老年期痴呆的病因学分类

为使大家更好地理解这一特征,此处虽不加以一一详述,但仍将老年期痴呆的病因学分类介绍如下。

1. 变性病所致痴呆

变性病所致痴呆包括阿尔茨海默病、额颞叶痴呆、路易体痴呆、帕金森病性痴呆、亨廷顿病性痴呆。

2. 血管性疾病所致痴呆

(1) 缺血性血管病所致痴呆,包括多发梗死性痴呆、关键部位脑梗死性痴呆、大面积梗死性痴呆、皮质下动脉硬化性白质脑病。

(2) 出血性血管病所致痴呆,包括蛛网膜下腔出血所致痴呆、亚急性慢性硬膜下血肿所致痴呆。

(3) 淀粉样变性脑血管病,包括颅脑外伤性痴呆。

3. 感染相关性疾病所致痴呆

感染相关性疾病所致痴呆包括多发性硬化性痴呆、人类免疫缺陷病毒病(HIV)性痴呆、克雅病性痴呆、特异或非特异性感染所致痴呆、神经梅毒性痴呆、进行性多灶性白质脑病。

4. 物质中毒所致痴呆

物质中毒所致痴呆包括酒精中毒性痴呆、一氧化碳中毒性痴呆、重金属中毒性痴呆、有机溶剂中毒性痴呆、其他物质所致痴呆。

5. 颅脑肿瘤性痴呆

6. 代谢障碍性痴呆

代谢障碍性痴呆包括甲状腺功能减退性痴呆、皮质醇增多症性痴呆、维生素B_{12}缺乏性痴呆、叶酸缺乏性痴呆、硫胺缺乏性痴呆、烟酸缺乏性痴呆、脑缺氧性痴呆。

7. 其他原因

其他原因包括正常压力脑积水性痴呆、癫痫性痴呆、系统性疾病所致痴呆。

(资料来源:张明园.老年期痴呆防治指南[M].北京:北京大学医学出版社,2007.)

2. 判断依据

(1) 阿尔茨海默病(AD)

作为老年期痴呆中最重要的类型,阿尔茨海默病通常是悄然起病,在老年

人和家人、朋友不知不觉之中到来。阿尔茨海默病的病理机制在此不做过多阐述，患者女性多于男性，大部分是在65岁之后慢慢发病，早期表现仅为记忆力些许下降或使人感到脾气略有变化，故很难尽早察觉。但随着时间的推移，患有阿尔茨海默病的老年人的计算能力、语言功能、注意力集中、对事物的理解判断能力等全线告急，发展至其生活无法自理、交流时言语模糊、思维无序混乱等状态。最终，老年人不得不整日卧床，最后因重要器官功能衰竭或多种躯体并发症而死亡。

欲准确判断阿尔茨海默病，需充分了解该疾病的症状表现。在发病的1～3年，是阿尔茨海默病的初始阶段，老年人经常会出现记忆功能的下降，较为突出的是记不住新近发生的事情，但不损害多年前的记忆，称为近事遗忘。随着痴呆程度的加重，老人的早年记忆会逐渐丧失，进而可能出现对人物或事件的错构、虚构及妄想，时而把过去发生的事情说成是现在发生的，时而把几件互不相关的事情串在一起。老人对过去的叙述经常张冠李戴，甚至会活灵活现地讲述一件根本不曾存在过的事情。在记忆障碍最严重时，老年人甚至都认不出自己的亲人，也会连镜子或照片中的自己都毫无印象。老年人待人接物的能力下降，受阿尔茨海默病的影响，分析判断力受损，不能再处理日常事务中略显复杂的部分，渐渐连相对简单的事务也难以应对。老年人的社交功能也受阿尔茨海默病的影响而下降，不能结交新的朋友，人际互动减少，对外界的各种人情关系的敏感度降低。在初始阶段，老年人对较为熟悉的日常生活仍可进行部分操作，但却难以理解和接受新鲜事物。有时候会突然失去方向感而找不到回家的路，反复在街道上徘徊。言谈中用词量下降，难以准确说出某些事物的名称，看到熟人时总觉得名字在脑中闪来闪去，却总是说不出来。发病后的2～10年，是阿尔茨海默病的中间阶段，这一时期患病的老年人记忆力出现全方位的损害，即对新发生的事情及过去多年前的回忆都开始模糊不清。对时间的判断也出现问题，开始分不清早晨和黄昏，或分不出春季和秋季，对事物的相似和相异处无法判断。不能独自完成室外活动及大部分室内活动，穿衣、吃饭及个人卫生均需依靠他人照料才能进行。这时的老年人的情绪由平淡转为焦躁，语言功能进一步丧失，且小便失禁较为常见。在阿尔茨海默病发病的第8～12年，可看作此疾病的重症阶段，此时患病的老年人步入全面痴呆的身心状态，运动功能几乎全部丧失，脑中仅存在破碎的片段记忆，智能减退极为严重，大小便失禁而且生活完全不能自理，也许合并某种或多种器官衰竭的躯体问题，距老年人生命的终结为时不远。

人们应该准确掌握阿尔茨海默病的3个发展阶段的理论知识，特别是注重对初始阶段相关症状表现的识别和判断，争取及早发现阿尔茨海默病存在的可能。

（2）血管性痴呆（VD）

血管性痴呆是因人的脑部血管病变而引起的，表现为痴呆综合征的临床障碍，其发病率仅次于阿尔茨海默病，患有此病的老年人，多数伴有高血压病、动脉粥样硬化等高危疾病，通常条件下进展较慢。老年人如果突然脑卒中发作（急性脑血管出血性损伤），即有可能引发血管性痴呆。血管性痴呆损害脑组织

的过程可以简单理解为,脑部血管因某些因素变得不再柔软,而是脆硬易损,当脑部血压在一定条件下突然上升,血液在血管的最脆弱处破管而出,冲入脑部其他组织之内凝结成血块,毁坏脑部的结构和功能,这称为梗死。血管性痴呆便因此而来,由于脑血管是随着年龄增加而变脆的,故老年群体是血管性痴呆的重灾区。

其实在血管性痴呆发生的早期,老年人一般会表达有躯体某方面的不适的感觉,所以人们应该提高警觉,及时评估和分析。这些躯体不适感包括头晕头痛、手脚麻木、耳鸣失眠等。此外,老年血管性痴呆患者容易情绪激动、情感相对脆弱,表现为很小的事情都能引发老年人的情绪爆发、发怒或哭泣。同时患者对自己记忆力下降的事实能清楚认知,部分老人还为防止忘事而把事件写在备忘录上,对自身状态的认识能力可于一定时期内存在。准确判断血管性痴呆的核心是,该老年人具有肯定的高血压病史或动脉粥样硬化史,并伴有脑卒中发作,而且以情绪障碍和记忆障碍为主要表现。血管性痴呆的痴呆样症状有近事遗忘、情绪不稳定、病情的进展呈阶梯式发展等,且随着智能困难的增加,患者也会走向不知寒暖、不知饱饿、不识亲友、不能自理的全面痴呆状态。

 知识链接

诊断老年期痴呆的科学标准

以下是国家精神卫生系统诊断老年期痴呆的科学标准,可作为部分疑难个案或经验不足时的佐证参照。

附:

阿尔茨海默(Alzheimer)病[F00 阿尔茨海默病痴呆]

阿尔茨海默病是一组病因未明的原发性退行性脑变性疾病。多起病于老年期,潜隐起病,缓慢不可逆地进展(2年或更长),以智能损害为主。病理改变主要为皮层弥漫性萎缩、沟回增宽、脑室扩大,神经元大量减少,并可见老年斑、神经元纤维缠结、颗粒性空泡小体等病变,胆碱乙酰化酶及乙酰胆碱含量显著减少。起病在65岁以前者(老年前期),多有同病家族史,病变发展较快,颞叶及顶叶病变较显著,常有失语和失用。

一、症状标准:

1. 符合器质性精神障碍的诊断标准。
2. 全面性智能损害。
3. 无突然的卒中样发作,疾病早期无局灶性神经系统损害的体征。
4. 无临床或特殊检查提示智能损害是由其他躯体或脑的疾病所致。
5. 下列特征可支持诊断,但不是必备条件,即高级皮层功能受损,可有失语、失认或失用;淡漠、缺乏主动性活动或易激惹和社交行为失控;在晚期重症病例可能出现帕金森症状和癫痫发作;躯体、神经系统或实验室检查证明有脑萎缩。

6．尸解或神经病理学检查有助于确诊。

二、严重标准：日常生活和社会功能明显受损。

三、病程标准：起病缓慢，病情发展虽可暂停，但难以逆转。

四、排除标准：排除脑血管病等其他脑器质性病变所致智能损害、抑郁症等精神障碍所致的假性痴呆、精神发育迟滞或老年人良性健忘症。

说明：阿尔茨海默病性痴呆可与血管性痴呆共存。例如，脑血管病发作叠加于阿尔茨海默病的临床表现和病史之上，可引起智能损害症状的突然变化，这些病例应作双重诊断（和双重编码）。又如，血管性痴呆发生在阿尔茨海默病之前，根据临床表现也许无法作出阿尔茨海默病的诊断。

脑血管病所致精神障碍［F01　血管性痴呆］

血管性痴呆是在脑血管壁病变的基础上，加上血液成分或血流动力学改变，造成脑出血或缺血，导致精神障碍。一般进展较缓慢，病程波动，常因卒中引起病情急性加剧，代偿良好时症状可缓解，因此临床表现多种多样，但最终常发展为痴呆。

一、症状标准：

1．符合器质性精神障碍的诊断标准。

2．认知缺陷分布不均，某些认知功能受损明显，另一些相对保存。例如，记忆明显受损，而判断、推理及信息处理可只受轻微损害，自知力可保持较好。

3．人格相对完整，但有些病人的人格改变明显，如自我中心、偏执、缺乏控制力、淡漠或易激惹。

4．至少有下列1项局灶性脑损伤的证据，如脑卒中史、单侧肢体痉挛性瘫痪、伸跖反射阳性或假性球麻痹。

5．病史、检查或化验有脑血管病证据。

6．尸检或大脑神经病理学检查有助于确诊。

二、严重标准：日常生活和社会功能明显受损。

三、病程标准：精神障碍的发生、发展及病程与脑血管疾病相关。

四、排除标准：排除其他原因所致意识障碍、其他原因所致智能损害（如阿尔茨海默病）、情感性精神障碍、精神发育迟滞、硬脑膜下出血。

说明：脑血管病所致精神障碍可与阿尔茨海默病共存，当阿尔茨海默病的临床表现叠加脑血管病发作时，可并列诊断。

（资料来源：中华医学会精神科分会.CCMD-3中国精神障碍分类与诊断标准［M］.3版.济南：山东科学技术出版社，2001.）

三、常见误区

（一）老年人健忘和老年期痴呆记忆力下降的表现差不多

随着年龄的增长，老年人记忆力有所下降也是常见的表现，但健忘和老年期痴呆的前期记忆力受损还是有所区别的。健忘的老人一般情感比较丰富,而痴呆老人的情感世界则变得"与世无争,麻木不仁";健忘老人对做过事情的遗忘总是部分性的,而痴呆老人的遗忘则完全记不得曾经发生过这件事,似乎此事已完全消失了;健忘老人虽然会记错时间,或者说完了就忘,但他们一直能够料理自己的生活,甚至照顾家人,而痴呆老人随着病情加重,会逐渐丧失自理能力。

(二)老年期痴呆一定能完全治好

作为老年期痴呆患者的家人和心理工作者,他们都会心怀最美好的愿望,期待着老年人能从这可怕的疾病中走出来,重新露出慈祥的微笑,回到他们中间享受美好的晚年。但就发病最多的 AD 而言,由于到目前为止缺乏较为有效的病因学治疗措施,其病理过程基本上是不可逆转的。也就是说,人们能做的只是尽可能用一切方法来延缓疾病的发展,同时对症处理精神障碍和行为问题。VD 旨在积极治疗原发疾病(脑损伤),如果治疗及时并得到满意疗效,脑结构损伤是暂时的,则痴呆综合征的康复可能性较大,如果 VD 的治疗并不及时或治疗的效果不佳,脑内病灶存留时间较久,影响范围较广,那么其痴呆综合征改善的可能性微乎其微,接近为不可逆转的走向。所以总体上说,老年期痴呆想要基本康复,达到病前的认知功能水平,是不可能的。

(三)老年期痴呆就成了"傻子",说出去很丢脸

在世界各个地区,均存在不同程度的对智力低下群体的歧视,但这不符合人类文明整体进步的时代潮流,人们要强烈反对针对弱势群体的误解和嘲弄。人们通常所说的"傻子"的科学称谓是精神发育迟滞(MR),指的是一种自幼年起病的智能损害及社会适应不良障碍。MR 患者成年前就面临不同程度智力低下的困扰,与老年期痴呆在发病的机制、时间和表现等方面大不相同。人们呼吁健全人群能一视同仁地看待所有因病致呆的群体,就算智力在先天或后天条件下受到损害,他(她)依然是人们的父母、儿女和朋友,依然是人类大家庭中的一员,保护老年期痴呆患者和所有智力低下者的安全和尊严,是高度发达的文明社会的成员最基本的人性要求和价值底线。如果家庭成员不幸在晚年患上老年期痴呆,那么人们必定痛心,然而必须接纳,作为老年心理服务者应该给予此类群体更多的照顾和关爱。

四、技能训练

1. 训练目标
(1)疑似 AD 和 VD 的识别和判断能力。
(2)老年期痴呆的处理和转介能力。

2. 训练过程
(1)角色扮演
步骤1:分组。请全体同学随机分为 4 个演绎组。

步骤2：任务。每组选出两名同学分别扮演一名老年心理服务工作者及一名老年期痴呆患者。

步骤3：表演。各组经过商讨后分别到台前现场模拟一段老年心理服务工作者支持老年期痴呆患者的工作片段。

提示：各组可自行设定场景，尽量体现出老年期痴呆患者在不同时期的相关症状，老年心理服务工作者要体现出对老年期痴呆患者不同时期痴呆症状的处理原则和技巧。

(2) 分析点评

步骤1：表演者自我陈述。在本次演示过程中，陈述意图展现的主要内容。

步骤2：各组相互点评。在其他组的演示中，点评其核心内容及更全面的表现方式。

步骤3：教师总结。总结各组演示的亮点，并讲授标准应对规程。

五、处理建议

（一）处理原则

(1) 改善老年期痴呆患者的认知功能。

(2) 延缓老年期痴呆的发展进程。

(3) 尝试抑制老年期痴呆早期某些关键性病理过程。

(4) 提高老年期痴呆患者的生活自理能力。

(5) 延长患者的生存期，提高生活质量。

(6) 减轻看护负担。

（二）处理方法

1. 药物治疗

痴呆的药物治疗需由老年专科或精神卫生专科机构实施，人们简单了解其方式、方法所指向的目标即可，它包括有改善老年患者认知缺损的促认知药物治疗，也包括针对精神行为症状的抗精神病药物治疗，其目的是同时改善老年患者的认知及功能缺损和精神行为异常。

2. 心理治疗及社会行为治疗

本书其他情境中提到过，心理治疗应由经受专业化培训、获得国家执业资格的专业人员操作实施。但人们仍需要充分认识到心理工作对老年期痴呆患者的症状改善和生活质量提高的积极和重要意义。

针对老年期痴呆患者进行心理治疗或社会行为治疗，其根本目标是最大限度地提升和保持其最低认识功能水平，并确保老年期痴呆家庭（患者及家属）应对痴呆这一难题时，得到相对安全的保障并减轻照料的困难。广义上的心理治疗，其具体任务是心理治疗师与老年期痴呆家庭建立和增进良好的治疗关系，并通过这一特殊的人际关系对整体家庭施加影响，进行健康宣教，改善对疾病和照料的错误观念。心理治疗师还可不定时地对老年期痴呆患者进行评估，及时、有效地制订有针对性的心理治疗方案;开展老年期痴呆患者的精神状态监测和评定,根据老年期痴呆综合征及躯体其他情况的发展,及时调整心理治疗的策略;当老年期痴呆家庭面临医学难题时,心理治疗师还可充分利用手中的资源和信息,建议其向专业机构寻求支持。而狭义的心理治疗或社会行为治疗,是针对老年期痴呆患者的具体的认知缺损、特定行为或情感症状而实施的举措,目标是保持社会功能的现实水准,包括传统认知治疗、行为治疗、理性情绪疗法、支持性心理治疗等。具体的治疗技术、方法可参阅相关著作。

3. 日常照料中的心理支持

老年期痴呆患者的生活自理能力日渐低下,终将降低至完全需他人照料的水平,所以针对这些老年人进行的心理支持,主要由其身边的照料者来完成。老年期痴呆患者的照料者通常由家庭成员、护理工作者、专业保姆及养老机构工作人员组成。无论其教育背景及生活经历有何差异,在提供照料服务这一层面,均须对患有老年期痴呆的老年人所必需的心理支持有所理解和掌握。

通常情况下,施加于老年期痴呆的心理支持技术相对简单,但其体现的人文关怀的精神深邃而伟大。具体方式、方法有如下几种。

(1) 全程陪伴

虽然老年期痴呆患者的认知功能严重缺损,对外界的各种刺激和人际互动的反应相对平淡,但并不代表这群老人不再具备交流沟通的需要和权利。照料者对老年人的关爱应当尽可能公平,不因老年人对陪伴的反应敏锐与否而有所偏颇。照料者在科学管理老年人的生活起居、个人卫生的同时,也应陪伴其观赏过去的相片、把玩曾经最爱的物件、一起和老年人晒太阳、一起在窗前看四季美景等,即在老年期痴呆患者的晚年时光中,填满浓浓的爱,此为全程的照料和陪伴。

(2) 积极开导

对于照料者而言,最大的挫折感是感觉自己所做的一切努力得不到及时回应,从而觉得心理支持对于这些老年人无甚用处。实则不然,对于老年期痴呆患者来说,对外界刺激的反应慢,不代表没有任何反应;对人际互动的反应淡,不代表感受不到他人的关心。经常会有患有 AD 或 VD 的老年人,在晚上睡觉之前口中不停地反复小声念叨:"包子!包子!"大多数时候被身边的人看成饿了要吃的东西或是无意义的胡言乱语。其实老人可能是在回答早上起床时照料者提出的问题:"您早上喜欢吃什么?我帮您做。"相信老人在小声地说着包子的时候,内心中是充满幸福的,老人只是延迟享受了关爱,而任何的爱护言行永远都不是多余的。

(3) 维护自尊

对痴呆的老年人的照料中,有一条应该贯彻始终的要求,即通过各种形式的心理支持,来维护其晚年生活的尊严。任何人类个体都应该有尊严地度过生命的最后阶段,而患有老年期痴呆的老年人自尊的核心是与其他健康的老年人一样,享有爱、归属和被需要的平等对待。具体来说,照料者应当在日常生活中,着力维持老年期痴呆患者的个人卫生,无论在家中还是外出活动,都应使其衣着干净、整洁,展现出积极的精神风貌。另外,虽然老年期痴呆患者的语言功能困难,但是在面临需要主观选择的活动时,应尽可能先征求老人的意见等。维护老年期痴呆患者的完整自尊,是任何文明社会成员的共同责任,因为每个人都将会有老去和衰退的一天,培养一个敬老爱老的社会环境,就是为自己的未来着想。

(4) 拒绝嫌弃

多数时候,人们对弱势群体表现出的冷漠和闪躲,是源于内心的不安和恐惧,生怕自己某一天也会像这些老年人一样进入痴呆状态。作为照料者,必须克服内心的不安全感,正视老年期各种疾病给人类带来的损害,因为这是一种无法逃避的客观现实。而恐惧感是来源于对老年期痴呆的知识缺乏,故掌握科学信息对于摆脱本能上的恐惧具有决定作用。当人们战胜自身的弱点,也就无须刻意表现得"不嫌不弃",嫌弃没用的、肮脏的老年期痴呆患者的现象也就会越来越少。

4. 照料中的沟通原则与技巧

对老年期痴呆患者的照料是一项较为特殊的工作,因为在实际照料的过程中,沟通和交流几乎是单方面的,这对照料者的人际沟通能力和心理学知识储备提出了较高的要求。在和患有痴呆的老年人长期相处过程中,照料者要以博大的胸怀来对待老年人的各种异常行为和态度,即使在工作中受到了老年人无意的误解和不公平对待,也要正确理解其为无心之失。照料者应时刻要求自己,以宽容和谅解的态度贯彻于日常照料工作之中。

同时,由于老年期痴呆患者的语言功能不尽如人意,对较长语句的理解的回应存在困难,因此,面对现实沟通条件,照料者们在照料工作中应尽可能运用简短的语言与之交流。在言语交流过程中,照料者也应该注意每次提供较少的信息量,就单一事物进行沟通,减轻老年期痴呆患者在沟通中应对的压力,有利于保证沟通的良好通畅性,更有利于其与老年人建立稳固、持久的人际关系。

而且,无论照料者与老年人在何时何地进行言语或非言语沟通,保持具有亲和力的、充满温情和阳光的微笑是必不可少的。照料者或其他人员在面对患有痴呆的老年人时,要多运用肢体语言,使老年人能更容易地理解其行为的含义,并保持积极主动而乐观善意的目光与患者接触,尽量使交流保持在一定的时间内。

六、后续思考

(1) 如何预防老年期痴呆?

(2) 在养老机构中,心理工作者应给老年期痴呆患者提供哪些服务?

延展阅读

[1] 张明园. 老年期痴呆防治指南[M]. 北京:北京大学医学出版社,2005.

[2] 〔英〕布丽姬特·贾艾斯. 认知心理学[M]. 黄国强,等译. 哈尔滨:黑龙

江科学技术出版社,2007.

 必读概念

（1）认知功能：是人们对事物的构成、性能、内外联系、发展动力、发展方向及基本规律的认识和把握能力。它是人们完成各项有意识活动最重要的心理条件。包括语言信息、智慧技能、认知策略等方面。认知功能障碍包括感知、思维、注意、智能及自我认知能力的障碍。（简易智能状态检查见附录6）

（2）近事遗忘：指人对新近发生的事情不能回忆和再现的现象，也称为逆行性遗忘症。

（3）错构：是指人（多指老年人）在回忆往事时，经常混淆旧事发生的时间、地点和细节。例如，把过去可能在生活过程中确实发生过、但在所称的时间段中却并不存在的事情，错误地当做真实事件来诉说，并不自觉地加以歪曲和渲染。

（4）虚构：是人以自身想象中的、缺乏事实根据的内容来填补记忆的缺损，而且在谈论这些"经历"时仿佛真有其事，由于记忆功能不能保持其虚构的情节，因此本次虚构的内容无法准确记得，在下一次谈及时内容变化不定。虚构多见于老年期器质性脑病。

情境六
老年时期的心理卫生

 单元导读

　　任何事物的存在和发展,均需符合其自身的客观规律,心理健康维护也是如此。如果任由老年群体的心灵需求得不到满足,精神世界得不到填充,那么也自然谈不上心理服务。心理服务的目标是维护健康和恢复平衡,促进老年人的晚年生活质量及自我价值实现。在引导和支持老年群体的个人成长的同时,也实现了子女、照料及心理工作者自身的个人成长。但需要依据一定的标准和原则,应用具体切实可行的技术手段来实现。

　　本情境是本书的重中之重,对心理健康标准多种观点的了解,可以遵循历史的脉络观摩老年心理研究的变化历程;对维护原则的透彻解读,可以从人性化的角度理解老年服务的工作思路;对心理技术的修习和演练,可以为实践工作提供切实有力的工具手段。老年群体的心理健康标准和实施原则,为心理工作者的工作提出具体而形象的规划目标,而来自咨询心理学、临床心理学及灾难心理学等相关学科的各项实用技术,是心理工作者必须深刻理解、掌握,并在实践中不断加以完善和提升的安身立命的技能。

情境六
老年时期的心理卫生

学习目标

1. 了解老年人心理健康的标准。
2. 掌握老年人心理维护的实用技能。

核心内容

1. 了解国内外老年人心理健康的标准。
2. 掌握老年心理维护的基本原则。
3. 掌握老年人心理维护的实用基本技能。
4. 掌握老年人心理维护的实用高级技能。

教学方法

1. 课堂讲授。
2. 案例分析。
3. 参与式一体化互动学习。
4. 角色扮演。

子情境一　什么样的老年人是心理健康的？

一、现实情境

2012 年上海市老年人健康促进行动全面启动

由上海市老龄工作委员会办公室主办，上海市老龄事业发展中心、上海市老年志愿者总队及华东师范大学心理与认知科学学院等单位共同承办的 2012 年上海市老年人健康促进行动于 2012 年 12 月 5 日正式拉开帷幕。

心理健康越来越受到现代社会的重视，老年朋友也越来越多地开始关注自己的心理健康状态。本次活动以 2012 年 12 月 5 日国际志愿者日为契机，希望能够达到普及心理学知识，服务社区老人，同时鼓励所能及的老年人参与到心理知识普及的志愿活动中来的目的。

本次活动共有三大亮点：(1) 以低龄老人服务高龄老人；(2) 以丰富的活动形式吸引老年人参与；(3) 通过专业工作者的巡讲进一步深入普及心理健康理念。

以低龄老人服务高龄老人,鼓励更多的老年志愿者参与到心理健康知识的宣传中来。老年志愿者走上街头,这一过程本身就是促进这一部分老年人参与到心理健康知识的学习中。而通过低龄老人服务高龄老人的方式,不仅增加了老年人学习的主动性,也使得更多的老年人从中学习,从中获益。

以愉快轻松的活动形式吸引老年人参与,以一种主动、互动的方式来传播心理健康知识。例如,活动当日的"乐享夕阳"游园会活动,设置了性格测试、知识问答、心理剧场等多种方式来帮助老年人了解:什么是心理健康?心理健康的要素有哪些?平时应该通过怎样的活动来更好地保持自己的心理健康?

通过专业工作者的巡讲进一步深入普及心理健康理念,推动老年人心理健康知识普及工作的不断深入。2012年12月5日活动启动后,心理健康的普及活动将进一步深入到各个社区。专业的心理学工作者将就老年人情绪障碍与自我防治、日常生活中愉快心情的保持等内容进行巡讲,让更多老年人在自己生活的社区就能接触到专业的心理学知识和心理学指导,将健康心态、愉悦生活的理念深入到自己的日常生活。

(资料来源:http://www.shanghai.gov.cn/shanghai/node2314/node2315/node18454/u21ai689800.html.)

参与式学习

互动讨论话题1:你理解的心理健康的含义是什么?

互动讨论话题2:你认为老年人心理健康的标准是什么?

二、理论依据

早在20世纪50年代,世界卫生组织(WHO)就明确指出:"健康是一种身体上、心理上和社会上的完满状态,而不只是没有疾病和虚弱现象。"到目前为止,人们比较容易辨别的是身体健康与否,但对心理健康状态的判断标准,仍然模糊不清,难以掌握。

与身体健康不同,常规意义上的心理健康是个相对的概念,即所有的异常标准都是与社会人群总体相比较而得出的。真正"理想而完满"的心理健康状态,只有极少数人或极个别情况之下才有可能达到,多数人一生中的大部分时期都处在"较为健康"的心理状态之中。而且,对于心理健康的认识,还要受种族、文化及宗教等因素不同程度的影响,无法完全形成绝对统一划齐、放之四海而皆准的标准。因此,心理健康的标准一直处于动态变化的过程之中,在不同的社会历史时期,标准的内容也不同。

任何人的幸福快乐都需要有相对健康的身体和心理状态加以保障,尤其是处于全面老化进程之中的老年人。人类历经数千年文明社会的发展,已经从医学、人类学、社会学及心理学多个角落深刻认识到,身体健康与心理健康合二为一才构成完整的人类健康,预期寿命和生活质量紧密相连才组成具实质意义的幸福晚年。

情境六
老年时期的心理卫生

老年群体如果由于生物、心理、社会等方面的因素,无法保持认知、情感和行为的相对平稳状态,那么对身心健康的损害都将愈加严重。所以,加强老年人对心理卫生相关知识、心理调节基本技能和心理健康科学观念的学习和掌握,是推进老年事业发展、深化老年心理服务的紧要任务。每年的10月10日被确定为世界精神卫生日,2012年世界精神卫生日的主题即为"老年精神健康"。我国据此提出,重点关注人群为老年人群及其家属、照料者,老年卫生工作者,基层卫生、民政等机构及残疾人联合会组织的工作人员。国家卫生部发布通知,明确2012年精神卫生日的宣传主题是"精神健康伴老龄,安乐幸福享晚年"。

面对我国当前人口老龄化进程逐年加快的客观现实,延长老年群体的预期寿命已经初步实现,而提升老年群体的生存质量的呼声日益高涨,已引起社会各界广泛的探讨和政府部门高度的重视。在建设健全社会养老福利制度、改善老年人物质生活水准的同时,为推动老年人心理健康水平的全面提升提供理论和实践依据,是当下老年心理研究和服务行业紧迫的任务。重中之重是应该首先加以明确老年人心理健康的一般标准。

虽然单独针对老年群体的心理健康标准,目前还没有在全世界范围内形成统一的共识,但可以参照现行的关于整体成年人的心理健康标准,并结合老年群体的心理特征加以制定和完善。以下先对国际公认的几种心理健康的标准作以简单介绍。

(一)视角迥异的专家标准

自从心理学成为一门独立的科学以来,众多的心理学家都对什么是人类的心理健康这一宏大课题进行了严谨细致的研究,其中不乏影响深远的著名论断。美国学者认为,心理成熟是具有高水平心理健康的人的首要条件,即心理健康的人应该是"成熟者"。由此,高尔顿·W.奥尔波特(Gordon W. Allport)提出关于心理健康的7条成熟标准:① 能主动、直接地将自己推入到自身以外的兴趣和活动中;② 具有对别人表示同情或爱的能力;③ 能够接纳自己的一切,无论好坏优劣;④ 能够准确、客观地知觉现实并加以接受;⑤ 能够形成各种技能和能力,胜任和专注于自己的工作;⑥ 自我形象客观现实,知道自己的现状;⑦ 能着眼未来,具有长期的目标和计划。

而在亚伯拉罕·H.马斯洛(Abraham H. Maslow)的学说中,偏重于关注人类的心理潜力与心理健康之间的关系,并把精力投注于挖掘自身潜能、提升个人价值的人看成心理真正健康的人,即心理健康的人应该是自我实现者。马斯洛认为,虽然自我实现者在人群中始终占极少数,但却是大多数人应该向往和学习的标准,有14点心理特征可供人们参照:① 对于现实,具有更有效的洞察力和更适宜的关系;② 对于自我和别人的内在个性,能够客观理性地接受;③ 思想、情感及行为具有更大的积极性、自主性;④ 以解决问题为中心;⑤ 高度的自主性;⑥ 具有离群独处的需要;⑦ 对新鲜事物欣赏和感兴趣;⑧ 具有宽厚的社会感情;⑨ 拥有更多的神秘体验;⑩ 深挚而精粹的人际关系;⑪ 较为民主的性格;⑫ 高度的道德感和责任心;⑬ 时常表现善意的幽默感;⑭ 富有创造性思维。

心理动力学大师维克托·H.弗鲁姆(Victor H. Vroom)认为,人们的心理健康与社会生存条件具有极为密切的关系,处于变革发展过程的社会,可以提供人们实现心理健康最大化的优良环境、健康的社会氛围、良好的人际连接和不断进步的文明规范,会促使人们在生活中提升力量、潜能和能力,以创造性的态度来应对生活,达成心理的高度健康。弗鲁姆称心理健康的人是"创发者",而心理健康的"创发者"主要具有以下四大特征。

(1) 创发性的爱情。心理健康的人在两性亲密关系之中要保持独特的自我,爱情的目标不是泯灭个性,而是推动人的个性得到良性的发展。

(2) 创发性的思维。心理健康的人应对工作和生活当中的思维对象存有热情而浓厚的兴趣,并能以客观、尊重与关心的方式来考察思维对象,进而得出相应的结论。

(3) 幸福。心理健康的人应当不只是把幸福当成一种愉快的被动体验,而是把它内化为健康和潜能持续得以实现的主动过程,并能外化为使其他人幸福快乐的感觉。

(4) 良心。心理健康的人对社会道德准则的践行应当是发自内心的认同,而不是迫于外部的压力和要求。

英国社会心理学家M.亚霍达(M. Jahoda)系统综合了诸多心理流派的观点,以人类个体的自我认知为研究角度,归纳出6项心理健康的标准。

(1) 人对自我的态度。能否客观地了解自己的个性、情感、能力与经验(自我认识),能否整体接纳自己的优点和缺点(自我接纳),能否区别自己和别人承担的社会角色责任(角色认同)等要素,一个心理健康的人在这些方面应该具有较为卓越的表现。

(2) 人的成长、发展与自我实现。一个心理健康的人,应当具有坚定不移地朝向自我目标迈进的意志,并采取积极主动和持之以恒的行动以达到个人目标,并最终达成自我实现。

(3) 人格的整合。个体的人格是由3个层面整合而成的,首推人格结构的平衡,即本我(原始欲望的人格)、自我(真实表现的人格)和超我(道德控制的人格)三者处于平衡状态。首先是理想自我与现实自我之间的平衡,心理学中称之为自我的统一性,最后是对挫折的忍受程度,即心理承受能力方面的人格。这3个层面的人格成分均需高度整合。

(4) 人的自律性。自律是指个人能否在其所处的环境保持具有独立性的选择和判断。心理健康的人应当对环境的刺激作出相对主动的反应,以趋利避害。同时还可以在对自己的行为负责的状态下,有意识地展开行动,而不是被动地接受各种不利因素的损害或难以理性地胡乱加以应对。

(5) 知觉的精确程度。指人对于周围环境了解的程度,即能否使自己对外界的认识误差缩小到最低限度。人们如果对其所处的环境没有精确的了解判断,便无法采取及时有效的应对行动或选择错误失当的应对行动。心理健康的人应该修正自己的认知,并分析采纳外部意见,在面临巨大压力的情况下,也能

情境六
老年时期的心理卫生

依据较正确的认知而采取恰当的应对模式。

（6）适应和改变环境。心理健康的人不仅要学会适应生存环境的变化，还要主动向所处的环境施加影响，促使其向有利于自身生存发展的方向转化，这体现了人对客观世界的能动作用。

专家观点的某些成分与当今心理学研究的深度和广度加以比对，或许显得有失偏颇，但这却是人类在努力探寻心理健康的内容和含义的过程中不可多得的深刻思考和勇敢探索，为后来心理健康标准的研究从微观视角转向宏观视角奠定了坚实的学科基础。以上心理健康的模式，多基于对较高心理健康水平的要求，并将其设定为普通群体奋进的目标。对心理相对健康的大多数人而言，提出一个"正常人"的行为标准，似乎更具有其普遍和代表意义。

（二）广为接受的国内外标准

20世纪中叶以来，心理学研究和应用的发展走上多学科交叉、多领域合作的快车道，心理健康的概念不只局限于心理学自身的有限观感，其向世人体现的内涵往往综合了社会学、人类学、医学等其他专业的印记。在世界范围内得到较多共识的，被不同的民族、国家和文化环境所接受的心理健康标准，已经初具雏形。

其中，马斯洛和J.米特尔曼(Mittelman)共同提出的"心理健康的10条标准"被广泛引用和认同，这被学界称为"目前最佳"的心理健康标准：① 充分的安全感；② 充分了解自己，并对自己的能力作适当的估价；③ 生活的目标切合实际；④ 与现实的环境保持接触；⑤ 能保持人格的完整与和谐；⑥ 具有从经验中学习的能力；⑦ 能保持良好的人际关系；⑧ 适度的情绪表达与控制；⑨ 在不违背社会规范的条件下，对个人的基本需要作恰当的满足；⑩ 在不违背社会规范的条件下，能作有限的个性发挥。

对于我国特定历史文化背景下的心理健康标准的制定，我国学者也总结出很多切合我国国情和民众群体心理特征的观念和建议。与西方关于心理健康的理论相比，我国学者受传统文化和学科体系的影响，其论点不同程度地受到"天人合一"的整体观的影响。北京大学王效道教授在21世纪初即提出判断心理正常与否的原则，并对其大致总结如下。

（1）心理与环境的同一性原则。由于心理是脑对客观现实的机能反映，故心理健康的人类个体的心理活动和行为表现，在内容和形式上总能和周围的环境保持一致。心理和行为与自然环境和社会环境，特别是与社会环境保持一致，即为同一性。如果个体的心理和行为与周围环境失去同一性，其言行就会有不正常的表现。

（2）心理和行为的统一性原则。心理健康的人类个体对客观事物的认知领悟、情感体验和意志行动应保持协调一致，即为统一性。心理和行为的这种统一性是确保个体具备有效的言行举止和良好的社会功能的基础。如果人的心理和行为表现得相互不一致，就可能属于异常状态。

（3）人格的稳定性原则。人格是指个体在长期的成长经历中所形成的，区别于他人的独特的心理特征的总和，如能力、气质和性格等。人格形成以后具

有相对的稳定性,通常情况下,若无特别重大的精神创伤或特定环境的慢性应激影响,是不会发生明显变化的。如果以往心理健康的人性情大变,当须考虑其人格的稳定性是否受到破坏,进而损害其心理健康。

根据以上原则,同时结合评价心理健康水平的实际需要,王效道教授提出7条心理健康的标准:① 适应能力,即对内外环境变化的顺应能力;② 耐受力,即对精神刺激或心理压力的承受和抗击能力;③ 控制力,指情绪的自我控制和调节能力;④ 意识水平;⑤ 社会交往能力;⑥ 康复力,指对精神打击和心理创伤的自我复原能力;⑦ 愉快胜于痛苦的道德感。

(三)适用于老年群体的标准

由于经典心理学理论习惯于把老年期划归为成年时期的一部分,即成年后期,故至今学界未单独针对老年群体制定心理健康的标准。但随着老年心理研究的不断深化、老年心理服务的推广,社会各界普遍呼吁重新细化老年心理健康的具体标准,很多机构和专家也积极投入到这一工作过程中。我国著名的老年心理学家许淑莲教授,通过多年的工作实践,以简洁明了的风格,通俗易懂地将老年心理健康的标准大体概括为5条:① 热爱生活,热爱工作;② 心情舒畅,精神愉快;③ 情绪稳定,适应力强;④ 性格开朗,通情达理;⑤ 人际关系适应性强。

随着我国社会经济及文化的发展,老年心理工作者综合国内外对老年心理健康标准的研究成果,结合我国老年人整体环境的实际情况,对老年心理健康的标准作以更为本土化、更具有代表性和更易于为公众理解的诠释,大致可从以下几个方面来加以界定。

1. 智力和认知的健康

智力处于正常水平之上及认知功能保持相对完整,是老年人进行生产生活的基本的心理保障,同时也是老年人心理健康的首要标准。老年人的智力正常,体现在对内外事物的观察力、注意力、记忆力、想象力和思维能力均保持在同年龄群体的一般水准方面。而老年人的认知功能完整,则体现在感知觉功能的完整、信息存储和提取功能的完整、逻辑分析能力的完整、言语及非言语沟通能力的完整、日常生活所必需的自我照料能力的完整等方面。只有具备正常水准之上的智力和功能相对完整的认知,老年人的心理健康才具备基础。

2. 情绪和行为的健康

情绪是人对主观及客观事物的态度体验,是需要是否得到满足的反映。愉快而稳定的情绪是心理健康的重要标志。当正性情绪多于负性情绪时,人就能够正确评价自身和外界的事物,能够理性而得当地控制自己的行为,同时有利于增强心理抗压能力。当情绪因各种生活事件的刺激而发生波动时,心理健康的老年人能以自己适当的方式,尽快地宣泄负性情绪而恢复心理平衡。所以,能保持愉快、乐观又稳定的情绪,拥有高效的情绪管理技能,并能够依照社会公共准则来约束自己行为的老年人,是心理健康水准较高的老年人。

3. 人际关系的健康

每个人都生活在各种各样的人际关系之中,人际互动中的成就和挫折对人

的心理健康的影响较为明显。和谐融洽的老年人际关系的表现：老年人积极参与社区环境中的社会交往，自发维护家庭内部人际关系的良性互动，待人以宽，不吝付出，诚实可靠，乐于互助，对待他人态度热情、举止得当，既能不断地开拓新的人际关系，又能维持过去的真挚友谊，是老年人心理健康水准较高的表现之一。

4．适应能力的健康

每个人都要面对不断的环境变迁，因此具备良好的适应能力尤为重要。人在进入老年期后，不得不面临离退休、子女离家、身体疾病和经济问题等生活事件带来的改变和压力，如何更好地适应全新的生存环境、适应全新的生活方式是老年人必须思索的现实问题。而坚持积极地面对变化、主动学习新的技能、不中断人际交往、乐于接收社会信息，并能依据社会实时的变化及时调整自身行为的老年人，是在适应能力方面实现高度健康水准的老年人。

（四）老年人心理健康的识别

判定人的心理健康是一项非常具有专业性的工作，人的心理状况千差万别，同时又千变万化，如果未受过系统化的知识和技能培训，对于是否存在心理健康问题和问题的类型本质是难以作出科学准确的判断的。但是，这又是所有老年心理工作者、老年人的子女及照料者和其他老年工作人员时常面对和处理的现实问题。（症状自评量表见附录7）

当心理健康受到损害之后，有一部分老年人具备对自身情况的觉察能力，尽管短时间内还不能完全理解自己的问题来自何方，但内心中比较清楚自己遇到了难以解决的问题，会向亲人、朋友或照料者倾诉和求助，从而得到解决问题的社会资源。这样的心理问题往往能得到及时有效的处理，从而使被打破的心理平衡状态得以恢复。但有一些出现老年心理问题或精神障碍的老年人，在自我感觉层面的认识与他人明显不同，甚至根本不具备解决困扰和压力的意愿，那么就需要亲友和其他人员掌握以下的识别要领，以辅助初步的分析判断。关于老年人的各种心理问题和障碍的详情，本书会分别具体加以介绍，在此先介绍一些识别心理异常的原则。

1．横向与纵向比较相结合

（1）横向比较原则。在老年人发生一定心理变化的基础之上，通过在认知、情感和行为3个层面的具体表现，将该老年人与社区环境中的相似生活现状、人生经历、文化背景的其他老年人加以比较，以评估该老年人的言行举止和反映的意志需求是否明显超出当地老年群体的平均水平，如答案是确定的，那么其心理健康出现问题的可能性较大。

（2）纵向比较原则。当某个老年人出现与同年龄段老年群体的身心特征不相符的表现时，人们还应当就该老年人的综合情况，与一年前、三年前、五年前，甚至十年前的情况作以详细比较。因为有的"异常表现"，是由于其成长经历及个性特征等方面的因素造成的。例如，多年来即特立独行，或采取与众不同的生活方式和人际互动模式等，但这种"异常表现"并未明显损害其自身的心理健

康,也未对人际关系有明确的不良影响,那么就不能简单归结为其在心理健康方面出现了问题。

横向与纵向比较原则应两者结合共同使用,以防止在初步评价过程中产生严重的误断,而延误了老年人心理健康维护的最佳时机。同时,对于青年人并不熟悉和了解的事物,可向其他健康老年人询问和学习,逐步建立起关于老年群体的心理特征的信息储备,以便于对日后出现的类似问题进行准确判断和分析。

2. 主观与客观感受相结合

现实生活中,如果人是健康的,那么就会处于一种自我感觉良好的愉悦和稳定的状态中,并且自己对自身状况的认识与他人对其状况的认识大致相同,不会产生较大的差距。而有些心理健康受损的老年人,对自身情绪状态和行为举止的认知,往往与家人、朋友和与其接触的人们很不一致。也就是说,人们对于自己是一个什么样的人、做的事情是什么性质的评判应该大体符合社会群体的评价标准。如果老年人自诉感觉压力很大,内心充满矛盾冲突,并深受不良情绪的折磨困扰,而其身边的人却没有感受到或感受程度有很大差别,排除因观察者自身因素导致判断失误的情况下,那么可能需要立即由专业人员加以分析判断。如果某个老年人的言语行为给周围的人带来很大的不良影响,如干扰到家人、朋友或其他人的正常生活,从而导致众人强烈的不满但却不自知,仍自我感觉非常良好,从不加以反省和收敛,那么其心理健康的现状也堪忧,须由专业人员介入加以判断。

主观感受和客观感受的完美结合,在生活中是很难完全达到的。但在应对老年人心理健康的初步评价时,具有一定的参考价值,特别是对心理健康损害严重的老年人,更具特征性的识别意义。

3. 文化与时代背景相结合

心理健康的标准之所以在不同年代、不同国家和不同宗教背景的作用之下,难以做到世界范围内的整齐划一,就是因为同一种行为在不同条件中具有的含义差别巨大。例如,对待养老模式问题,中国和欧美民众的主流认识完全不同。我国的传统文化中强调家庭养老,而欧美的文化中注重社区和机构养老。设想一位中国老年人和一位美国老年人都要在第二天住进养老院,那这一夜两个人内心的感受是完全不同的,或许中国老年人更有可能感觉沮丧、悲伤和孤单,因为他认为与子女在一起才是幸福的;而美国老年人则可能表现得很平静,并对未来抱有期望,因为很多朋友都在那里,能够更好地交流和娱乐。

再换一个角度加以说明,在改革开放初期,很多年轻人为了追求时尚,喜欢在公开场合穿得大胆一些。这被当时的老年人视为洪水猛兽,甚至发展到老年人聚在一起,在大街上强行禁止年轻人穿新潮的衣服,甚至出现当街撕扯、破坏陌生年轻人衣物的过激行为。在当时的文化背景之下,无人将此种行为视为心理不正常的表现。而如果在现今社会,再有老年人出现那种行为,大家十有八九会认为此老年人精神方面出现了严重问题。所以对老年人心理健康的识别

情境六
老年时期的心理卫生

和判断,一定不能脱离其本身的社会属性,即人生经历、教育程度、时代特征及宗教文化背景等,不能孤立地加以看待。

 知识链接

心理活动的分类如图 6-1 所示。

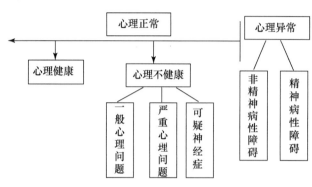

图 6-1 心理活动的分类

一般情况下,人的心理活动总体上有正常和异常之分。正常心理包含健康心理和不健康心理两部分。异常心理则包括精神病性障碍和非精神病性障碍两部分。

人们从临床心理学角度出发,把人的全部心理活动,分别使用心理健康、心理不健康、心理异常这 3 个概念来表达。心理异常部分主要由精神科医生和心理治疗师来解决,一般的应用心理学工作者面对的是心理正常的普通人群,解决的是心理健康及不健康情况下的问题。老年心理工作者的主要任务是识别和处理老年群体的一般心理问题、严重心理问题及可疑神经症,并做好科普教育工作。

三、后续思考

(1) 如何保持自身的心理健康?
(2) 设计一次主题为"促进老年人心理健康"的活动内容。

延展阅读

[1] 杨甫德.健康大百科:心理健康篇[M].北京:人民卫生出版社,2011.
[2] 张钟汝,张悦.老年心理健康[M].北京:高等教育出版社,2008.

子情境二　老年心理服务的基本原则

一、现实情境

案例引入

卫生部：积极开展老年人心理卫生服务工作

　　中国网 10 月 10 日讯　2012 年 10 月是我国第 3 个敬老月。10 日上午，卫生部疾病预防控制局孔灵芝副局长表示，从整体上讲，心理卫生服务的起步是比较晚的，现在卫生部正通过一些积极的办法开展心理卫生的服务工作。

　　孔灵芝表示，从 2008 年起，已经在全国 26 个城市开展试点，建立心理援助热线电话等，说明大家对心理健康的关注度越来越高。

　　所以今后也会更多地开展这方面的服务，以满足老年人身心健康的需求。"双心医学"就是心理和心血管两大领域结合的医学，一方面关注躯体健康，一方面关注心理健康，这些方面过去都做过一些尝试，当然更多的工作还有待进一步的加强。

　　(资料来源：http://www.china.com.cn/news/2012-10/10/content_26746905.html.)

参与式学习

互动讨论话题 1：为什么要积极开展老年心理服务工作？

互动讨论话题 2：老年心理服务的原则和内容是什么？

二、理论依据

　　老年心理学是研究人类个体和群体成年以后，随年龄不断增长的老化过程中心理活动的变化、特征及规律的科学，属于发展心理学的分支，关注的重点在于老年人的心理特征及其变化规律。老年心理学是心理学、社会学、老年医学及老年护理学等多门学科相交叉结合而成的产物。老年心理服务是在老年心理学理论指导下的实践操作部分，具有应用科学的性质。为老年人提供相应的心理服务，维护老年人的心理健康状况，提升老年人的生活质量和幸福感，不只是老年心理工作者的工作目标，也是应该由全社会各方力量共同参与和建设的美好事业。在针对老年群体开展心理服务的时候，除需注重服务的适时性、接受性及可及性之外，还应深入了解相应的工作原则。

情境六
老年时期的心理卫生

（一）以人为本的基础原则

21世纪上半叶,是我国全面建设小康社会的关键时期。在这个特殊的历史时期,国家着力于改善人民生活,建设和谐社会,带领全国人民实现就业的稳步增长、教育的快速发展和社会保障体系的逐步健全。在当前的时代背景之下,心理卫生工作也应与时俱进、紧跟步伐,发扬本学科既有的人本主义精神,把以人为本的工作原则渗透到为老年群体提供心理服务的实践活动中。

1. 强调尊重老年人

虽然我国是有着悠久的尊老敬老传统的国家,但对优良文化的传承和发扬目前做得还远远不够。和同样处于东方文化圈内的日本、韩国等邻国相比,我国的敬老风范建设还有很多不足,特别是从态度、敬语和礼仪方面差距较大。老年心理工作是面向一个个具体老人的工作,通过与老年人的沟通交流,了解他们的内心需求和喜怒哀乐,并应用专业知识和技能对老年人提供支持和帮助。这项工作成败的关键,在于能否与老年人顺利地建立起良好的人际关系。只有通过高效的人际互动,才能深入老年人的心扉,了解其最真实的渴望和需要;也只有通过持续不断的人际交往,才能为老年人答疑解惑,处理不良情绪,并施加正面和有益的影响。如果不能真正地认同"尊重老年人"的理念,并没有把尊重内化为个人修养及职业道德的一部分,那么很难在老年工作中展现出真诚的敬重情感,无法保护某些老年人业已被损害许久的自尊。那么,心理工作者便不具备一个可信的身份来与老年人交往,更无法拥有干预老年人生活环境和模式的功能角色。所以,在老年心理工作中,不管是专业人员还是老年人的照料者或亲朋好友,都应时刻提醒自己,尊重是一切人际交往的基础。只有无差别的尊重才有可能换来无条件的信任,这是人与人之间心灵沟通的桥头堡。

2. 着重理解老年人

所谓理解,不是简单而面无表情地对老年人说:"我理解你的难处。"心理工作中最重要的技术之一就是"共情",共情的含义是"通情达理,设身处地"。对老年人,特别是处于某种心理困境的老年人,心理工作者必须以真诚的感情投入到对其理解的过程之中。当老年人向心理工作者诉说痛苦的时候,一定要充满温暖地望着对方的眼睛,这样做的理由就是让对方可以感受得到,心理工作者是懂自己的,在一定程度上能与自己心意相通,所有的不快和委屈都能在心理工作者这里得到情感的共鸣。并且,老年人感觉面前的心理工作者不但能从情感上接纳自己,还能设身处地地为自己着想,帮助自己改变现时的困难处境。而对老年人进行解释和劝导时,心理工作者一直要注意循循善诱、以理服人,并且所依据的道理一定不是想当然地认为正确的信念,而是绝大多数老年人都了解和认可的共识。做到上述内容的老年心理工作才算得上是真正洞悉了以人为本思想中"理解人"的含义。

3. 加强关心老年人

全社会都在提倡和呼吁关心老年人,但并不是所有人都了解"关心"的真正含义。有些人以为,在过年过节时,到孤寡老人的家里送米送面是关心;在学雷

锋日,给养老院里的老年人理发梳头是关心;在媒体报道后,为失去独生子女的父母捐钱捐物是关心。请大家考虑一下,春节以外的时间,老人吃的是什么;学雷锋的那天过后,又有谁给老人梳头;当失独老人看着捐来的钱物,他们是否就不再思念痛失的儿女?汉语辞典中的"关心"是"把人或事常常放在心上"的意思。如果关切爱护之情只是瞬间或片刻,那就不能称为"关心"。老年心理工作一直被强调要向常态化迈进,主要是因为偶尔的、不定期的支持行为无法让老年人的切实感受到经常被关爱。老年心理工作者应当在充分考虑老年人的心理特点和情感需求的前提下,建立常态机制并将其纳入有效的体制中加以管理,以社区为单位,定点定人、定期定时地提供心理服务,这是保证老年心理工作有成效的切实途径之一。

4. 经常鼓励老年人

以人为本的观念,就是相信人们可以自主、自信和自强,进而能发挥无限的潜能。老年心理工作的根本目标是"助人自助",对老年人的尊重、理解、关心和支持帮助,都是为了引导老年人能处理好自身的心理困扰,并积极开发自身的有效资源,投入到丰富多彩的晚年生活中。曾经有位奋斗在第一线的老年心理工作者如此说道:"我们进行心理支持的目标,就是帮助老年人从不得不依赖他人,走向尽可能地依靠自己。"作为心理学专业人员,在科学地认识老年人客观情况的前提下,应该充分相信老年人有发挥自身潜能的能力,相信老年人具有提升自我照料技能的能力,相信老年人可以在多维的人际交往中得到友谊和欢乐的能力。这样才能更好地支持老年人乐观、满足地度过黄昏人生的美好时光。

(二) 以需为首的科学原则

心理学中的"需要"一词,指的是人类对内外环境的客观需求在自己的脑中的反映。需要产生于"缺乏感",经常以意向、愿望等形式表现出来。需要在人的心中始终是希望得到满足的。如果长期得不到满足,就有可能产生一系列的身心不良反应,甚至是心理问题。帮助老年人与外界建起有效通畅的沟通桥梁。是老年心理工作中很重要的任务,这样利于老年人及时表达自身的需求,也使社会各界力量动员各种资源帮助老年人的活动做到有的放矢,更具有针对性。老年群体由于视觉和听觉的老化,对外界环境中的信息接收产生不同程度的困难。在实际工作中经常可以遇到,有些听力下降显著的老年人,交谈过程中反复要求对方重复刚说过的话语,眼神中充满了焦急和困惑,展现了老年人渴望交流的内心需要。当交流需要的满足受到阻碍,而且情况持久得不到改善时,部分老年人不再努力向外界寻求信息,变得自我封闭和社交退缩,当别人主动与其谈话时,就算看不见、听不清,也会装作自己已经懂了,尽量不给对方带来困扰,也尽可能不对家人及照料者提出自己的要求,以免麻烦别人。所以,很多年轻人觉得奇怪:我们每天都和家中的老人聊天,问他们过得怎么样,要什么,怎么他们还是出现了心理问题?这时人们就要认真地反思,聊天中的信息是否以易于老年人接受的形式被其接收?还是老年人根本不需要家人所提供

情境六
老年时期的心理卫生

的事物？对于生活方面有困难的老年人，或许此时最根本的需要就是经济援助；对于空巢家庭中的老年人，或许此时最根本的需要是和子女见面；对于长期卧床的老年人，或许此时最根本的需要是到屋外看一眼太阳；对于双目失明的老年人，或许此时最盼望的是摸一摸面前的孩子是什么模样。

所以老年心理工作的实践要求心理工作者，在与老年人建立起相互信任的人际关系后，应当尽快从老年人的内心需要层面加以积极关注，通过持续有效的深入沟通来了解其迫切需求，然后再根据实际情况来制订切实可行的计划。给予他们的支持一定是其迫切需要的，而不是人们愿意给予或便于给予的。这才是在科学认识老年人的心理特征和变化规律的基础之上，高效推进老年心理服务的重视需求原则的直接体现。

（三）以实为准的现实原则

积极向老年人伸出援手，已经成为全社会认可的共识。但如何把原则上的共识投放到生活的细节之中，却是件纷乱繁杂且难以把握的事情。解决了"谁"来帮助老年人的问题，下面需要解决的是"如何"来帮助老年人。以往的经验证明，对老年人的心理服务一直处于供小于求的阶段，即现有的老年心理研究和服务机构与老年心理工作者的数量较少，提供心理服务的能力水平也参差不齐，而且家庭、社区及养老机构中也未能建立起与老年心理工作实际相适应的多方联动机制，很难形成在全国范围内对所有具有相应需要的老年人提供服务的局面。故在当前现实条件之下，老年心理学界一方面要加强行业内的培训、规范所属人员的执业能力、培养和壮大后备力量的队伍，以应对越来越迫切的服务需要；另一方面，面对存在各种各样的心理问题的老年群体，老年心理工作者仍要有清晰的工作规划，在持续努力关注和干预重点心理异常对象的同时，要积极与社区展开工作、进行调研，掌握本地区、本城镇老年群体心理健康分布的现状，重点选择有心理问题的高危人群开展身心保健的科普讲座、团体心理咨询等，争取以最小的人力投入，实现工作效能的最大优化。在积极主动地了解当地老年群体心理需求的现实分布情况时，还应该抽出一部分精力，了解社区、医院和养老机构中，所有不同类型的老年服务提供者的心理健康状况，并提供与其相适应的社会心理支持，也是间接地维护老年群体的心理健康措施之一。

总之，以人为本、以需为首和以实为准是相辅相成的工作原则，在实践工作中要有机结合，使其融入到老年心理服务工作的点点滴滴之中，让接受心理服务的老年人重新获得有尊严、有关爱、有希望和有乐趣的晚年生活权利。

三、后续思考

（1）向老年人提供心理服务时常见的困难有哪些？如何应对？
（2）如何理解"投其所好"在老年心理服务工作中的应用？

延展阅读

[1] 童敏.社会工作实物基础：专业服务技巧的综合与运用[M].北京：社

会科学文献出版社,2008.

[2]〔美〕戴维·罗伊斯,等.社会工作实习指导[M].6版.何欣,译.北京:中国人民大学出版社,2012.

子情境三　老年人心理维护的实用基本技能

老年心理服务工作必须在深刻认识老年群体的心理特征、了解常见的心理问题和精神障碍的前提之下,应用心理服务的实用技术加以认真实施。老年心理服务的日常工作内容,以及老年群体的常见心理问题性质及类型,决定了心理工作者需要掌握的技能:倾听技术、摄入性访谈技术、共情技术、接纳技术,以及社会心理支持技术、情绪宣泄、危机干预。

基本技能一　你有没有在听别人说什么？
——倾听技术

一、现实情境

案例引入

李医生的自杀

中秋节的前夜,已经63岁的李医生兴冲冲地登上回国的飞机,一路上充满即将和家人团聚的兴奋和期待。为了支持女儿在美国读书,为了给小孙子最好的教育,更是为了老伴高昂的医疗费用,李医生3年来不辞劳苦、辛勤忘我地工作赚钱。过度的劳累一度让他身心俱疲,每当觉得难以坚持的时候,一想到需要照顾的家人,就咬咬牙挺了过来。这是他第一次回家探亲,他迫切地希望能够很快回到日夜思念的亲人身边。

行程过了大半,天气突变,这架国际航班遇到极为猛烈的风暴,飞机不断摇晃着并剧烈颠簸,忽上忽下,险象环生,随时都有机毁人亡的可能。乘务人员面色苍白地试图安慰大家,但乘客已经陷入到巨大的恐慌中,哭泣和尖叫声此起彼伏,很多人已经开始颤抖着书写遗嘱,希望坠机后能被发现并转到家人手中。

幸运的是,经历了惊心动魄的几个小时,飞机总算安然着陆了,大家这才松了一口气,都有一种劫后余生的感觉。

情境六
老年时期的心理卫生

李医生冲进家门后,异常兴奋,不停地向老伴和儿子描述在飞机上可怕的经历,感慨绝望的心情,说到对家人的不舍之处,不禁失声痛哭。然而,老伴和儿子正被电视中的娱乐节目所吸引,对他刚经历的生死关头并不感兴趣。李医生诉说了一阵,却发现自己的话没有人愿意倾听,九死一生的侥幸和喜悦像被一盆冷水熄灭。他默默地回到自己的房间,看着窗外的万家灯火,心中布满深深的伤害。

当儿子看完电视节目,带着满足的笑意推门而入想与父亲聊天时,李医生已经从17层高楼的窗口跳下近30分钟了。

一个儿孙满堂、大难不死的老人,遭遇惊险回到家中与家人团聚,却选择自杀作为故事的结局,岂能不令人深思?

参与式学习

互动讨论话题1:你对案例中发生的事情如何理解?

互动讨论话题2:为什么说倾听很重要?

二、理论依据

(一)倾听技术的含义

倾听是心理工作的首要实用技能,对经受过系统培训的心理学工作者来说,倾听绝不仅仅是聆听对方的言语,同时还要认真观察其眼色、神情及无意识的动作等非言语行为,并据此收集相关信息。咨询心理学对倾听的定义是:专业人员通过自己的言语和非言语行为向对方传达积极而安全的信息,即对方此时被尊重和接纳,其诉说的内容和表达的情感正被真诚地关注着。倾听技术的理论核心是尊重对方,鼓励对方勇敢和自由地表达其内心真实的感受。其目标是营造良好的沟通氛围,建立起具有建设性的人际互动关系。

(二)倾听技术的内容

倾听包括身体所表达的专注倾听和心理所表达的专注倾听两大部分,整体上是积极参与沟通和反馈的过程。倾听技术适用于几乎所有的应用心理学的工作任务场景,包括心理咨询、心理治疗和其他心理相关服务。

1.身体表达的倾听

心理学工作者的非言语行为,用面向服务对象时的身体姿态,传达出尊重、关切及聆听、陪伴的意愿。G.艾根(G. Egan)提出身体语言的实施方法五要素(SOLER)。

(1)面向对方(Squarely):依据现场环境选择坐位,并将身体朝向服务对象。而且能随时略微调整态势和角度,以免过于正式给予对方以压迫感。面向对方,会给人以郑重的感觉,会让人感到自己的问题被认真对待。

(2)开放的身体姿势(Open):是一种显示接纳对方的身体语言,即在倾听过程中,注意不要交叉双臂及过于紧绷身体。肩部的放松状态会给人以安全感,减轻对方的紧张。

(3) 身体略微前倾(Lean)：人类基于亲密人际关系的交谈中，常可以看到双方上身自然地向对方倾斜，这体现一种全心投入的态度。而身体后倾的作用正好相反，给人以漠不关心、事不关己的感觉。

(4) 保持良好的目光接触(Eye)：目光具有表达真诚的关切、温暖、支持与重视的作用。在西方文化中，强调人与人在言谈过程中要始终注视对方的眼睛，以示尊重；而在我国，则需更灵活地掌握注视的时机和尺度。一般建议在对方感觉到不是很安全或人际关系并没有达到较好程度时，以间断性地扫视对方的眼睛为佳，注视的时间不要过久，以免使对方感觉到受威胁。

(5) 身体放松自然(Relax)：放松意味着神情自然、举止大方。当人们面对轻松的谈话对象时，自己也会不自觉地放松下来。但是，放松不代表整个身体的松懈，那样会给人不礼貌和不专业的感觉。

2. 心理表达的倾听

心理表达的倾听要求心理工作者在大部分时间不掌握发言主动权，而是全身心地去认真倾听，以鼓励对方深入完整地表达感受。同时利用非言语途径获得其他的相关信息。

(1) 高效而专业的倾听，绝非是听听而已。更重要的是要用心灵去体会对方言语所表达出的真情实感，分析对方的言语和语调的含义，观察对方眼睛和表情中欲言又止的信息，注意对方不经意间的体态姿势等非言语信息等。心理层面的倾听是共情技术的一部分，是设身处地地感对方之所感、想对方之所想的基础工作。

(2) 高效而专业的倾听，不能只是听而毫无回应。对方在诉说过程中会不时地表达出征询或求得认同的词句，对此虽然不必长篇大论加以讨论，但必须有适当的回应。建议心理学工作者可以以频繁的点头、友善的微笑、适当的表情及少量的词语回应，如"嗯"、"这样啊"、"是的"、"继续"、"说下去"、"不容易"等。这样既没有打断对方的倾诉，又给予其足够的心理支持，使述说更为深入和顺畅。

(3) 高效而专业的倾听，是接纳对方的生活和情感，尽可能不加以排斥和歧视。在倾听的过程中时常换位思考，以己推人。每个人都不可能完全理解别人的人生观念和行为模式，心理工作者也不可能完全认同异于自己世界观的事物，但无条件的接纳不代表认同，而是关爱和尊重的体现。

(三) 倾听技术的功能

(1) 建立良好的人际关系，推动有效的人际互动。

(2) 收集资料和信息。

(3) 帮助对方找到安全、共鸣和自信。

(4) 为下一步工作做足准备。

(四) 倾听的注意事项

1. 态度

倾听过程中绝不能表现出焦躁和不耐的神态。这会让对方认为心理工作

情境六
老年时期的心理卫生

者并不在意自己的问题,而且有受到轻视和侮辱的感觉。

2．干扰

如果随意而不时地打断对方的陈述或有意无意地引开话题,会使对方怀疑心理工作者的真实意图,从而产生戒心和对抗心理。

3．中立

倾听过程的任务就是收集资料和建立信任,要慎重调配自己的言语内容和时机。如果按照自身的价值观来评论对方的言行,导致对方的强烈不满,那么会使所有的工作努力付诸东流。

(五)关于服务老年人的倾听技巧

1．身体姿势

在老年心理工作实践中,心理工作者要面对的老年人会存在不同程度的听力、视力及肢体功能的缺损或卧病在床,一般难以满足心理访谈的环境要求。故需要以实际情况为准,灵活调整,更好地适应现场条件。心理工作者在与听力存在困难的老年人沟通时,除运用一般性的倾听技巧之外,还可加强眼神的交流和肢体语言的表达。在听力困难的老年人希望得到回应时,可将面部表情适度增加,点头的幅度也可略大。在与视力存在困难的老年人沟通时,则应该加强言语方面的回应频度,让老年人始终感觉到,心理工作者在认真而关切地听自己说话。在与乘坐轮椅的老年人沟通时,由于轮椅上的老人行动不便,重心不稳,原则上不建议与其面对面交流,而是在安静的户外环境中,边推轮椅边倾听老年人的诉说,并时不时地低下头对其进行反馈,示以理解的微笑则更为恰当。当与卧床的老年人沟通时,根据实际情况或立或坐,靠近床边、身体前倾,以利于同老年人交流,并注意保护老年人的安全,防止其跌落于床下。

2．环境安排

老年人的身体远不如年轻人强壮,对外界刺激的适应能力也较差。如果想倾听身体虚弱或性格内向的老年人的倾诉,则应该选择光线柔和、远离噪声、安静清洁的沟通环境,尽可能避免外在条件在老年人诉说过程中造成的干扰。

三、技能训练

1．训练目标

倾听技能的实地模拟训练。

2．训练过程

(1) 角色扮演

步骤1:分组。请全体同学随机分组,每组10人左右。

步骤2:任务。请每组同学围坐成圆圈。用"传气球"等游戏的方式,选择出每个圆圈中担任组长的同学,以组长位置为起点,逆时针方向将圈内同学从1到10逐一编号。

步骤3:模拟。请各组组长(1号)面向自己右侧邻近同学(2号),诉说自己

对他/她的总体印象和评价。在诉说过程中,倾听者(2号)无论是否同意对方的观点和认识,均不可打断其言语,而以亲善、友爱、谦虚和专注的态度加以倾听。倾诉和倾听以3分钟为限,然后传递至2号对3号,3号对4号,以此类推,最终由10号对组长进行倾诉后结束活动。

提示:教师可在组外观察并指导,适当维持活动秩序。

(2) 分析点评

步骤1:组长总结本组表现。总结组内成员倾听的优点和不足。

步骤2:各组成员自由发言。分享倾诉及倾听过程中自身的感受。

步骤3:教师总结。再次强调倾听技术中的要点,并提出希望。

四、后续思考

(1)如何与人进行有效的沟通?

(2)你认为倾听技术的关键是什么?

延展阅读

[1]〔美〕马克·郭士顿.只需倾听[M].苏西,译.重庆:重庆出版社,2010.

[2]〔日〕片山一行.超级倾听术[M].回嘉莹,译.北京:新世界出版社,2012.

基本技能二 你真的会与人沟通吗?
——摄入性访谈技术

一、现实情境

案例引入

王女士的困惑

王女士:我退休之前是老师。

心理工作者:嗯。(专注倾听)

王女士(尴尬地笑):没想到,事情到了得来你这儿的地步。

心理工作者:是吗?发生什么事了?(开放式提问)

王女士:我现在得努力控制自己。

心理工作者:努力控制自己……嗯,需要控制的是什么呢?(应用复述—提问引导谈话方向)

王女士:想法。

心理工作者:哦,关于什么的想法?(提问并引导谈话的深入)

情境六
老年时期的心理卫生

　　王女士(羞愧并低头)：我,我还是说不出口。
　　心理工作者：这的确很难,我能理解。特别是作为一名老教师,对我这样的年轻的陌生人坦陈内心的隐私是不容易的。(表达初级共情)
　　王女士(沉默并内心斗争中)：……
　　心理工作者：如果您需要一些时间来整理思绪,我们有足够的时间；如果您不知道如何说起,就谈谈此时此刻的感受。
　　王女士：好吧,来都来了！我的生活中出现了一个人……
　　心理工作者：一个人？什么样的人呢？
　　王女士：是在老年大学遇到的。
　　心理工作者：嗯,也是位老人。
　　王女士：他原来是演员,退下来之后在老年大学教艺术班。
　　心理工作者：然后呢？(鼓励继续陈述)
　　王女士：他主动接近我,后来……我们走得很近。
　　心理工作者：走得很近……
　　王女士(很勉强回应)：对。
　　心理工作者：我能大体了解您的情况,那您现在最大的麻烦是什么？(澄清当前的核心问题)
　　王女士：他离婚十几年了,他……他想让我和他一起过。
　　心理工作者：那你的想法呢？(开放式提问)
　　王女士：我不能,(突然失声痛哭)我真的不能,我做不到。(情绪完全崩溃)
　　心理工作者身体前倾,握住她的手,并递上纸巾。约3分钟后,王女士略微平复了自己的情绪,说：我忘不了我那短命的老头子,我每次和他在一起,就不由自主地想起从前年轻时和丈夫谈朋友的情景。每次和他出去,我都觉得自己有罪,我……
　　心理工作者：您丈夫去世多久了？
　　王女士(不断地拭泪)：一年半。
　　心理工作者：是啊,丧失老伴的感觉真是难过,我父亲去世的时候,母亲也很久才能走出来。(再次表达深入共情)
　　王女士：你的爸爸也……？
　　心理工作者(沉重地点点头)：嗯,请容许我较为直接地问您个问题,您愿意和这位老先生在一起吗？(封闭式提问)
　　王女士：我……我不知道。(无助与困惑)
　　心理工作者：哪些困难妨碍您作出符合自己意愿的决定？(进一步把核心问题具体化)
　　王女士：主要是心里过不去这个坎。
　　心理工作者：您是说,您说服不了自己去做自己内心愿意的选择,对吗？(解读和释义)

> 王女士（迟疑片刻，犹豫着点点头）
> 心理工作者：那好，我们就来仔细谈谈现在的幸福和过去的幸福这两件事情，其实二者是不相冲突的……（就核心问题展开分析讨论，引导对方改善认知）

参与式学习

互动讨论话题1：根据案例，你认为心理工作者成功地让王女士说出自身困惑的关键是什么？为什么？

互动讨论话题2：对老年人进行摄入性访谈的难度有哪些方面？

对绝大多数人类个体来说，生活中几乎每天都要与别人频繁交谈。谈话是人类沟通的首要方式，是日常交流信息的最便捷手段。但很少有人会认为这是一门专业技术，很理所当然地把谈话看成一件极为简单和平常的事情，甚至是人们都会的一种本能。实际上科学研究证明，人的语言功能是后天训练的结果，也是社会化进程的主要成就。精确、熟悉、简洁而有效的会谈能力，是人类社会中最带有"艺术性"的能力之一。简言之，人人都会说话，却不是每个人都拥有控制会谈方向和使谈话成功的能力。故咨询心理学中最重要的技术就是会谈法，心理工作者通过各式各样的会谈而达到引导和帮助人们的目标。

心理学中的会谈方法有很多，其中具代表性的有摄入性访谈、治疗性访谈、咨询访访谈、危机干预访谈及测验前访谈等。各种访谈的功能不一，在老年心理工作中，最为常用的是摄入性访谈和咨询性访谈，危机干预访谈会在后面的内容加以介绍，故以摄入性访谈为例加以简要说明。

二、理论依据

（一）摄入性访谈的原则

1．访谈过程中"听"重于"说"

耐心细致地倾听人们陈述自己的精神痛苦和现实困境，本身就是一种抚慰行为。只有受到全神贯注地倾听的鼓励，人们才有兴趣和勇气克服重重阻碍，把内心中最真实的想法和盘托出。在摄入性访谈的过程中，心理学工作者应该让对方自由地谈论困扰，并随时都表现出对谈话内容的关注和兴趣，其具体做法案例中已有详细介绍，不再过多重复。

2．非评判性的态度

心理工作者在访谈过程中，应当注意克服自身价值观的影响，避免先入为主地看待人们所呈现的问题。从言语、表情及身体姿态方面都要时刻注意，不要以批评性的态度来关注对方。只有非评判性的态度，才是让对方可以自由无拘无束地说出内心感受的保障。态度的中立或中性，可以使对方感到安全被信任，同时也觉得心理学工作者是可以信任的合作伙伴。

推荐的工作语言包括"我能体会你现在的心情"、"从心理学角度，你的情况

情境六
老年时期的心理卫生

我完全可以理解"、"发生的一切的确让人很为难,但我能够理解"。禁忌的工作语言包括"你怎么能这么做"、"对,这样就对了"、"这恐怕不合乎情理"。

3．区分和鉴别谈话的内容

摄入性访谈的过程中,心理学工作者不仅要收集资料,还要对所接收到的信息实时地加以整理和分析。首先,应该注意区别对方表现的情绪与内心实际感受的差距,即有些人的情绪体验很强,却难以完全放开自己去表达;而有些人或许并没有较大的应激发生,却表现得情绪波动性很强。所以要初步地判断对方的情绪、意念和行为是否具有同步性。其次,还要鉴别对方言谈中展现的内容与客观现实的符合程度,如果基本符合生活常态,则心理问题的可能性较大;如果不符合客观事实或自然常识,则不能排除精神障碍的可能性。

（二）摄入性访谈的主要内容

完整的访谈会涉及很多的内容,目前较为公认的是桑德伯格(Sundberg)所制定的访谈提纲,共有16个方面的内容,具体如下。

(1) 一般资料：姓名、性别、生日、年龄、职业、婚姻、经济收入、教育程度、宗教文化背景、出生地及联系方式。

(2) 原因和期望：此次来寻求心理帮助的最主要原因,以及对心理服务的最终目标和期望。

(3) 生活现况：日常活动内容、数月以内已发生的生活事件的数量和种类、生活中其他的变化。

(4) 家庭观念：对原生家庭中,父母、兄弟姐妹等家庭成员的看法,以及自己在家庭中的地位和作用。

(5) 早年记忆：对所能记清的最早发生的事件及相关情节的详细回忆。

(6) 成长经历：学会走路和说话的年龄、儿童期曾出现的相关心理问题及早期的不良经验等。

(7) 身体状况：早前发生的疾病或伤残、近期服药情况、烟酒情况、饮食与体育活动情况等。

(8) 教育培训：特别爱好的学科及相应的精力投入、在学校期间情况、学业困难情况、社会成人教育的参与情况。

(9) 工作经历：对工作的认识,职业变更的次数、频度和理由。

(10) 娱乐情况：任何感兴趣和感到愉快的事物及活动。

(11) 性心理相关：最早性萌动时间、近期对性生活的看法、性活动的质量。

(12) 婚姻与家庭：家庭中的重要生活事件、家庭的近况、其他因素(如文化、道德)等。

(13) 社会交际：社交的兴趣、人际吸引类型、社会支持网络、与他人的相互影响程度、参与集体活动的兴趣。

(14) 自我评价：自身的优点与缺点、人生观与价值观、理想与现实、创造力与想象力、个人魅力特点。

(15) 生活中的转折的选择：生活中曾有过什么样的变化、所作出的最重要

的选择、现在对从前所作决定的评价。

（16）对未来的态度：是否规划了下一年的生活、期望在未来5～10年会发生什么样的变化、对时间的现实感、掌控未来发展的能力。

（三）摄入性访谈的注意事项

1．观察外表及行为

涉及外表是否干净整洁，衣着打扮是否符合身份和背景，有无明显的肢体功能缺损，是否存在离奇古怪的表情和言行，有无反复出现的特别动作，态度是否友好等。

2．言语特点

语速、语量、语音及语调，用词是否合乎一般标准，语言与表情、姿态与手势是否相互协调，说话的态度是放松自然还是顾虑重重等。

3．思维内容

是否存在不切实际的想法及行为，是否存在幻觉、妄想、感知问题和冲动言行。

4．情绪表达

访谈过程中对方的心情如何，情绪是稳定性强还是波动性强，如果有变化，其改变的走向是什么；对心理学工作者是友善还是敌意；情绪表达与言谈内容是否一致。

5．认知及自知力情况

感觉和注意力的情况，对自己所处的时间、地点、人物的定向力情况，对自身情况处境的判断力情况。

（四）摄入性访谈的提问模式

1．封闭式提问

封闭式提问是指提出答案有唯一性，范围较小而具有限制性的问题。提问时，给对方一个框架，让对方在可选的几个答案中进行选择，让回答者按照指定的思路回答，而不偏离主题。咨询师在开口之前已经对当事人的情况有相对固定的假设，而期望得到的回答只是用来印证此种假设的存在与否。

2．开放性提问

开放性提问是指提出范围较大的问题，对回答的内容不严格限制，给对方以充分自由发挥的空间。这样的提问比较宽松和得体，常用于摄入性访谈过程中，可有效缩短谈话双方的心理距离。摄入性访谈的提问模式如表6-1所示。

表6-1 摄入性访谈的提问模式

提问模式	提问词	功能
封闭性提问	"是不是"、"对不对"	常用来收集资料并加以条理化，澄清事实，获取重点，缩小讨论范围
	"要不要"、"有没有"	当叙述偏离时，用来适当地终止求助者的叙述

续表

提问模式	提问词	功　能
开放性提问	"是什么"	能够获得一些事实和资料
	"如何"	询问出某一件事的过程、次序或情绪性的食物
	"为什么"	引出对一些原因的探讨

三、技能训练

1．训练目标

摄入性访谈技术的现场模拟训练。

2．训练过程

（1）角色扮演

步骤1：布置场景，空出教室前部，留两张椅子。

步骤2：选择一名学生与教师合作，由学生扮演老年求助者，教师扮演心理工作者，模拟一段摄入性访谈场景，访谈主题由教师设定，历时约10分钟。

步骤3：访谈结束后，由观摩的学生自由发言，指出访谈过程中展现出了哪些关键内容。

步骤4：选择两名学生模拟类似场景，由教师或学生临时选择访谈主题，历时约10分钟。

步骤5：就学生的表演再次展开讨论。

提示：在表演摄入性访谈时尽可能展现以下关键内容，如建立关系、专注倾听、鼓励表达、解释说明、寻找核心问题、相互承诺、开放式提问、封闭式提问。

（2）分析点评

教师总结学生在角色扮演中出现的亮点，讲解对摄入性访谈的理解，技术的实施注意事项，对文化程度较低的老年人的应对技巧等。

四、后续思考

（1）你与人沟通时存在的困难是什么？

（2）分享个人在人际沟通方面的经验或教训。

延展阅读

[1] 刘宣文.心理咨询技术与应用[M].宁波：宁波出版社，2006.

[2] 杨凤池.实用循环式心理咨询技术[M].北京：人民卫生出版社，2009.

必读概念

摄入性访谈：心理学常用的谈话方法之一，是以收集资料为基本目标，通过包含多种心理学实用技术的谈话，是了解当事人的一般情况、身心状态及人格特征等综合情况的方法。

基本技能三 你善解人意吗？
——共情技术

一、现实情境

案例引入

误 会

一个男孩从青春期就开始批判父亲的一切，他认为父亲霸道而不顾及他人的感受。但是他知道在自己内心深处是多么渴望父亲的关心和爱护，所以当有一天，父亲同意带他到郊外的游乐场去玩时，他的内心充满了喜悦。因为这样不仅可以愉快地游戏，更重要的是能与父亲单独相处几个小时。

但是这次期盼已久的旅行却让他深深感到失望：父亲在开车的途中，总是在抱怨路边一条肮脏的、满是垃圾的小河。但他从窗外望去，根本没有看到垃圾，反而发现有一条清澈的、具有原野风味的小溪。在父亲的抱怨声中，他认为父亲根本就不想跟他一起出游，这让他备受伤害。结果这次出行的整个过程，他们彼此沉默，互不理睬。

这件事给男孩心中留下了难以驱除的阴影，以至于刚成年的他就迫不及待地离开了家，且多年不曾回去。直到有一天，他无意中重游了故地，竟然非常惊讶并且伤感地发现，原来那条路的两边各有一条小河，当开着车走过的时候，从驾驶员的位置向外望去，只能看到那条丑陋而肮脏的小河。

当他终于学会从父亲的角度看待世界的时候，父亲已经去世多年。

参与式学习

互动讨论话题1：你认为什么是共情？

互动讨论话题2：人们应如何向别人表达共情？

二、理论依据

共情（empathy）是应用心理学中被提及频度最高的词语之一，而且越来越被学术界和大众所关注。共情具有神入、同理心和设身处地等多重称谓，指的是人类个体能深入他人的主观世界，并能切身体会他人真实感受的能力，且能够对他人的感情作出恰当的反应。共情是人际交往中具有积极的感觉能力，同时又是具有建设性意义的互动手段。共情技术的应用就是要深入了解服务对象的内心世界，并为施加影响准备良好的人际关系。在老年心理服务工作中，时常需要以共情为手段去和老年人建立并巩固关系。

（一）共情技术的基本含义

（1）根据服务对象的言行表现，心理工作者深入其内心世界，体验其最真实

情境六 老年时期的心理卫生

的情感和思维。

（2）心理工作者借助自身知识和经验，把握服务对象的内心体验与成长经历及人格特质间的联系，以更好地理解其需解决的问题的实质。

（3）心理工作者把共情传递给服务对象，施加影响并获得对方的反馈。引导服务对象在由共情创造的人际环境中接纳和完善自我，并获得持续发展的动力。

（二）共情技术的主要功能

（1）设身处地地体会服务对象的内心，能更准确地收集材料、掌握对方的内心状态。

（2）服务对象因感受到真诚的理解和接纳，而由衷地感到安全、满意和愉快，对双方的人际关系起到建设性作用。

（3）引导和促进服务对象的自我探索和表达，清晰和丰富服务对象的自我认知，把沟通交流推至较为深入的层次。

（4）如果服务对象具有强烈的倾诉意愿和了解自身问题根源的迫切渴望，共情就具有抚慰情绪和开发其自身资源的双重功能。

（三）共情技术的操作重点

（1）时刻注重"设身处地"的感受模式。心理工作者须以服务对象的视角来看待事物，最大可能地接近对方的情境体验。

（2）时刻检验"通情达理"的认知模式。心理工作者须不定时提醒自己，是否在需要的时机表达了合适的共情。

（3）时刻提防"角色经验"的影响干扰。心理工作者习惯以专业人员的身份看待世界和他人，在向服务对象表达诚挚的共情时，应该避免既定的社会角色的干扰，全身心地体会对方的内心感受。

（4）时刻牢记"因人而异"的灵活表达。心理工作者在表达共情时，须注意了解服务对象的特点和背景，避免言语表达的晦涩难懂或含糊不清。把握共情表达的时机和程度，依据实际情况和对方的反应来动态调整共情技术的实施。

（四）缺乏共情的老年心理服务的可能后果

（1）使老年人感到失望。缺少共情理念和手段的心理谈话过程，会给人冰冷、机械和漠然的感觉。让老年人以为心理工作者根本没有关心和理解自己的意愿，这种在人际互动中得不到认同和支持的想法，可能会导致老年人中止此次谈话或转换到其他不相关的谈话方向上。

（2）使老年人感到受伤。缺乏共情技术的心理学谈话，给人以强烈的不明就里和以自我为中心的印象。因为不去感受对方的问题，也就不存在理解和处理任何问题的可能性。在这种情况下要求服务对象诉说自身的困扰和担忧，本身就会带来一定的伤害，使对方感到委屈和悲伤。

（3）使老年人自我求索的途径中断。每个人的心理问题，既是危机又是机遇。有效调动资源来摆脱困境的过程，也是人自我认知、自我探索并促进个人成长的必经手段。缺乏共情技术参与的心理学谈话或其他工作，难以完成对现实问题的处理，更加在开始阶段就阻碍了老年人认识自我、完善自我的良好机遇。

对于大多数非心理学背景的公众来说,对共情技术的本质理解起来比较容易,但可能会略感觉到难以切实把握。的确,共情并没有一个完整、清楚的操作流程,这是由心理访谈工作的特性决定的,共情应当贯穿于整个访谈过程之中。对于实际操作的心理工作者,须牢记两个关键性词语,即"通情达理"和"设身处地"。当心理工作者对老年群体提供服务时,如果始终将这两个词语所代表的观念融入到工作环节之中,那么就是对共情技术的最佳理解和应用。

三、技能训练

1. 训练目标

正确表达共情的言语训练。

2. 训练过程

请教师带领学生针对一系列心理访谈过程中所应用到的工作语言进行对照和比较,逐一品评同一情况的不同回应方式的感情色彩和实际功用,并深入探讨其给服务对象带来的影响。

(1)情景体现

求助者1:小冯

他说道:"我觉得非常沮丧,所有人都认为考研对我来说是非常容易的,根本不可能失败,我的女朋友已经先到北京工作,就等我考上北京大学的研究生团聚了。可我居然失败了。"小冯痛苦地低下了头,停顿一会接着说:"其实我真的很想再考一年,但父母却不同意,他们觉得很难再负担我这一年的生活开销,女朋友却支持我再考,她认为我只有读上北京大学的研究生才能被她的父母看得起,我们才有未来。"小冯抬起头望向窗外,缓缓地说:"这件事让我很难抉择,也很痛苦,我真的不知道怎么办才好。"

第1种回应:你怎么能这么痛苦?考研失败的又不止你一个人。

第2种回应:考研对你来说本来不是一件困难的事,这种结果却让你很意外。

第3种回应:你现在一定因为考研失败而感到沮丧,对自己很失望。

第4种回应:因为考研意外失败,你面临着人生中很困难的选择,你现在难以决定怎么办,心中很乱,情绪也很差。

第5种回应:作为一名优秀的学生,你一直对自己很有信心,但这次意外的挫折,让你失去信心,父母和女朋友的立场让你左右为难,不知如何是好,如果是我在你这种情况下也会难以抉择的,你的痛苦和无奈我都能感受得到。

求助者2:侯大叔

他颤颤巍巍地走进屋,急切而气愤地说:"真是气死我了!"停顿了一下,他依然忿忿不平地说:"凭什么不让我说话?我的小孙子现在都不让我管了,有这么对待老人的吗?儿子、儿媳工作忙,孩子一直是我和老伴带大的。现在上小学了,也不跟我们商量一下,就把孩子从我家接走,问他们也不说原因。我还没死呢,就这么对待我,以后死了连个纸都不会给我烧。"

第1种回应：大爷，您犯不上发这么大的火。

第2种回应：小孙子被接走这件事让您很不理解。

第3种回应：儿女的行为的确对您缺乏尊重，您觉得生气也正常。

第4种回应：因为某种原因，小孙子从您的生活中离开了，您一时很难适应，情绪上有些失控。

第5种回应：您是个好爷爷，一直把养育小孙子看成生命中重要的事情，突然的变化让您措手不及，儿女的做法让您觉得委屈和不平，您感觉到窝火极了，您说对不对？

（2）分析讨论

学生自由发言，设身处地地以小冯和侯大叔的角色来感受这几种不同的回答方式，比较其中的异同。

（3）教师总结

总结充满共情的访谈会将服务效果提升，缺乏共情的访谈会给服务带来阻碍，并提炼出训练过程中融合的共情技术亮点。

四、后续思考

（1）共情和同情是否相同？为什么？

（2）共情是否就是无条件地同意对方？为什么？

（3）共情是否就是从积极的角度拔高对方？为什么？

延展阅读

[1]〔美〕奥昆.如何有效地助人：会谈与咨询的技术[M].高申春，等译.北京：高等教育出版社，2009.

[2]郭念峰.国家职业资格培训教程：心理咨询师（三级）[M].北京：民族出版社，2005.

基本技能四　你能克服自身偏见吗？
——接纳技术

一、现实情境

案例引入

接　　纳

你知道每个人最喜欢的人是谁吗？原来每个人最喜欢的人是自己，其次便喜欢能够接纳和理解自己的人。你知道每个人最讨厌的人是谁吗？原来每

老年心理维护与服务

个人最讨厌的人是那些不能接纳自己的人,也就是在想法、感受、性情、志趣、为人处世等方面都和自己格格不入的人。

(资料来源:李姗璟.接纳[M].深圳:海天出版社,2006.)

参与式学习

互动讨论话题1:你理解的接纳是什么意思?

互动讨论话题2:分享一个接纳自己或他人的事例。

二、理论依据

从汉语字面的含义来讲,"接纳"有"接受、采纳"之意,而心理学在此基础之上又增加了"容纳"的内涵。心理工作中经常强调的是无条件接纳,也就是说,心理工作者作为受过专业培训和资格认证的技术人员,不管面对的工作对象是贫富、美丑、优劣和善恶,都相对恒定地、非批评性地加以对待,在服务过程中不能受到自身已有的价值观所左右而持有强烈感情色彩的态度。(自我接纳问卷见附录8)

接纳似乎是一种职业操守的要求,而不像一门实用技术的要求。实事求是地讲,无条件地接纳任何人,的确不应该只限于职业道德的要求。很多时候,在其目标和实现手段上,都具有很强的操作性质。每个普通人都有独一无二的早年经验和成长经历,所形成的世界观、人生观和价值观当然也是五花八门、不尽相同。心理工作者也是普通人,所接受的专业训练培养了心理学理论和实用技能,但对价值观的影响是不能界定和预期的。同样从事心理工作的人员,对同一件事物的看法永远也不可能相同。所以人们一直在强调操作层面的标准化、一体化和系统化,而不能要求思想、观念、认识方面的整齐划一。

(一)无条件接纳的理论核心

(1)先接纳自己,才能接纳他人。

(2)接纳自己所有的一切特质,无论优点还是缺点。

(3)对于自身的缺点,能够改变的加以努力完善,不能改变的坦然接受。

(4)理解人与人的差异是构成世界多样化的必然条件。

(5)人无善恶之分,每个人都以自身利益最大化的标准为行事原则。

(6)偏离社会主流道德标准的行为多数都有其形成的客观环境。

(7)把对人的评价和对行为的评价区分开来。

(8)接纳包容一切,评价永存内心。

(二)有可能引发负性态度的服务对象

(1)个性张扬、言语浮夸、缺乏诚信及言行不端者。

(2)服刑人员和既往具有犯罪行为者。

(3)经济水平和社会地位较高,自我感觉过于良好者。

(4)具有肢体和精神功能残疾者。

(5)由于文化、教育及方言等因素沟通不畅者。

情境六
老年时期的心理卫生

(三) 无条件接纳的工作要求

(1) 心理准备。心理工作者面对的服务对象形形色色,每次开始服务之前,都应该主动调整好心理状态,告诫自己随时可能会出现让自己措手不及的情况。带着这种准备开始工作,即使遇到与自己价值观极为冲突的咨询时也不会因为反应过度,而引发对方的不快和怀疑。

(2) 适度回应。虽然已经做好心理准备,但有时候还是会碰到预料不到的情况,如果心理工作者一味地压抑自己,把全部的精力都放在如何避免作出回应以防止出错的方面,就可能会忽略心理服务的原本任务。所以,在适当的时候,给予表情等非言语行为的回应,不但可以鼓励对方继续表达,还可以一定程度释放心理工作者在接纳方面的紧张情绪。

(3) 补偿机制。考虑在沟通过程中,无论心理工作者如何小心谨慎,还是有可能让服务对象感觉到被冒犯和评判。发生此种情况后,心理工作者要诚实面对,坦率地承认自己可能有些方面经验不足,但有真诚帮助对方的意愿,争取在对方的谅解下继续合作。

(四) 接纳老年群体的注意事项

(1) 了解时代背景的差异。
(2) 了解老年人生活的现状。
(3) 理解老年人的现实困难。
(4) 考虑老年人的心理需求。

老年心理工作者应该了解,即使态度的核心难以改变,但态度的表达是可以左右的。态度一方面受控于认知结构和既定观念,另一方面可以通过训练加以要求和掌握。这种做法既符合职业操守的规定,又立足于工作的现实情况。既以服务对象的利益和切身感受为基准,又保护了心理工作者的自我完整性和心理健康。

三、技能训练

1. 训练目标

接纳技术的即兴演讲训练。

2. 训练过程

(1) 操作要求

学生以"接纳自己,容纳他人"为主题进行课堂现场演讲,内容包括接纳理念和操作等多层面,每人时间5分钟。

演讲参考方向:如何接纳自我、如何认识和接纳人性中的阴暗面、如何无条件接纳他人。

(2) 分析点评

教师深入讲解无条件接纳技术的核心理论,加深学生的理解,并对学生提出希望。

四、后续思考

(1) 对你来说,接纳技术的难度是什么?

(2) 如何真正做到无条件接纳?

延展阅读

[1] 李姗璟.接纳[M].深圳:海天出版社,2006.

[2] 〔美〕黛比·福特.接纳不完美的自己[M].严冬冬,译.长春:吉林文史出版社,2009.

子情境四 老年人心理维护的实用高级技能

高级技能一 做困境的"陪伴专家"
——社会心理支持技术

一、现实情境

案例引入

联合国人口基金汶川震后老年社会心理支持项目总结报告(节选)

　　2009年年初,在联合国人口基金的支持下,全国老龄工作委员会办公室在四川省开展了为期一年的汶川震后老年社会心理支持项目(以下简称项目)。项目通过开发老年心理培训教材、为灾区老龄工作者提供开展老年心理社会支持工作的技巧和自我心理减压的方法,针对老年人开展实地心理干预和辅导,以及组织老年人开展文化活动等方法,使灾区老年人的精神和心理状况得到了明显改善。目前,各项活动基本结束。现报告如下。

　　1. 开展基线调查,摸清老年人的基本情况和需求

　　调查发现,地震对灾区老年人的影响是多方面的,包括居住环境的破坏、部分老人的住房全部垮塌;地震带来的普遍经济损失;原有的社会支持系统遭到破坏,等等。在心理影响方面,大部分老年人在震后都感到了较大的心理压力,出现睡眠问题,如易惊醒、易做噩梦、易受惊吓。部分老年人因为生活变化过大而感到无法适应。有的老年人因为担心未来生活而出现焦虑、抑

情境六 老年时期的心理卫生

郁或烦躁易怒,也有部分老年人感到头晕头痛。还有部分老年人在地震中受到外伤,有的原有疾病在灾后出现加重的情况。通过调查,了解了老年人的心理状况和需求,保证了工作的针对性。

2. 开发培训手册

组织老年心理学、老年心理卫生及老年精神卫生方面的专业人员,根据灾区老年人的心理特点和工作要求,编写了《老龄工作手册》,介绍了老龄工作人员工作的应对方式、老龄工作人员的特点及工作方法、灾区老龄工作人员的压力与常见的心理问题、老年人的心理特点、重大灾害后老年人的心理状况、老年人积极心理的建设、老年抑郁症、老龄工作技巧及资源等内容。

3. 开展项目试点老年人心理干预活动

项目开展老年人心理干预,覆盖人群将近千人。分别探索对集中养老和在社区养老的老年人的社会心理支持模式,并培训老年人骨干力量与老年人的家人,让其帮助更多的老年人尽快摆脱地震的创伤。

4. 重建老年协会,组织老年人开展活动

在全国老龄工作委员会办公室的支持下,在红白镇帮助重建了老年协会。老年协会现有成员100多人,其中新成员60多人,成员范围扩展到红白镇辖区的所有村庄,还有10多位成员来自附近绵竹市的部分村庄。老年协会在发展新成员时,还重点吸纳了在地震中有亲人遇难或者财产损失严重的老人。通过项目经费帮助老年协会添置了电视机、DVD、音响设备、演出服装和桌椅道具、健身器材等。组织老年人开展了欢度重阳节、赏桂花、纪念马祖诞辰1 300周年等活动,还参加了绵竹市金花镇庆祝共和国成立60周年大型文艺汇演等活动。

(资料来源:http://www.cncaprc.gov.cn/guoling/3589.jhtml.)

参与式学习

互动讨论话题1:你认为什么是社会心理支持?

互动讨论话题2:为什么社会心理支持对老年人很有必要?

二、理论依据

社会心理支持包含社会支持和心理帮扶双层含义,联合国机构间常设委员会(IASC)对社会心理支持的定义:"是指为保护和促进社会心理健康及防控精神障碍,所采取的任何形式的当地支持或外部支持。"心理帮扶技术主要来源于支持性心理治疗的理论和方法的相关内容。近年来,对残疾人、妇女、儿童及老年人等弱势群体提供社会心理支持,越来越受到广泛的重视。此类技术的应用也是老年心理工作的日常内容之一。

(一)社会心理支持的相关理论

当人们面对应激性事件或创伤性事件时,可供调配的自身资源相对有限,有时达到自身难以应对并解决实际问题的程度,故迫切需要外界在物质和精神上的双重有力支持,来维护心理平衡,以防止产生身体和精神全盘崩溃的不良后果。具有心理学、精神医学及社会工作背景的人员,均可熟练应用此种理论服务于日常工作。社会心理支持技术适用广泛,在心理咨询、心理治疗、心理健康教育、特殊群体心理服务、个体及群体的危机干预等方面都是常用的基础技术,而在老年心理工作中是帮助陷入困境的老年人走出阴霾的首要选择。常用的社会心理支持技术手段包括劝慰、疏导、解释、保证、鼓励、行为指引等。虽然社会心理支持技术强调心理学理论和技能的应用,但不代表心理学工作者不提供任何物质支持。在特殊的现场环境,如重大自然灾难、重大的人为技术事故、突发大规模公共事件后的心理救援中,更需注重物资的准备和应用。

知识链接

社会支持的基本观点

1. 亲密关系观。人与人之间的健康、良性和密切的互动关系是社会支持的实质,这种观点是从人际互动关系上理解社会支持。社会支持不仅是"强势对弱势、主流对非主流"的单向关怀或帮助,还具有一定的社会交换意义,即是人与人之间相互满足需要的人际互动关系。

2. 帮助的复合结构观。认为社会支持是一种社会帮助的复合结构,是群体对个体实施的帮助行为,能够产生社会支持效应。

3. 社会资源观。认为社会支持是一种资源,是个体处理难题和危机事件的潜在资源,是社会群体及其关系中流动的、具有巨大潜能的资源。

4. 社会支持系统观。社会支持是复杂的心理活动系统,涉及认知、情绪、行为、意志等各个角度,所引发的是心理、躯体及社会文化等多方面的变化。

(二) 社会心理支持的操作内容

1. 生存和安全

心理工作者进入工作环境之后,首先应评估服务对象及自身的安全是否得到保证。任何性质的心理工作均必须在相对安全的环境下进行。而且,心理工作者除关注对方的精神情感需求外,也应在力所能及的范围内,帮助服务对象得到基本的食物、水和衣服的供应。

2. 陪伴和鼓励

心理工作者应该以陪伴者的心态与服务对象相处,才能使其感觉到来自外界的重视和关心,感觉到有人实实在在地愿意倾听自己的痛苦,并真诚地引导和帮助自己走出困境。心理工作者还应当适时给予其激励、肯定和赏识,恢复服务对象的理性认知,使其看清自身的优势和长处,并尝试开发自身的潜能以应对现实困境。

3. 解释和说明

心理工作者应同服务对象一起,分析所面临问题的性质、程度和应对方案,

情境六
老年时期的心理卫生

并详细地解释如何按步骤加以施行。同时,心理工作者要针对目前实际情况作出坦诚的说明,使服务对象能够理性客观地认识现状,并把精力投入到可以改变的方向上。

4. 安慰和同情

心理工作者应怀有悲悯之心,特别是面对具有强烈情感需求和现实需求的服务对象时,应在充分同情的基础之上开展相应的工作。对于内心创伤严重、长期处于应激状态下的个体,心理工作者及时采取抚慰行为,提供情绪释放和平复的具体环境至关重要。

5. 提供重要信息

事关服务对象重大利益的公共信息或个人情况,经认真考虑之后,心理工作者可适当予以告知。其内容包括政策、法规、帮扶内容、亲人近况、公共设施现状等。

(三) 老年人的社会心理支持的注意事项

1. 不可缺乏规划

某些机构和人员在提供老年心理服务之前,没有制订清晰明了的计划安排,在初步工作取得进展之后,由于各方面原因,导致后续工作力度下降或完全中断。这样,不但失去接受服务的老年群体的信任,而且将使社会心理支持面临完全失败的结局,造成人力和财力等资源的极大浪费,更延误了老年人心理需求得到及时满足的重要时机。故心理工作者应该详细地进行规划之后再加以实施。

2. 不可应付了事

面对被服务的老年人,心理工作者应当积极、热情、专注而富有爱心地开展工作,不可有厌烦、不耐心及走神的表现,让老年人伤心失望,甚至拒绝再接受心理服务。

3. 不可随意承诺

心理工作者对老年人的承诺要慎重,做不到的事情不可随口答应,答应的事情就一定要办到。言而有信是人与人之间情感联结的基石,特别是对心理承受能力和调节能力相对偏低的老年群体,心理工作者的诚信决定着工作的成效和前景。

三、技能训练

1. 训练目标

社会心理支持的现场模拟训练。

2. 训练过程

以学生活动的形式在课堂现场实地模拟针对心理状态失衡者的社会心理支持。

(1) 角色扮演

步骤1:布置场景,空出教室前部,留11张椅子,其中1张摆到前面,剩余

10张摆到对面,并呈半圆形。

步骤2:选择一名学生扮演求助者(以下角色中的任意一位),并讲述自身现状及困惑。

角色包括父母刚离异的中学生、失恋打击中的年轻人、失业状态下的中年人、丧偶独居的老年人。

步骤3:请10名同学上台,扮演心理服务者,呈半圆围坐在求助者周围,针对其现状展开社会心理支持。

提示:请扮演心理服务者的学生注意结合社会心理支持技术的基本特点,立足于支持对象的背景、心理状态、情绪感受等实际条件,为其提供切实可行的专业服务。

(2) 分析点评

步骤1:服务对象分享感受。在本次演示过程中,分享哪些社会心理支持的言行具有显著效果。

步骤2:教师总结。教师对社会心理支持技术的理解;对体现出一定专业素养的表现的学生给予鼓励,并提出希望。

四、后续思考

(1) 社会心理支持技术的一般应用范围有哪些?
(2) 社会心理支持技术的重要性是什么?

延展阅读

[1] 梅运彬. 老年残疾人及其社会支持研究:以北京市为例[M]. 武汉:武汉理工大学出版社,2010.

[2] 张彩萍,高兴国. 弱势群体社会支持研究[M]. 兰州:兰州大学出版社,2008.

必读概念

(1) 社会支持:泛指人们所能感受到的来自他人的关心和支持,社会学的定义是指一定社会网络运用一定的物质和(或)精神手段对社会弱势群体进行无偿帮助的行为的总和。其具体工作的主要内容包括情感性支持、社会整合或网络支持、满足自尊的支持、生存物资支持和重要信息支持。

(2) 支持性心理治疗:又称支持疗法或一般性心理治疗,即给治疗对象提供所需要的精神支持,以提升其心理承受能力和战胜困难的信心,根本目的是激发治疗对象自身的潜能,使其勇敢面对现实,维护其心理健康。支持性心理治疗是所有特殊心理治疗方法的基础,具体手段有安慰、保证、解释、鼓励、指导等。

情境六
老年时期的心理卫生

高级技能二　做情绪的"拆弹专家"
——情绪宣泄

一、现实情境

案例引入

吉林省首设心理宣泄室　医生：45%的人需要发泄

吉林省首个专业心理宣泄室落户长春。报名来体验的人很多，不过，心理医生告诉记者，不是所有的人都需要做心理宣泄。例如，平时比较宽容、大度，遇事可以迅速自我调节的人，就不用做心理宣泄了。这部分人占55%左右。另外45%的人，在遇到事情时，长时间调节不过来，不良情绪影响正常生活、工作的，就需要进行心理调节了。

不同性格的人应该选择不同的心理疏导方式——性格外向的人可以用暴力的方式，将"宣泄人"想象成任何一个自己不满的人，进行暴力宣泄；较内向的人可以通过语言宣泄的办法，将"宣泄人"想象成自己想要倾诉的对象，进行语言宣泄；过于内向的人打不出，也说不出，可以采用哭泣宣泄的办法进行宣泄。

"打、打、打……"市民小崔对着模拟人狠狠地挥舞着发泄棒，一会工夫就汗流满面了。平静下来后，心理医生通过话筒，轻轻与其对话，为他进行心理疏导。小崔说，他是一名公务员，参加工作十几年，总感觉领导让他干苦活、累活，但一点晋升的希望都没有，在单位觉得很压抑，却不能对人发火，在这里发泄一下，心里舒服多了，也想开了，回去后，好好干自己的工作。

医生解读：这种暴力宣泄的原理很简单，人是动物，动物都有攻击性，攻击后就有快感，这种攻击是最快、最直接的发泄方式。发泄出来了，再通过心理医生进行疏导，"心毒"就可以排除掉了。

林小姐是个外柔内刚的白领，工作上没服过谁。可是父亲去世后，她被彻底击垮了，她怎么也无法从失去父亲的阴影中走出来，想哭又哭不出来，整天哀伤的她无法自拔。来到宣泄室，她选择了"发泄鸭"，只轻轻一捏，鸭子就大声悲鸣起来，随即，林小姐泪如雨下，多日的悲痛顷刻间发泄出来。之后她尽情地倾诉自己与父亲生活的点点滴滴。

医生解读：人都有喜怒哀乐，只要活着，有情绪就不可避免，遇到好事笑、遇到坏事哭，这些表达都是正常的，但如果遇到应激事件且沉溺其中难以自拔，就失去了情绪的"稳态"，就会影响正常的工作、生活，因此，人们通过疏导、宣泄，将其释放出来，对重新走入生活正轨是极为必要的。

"我摔、我摔……让你对我不好……"在宣泄室内,刘女士一边摔"发泄豆腐",一边念叨。宣泄室内,到处都是她扔的"豆腐"、"鸡蛋"、"包子"。狠狠地发泄了好长时间,刘女士才喘着气平静下来。刘女士说,她刚和丈夫吵完架,本来事情也不大,可是丈夫一摔门,走了。这可把她气坏了,在家里越想越气,怎么也不平衡,就到这里来了。

医生解读:家庭琐事极易闹得夫妻不合,影响正常生活,其实,这都是双方钻牛角尖的结果,而这种钻牛角尖的固执思维,全因为心中有不满情绪,只要将这样的情绪发泄出来,就好了。

(资料来源:http://health.people.com.cn/GB/14740/22121/9899051.html.)

参与式学习

互动讨论话题1:你知道的情绪宣泄的方法有哪些?

互动讨论话题2:人在什么情况下需要情绪宣泄?

二、理论依据

情绪宣泄技术在20世纪起源于日本,最初用于企业管理中的人际困难的应对,后逐渐扩展到其他领域,目前在临床心理学方面的研究和应用较为广泛。

在情境四中曾经详细介绍过负性情绪对身心健康的负面影响。而在老年心理实际工作中,不良情绪的处理是无可回避的重要任务。社会心理支持可以缓解大多数非攻击性的负性情绪,如抑郁、焦虑、悲伤等。而对于带有明显攻击性的愤怒、厌恶等负性情绪,通过一般方法效果不明显时,则建议应用情绪宣泄技术处理。

情绪宣泄是针对个体负性情绪进行特殊处理的手段,即利用现实合理而简便易行的途径及用具,引导个体将负性情绪发泄出来,恢复心理平衡的实用技术。人们在现实生活中,由于各种因素所造成的压力、挫折、人际困难等,时常引发难以排解的抑郁、焦虑、愤怒、悲伤等负性情绪,若发现处理得不够及时得当,就有可能严重危害心理健康。如果人们带着负性情绪工作和生活,不但对自身健康有害,还会难以自控地伤害身边的人,对人际关系有着极强的破坏性,是一种得不偿失的"麻烦"状态。人在受负性情绪困扰的时候,很难客观、理性地看待问题,更不易于接受外界的帮助和听取有益的建议。故先处理过于激烈的负性情绪,使服务对象把内心中的不满、怨恨和委屈一次性地、痛快淋漓地发泄出去,再以适合对方认知领悟能力的手段进行沟通交流,进而解决问题,是较为可取的工作模式之一。

(一)情绪宣泄技术的工作原理

虽然人类经过数百万年的进化发展至当今的文明程度,具备着强大而多元的社会属性,但是还保留着根深蒂固的生物属性。高级哺乳动物的愤怒与攻击行为具有密切联系,在一定情况下,愤怒情绪会催生攻击行为,而随着攻击的结束,愤怒情绪也会得到舒缓和消退。人类也不例外,都有在愤怒情绪充满胸腔时产生强烈的攻击他人的冲动,只不过多数情况下能够控制住自己。人们在社会化的过程中,习惯接受压抑自己内心的真实感受,习惯把不良的情绪渐渐积累给自己,而尽可能不针对他人。这种方法有积极的一面,也有消极的一面。当人们压抑了攻击冲动时,只在行为层面暂时加以调控,而情绪层面未得到任何有益的帮助和开解,只能引发更为严重的不良后果。

因此,心理工作者科学地设置工作场景,鼓励和引导服务对象对特制物品(宣泄人)实施不加限制的暴力攻击,以攻击行为带动负性情绪的合理释放,达到情绪的通畅发泄的效果,从而维护心理健康的过程,就是情绪宣泄。

(二) 情绪宣泄技术的常见类别

1. 猛烈暴力宣泄

猛烈暴力宣泄是指针对橡胶制"宣泄人"或其他不易损坏并且不会在击打过程中伤害到自己和他人的物品进行宣泄。心理工作者要引导服务对象想象宣泄物即为自己愤怒的根源。然后用尽全力击打(通常应用充气棒)该物品,直到精疲力竭为止,并且在休息过程中体会自身情绪的变化,如未有明确的释放感,可反复进行。情绪宣泄治疗之暴力宣泄如图 6-2 所示。

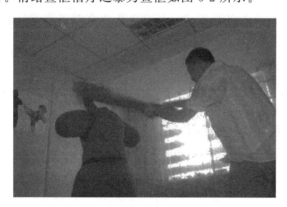

图 6-2 情绪宣泄治疗之暴力宣泄

2. 激烈言语宣泄

如果服务对象因体力等各种原因,无法接受或实施暴力宣泄方式,心理工作者可将其引入单独、安静的环境,提供纸笔等工具,请服务对象把自己所憎恶的人或事物写下来,并将写好的纸置于墙壁之上,请服务对象把纸当成自己愤怒和悲伤的根源,将想说的话尽情表达,即使谩骂也没关系,直说到内心畅快为止。同样地,服务对象在休息中需体会自身情绪的变化,了解情绪释放的作用和影响。

3. 痛快哭泣宣泄

痛快哭泣宣泄主要面向被持续的悲伤情绪困扰的服务对象,可以在光线柔和、温暖及安静的环境中实施。在房间中播放低沉哀伤的音乐,同时由心理工作者用言谈将服务对象引入悲伤情境,任由其放声痛哭(需备好纸巾),将其内心中的委屈完全不受阻碍地释放出来。

4．微小破坏宣泄

某些服务对象个性偏于内向，不善于表达情绪和情感。对暴力攻击、言语及哭泣宣泄均不能有效完成，所以此类人可以尝试利用特殊的宣泄用品，如各种形状的橡胶制品来进行宣泄。具体方法任由其自行发挥，可摔、可扔、可踩、可压，总之达到出气的目标即可。

（三）情绪宣泄技术的注意事项

（1）情绪宣泄原则上是人人适用的方法，但也要注意以人的安全为根本前提。针对不同群体的身体和心理现状而选择适当的宣泄方法。例如，老年人、肢体功能残疾者及精神障碍患者不可选择猛烈暴力宣泄法。

（2）宣泄的全程需由心理工作者陪伴。心理工作者切不可认为把服务对象完全置于宣泄环境内是安全可靠的。一方面要防止其自伤、自杀的可能，另一方面也是深入工作的要求。即心理工作者在宣泄结束时，要与服务对象认真讨论其此时此刻的感受，并适时传授情理管理的相关技能。

（3）专业环境以外的宣泄工作。通常情况下，情绪宣泄对环境的要求较高，特别是猛烈暴力宣泄和激烈言语宣泄具有很重要的引导作用。但不是所有的心理工作都能在宣泄室中进行。在非宣泄室的条件下，应用较多的是痛快哭泣宣泄及程度中等的言语宣泄方式。心理工作者要学习和掌握在任何情况下辅助对方进行情绪宣泄的实用技能。

（四）老年人的情绪宣泄

（1）老年人的身体条件限制暴力方式的选择。

（2）老年人的心理特征决定痛快哭泣宣泄为首选。

（3）宣泄的场所具有很强的随机性。

（4）宣泄的效果取决于人际互动关系。

知识链接

情绪宣泄室的基本构成如表 6-2 所示。

表 6-2　情绪宣泄室的基本构成

	哭泣宣泄室	暴力宣泄室
房间面积	15～30 平方米	
位置设定	机构顶层或其他相对安静处（并注意两室保持一定距离）	
装饰风格	偏暗色调，略带压迫感，色彩凝重，首选黑、深蓝、暗灰等，配备透光性略差的窗帘、柔软暖和的地面	带有较强压迫感，色彩凌乱，门窗、地板及墙壁应做保护性装饰
设备设施	常规纸笔、宽大舒服的沙发（可半躺）、电视机一台、播放设备（电脑）一台、暗色壁灯数处、悲痛场景及人物挂图数张、桌案一台（桌上常备纸巾）、清洁用具等	室中央设一套暴力宣泄用橡胶人（"宣泄人"）、击打工具（宣泄棒）和多个人物脸谱，角落中摆放其他宣泄用品（各种橡胶制品）

情境六
老年时期的心理卫生

续表

	哭泣宣泄室	暴力宣泄室
功能	处理不同程度的愤怒、悲伤、焦虑、抑郁及厌恶等负性情绪，恢复心理平衡，促进身心健康	
适用对象	长期受不良情绪影响者	
特殊设备	① 宣泄室须安装安全监控设备：用于实时观察室内情况，防止意外发生 ② 语言对话应答设备：心理工作者可实时与室内人员通话，指导宣泄过程 ③ 安全措施：门窗应坚固，且取消门锁，任意时间可自由出入	
管理制度	专人专管、定期巡视、及时清理、注意防止危险品带入	

三、后续思考

（1）情绪宣泄的重要性是什么？
（2）情绪宣泄时需要注意什么？

延展阅读

［1］孙颢.释放：别让心灵承载太多重量［M］.北京：中国华侨出版社，2012.
［2］〔英〕特里沃·鲍威尔.释放自己：压力的自我缓解与心理调适［M］.张思宇，等译.成都：四川民族出版社，2004.

高级技能三　做危机的"谈判专家"
——危机干预

一、现实情境

案例引入

上海首个危机干预热线开通　24小时守护"希望"

一男子进入地铁轨道被碾压身亡，某高校学生从宿舍楼跳下，一位年轻妈妈开煤气自杀身亡……这样的事件重复上演，令人触目惊心。如何发现身边有自杀倾向的人群，并帮助他们度过危机？2012年12月3日中午12点，由中国台湾自杀防治协会秘书长林昆辉发起的心理危机干预热线"希望24热线"（51619995）在上海开通，旨在为试图自杀的人群提供心理帮助。
生命的权利只有一次，是什么原因导致自杀者选择如此极端的方式对待生命？原因自然也有种种，如精神抑郁症的作茧自缚，失业、经济困难、家庭

纠纷等事件的刺激,但自杀也是可以干预的,如果能及时伸出援手,在关键时刻给予他们温暖有力的"正能量",或许这些年轻的生命就不会过早凋零。

目前,在中国大陆地区只有3个城市开通了24小时危机干预热线,分别是北京、广州和上海,成功降低了众多高风险来电者的自杀风险。而在上海,虽然早已有了心理援助热线,但迟迟没有开通危机干预热线。"一个人在生死一线时,打通电话,看看是不是还有人关心自己,"林昆辉说,"'希望24热线'的消极意义在于应急,其积极意义在于体现了城市对生命的尊重和保护到了何种程度,而市民、企业和社会团体的共同参与,也是市民共同投入关注生活和救助生命的体现。"

林昆辉告诉记者,心理援助和危机干预的不同之处在于,前者处理的是正常人的认知与行为的失调,而危机干预热线处理的是人的生和死,帮助有自杀倾向的人群转化自杀意念,解除他们自杀的动机,最终把这部分人群从生死的边缘拉回正常生活。

(资料来源:http://news.hexun.com/2012-12-03/148643742.html.)

参与式学习

互动讨论话题1:你听说过或接触过的危机干预有哪些?
互动讨论话题2:你对危机干预有什么看法?

二、理论依据

人们在生活中总会遇到这样那样的困难,大多数困难可利用自身和人际资源加以应对。也有少部分困境通过个人的努力及一般的方法都不能有效改善,于是就产生了心理危机。

危机(crisis)是指当个体面临突然或重大的应激事件,而又无法用通常解决问题的方法来加以应对时,所出现的心理失衡及对精神健康的损害。从心理学的角度来看,心理危机实质上是一种对自身困境的认知结果,当个体对应激事件充分感受,并通过自身独有的认知评价系统加以分析,得出具有重大威胁性的结论,并且依靠现有资源和应对手段无法有效处理时,心理危机便会形成。

在社会化的过程中,人们通过对外界的不断学习,以及对自身角色的定位思考,可以建立起有效的心理防御机制。在遭受重大的生活事件时,人们也具有一定的心理承受和调节能力加以适应。人类社会中的大多数人,即使面对意外丧失亲人、躯体残疾及严重疾病或重大的天灾人祸等应激事件,在足够的正性(时间、环境、社会支持等)因素辅助下,最终也可以恢复心理平衡,保持身心健康。但如果危机的种类和程度超出个体所能承受的范围,或对危机的处理不及时、方式不当,就会引发一系列的认知、情感和行为功能失调的现象,甚至导致精神障碍及自伤、伤人或自杀行为的发生。

(一)可能造成心理危机的事件

(1)重大自然灾难(地震、海啸、洪水、火山爆发等)。

情境六 老年时期的心理卫生

(2) 大规模群体暴力(社会动荡、战争和武装冲突)。

(3) 人为技术事故(严重交通事故、核泄漏、灾难)。

(4) 长期而紧迫的经济困难。

(5) 躯体疾病和功能残疾。

(6) 被暴力伤害和性侵犯。

(二) 心理危机的基本特性

1. 普遍性

(1) 每个人都有可能遭遇危机。

(2) 生命中的每个时期都可能发生危机。

(3) 任何群体可能受到危机的威胁。

2. 危害性

(1) 危机的突发难以预料。

(2) 危机的痛苦难以承受。

(3) 危机的影响难以评估。

3. 持久性

(1) 危机突发却不突止。

(2) 危机对人的身心损害呈慢性持久化趋势。

(3) 心灵创伤所导致的精神障碍持续高发。

(4) 在危机阴影下,人的社会功能恢复困难。

(三) 心理危机的不同阶段表现

(1) 前危机期。当危机状态到来之前,个体处于相对平衡状态,能应付日常生活的应激事件。但应激的强度逐渐增大并超出承受的限度时,以常规手段无法解决,则个体有可能开始产生焦虑紧张情绪。

(2) 冲击期。即危机状态发生前数天或数小时,个体会出现恐慌、焦躁不安及胡思乱想的念头。此时,个体会慢慢承认现状是种威胁或丧失,若困境不消退,紧张会持续加剧。

(3) 危机期。个体表现为不能直面困境、行为退缩,甚至以不成熟的心理防御机制来应对。个体的紧张和焦虑达到难以承受的程度,处于极为渴求解脱的状态,此时较易接受帮助。

(4) 适应期。一部分人用积极的方法接受现实,并成功地解决问题,焦虑减轻,自我评价上升,社会功能恢复。适应期多由各种各样的社会心理支持措施产生的交互作用而形成,个体逐渐能恢复生活和工作的常态。

(5) 后危机期。一部分人变得成熟,获得更多的人生技能。另一部分人则发生人格改变,常出现敌意、攻击、药物或酒精的滥用、心理问题和精神障碍等,甚至毁灭自我或他人。

(四) 危机干预技术的基本步骤

(1) 确定核心问题。通过高效而深入的访谈,明确导致服务对象陷入心理危机的主要原因。

（2）保证服务对象的安全。提供相对安全的环境、足够的生存必要条件,满足服务对象对安全的心理需求,并稳定其波动的情绪。

（3）给予社会心理支持。心理工作者在进行陪伴、抚慰及鼓励支持的同时,要加强对服务对象身体状况的关注,并协助其恢复原有的人际关系。

（4）提出并验证可行的应对方案。处于危机状态的人,往往很难客观地认识现状,并难以自行提出解决困境的方法。心理工作者应在深入了解情况、积极主动沟通和建立良好人际关系的基础上,帮助服务对象规划应对方案。

（5）制订共同行动计划。应对问题的方案提出并被服务对象接受后,心理工作者要推动对方努力加以实施,并在此过程中积极参与。

（6）得到相应的承诺。心理工作者应与服务对象保持良好的人际互动,并相互取得对关于采取行动的郑重承诺(如不伤害自己及他人等)。

（7）多部门联动应急措施。心理工作者在进行危机干预时,需要加强与公共安全、卫生、教育、媒体等多个部门的合作,建立相互之间的直接联系,以便于最快捷地获取保障服务对象安全及权益的途径。

(五) 老年群体的危机性事件

（1）配偶或子女的突然死亡。

（2）极度痛苦的躯体或心理疾病。

（3）无经济来源、无亲人照料、无救济渠道。

（4）自身临近死亡。

（5）其他有可能造成心理危机的特定事件。

(六) 自杀的危险因素

巴特尔(Battle)及其伙伴确认并推荐以下危险因素。人无论何时如果具备以下4或5项危险因素,心理工作者都应认为此人正处在自杀的高危风险期。17项危险因素包括:① 有自杀行为家族史;② 自己曾有自杀未遂史;③ 具有详尽可操作的自杀计划;④ 最近经历丧偶、离婚或亲密关系的挫折;⑤ 家庭关系因虐待、暴力或其他因素失去稳定;⑥ 难以自拔的心理创伤;⑦ 正患有精神疾病;⑧ 有药物、毒品或酒精滥用史;⑨ 最近有躯体方面严重的创伤;⑩ 医疗方面存在失败和挫折;⑪ 独居状态;⑫ 患有明确的抑郁症,处于抑郁症的恢复期或最近因抑郁而住院;⑬ 正在安排财产或后事;⑭ 有特别的情绪行为特征改变,如冷漠、退缩、自我封闭、易激惹、恐慌、焦虑或睡眠、饮食、学习、社交、工作习惯的改变;⑮ 有严重的绝望感或无助感;⑯ 陷于以前经历过的不良经历中不能自拔;⑰ 深刻的情感特征,如愤怒、攻击性情感、孤独感、负罪感、强烈而广泛的敌意、悲伤沮丧或失望。

(七) 可观察到的自杀线索

心理工作者要对服务对象可能出现的任何自杀线索保持敏感,尤其要注意言语和行为线索。

（1）言语线索。个体在沟通过程中,直接或间接地谈及死亡。例如,比较隐

情境六
老年时期的心理卫生

晦地询问人寿保险政策及捐赠遗体的程序或谈论死后灵魂的去向等。有两个特征性的表现非常重要：第一，喜欢谈论创伤或压力；第二，明显减少与亲友的接触。

(2) 行为线索。个体表现得更为退缩，把自己很珍贵的物品送人，长期失眠和早醒，茶饭不思，经历丧失之痛，亲子关系差，工作或学习成绩下降，物质依赖行为出现，被发现过去存在自杀意念，无法摆脱的自卑和羞耻感。

(八) 老年群体的自杀预防策略

(1) 所有可以用在儿童和成人身上的自杀预防策略，对老年人都是有帮助意义的。

(2) 特别注意老年人的言语和行为所表露出的自杀意念。

(3) 在自杀防控工作中，着重关注个性特征发生显著变化的老年人。

(4) 帮助老年人发现自身优点，恢复其自信心，有助于其自杀意念的减弱。

危机干预在应用心理学诸多技术中属于比较特别的一种，其性质与心理咨询和心理治疗不尽相同。心理咨询是针对心理正常的人群开展的常规性技术服务，强调的是平等自愿和助人成长；心理治疗是针对心理异常的人群开展的治疗性技术服务，重点在于针对障碍进行矫正和行为重建。而危机干预是非常态化的应急服务，突出的特点是安全保护、社会心理支持及自杀等极端行为的预防处理。本书反复强调，心理治疗及操作性较强的心理咨询工作，应当由受过专业培训并获得资格认证的专业人员来实施，但对于危机干预的要求则有所不同，危机干预的首要目标是保障人类唯一的生命，故所有的工作内容和方法都围绕这一根本任务展开。危机现场所有的人员，无论是否受过专业培训，都应该为拯救同类的生命作出力所能及的努力。故危机干预的实施者不一定是心理工作者，而可能是当时现场的任何一个人。所以，在老年心理健康教育工作中，心理工作者应该大力宣传危机干预技术，让可能接触到处于危机状态的老年人的人员，都掌握一定的心理危机知识，能在第一时间对老年人施加影响，防止事态的进一步恶化，阻止不良后果的发生。(危机干预的分类评估表见附录9)

而对于老年人的自杀问题，老年心理工作者首先要掌握的是自杀行为的识别判断技能，并及时通知相关责任人及家属，在充分做好安全保障的同时，寻求精神卫生机构的帮助。

 知识链接

危机干预的模式

1. 平等模式

平等模式其实应称为平衡/失衡模式。心理危机中的人总是处于认知或情绪的失衡状态，其原有的应对手段和解决方法不能满足当前的现实需要。平等模式的目的在于帮助人们重获心理平衡状态。

平等模式最适合应用于危机的早期干预,此时人们失去了对自己的控制,不能作出适当的选择。除非人们的能力有所增长,否则干预的精力应集中在心理和情绪方面。在人们重新达到某种程度的稳定之前,不应采取其他措施。除非人们已经认同活下去是必要的,且这种观念存在至少一星期以上,否则挖掘求助者产生自杀意念的原因就没有好处。平等模式可能是最简洁和认知模式的纯粹的心理危机干预模式,在危机干预的起始期作用明显。

2. 认知模式

认知模式的根本观点是,危机植根于人们对事件和围绕时间的境遇的错误认识,而不是事件本身或与事件有关的客观事实。操作的原则是通过改变思维方式,尤其是通过挖掘和理解其认知中的非理性部分及自我否定部分,通过强化思维中的理性和自强的成分,使人们能够获得对自己生活中危机的控制,并恢复正常生活。在困境中,人们通常给予自己否定和扭曲的信息。持续而折磨的两难处境使人身心衰竭,推动其对境遇的内部感知向越来越消极的方向发展,最后以为对境遇是无能为力的。危机干预工作的任务就是要通过练习和实践全新的自我说服,使个体的思想更为积极、更为肯定。认知模式最适合于从危机状态中稳定下来,渐渐接近原来平衡状态的人群。

3. 心理社会转变模式

心理社会转变模式认为人是遗传素质和社会学习的产物。人们总是在不断地成长、发展,所处的社会环境和社会影响也总是在不断地变化,危机可能与内部和外部困难有关。危机干预的目的在于与被干预者合作,以测定与危机有关的内部和外部困难,帮助他们选择替代他们现有行为、态度和应用资源的方法,结合适当的应对方式、社会支持和环境资源以帮助他们重获对自己生活的自主控制。心理社会转变模式需要考虑改变内部和外部成分,适用于危机状态过后进入长期恢复的人群。

三、后续思考

(1) 在实施心理危机干预时,应重点注意哪些方面?

(2) 你如何理解在灾区曾出现的"防火、防盗、防心理"这句话?

延展阅读

[1]〔美〕Richard K J,Burl E G. 危机干预策略[M]. 5版. 高申春,等译. 北京:高等教育出版社,2009.

[2] 杨艳杰. 危机事件心理干预策略[M]. 北京:人民卫生出版社,2012.

情境七

建设富有中国特色的老年精神文化生活

 单元导读

精神文化生活是老年群体心理需求的高级表现形式。人的心理需要中,安全、爱和归属的需要都可由家庭间的亲密互动关系而提供;尊重和自我实现的需要则需要在社会生活中努力追寻。老年人由于离开工作岗位,不再拥有社会地位、经济收入和专业地位方面的优势,故把需要满足的方向转为现实易得的精神文化生活,是较为实际与合理的选择。

本情境并不力图将老年人耳熟能详的精神文化生活内容如数家珍地加以罗列,因为这些活动的内容多数不需要专业人员的引导和鼓励,而是将全新的理念、内容和形式认真、详细地加以介绍,不仅提出思路,更要提供具体内容。对于老年人心理健康的理想境界,心理工作者也以愿景的方式加以界定,一方面表达心理工作者的美好愿望,另一方面也是强调心理工作者工作的根本目标。

心理工作只有深入了解精神文化生活的本质,才能更加切实地体会兴趣爱好、娱乐活动等形式对老年群体的深刻意义。

本情境中不对老年群体熟悉的事物加以重复列举,是希望可以开创性地展开全新家庭科技成果应用于晚年生活的新篇章。同时对老年文化活动场所的设置提出建议,这是根植于心理学相关理论的解读和分析的。最核心的内容,是希望老年人在精神生活方面充分发挥自身的主动性和想象力。心有多大,世界就有多大,只要充满对精神世界的美好愿景,则一切皆有可能。

 学习目标

1. 认识需要建设富有中国特色的老年精神文化生活的重要性。
2. 了解老年人精神生活的实际需求,最终帮助老年人达到群体心理健康水平指标显著提升的目的。

核心内容

1. 了解老年人精神生活的全方位需要。
2. 了解家庭、社区、养老机构应发挥的作用。
3. 了解老年群体的精神生活愿景。

 教学方法

1. 课堂讲授。
2. 案例分析。
3. 参与式一体化互动学习。

子情境一　老年人精神生活的全方位需要

时常会有年轻朋友向老年心理工作者询问:到底老年人最需要的是什么?是理解支持,还是丰衣足食?是子孙满堂,还是逍遥自在?从内容到形式,老年人的物质需要都是具体、形象而可得的。那么精神需要呢?那些看不到、摸不着的心理需求呢?层次较高的精神需求呢?老年人内心深处的需求也和年轻人一样,实现自我,幸福快乐。那么在当前历史条件之下,如何从各个方面提供相应的条件来保证老年人的精神生活,是人们需要解决的问题。

情境七 建设富有中国特色的老年精神文化生活

一、现实情境

案例引入

空巢老人心不空 玩转电脑充实身心

从事媒体工作的吴女士,因平日工作繁忙,一周只能看望父母一次,"我父母都七十多岁了,他们心里总觉得'空'得慌",于是,吴女士与弟弟商量后,干脆为老两口买台电脑,既可以充实老年生活,又可以转移其注意力,吴女士兴奋地说:"开始,担心父亲岁数大,学不会,但电脑买来了,他废寝忘食地研究了一番,没多久便成为了电脑高手,从打字到查资料,从上网发邮件到QQ聊天。"有电脑为伴的日子,老两口的日子充实了许多,"母亲特别喜欢打麻将,现在经常跟父亲合作,与网友在网上打麻将。"电脑不仅融洽了老两口的关系,也打破了父母与子女的沟通屏障。

特别喜欢收集有关邮票知识的王顺安老人,时常从报刊、书籍上摘抄自己感兴趣的文章,他还经常骑车到离家很远的图书馆查阅资料。"为这事我闺女没少跟我着急,她不放心我这么大岁数总骑车往外跑,可我就这么点爱好,不想整天无所事事。"就这样,他摘抄了不少笔记,"材料找起来很麻烦",这让他十分头疼。有一次,他为了找一段文字,和孙子两个人一起翻遍了五六个本子才找到。没想到孙子说:"爷爷,您这要是放在电脑的Word文档里检索也就几秒钟的事,要不您学学电脑吧。"王大爷一听就来了精神,70岁的他凭借着对汉语拼音的模糊记忆,学起了打字。如今,他已经用"一指禅"敲出了两本笔记。"不学不知道,这电脑还真挺管用的,现在找起来方便多了,"王大爷笑呵呵地说,"接下来,我打算跟孙子学学上网,他说网上有好多材料,点一下就能看呢!"

(资料来源:http://society.people.com.cn/n/2012/1219/c136657-19950750.html。)

厦门市高度重视老年活动场所建设

随着人口老龄化进程的加快,厦门市老年活动场所的严重不足与老年人日益增长的精神文化需求的矛盾将越来越突出。如何发展多层次的老年活动场所和机构,解除老年人的后顾之忧,使老年人"老有所为、老有所学、老有所乐"已成为一个新的社会课题。

厦门市目前的老龄工作还存在两个方面的问题:一是老年活动场所比较缺乏,在老年人娱乐健身服务等方面还有进一步改进和提高的空间;二是在组织老年人培训、学习和文化娱乐活动等方面的力度还有待进一步加强。

为加强厦门市的老龄工作,特提出8点建议:一是加强政策扶持,支持老年活动场所的建设;二是加强对老年活动场所的布局和规划;三是整合现有老年场所资源,鼓励和支持建设老年活动场所;四是加强对老年活动场所的管理和检查;五是加强对老年活动场所服务标准的管理和评定;六是加强对老年活动场所管理人员的培训;七是建议对老年活动场所进行分类管理;八是鼓励和支持有能力的老年活动中心举办老年兴趣、专长培训班。

(资料来源:http://www.xmgh.gov.cn/dtxx/jjlh/200907/t20090729_10814.htm.)

参与式学习

互动讨论话题1:当前老年人在精神生活方面会遇到哪些困难?
互动讨论话题2:如何切实可行地满足老年人的精神文化需求?

二、理论依据

(一)老年人需要"新内容"

老年群体普遍给人以保守的印象,缺乏接收新鲜事物的兴趣。在晚年生活中,很多老年人觉得无事可做,或是对传统的娱乐项目已经兴味索然,觉得毫无新意。在这种情况下,家人、朋友或心理工作者应当积极引领老年人接触全新的事物,并从中寻找乐趣,以丰富其精神生活。这里选择最为热门的计算机和网络作为推荐的首选之一,以下是具体建议老年人需要操作、掌握的全新应用:

1. 计算机游戏

在很多人眼中,计算机游戏应该是小孩和年轻人的专利,虽然经过十几年的发展,计算机游戏的"玩家"中女性比例越来越高,但是谈起老年人玩计算机游戏,大家多半还是会表示诧异。其实根据国外某些专业游戏设计机构进行的市场调查结果显示,有很多计算机游戏的玩家实际上是老年群体,而且老年女性花费在计算机游戏上的时间多于老年男性。这不但是娱乐方式的与时俱进,更是完善精神生活途径的巨大变迁。对于老年人来说,适度的计算机游戏不仅能够丰富晚年的空闲时光,还可以促进大脑的思维活动,训练优化人的反应能力,有助于控制老年人记忆下降及延缓大脑功能的衰退,并有减少痴呆问题发生的可能。

计算机游戏分为单机游戏和网络游戏两种,顾名思义,前者不需要联网就能投入游戏,后者则需要联网,老年人可以通过各种网络平台,寻找志同道合的伙伴,共同娱乐。

单机游戏的模式就是人机对战,种类繁多,涉及面广,老年人可以根据自身的兴趣、爱好或自身需要加以选择。例如,军事迷型的老年人多喜欢玩射击类、格斗类、即时战略类游戏等;喜爱体验驾驶乐趣的老年人可以考虑赛车类、模拟飞行类游戏等;因身体条件限制不能经常外出的老年人,可以选择体育活动类、模拟经营类或田园风光及自然景观元素鲜明的游戏;自觉记忆力和注意力有所

减退的老年人,可以有意识地强化益智类、冒险类和角色扮演类游戏的应用时间,以维护脑部功能。

网络游戏与单机游戏最大的区别,是其充分考虑和发挥了人际互动性。网络游戏的诞生,使相隔万里的人们坐在一起游戏成为现实,从技术上丰富了人类的精神生活。一台与互联网相连的计算机,就可以成为老年人足不出户而胸纳天下的有力工具。通过网络游戏平台,老年人可以和全国各地的朋友打牌、下棋,也可以和来自世界各地的朋友切磋麻将技艺,这极大地方便了身体行动不便的老年群体。网络游戏的分类不多,主要由休闲游戏、对战游戏、角色扮演等几类构成,包括棋牌、桌游、竞技体育、趣味游戏、种植经营及各种扮演和对战等。由于老年人反应较年轻人慢,在竞争类网络游戏中经常处于下风,故目前在老年群体中,网络游戏的应用仍少于单机游戏。

根据近来老年群体的实际选择和操作后的反馈,建议老年人选择操作简单、趣味性强,又对脑功能具有维护作用的计算机游戏,如《植物大战僵尸》、《平衡球》、《愤怒的小鸟》及各种纸牌类、在线农场或牧场类游戏等。同时不建议老年人选择场景过于紧张刺激或恐怖惊吓的游戏类别,以免超出其心理负荷,发生危险。

2. 网络应用

除了各式各样的计算机游戏,老年人用计算机还可以做些什么呢?操作计算机上网是老年人接受新鲜事物的另一突出表现。

(1) 关注时事新闻

退休在家的老年人,多数对时事和生活的信息比较关心。处于居家状态中的老年人常以看电视或读报纸的方式来获取信息,顺便打发闲暇时间。而越来越多的老年人慢慢发现,其实网络提供的信息量远远要多于以上两种方式,而且还可以了解多种视角的观点和论述。遇到不明白、不了解的事物,也可以马上通过搜索引擎加以学习。老年人在网站上观看的不仅是一条新闻本身,还有其深入的分析、后续的跟踪报道和对周边的持续影响等。久而久之,老年人的视野通过与网络的密切接触得以更加宽阔,思维也紧随时代的步伐前进。所以老年群体的网络应用最重要的是获取信息和学习功能。

(2) 帮助求医问药

不仅是时事新闻,与老年人密切相关的医疗健康信息也可以随时得到查询。随着网络媒体的发展,越来越多的医疗机构将防病、治病的知识上传到网站,让更多的人以最便捷的方式了解疾病的发生、发展规律,以利于对抗疾病,保护人类的身心健康。老年人通过对专业医疗网站的浏览,可以获得相对准确的卫生保健知识,减少了从非正规渠道获取错误信息的概率,利于老年人保护自己,避免上当受骗。另外,自2012年以来,我国很多城市中的公立医院都建立了面向全社会的网上预约挂号系统,以应对群众看病难的问题。经过一段时间的运行,网上预约挂号系统取得了良好的效果。老年人由于身体相对虚弱,不便前往大医院排队挂号,有了网上预约挂号系统,老年人就可以足不出户地自行选择医生,预先确定好就诊的日期和时间,这样既节约了时间,又减少了老

年人因长时间等待而加重病情的概率,方便快捷而不致忙乱,这也是网络技术在老年健康方面的重大贡献之一。

(3) 联系亲朋好友

到目前为止,网络最有价值的功能之一仍然是社会交往和人际沟通方面。网络的出现极大地方便了人与人之间的沟通和交流。有的老年人因为儿女不在身边,倍感思念;有的老年人生活圈子相对局限,所能接触到的人际资源较少;还有部分老年人因为躯体功能受限或个性偏于内向,在现实生活的人际互动几乎处于中断状态。这些老年人都可以通过网络扩展社交圈,与远在异国他乡求学或工作的子女进行视频通话;可以认识天南海北的朋友,就共同的兴趣爱好进行探讨和分享。这对满足老年群体内心交往的迫切需求,全方位提升精神生活的质量具有至关重要的意义。老年人通过经营网络上的论坛、聊天室或QQ群等方式,寻找志同道合的知音,相互提供社会支持,有困难时群策群力,有喜悦时一同分享,这会帮助老年人战胜晚年的孤独感和无助感,重新感受到群体的温暖。所以,不要小看房间中静静运行着的计算机,它可能就是老年人与外界交流,获得信心和希望的重要手段。

3. 情感辅助

进入老年期,尤其是退休之后,老年人可以自由支配的时间增多。很多老年人便利用这段时光去完成年轻时没能实现的事情,如长时间的旅行、学习一些感兴趣的技能等。也有些老年人喜欢整理自己的人生,把日记、相片及其他物品归类存档,以便于日后回味。此时,计算机及其附属外设产品就成为老年人记录人生重要信息的得力助手。

有些心思细腻的老年人具有长年写日记的习惯,从读书时便开始写,日复一日,一直坚持到晚年。但由纸张存储的日记,保存期有限,而且容易受到温度、湿度等条件因素的影响,更有可能因为搬家等情况而意外丢失。所以把日记输入到计算机中,整理成按顺序排列的文档,想看时打开计算机就一览无遗。或者在需要的时候,也可以打印成纸质材料,安全而方便。老年人在输入文字的过程中,还能顺便活动手指,对脑部结构有良性刺激作用,可以称得上是整理文字和健康保健两不误。每个家庭都会有一些老照片,从老年人的青年时代一直到白发苍苍,照片记录着人一生中无数个精彩的瞬间。和日记一样,老照片在物理环境波动性强的空气中,也承受着褪色和破损的风险。老年人利用扫描仪,把多年来存放的照片都扫入计算机,形成文件保存下来,其意义也十分重大。有能力和兴趣的老年人,还可以通过学习掌握软件修复照片的技术,把不同程度损坏的图像尽可能地恢复,这种过程,本身就具有极强的操作性,可以吸引人的注意力,具有很强的乐趣。建议有此种要求的老年人,起初目标不要定得过高,先试着把照片扫描到计算机中加以保存。然后,慢慢通过网络学习技术操作,再一步步地对照片进行修饰和着色,最后把所有修复好的照片刻录成光盘永久保存。

引导老年群体积极地认识和了解计算机及网络,进而鼓励老年群体积极地应用计算机及网络,满足了老年人紧随时代步伐的精神需要。由于计算机技术

情境七
建设富有中国特色的老年精神文化生活

在生活中的广泛应用,计算机和网络已经成为社会生活中不可缺少的沟通信息和人际互动工具。因此老年人学会使用计算机,就能适应时下社会的需要。各种游戏和应用会使老年人的生活质量极大提高,日子过得更加丰富多彩、充满乐趣。而操作计算机,是需要全身心参与的过程,老年人在这个过程中不得不"勤动脑、频动眼和快动手",这样身体各部位的有机结合的操作,构成了系统化的身心功能的锻炼。可以让一些老年人原本懈怠的身体重新变得灵活,反应重新变得机敏,还可能促进其脑结构的新陈代谢,有助于降低发生脑卒中的可能性。

学习和使用计算机,正符合老年人追求精神生活的需要。老年人通过上网冲浪,不仅满足了自身的好奇心,对抗孤独空虚的感受,同时还使兴趣、爱好多样化,变得多才多艺、知识广博。特别是对于刚进入退休状态的老年人,计算机和网络能够使其缩短脱离困境的历程,恢复信心并重新规划晚年的幸福生活。使用计算机来辅助生活,更是老年人开阔视野、增长见识、扩大人际范围的现实需要。很多老年人对于计算机的益处深有体会,自从拥有了网络,也就拥有了更多、更快捷的沟通渠道,可以通过网络视频与异地亲友如同面对面地直接谈话,也不受时间、空间及气候这些传统因素的制约,拉近了人与人之间的心理距离,增强了对抗孤独寂寞感受的信心和力量。通过微博和空间互动,老年人可以第一时间掌握新闻时事,查找相关资料。老年人还可以在网络上自由表达各种观点和意见。当然,与游戏相伴是放松娱乐的首选,在任何时候都可以选择。综上所述,计算机和网络的应用,应当为社会和心理工作者所重视,并有可能成为老年群体精神生活的主要支柱方式之一。

(二)老年人需要"新环境"

随着我国老龄化程度的加深,老年人逐步增多,现有的老年活动场所已经远远不能满足实际需要。当前老年群体的活动场所主要集中在社区提供的公用环境内,面临着数量少、空间小、设施少、功能低、条件差等问题的困扰。致使公园、广场和其他公共场所不得不临时充当老年人的各项活动地点,这些地点不但缺乏适合老年人活动的条件设施,并且环境喧嚣、嘈杂,安全性不高,容易使老年人在活动中受到意外的伤害。故整合现有资源,实现多方共享,改善和增加老年群体精神生活的活动场所建设是十分必要的。

1. 扩建或援建养老机构中的活动场所

公立或私立养老机构中都具备老年活动中心性质的场地及房舍。但由于经营成本、资源紧张及组织管理方面的实际困难,往往处于规模较小、功能较少的状态。在城镇社区中开辟全新的活动场所,会面临投入较高、房舍难寻的问题,而且建立成规模的老年活动中心之后,前来活动的老年人的数量时常处于波动之中,如果活动人员过少,对公共资源是一种浪费。故有意加强老年精神文明建设的社区,可积极主动与附近的养老机构联系,商讨合作模式,以政府援建或社会各界捐资扩建等方式,为养老机构建成具有完备体系和功能的老年活动中心,以作为现有的社区内老年活动室的补充。双方合作模式的活动中心由

养老机构负责日常管理,并面向附近社区中的老年人开放。如此,一方面增加了社区老年群体参与娱乐活动的去处,保障了老年人参与活动时的基本安全;另一方面也为长期生活在养老机构中的老年人提供了更多的社交机会,增进了老年人之间的人际交往,提升了生活的幸福感。

2. 在幼儿园附近增设老年活动中心

经济条件比较优越的地区,可以尝试把新建和迁建的老年活动中心与幼儿园毗邻。孩子是成年人的明天,每天能看到孩子开心、快乐地成长,是每一位老年人心底的夙愿。在靠近幼儿园的老年活动中心中,老年人不仅能下棋打牌、饮茶聊天,还可以坐在椅子上看着整院的孩子跑来跑去,欢笑嬉闹,心情可以受到极强的快乐感染,不自觉地自己也会开朗起来,久而久之,每天眼中看到的都是生命的希望。特别是正处于不良情绪包围之中的老年人,无论是因为退休还是空巢,在孩子的歌声和笑声中,其心绪可能会大为改观。

有部分老年人还承担着每天接送孙辈到幼儿园的任务,如果每天和孩子一起同行,到达同一目的地,既将孩子送入幼儿园,又可以到活动中心放松娱乐,就可以达到照顾家庭、帮助儿女和维护身心健康的双重目的,这对老年人来说不失为一举两得的好事。

时事新闻

日本: 养老院和幼儿园联谊

"老龄化"和"核家庭"(一对夫妻加一个孩子的小家庭)这两个词是目前日本社会的两大趋势,近年来越来越多的日本老人选择住进养老院度过晚年。但日本老年问题研究所专家三谷隆生指出,老人内心渴望倾诉和陪伴,需要被人关注,多和充满朝气的孩子相处能让他们精神矍铄、心情开朗。为此,这几年,日本越来越多的养老院开始和幼儿园、小学结成对子,让孩子定期陪伴老人,这样做的意外收获是孩子更懂得尊重和孝顺老人了。

日本不少小学、幼儿园等都与附近的养老院建立了固定互访制度,让老人定期去小学、幼儿园给孩子讲故事,和他们一起种树、养小动物等。一些养老院每月还会组织老人到小学和幼儿园跟孩子联欢,唱歌、跳舞、做手工,其乐融融。人在老龄阶段,行为想法有时就像个孩子,因此养老院索性就"放纵"老人和孩子们一起玩沙子玩得一身脏、一起将叠好的飞机等扔得满幼儿园都是。

小学、幼儿园也会安排孩子定期去养老院表演节目、陪老人说话等。在大阪,很多幼儿园的孩子每半个月就去一次养老院。让老人和孩子在阳光下做游戏,孩子欢快、活泼的笑脸让老人也展开舒心的笑脸,这对缓解老人的孤独有很好的作用。

此外,还有很多年轻人作为志愿者也会定期去养老院陪老人散步、聊天,老人的人生感悟和丰富阅历等也能帮助年轻人解决心中的迷茫,告诉年轻人

怎样抉择人生中的一些问题。一些专门组织老人和儿童、年轻人交流的日本地方政府机构、慈善组织的人解释他们的做法说：这样的活动让老人不再孤单，能多接触到新事物，和年轻人交流也可排解老人的抑郁和孤独。

（资料来源：李珍.日本：养老院和幼儿园联谊.南京日报，2011-11-09.）

3. 成立老年旅游互助组织

考虑到许多身体素质较好、经济水平较高的老年人，对精神生活的要求不断提升，经常会有出游的计划。但是面对目前旅游市场的混乱，侵害老年游客合法权益的现象层出不穷，老年游客对维权及后续事宜也没有经验，这都使老年群体对"黄昏游"望而生畏，很想参与但又怕出问题。针对这部分老年人对精神生活的现实需求，社区人员、心理工作者及社会工作者可筹建老年旅游互助性质的民间组织，由社区和老年人参与共建，工作的核心内容为联络、考察和选择旅行社，根据老年群体的特殊需要对旅行社提出相关要求，定期组织老年人组团前往外地旅游，根据老年旅客的反馈对旅行社的服务质量进行评估和考核，监督旅行社的违约和违规行为，支持帮助老年旅客依法维权等。

老年人的精神生活不仅需要在家庭环境、社区环境和其他社会环境中得到充分的场所保证，更重要的是得到全社会特别是政府层面的认识保证。在未来一段时期之内，我国养老事业还要走政府主导、多方参与的道路。在老年群体精神生活的建设方面，由政府出面组织和调配社会资源，使其向健康良性的方向前进，是精神生活品质提升的基本前提，而且社会力量也应当为养老、护老、敬老、爱老事业贡献出自己的一份力量。在现有的基础之上，人们必须大胆创新，争取探索出高质量的老年人精神生活的全新模式。

（三）老年人需要"新观念"

人对事物的任何一种评价的变化，都需要从认识观念的改变开始。老年群体经历了数十年的人生历程，对自身和外部世界有着自己成形的态度。相对于年轻人，老年人不容易接受新的观念和认识，但在如何创造更为丰富多彩的精神生活方面，有很多既定的片面认识形成了阻碍，总结起来大致有 4 个方面。

1. "要创新"还是"要传统"？

"我们这么多年就是这样生活的。"当人们与老年群体谈及对精神生活的需要时，有很大一部分老人如此回应。对了解而熟悉的事物心存依恋，这是人之常情，对新鲜事物的接受度较差，也是老年人的心理特征之一。但在目前传统的娱乐活动场所数量过少，老年群体精神生活的需要与日俱增的情况下，传统资源的紧缺使人们不得不把目光转向新兴的精神文化生活方面，特别是新兴的娱乐活动。在活动场所未能明显增加之前，老年人积极寻找其他地点加以替代的同时，也应当考虑是否将互联网应用于相互的交往和娱乐之中。假如社区中的老年人从前一直在公共活动室打麻将、下象棋，结果由于种种原因，活动室不得不关闭，或者在短期内无法重新开放，这样就使老年人失去了每日活动的乐趣。但是如果老年人能熟练使用新科技，就可以不受场地的限制，随时可以进行自己喜爱的娱乐活动,老年朋友只需学会简单的操作计算机上网,用鼠标在网络游戏平台中继续与老牌友或老棋友相会即可。

科学技术的进步永远是为人类社会的发展服务。科学给人们带来的好处,不仅只展现在航天飞船、导弹卫星、转基因和微纳米等这些高精尖方面,更是深入公众的日常生活,为普通民众服务,切实提高人民的生活质量。不断地接受全新的娱乐内容和方式,并据此逐渐发展出更多、更符合老年人身心特点的娱乐活动,是科学技术向社会生活转化成果的重要任务之一。

2."众乐乐"还是"独乐乐"?

人们的个性类型总是不尽相同的,有开朗乐观的人,也有沉闷悲观的人;有热衷人际的人,也有不擅交往的人。但如果人们据此就认定,性格内向、不善交际的老年人不愿意和其他人在一起,只喜欢独处,那就大错特错了。人是社会化的动物,依靠着相互间的信任、支持和帮助而在这个世界上生存,没有人可以脱离社会关系而独立存在。虽然就性格方面来说,比较内向的老年人给人以言语少、行为退缩的印象,但这只能证明其社交技能薄弱,而非表示其无须关心爱护和社会交往。从心理学角度来说,内向的老年人也渴望有朋友的支持和关爱,只不过选择朋友的标准和过程与外向型的老年人不同。而且在人际交往方面,内向的老年人比较被动,有时需要在别人的推动下表达自己。人们经常会看到个别老年人在别人多次热情的邀请下,带着满脸的"不情愿"和内心的兴奋喜悦加入互动的人群。故不论年龄大小、身体灵便程度、性格类型、职业背景等因素的差异是如何巨大,都不能阻碍老年人内心中对人际关系的渴望、对加入群体活动的期盼和对精神生活的向往。因此,人们要多建议老年人勇敢和积极地走出家门,参与到社区的老年娱乐活动中,在同龄人中找到自己的价值和快乐。

3."顾自己"还是"顾家人"?

也有一些老年人,退休之前的确也有对诸多兴趣、爱好的美好期待,甚至做好了清晰的实施计划。不过没想到自己不再工作之后,却承担了帮助子女照顾下一代或在家负责全家人的生活起居、洗衣做饭等任务。每天看着别家的老人开心地出去玩,心中着实感到羡慕,可想到自己还有很多事情要做,又只好先忍耐下来,安慰自己以后总会有机会的。这些老年人对家人的需求过于重视,而忽略自身的感受,时间久了会出现很多问题,甚至是心理方面的困扰。其实对老年人来说,可以适当给予子女一些物力或者人力上的帮助,但这些不应当成为老年人外出参与社区活动,重拾个人兴趣、爱好的阻碍。老年人首先要照顾好自己的情绪感受,才能带给家庭轻松活跃的气氛,只有慢慢地把事务转交给子女,才能促进他们尽早成熟和负起应有的责任。所以,老年人应当首先满足自身的精神需求,与家人达成积极的共识,共同分担家务和照料责任。

4."当尽兴"还是"当避嫌"?

有些老年人,在社会交往和娱乐活动中,受到传统观念中封建思想的左右,既想全身心地参与各项活动,又怕自身的行为受别人的白眼和讽刺,特别是怕

情境七 建设富有中国特色的老年精神文化生活

引起配偶的不满和反对。近年来不断发生老年人因社会活动和兴趣、爱好导致家庭不和的报道，除配偶一方有心理问题的情况之外，主要就是传统观念的影响。

男女授受不亲的传统想法，其实也不是中国人自古有之的持续思维。至少在魏晋、唐代和明代中后期，在两性关系方面总体上是以开明的观念为主流的。延续至今的封建礼教思想残余，自清初至今也不过数百年，所以人们也要与时俱进地加以看待。老年人身处人生的黄昏，对精神生活的渴望日益突出，为了避免麻烦和招人议论而躲在家中，是不可能提升幸福感和生活质量的。老年人之间的交往应当真诚、理性、自然、平和。男女之间以平常心相待，就算是在群体活动中意外产生一些事端和麻烦，也要冷静地加以处理。老年人的家庭，特别是配偶和子女，不能戴着有色眼镜看待老年人的人际交往，更不能以封建礼教的标准来界定老年人之间的行为。这些会严重伤害家庭内部的关系，更会打击老年人追寻高品质的精神生活的兴趣和信心。所以，在 21 世纪的今天，所有人都应当保持与时俱进的思维结构，理解和支持老年人对身心健康的渴求和努力，帮助他们获得幸福快乐的晚年。

三、后续思考

（1）精神文化生活的开展对老年人的晚年生活有什么样的意义？
（2）做课后调查，列举出前 10 位老年人最喜欢的精神文化生活项目。

 延展阅读

［1］徐荣周，曹秋芬. 老年人精神生活健康指南［M］. 北京：中国医药科技出版社，2008.
［2］华诚科技. 中老年玩转网络新生活捷径［M］. 北京：机械工业出版社，2011.

子情境二 老年群体的精神生活愿景

人进入老年期后理想的生活态度，除衣食无忧、耳聪目明、身轻体健之外，更重要的是精神层面也要得到丰富和满足。老年人在顺其自然地接受身体老化现象的同时，也要在心理健康方面加强认识，更新认知结构和观念，积极调整不良情绪和建立优良的行为模式。这样才能不断提升精神需求的品质，拥有更加丰富多彩，更加轻松愉快和更加身心健康的晚年生活。

一、现实情境

案例引入

良好心态　长寿之根

人们常说:"你的心态就是你真正的主人。"良好的心态是形成良好性格与良好人生的主要根源。探究长寿老人的奥秘,无不是个人心态良好、处世宽和乐观、善于应对各种风险。古今中外无数事例证明,心态良好者善于自我调摄,保持良好情绪,可以避免"遭命"(60岁以下),改善"随命"(60~80岁),争取"正命"(80岁以上),快快乐乐活百岁。良好的心态是人身的健康之源、自强之本、长寿之根。

早在2000多年前,被欧洲人称为"医师之王"的阿维森纳(Avicenna)就用动物做过试验。他给两只绵羊以同样的喂养,但把一只放在离狼笼不远的地方,由于它经常处于恐惧状态,逐渐地消瘦,不久便得病死了。另一只绵羊见不到狼,它生活平静,情绪稳定,怡然自得,活得很好。阿维森纳认为,精神、情绪对疾病的发生和转化有着重要的影响。

健康的一半是心理健康。在研究健康长寿的影响因素中,学者们一致发现,除了绿色无污染的生存环境外,心理因素占有重要的地位,90%以上的长寿老人都开朗乐观、心态平和,具有良好的心态。几乎可以说,心态决定寿命。

2003年,古巴的老寿星成立了"120岁俱乐部",会员有500多名,旨在揭开老年人健康长寿的秘密,共同挑战人类寿命极限。当被问到长寿的秘诀时,保持轻松和快乐、有良好的心态是老人给出最多的答案。韩国著名的百岁老人之乡顺天市有23名百岁老人,其中有22名在回顾自己100多年的漫长人生时认为"生活是顺心的"、"和其他人相比,对自己的生活很满足"。调查显示,良好的心态对长寿有积极的作用。

著名历史学家周谷城先生享寿近百岁。他90寿辰那年,讲述了他的长寿秘诀,他只说了"顺其自然,不背包袱"8个字。凡遇不如意事,任其来去,自己不背苦恼忧虑的"包袱",否则劳心伤神,有害健康。国画大师刘海粟享年98岁,他的长寿之道是:能经受这么多的坎坷,就是气量大。大海能够容纳百川,他对什么磨难都容忍、放得下,这是他健康长寿的第一要素。我国营养学泰斗陈学存教授已92岁,他长寿的秘诀是:一要宽容,二要多与人交流。他认为,宽容就是不要过于斤斤计较,一个人算计得越多,心理负担越大,就越难觉得愉快;不管是对人还是对事,都应该尽量看开一点;如果压力太大,找朋友、同事聊天,把需要释放的东西宣泄出来,就会轻松了。美国俄亥俄州106岁的帕克(Parker),至今她还经常去住所附近的医疗中心做义工,帮助分发邮件,替新生儿换尿布,安乐地过好每一天,将乐观作为长寿的第一要素。

情境七
建设富有中国特色的老年精神文化生活

老年人一般容易有负性情绪，往往忧虑重重。他们的负性情绪往往来自想象，而不是实际存在的。自己不慎跌倒就怕卧床不起；小孙子咳嗽就怕得了肺炎；子女出差未按时归来，就怕行程中出了事故等。怕这怕那，使自己沉浸在担忧惧怕之中。有人很形象地描述这些担忧就像"滴、滴、滴"的水流，使人心神俱伤，毫无生活乐趣，甚至一病不起。

良好的心态是瑰宝。老年人应热爱生活，向往未来，乐观地面对现实，坦然、冷静地处理各种问题，善于控制不良情绪，忘掉不愉快的往事，保持良好的心态。这样可以给生活带来无限欢乐，而安乐度日才能颐享天年。

（资料来源：毛颂赞.良好心态　长寿之根.新民晚报，2012-10-22.）

参与式学习

互动讨论话题1：老年人普遍存在哪些不良心态？

互动讨论话题2：理想的老年人的精神文化生活是什么？

二、理论依据

（一）老年人力争的目标

老年人的精神生活质量取决于其看待自身、他人和外部世界的根本态度。老年群体只要具备基本水平的躯体健康和经济收入，就足够支持他们追寻内心精神世界的欢愉和幸福。从态度方面来说，心理工作者建议老年人从以下3个方面努力。

1. 做积极乐观的老年人

我国唐代名医孙思邈曾在《千金翼方》中记载："人年五十以上，阳气日衰，损与日至，心力渐退，忘前失后，兴居怠惰，计授皆不称心。视听不稳，多退少进，日月不等，万事零落，心无聊赖，健忘嗔怒，性情变异，食饮无味，寝处不安……"这些文字生动地描述了老年人在记忆、感觉和性格、情绪等方面的老化状态。人在自然衰老的过程中，难免有些力不从心和心有不甘，自然也影响情绪和认识，但解决问题的根本途径也在于改善对老化过程的态度，形成积极而乐观的心态，具体方式如下。

（1）正视躯体疾病，接受老化过程

除了要理性与平和地看待身体状况的正常变化过程之外，还要科学地认识疾病与健康的关系。众所周知，人的健康都是相对的，并不存在百分之百健康的人。每个人在一生的各个阶段中，都有可能患上某种疾病或由于多种因素让身体处于亚健康状态。特别是在进入老年期后，绝大多数人都承受着一种以上疾病的困扰。身体机能的退化，多多少少的病痛，会使一些老年人陷入心理恐慌，造成不必要的精神负担。老年人如能注重心理的自我调解，即使经受疾病的折磨，也会勇敢面对，尽可能地持有对未来乐观积极的态度。对于病痛，能与之对抗则力求全胜，不能完全去除则尽力适应。老年人需接受自己晚年的全部，有正面的内容，也有负面的内容，当然也包括衰老和病痛。

老年人对于自身能力要具有适时而清醒的评估,并基于此去选择、计划和实施力所能及的目标。只有如此,老年人才能通过不断的成功来克服老化过程中的沮丧和挫折感,从而建立自信,满足精神世界中对于自我实现的强烈渴求。如果老年人不能正确评价自己的能力,要么不断在现实世界中受到挫折,要么退缩不前不敢走出家门,就无法对晚年的精神生活提供益处。所以,老年人要在理性认识自我的前提下,尽可能地发挥聪明才智,开发多年来的人生经验,激励自我、完善自我和实现自我,在自尊、自爱、自立、自强的人生观指引之下,以积极的态度为自己的精神生活添砖加瓦。

老年人更要在社会角色的转换过程中,努力度过必经的失落期,尽快适应全新的生活节奏,重获原本精神生活的快乐。正视离职和退休,是老年人寻找晚年生活中的乐趣的第一步。在人类社会的新陈代谢过程中,任何一个人都承接着上一代人的希望和托付,并把自己的一切传递给下一代人,其实具有令人动容的历史感。老年人的离职和退休,一方面是为社会实现新老更替创造条件,另一方面却也是解脱沉重的社会责任,全力投入到精神生活中的大好机会。也只有这样看待解甲归田的老年人,思维才能进步发展,价值才能最终实现。老年人安排好自己的兴趣活动,就是给创造美好的精神生活提供大好时机,也就是为精神世界的富足打开了方便之门。

(2)淡然回忆过去,坦然面对死亡

部分老年人由于工作时异常出色,取得过许多骄人业绩,习惯于沉溺在风光耀眼的回忆之中。而当思维回到现实,猛然面对晚年中无事可做、无人关注的境地,其心理会产生极大的落差,变得空虚、悲观而绝望。老年人如果想要使自己的精神生活充实,精神世界完满,就要客观地面对过去,认识到成就不只活在回忆中,快乐和幸福在现实中也能得到。勇敢地做全新的自己,继续发挥自己的特长来贡献余热,照亮晚年生活。同时老年人还应直面、理解和体味死亡,死亡最具建设性的作用就是会使人们更加深刻地认识生命,更加珍视生命,更注意思考活着的价值。思想界往往将死亡理解为生命的演化阶段之一,只是生命有机体的自然终结,本身不具有情感色彩。而人们对死亡的恐惧与焦虑,则多来自生物的趋利避害的本能和对死亡认识的不确定。老年人通过对生命和死亡的再次了解,修正原来有所偏颇的生死观念,可以减少其在精神世界中的依赖、恐慌和无助感,更可以培养淡然面对死亡的理性认知。

(3)培养健康心态,积极面向未来

晚年是人们放松身心、享受生活、培养自身兴趣爱好的大好机会。老年人应该乐于根据自己的特长或结合多年来一直的愿望,合理安排晚年生活中丰富多彩的活动内容。例如,老年人可以进入社区中的老年大学,学习摄影、音乐或美术,交流烹饪、手工等充满生活乐趣的事情;还可以热衷于出行和旅游,时常与大自然亲密接触;也可以种植花卉、饲养宠物,让生活有滋有味、多彩而具有活力,过上令人羡慕的"老年小资生活"。

当遇到生活中的困境时,也建议老年人努力培养良好的应对方式,尽可能做到冷静分析、沉着应对。正如古语所言:"世间之事,不如意者十之八九",鲜

情境七
建设富有中国特色的老年精神文化生活

有一帆风顺的人生，在生活中随时随地都会遇到意料之外的挫折、打击。老年人如能掌握一定的情绪管理能力，保持精神世界的沉静、平衡，乐观地相信任何事情都有解决的方法，那么对自己具有积极的意义，对家人也具有引导和榜样的作用。老年人要擅长调解心态，在困境中淡然平和，不会过于悲伤失望，并把这次难忘的经历转化成人生具有重要意义的宝贵财富。从心理学的角度分析，自觉不幸的人和感觉幸福的人会具有相似的挫折经历，但这两类人的感受却是天差地别。自觉不幸的人习惯性地把挫折定义为毁灭性结果，从此令生活蒙上层层阴影，挥之不去。感觉幸福的人则不会因为失败而否定自我或消极看待世界，给自己宽慰和鼓励的同时也拥有了再次成功的机会，这样的人更感到幸福便理所当然。老年人如果想要拥有理想的精神生活，就要有自觉多福的认识观：对自身、他人和外部世界，具有豁达包容的精神；面对失败和痛苦时，具有轻松自嘲的精神；投入晚年生活时，具有时不我待、只争朝夕的精神。

心理学家研究证明：富有同情心、乐于帮助他人的人，心理健康的水平较高。常言说的"心底无私天地宽"、"善有善报，恶有恶报"，所提倡的就是人要有待人宽厚的精神境界。老年群体之间互相帮助，不仅利于别人，更是利于自身。结识更多的朋友，经常倾诉心声，并且不断扩大交友圈，对老年人的精神生活建设的作用是不可估量的。生活中人们难免会遇到不愉快的事情，常在知心好友面前说心里话，是具有情绪的宣泄功能的。同时，人们互相安慰、互相支持和理解，也是互相提升精神境界的有效途径。

总之，老年人要正视自身的变化，并接受客观现实。保持快乐的心情，大力扩展人际关系，学会自我管理情绪，组织和参与社会活动，沐浴在亲情、爱情和友情的阳光中，以积极乐观的心态面对人生的黄昏时期，是晚年完美的精神生活的基础保证。

2．做通情达理的老年人

在情境六中，人们了解到共情技术以"通情达理"的态度为核心。其实不只是心理工作者要以此为工作态度，老年人更应该以此为生活态度。

生活中的通情达理，实际上指的就是体验他人内心世界的能力，是在人际交往的过程中，人们所具有的能站在对方立场和角色来感受情绪、思索问题的态度模式。"通情达理"不仅仅是理解与宽容，更是设身处地地以对方的喜悦为喜悦，以对方的悲伤为悲伤，以对方的需要为需要的动态过程。老年人应当具有宽容、博爱、豁达、开朗的处世之道，而且这也是维持老年时期心理健康的要求。老年人在生活中不仅要笑对挫折，更要理解人与人之间思想和习惯的碰撞，接受世界的多元性正是人类社会发展进步的原动力。面对与自己的价值观和人生观相左的人和事物时，尽可能放平心态，以和谐的人际关系、安详宁静的心绪环境悦纳世界和他人。毋庸置疑，这些优良的心态将有助于提高老年人的生活质量，更有利于老年人精神世界的完善和提升，具体做法有如下几类。

（1）家庭中的"以和为贵"

和睦、融洽、团结、关爱是每一个人对家庭气氛始终不渝的追求。老年人更易受到家庭氛围的影响，也同样能够对家庭氛围施加有利的影响。要成为"通情达理"的老年人,在家庭环境中处理问题的根本原则就是万事"以和为贵"。心理学的观点认为,家庭作为社会的基本单元,具有提供生存环境、安全庇护、归属感、尊重和关爱等不可替代的功能。家庭成员相互之间的关系处于良性互动状态,那么家庭的各种功能就会得以顺利实现;反之,若家庭成员相互之间的关系属于恶性互动性质,那么家庭的功能实现就受到不同程度的阻碍,也就无从谈及精神生活的幸福与美好。居家养老的老年群体在我国仍属大多数,处理好与配偶、子女及其他成员的关系,是老年人要加以关注和努力的问题。

① 老年人在夫妻相处中要坚持"以和为贵"。虽然有很多老年伴侣已经共同生活了数十年,但对于人、事及生活习惯的差异仍然很大,经常为此引发矛盾,不利于双方的关系。久而久之,不但影响夫妻感情、破坏家庭气氛,还会对身心健康有不良影响。甚至有些老人由于长期夫妻关系紧张,经常处于郁闷和恼怒的情绪当中,精神上受到过大的压抑,不仅摧毁精神生活的质量,也可能因此而缩短寿命。就算不良影响的程度较轻,这种紧张关系也会左右家庭气氛,让子女和其他人生活得小心翼翼,每天都在担忧父母会不会吵架,会使家庭产生严重的离心力,间接地促使子女离家远居,不愿意回家看望父母。因此,处理好夫妻关系是老年生活的关键内容,容不得轻视和托辞。无论对方有什么缺点和不足,都应该看到其身上存在的优势和长处。倾向于悲观和负面地看待他人,对闪光点视而不见却揪住缺陷不放的思维定式,在我国当前家庭关系中具有很大的比例,这是对"通情达理"心态完全的不理解和不接受所导致的必然后果。

老年夫妻共同生活多年,应当对彼此有着最深刻的了解和认识,对方是什么样的人,能做什么样的事,喜欢什么,讨厌什么,向往什么,躲避什么,这些方面几乎应该是老年夫妻了解最深的内容。但在相处过程中,部分老年人往往习惯以自我为中心提出各种要求,而不能"通情达理"地容纳和接受,如此一来只能激化原来的冲突,而不能化解矛盾。老年群体应当保持对彼此的依恋感、夫妻联盟感和角色认同感,时常相互表达真实的感受,互相体贴、关心和爱护,在生活上相互照顾,在精神上增加交流,多包容理解,少挑剔苛求,对于不经意的过失言行以幽默的方式化解,最终还是要回到"通情达理"的角度上,多站在对方的位置思考问题,并相应地选择言语行为。

② 老年人在与子女相处中也要坚持"以和为贵"。这里说的是两代人之间的关系,包括父子、母子、父女、母女及经久不衰的"婆媳或翁婿"这种话题性很强的家庭关系。这些关系的冲突原因以亲子关系不良、经济利益纠纷、生活习惯差异及个性特征不合等为主。在面对子女这一代人时,老年人更应"通情达理",要主动了解当前社会发展变化的形势,避免与时代相脱节,这样才能更准确地理解子女工作生活的具体环境和所遇到的困难及挑战,才可以设身处地地站在子女的角度来思考和认识问题。这样的老年人目光开阔,对儿女的选择和决定有所理解和接纳,能冷静听取家庭成员特别是子女的意见,再提出自己的合理性建议,然后共同探讨适合的解决方案,从而避免了固执己见和矛盾冲突的发生。接受子女行事风格的不成熟和缺少经验的不完美,也是老年人"通情

情境七
建设富有中国特色的老年精神文化生活

达理"的必然要求。每个人都是在不断地经历顺境和逆境中慢慢成长的,面对子女的失利和不如意,老年人应当具有宽容之心,可提供经验和建议给子女参考,给予其社会支持,但不要过于强加自己的意志。

对于生活习惯方面,只要不影响生存,破坏个人和社会的根本利益,未有失于公德标准或触犯国家法律,老年人就要提醒自己不可过于干涉子女的事务。毕竟时代不同、观点不同,人与人寻求快乐和幸福的方式也不尽相同。老年人要相信子女可以处理好自身的事情,既要放手也要放心,这样的态度不但贯彻了"通情达理"的精髓,而且对两代人的关系是具有黏合与增强的作用的。让老年人与子女频发矛盾的还有老年人与祖孙之间的关系。受传统观念的影响,我国的老年人对孙辈的关注普遍过多,甚至远远超过年轻时对子女的关注。故在孙子、孙女成长的过程中,会不由自主地产生溺爱。由于对孩子过于娇惯和宠爱,所以在教育的问题上,老年人与子女会产生较大的分歧。故老年人面对此类问题时,首先应当明确自己身份的界限,对子女的教育最终要由其父母完成,自己能做的只是协助和建议。人际关系的核心要素之一,就是每个人都要严守自己的角色和底线。对他人空间和权利的过多干扰,一定会招致关系的紧张和情绪的爆发,即使是自己的子女,老年人也必须尊重他们的权利和角色,并要经常站在子女的角度,建立起孙辈教育的全家庭共同联盟,立场、目标和手段相一致,那么,对孩子的教育和培养才有可能达到较好的效果。与子女一同担起教育的重任的老年人,可以利用与孙辈的良好关系,循循善诱,耐心引导,起到对父母教育的补充作用。在共同的愿景目标下,平和、自然地一起努力建设美好的家庭生活,"以和为贵"的思想是必不可少的。

(2)交往中的"宽以待人"

老年时期的生活娱乐主要就在家庭和社区两个环境之内进行。性格方面的差异、经历和背景的不同、相互利益的纠葛都有可能使共同活动的老年人在人际互动过程中产生矛盾和不快。而缺乏愉快感的人际经验,是不可能对精神生活的建议具有正性意义的。故老年人在社会交往过程中,应当努力以宽厚豁达的心态来面对他人。

① 老年人进行社会交往,要做到淡泊名利,不要过于计较个人得失。人与人的关系必须以真诚和尊重为基础,老年人无论从事过什么样的行业,拥有过什么样的地位,在人际交往中都要相互平等。老年人都是步入老年的社会个体,以开心快乐、健康长寿为首要目标,不主动寻求冲突和不快,切忌夸夸其谈,只重视自己而忽略他人感受。只有谦虚内敛、尊敬他人、与世无争、自得其乐的老年人,在人际交往中才会收获更多的友谊和信任,才会得到更多的快乐与幸福。

② 老年人在社会交往时要平心静气,面对他人的误解和不良情绪,保持冷静的认识,不随意动怒。如果老年人之间的确存在误会,主动与对方沟通,争取在矛盾未扩大化之前取得谅解并修复关系是较好的解决方案。在人与人的相处中,发怒和冲动的结果一定不能很好地解决问题,反而是理屈辞穷和恼羞成怒的无能表现。老年人在身体状态自然老化的过程中,过于动怒和长时间耿耿

于怀、不能释然只会伤及自身心理健康并给人际关系带来不必要的损失。其实在经历人生数十年洗礼后,老年人都具有一定的分析问题、解决问题的经验和能力,所以在与人发生矛盾时,安宁冷静的心态是关键,多考虑自身的原因,并用宽厚的胸怀接受对方的缺点与不足,而不是被仇视和记恨蒙蔽双眼。

(3) 做事时的享受过程

虽然老年人已经大多数不再从事社会生产,离开原有工作岗位,但在家务、爱好、娱乐和人际交往的过程中,都会面临各种各样的具体事物。如果老年人希望拥有良好的精神生活,那么就要以"通情达理"的心态来思考和接受事物发展的客观规律。在日常生活中,凡事都有可能面临挫折,所以老年人更要注重做事的过程,而不要过于看重结果。

有些老年人,年轻时就具有工作务必追求完美的风格,并且这种倾向一直延续扩大到家庭生活中,步入老年之后,无论何时何地,对自身、家人和社会的高标准、严要求,把家人、朋友置于紧张不安的状态下,怎么也达不到老年人内心的认同和满意。这种老年人就没有以"通情达理"的态度来面对生活,其实每个人由于观念的不同,对于世界的要求也有所不同,没有人有权利来强行要求他人按照自己的观念行事。老年人固然可以有自己的判断标准,但当标准不能达到时,应该设身处地地体会事情的难度和客观地考虑现实条件。无论什么事情,只要愿意去做并努力进行就是美好而成功的,至于结果如何不要过于看重。老年人在追求精神生活的过程中,尽人事,听天命,立足于现实,客观地规划和实施自己的意愿,享受过程所带来的乐趣和满足是十分重要的。

3. 做举止恰当的老年人

每个人都希望自己拥有良好的形象,为他人喜爱并接受。相貌衣着代表着个人形象,言谈举止代表着社会形象。在个人形象上,老年人尽管受身体条件和审美观念的影响,不像年轻人那样喜爱打扮,但大家普遍会对干净整洁的老年人产生良好的印象;而对于老年人社会形象的看法却难以统一。其实在不违反法律规定、不违背道德常规、不伤害他人利益和感情的前提之下,社会公众仍有一个大体可接受的行为准则范围。不管是个人形象还是社会形象,对老年人来说都相当重要,因为它们是获得社会认同的基础,是人际交往顺利的保证,所以老年人应重视对自身形象,尤其是社会形象的建设,以恰当的言谈和行为来增强这一精神文明建设的重要内容。

(1) 注重礼仪

多年来,人们一直在强调老年人体魄的康健、心情的愉悦,却很少提及老年群体在社交活动中加强修养、注意社会礼仪的精神文明建设。我国人民在长期的劳动生活中,一直具有朴实无华的良好品质,人与人之间基本以粗线条的交往作为固定的人际模式,特别是有些老年人随性而自我,对他们来说,讲求礼仪是件很无聊又虚伪的事情,跟平民百姓关系不大,其实礼仪不仅仅是上层社会的专属符号,更是社会文明和进步的具体象征。生活中的礼仪,是在人际交往中以约定俗成的程序和方式来表现律己敬人的过程。礼仪涉及穿着打扮要符合身份、交往互动要掌握分寸、沟通交流要恰当得体等内容。以个人修养的角度来看,礼仪是人类内在修养和素质的外在表现。从社会交际的角度来看,礼仪是人际交往中适用的一种交际方式、方法。生活中的礼仪与每个人都息息相关,这种在人际交往中约定俗成的对人表示尊重、友好的习惯性做法,是被大家所公认和接受的。老年人作为人类社会的一分子,当然也不能脱离社会普遍规则的要求,更不能因为自觉年纪大或退休离职,就有不在意礼仪的理由了。例如,个别老年人乘车时,在没有人给自己让座的情况下,破口大骂,更有甚者干脆直接坐到年轻人的腿上以示不满。这样不注重礼仪的表现只能激化矛盾并有损老年群体的整体形象建设。

随着社会经济文化水平的提升,周围环境中家人、朋友的相互影响,现在的老年群体已经越来越注重个人的礼仪,并能自觉地把礼仪同精神生活的富足完满联系起来,这是可喜的趋势,值得社会和家庭的大力支持和鼓励。

(2)适度沟通

在社会生活之中,绝大多数人都知道言语是把双刃剑。真诚、善意和易于接受的言语沟通,可以促进和深化人际关系;虚伪、恶意和尖刻难听的言语沟通,绝对会破坏和毁灭人际关系。老年人都喜欢与家人、朋友和邻居围坐在一起聊天,但很多时候,聊天的过程中会无意间涉及一些对个人的评价,也可能会有对一些事物的不同见解,如果言谈的方式不当,很可能造成相互之间的不快,严重时还会引发对立和冲突。所以,老年人应该掌握一定的言谈技巧,从而避免不必要的矛盾,让相互之间的沟通更为顺畅、更为有效,也使自己与他人的关系更加和谐。

老年人在人际交往中,应当以有选择的坦诚为基准。也就是说,真诚待人是对的,但在话说出口之前,应该留心想一下,会不会是对方难以接受的内容,或是不是有可能会触到对方多年一直存在的隐痛。在这种情况下,完全的直白,想什么说什么,就是比较欠考虑的做法。毕竟,人与人之间的交往不是为了让自己受伤害,也不是以让别人难堪为目标。同时,老年人还要以适当的赞同为手段。老年人坐在一起聊天的性质与其他年龄段不同,正是因为很多老年人在家庭中与子女无法达成共识,觉得不被理解和接受,才乐于出来与同龄人围坐谈心。这是一种寻求支持、获得支持和提供支持的连续社会行为,只有老年人觉得聊天之后心情顺畅、压力变轻,才能集中精力倾听别人的苦恼和烦忧,并不时地提供自己的理解和支持。所以,在不违背原则和底线的情况下,建议老年人不妨多做"老好人",充分对老伙伴表达赞同和接受,这样会获得极好的人际资源,成为社区中"炙手可热"的红人,人人都喜欢与其结交,都喜欢为其提供帮助。如此,老年人的精神生活将会拉开全新的篇章。

(3)从善如流

有人说"小小孩,老小孩",意指有些老年人到了晚年会出现一些类似孩子气的品质和举动,如凡事任性、爱钻牛角尖和固执己见等。有些人会让配偶和子女感觉到自己从前随和大度、乐天宽容的优点不见了,完全变成了另外一个人,变得难以接受不同意见,对批评和质疑尤其反感和抵触。其实这样的表现可能由多方面原因造成,但老年人自身的认识观念还是起主要的作用。

人之所以要保持社会交往,就是需要从互动关系中得到信息、支持、理解和认同,并根据动态变化的情况来对自己的决策进行调整。所以,每个人都需要得到他人的意见、建议来修正自己,并同样地以旁观的角度给出不同的看法。有的老年人由于思维模式的固化,有可能会拒绝改变自己;有的老年人认为自己年龄大、辈分高,别人都应该听自己的,不用修正自身的思想和行为。这些观念都是不恰当的,年龄的大小与是否应该听取、接纳他人意见并没有必然联系。而老年人由于接触新事物的渠道有限,就更应该多与他人交流,多听取不同年龄阶段的人的想法,尤其是对自身有积极作用的建议,这样才能开阔视野、更新思维,而不会因循守旧,被时代和社会所淘汰。能够从善如流不是只符合老年人利益的明智选择,更是我国文化中极为强调和推崇的道德文明守则之一。接纳他人的意见,完善自己的言行,是老年人得到晚年幸福精神生活的必经途径之一。

(二)老年心理工作对精神生活的贡献

以上内容介绍和阐述了老年群体要如何通过自身努力建设美好的晚年精神生活。然而,要达成理想的精神生活状态,不能仅仅依靠老年人自己,社会和家庭都要为老年人建设美好的精神生活创造条件,而心理工作者也要立足于专业实际,为此项事业作出应有的贡献,具体举措如下。

1. 开展宣传教育工作

老年心理工作者要积极面向全社会宣传晚年精神生活的重要性,呼吁社会各界不要只重视老年期的物质生活,更要提升老年期精神生活的品质。在广播、电视和网络等媒体中开办相关节目,建立成型链接,让更多的人了解老年人精神生活建设的必要性和紧迫性。

2. 支持社区文明建设

如果社区重视加强老年精神文明建设,老年心理工作者可定期到访,提供技术支持。在起始阶段辅助设计结构功能,提供必要设备器材的相关信息。之后可以经常来到社区与老年人聊天谈心,了解老年人实时变化的精神心理需求。并将掌握的情况加以分析整理后反馈给社区,提出相应的完善建议。帮助社区大力开展关于老年群体的身心知识讲座,教授人际互动技能和情绪管理技巧等实用内容。

3. 鼓励老人参与社会精神文明服务

心理工作者以所掌握的老年人情况为出发点,选择部分身体素质好、热心公益事业的老年人,向社会相关部门推荐,鼓励老年人以参与公共精神文明服务、从事相关公益事业的方式,加强自身的精神文明建设,起到一举两得的功效。还要联系社区在就近的环境内,给老年人更多的自我实现和自我肯定的机会。多组织一些可以让老年人参加的互助活动,让他们为社区的建设献言献策。这样不仅能让老年人内心深感充实,提高他们关注民生的热情,还能从另一个角度提高他们对生活意义的认识。

情境七　建设富有中国特色的老年精神文化生活

4．加强心理工作者自身精神文明水准

老年心理工作者不仅要持续加强业务知识，更需要加强自身的精神文明道德水准。因为老年心理服务是面向老年群体展开工作，心理工作者如果对精神文明没有较高水平的理解领悟，那么就不可能有针对性地向老年人提出相应的建议。为了更好地为老年人的心理健康服务，心理工作者必须做一个有通才特征的专业技术人员。在我国人口老龄化形势越来越严峻的今天，老年人的身心健康是全社会共同的问题和责任，更是老年心理工作者要承担起的重担。精神文明的程度和水平决定着老年群体的满意度和幸福感，关注这部分内容可以使人们在可预见的未来，持续地享受到养老敬老事业中精神文明的能动作用所带来的巨大效益。

三、后续思考

（1）老年人如何实现理想的精神文化生活？（从自身、社会、心理工作者角度分析）

（2）查阅资料，总结长寿老人的"秘诀"，并以此为题，班级模拟举办一次科普讲座。

延展阅读

刘英奇，张春兰.老有所交：老年人的交际与礼仪[M].北京：中国工人出版社，2000.

情境八
老年心理工作者的素质要求

 **单元导读**

  很多行业在培养人才之时,并没有告知年轻人入行的要求,以及以后他们面临的机遇和挑战。本情境希望在这方面能尽一些努力,使有志于老年心理服务工作的年轻人,知道自己所必须具备的认识观念、从业道德、理论体系、操作能力和心理素质。

  老年心理工作者根据全方位的要求,来与自身进行比对,并评判自身是否在具有热情的同时,更具备一名心理工作者天然的综合素养。客观地说,每个人都有不同的天分和不足,最有可能成就的事业一定是具有浓厚兴趣及适合个人特点的。希望进入老年心理服务行业的年轻人都能科学理性地认识自身,较好地规划人生和事业,在热爱和专注的工作中取得骄人的成绩。本情境的核心内容是自我心理健康的维护,即老年心理工作者应当注意职业环境中的损伤,加强自我防护,及时有效地应用心理学知识和技能维护自身心理状态,这是对未来每一个合格的老年心理工作者的基本要求。

  而关于执业资格认证部分,则是充满了对老年心理服务专业人员的未来的美好期待。即使在本书付梓后很长一段时间后,老年心理工作者仍未能拥有执业资格证书也无妨。待到后辈成长为我国老年心理事业的中坚力量时,可以继续坚持不懈地推动此事前行,则善莫大焉。

情境八 老年心理工作者的素质要求

学习目标

1. 了解老年心理工作者的基本态度及业务要求。
2. 遇到压力时,学会自我评估及自我调节。

核心内容

1. 了解老年心理工作者应具备的职业道德。
2. 了解老年心理工作者应具备的专业能力。
3. 了解老年心理工作者的个体心理状态评估及自我情绪管理的能力。

教学方法

1. 课堂讲授。
2. 案例分析。
3. 参与式一体化互动学习。
4. 角色扮演。

子情境一 态度决定一切
——道德要求

一、现实情境

案例引入

香港养老院爆虐老案

香港九龙塘一间护老院的一名资深女员工不满女院友经常如厕、上厕所时间太长,多番出手掌掴3名院友,此案于2012年12月4日开审。其中一名婆婆作证时形容自己被打至"头又痹,面又肿",但目睹事件的其他员工因新入职,"人地生疏,不敢出声",直至有院友的家人无意中听到职员闲谈才揭发事件。

护老院职员涉嫌虐老案件于2012年12月4日在九龙城裁判法院开审。44岁的被告邓惠秋,现无业,案发时任九龙塘亚洲妇女协进会陈昆栋颐养之家护理安老院员工。69岁黄姓受害婆婆患乳癌,数月前切除了一侧乳房,又患糖尿病,行动不便要坐轮椅,戴助听器。

黄婆婆供称,案发时她因肚痛经常要去厕所,但被告不许,更掌掴她多下,她形容被"打到我不清不楚"、"头又痹,面又肿"。黄婆婆问被告为何掌掴她,被告即指"因为你成日赖屎(常去厕所)",黄婆婆又指当时有多位职员听到她哭诉,却无人理会。2012年2月才入职的陈姓护老院职员供称,6月她和被告陪黄婆婆到厕所,但被告嫌黄如厕太久便掌掴黄婆婆脸颊,黄婆婆一出饭厅就大声哭诉,有多位职员听到亦无理会。

另一名2012年5月才入职的张姓职员称,因91岁患脑退化的李院友十分害怕跌倒,每次扶他上床时都会挣扎,胡乱抓伤他人,有一次被告因李挣扎而两度掌掴他。两名证人表示,因当时刚入职,"自己怕事"而没有向主管汇报被告的行为。直至一位院友的家人于8月无意间听到护理员闲聊,知道有员工出手打院友,向院方投诉才揭发。院长随即于8月28日报警,翌日即将被告拘捕。

(资料来源:http://www.chinanews.com/ga/2012/12-05/4383431.shtml.)

参与式学习

互动讨论话题1:你对案例中的新闻有什么样的看法?

互动讨论话题2:老年心理工作者应具备的基本态度有哪些?

二、理论依据

老年心理服务工作是一门职业,老年心理工作者是具有理论和实践特长的专业技术人员。而所有存在于人类社会的职业,都具有其独特的从业技术规范和执业道德品质要求,后者也就是人们常说的职业道德。

所谓的职业道德,是指同人们的职业活动紧密联系的,符合其职业特点所要求的道德准则、道德情操与道德品质的总和。它既是对特定岗位的人员在职业活动中具体行为的要求,同时又是相关职业对社会所负的道德责任与义务。职业道德是指人们在职业生活中应遵循的基本准则,是普通社会公德在职业生活中的具体体现。职业道德可以看成职业品德、职业纪律、职业责任及专业胜任能力等的总称,属于公民的自律范围,通过公约、守则等形式加以规范。

(一)老年心理工作者的根本执业准则

我国的老年心理工作者应该继承中华民族悠久的历史文化传统,吸收世界各国老年心理工作发展的文明成果,以鲜明的科学精神和人道主义为旗帜,以促进社会和谐与文明进步为己任。老年心理工作者应通过本职工作,帮助老年人改善认知功能,调节老年人的不良情绪,改善老年人的应对方式,解决老年人的心理困扰,维护老年人的心理健康水平,为我国社会主义道路的和谐、稳定和提升而服务。

(1)老年心理工作者应热爱老年心理事业,全心全意为老年群体的心理健康服务,为满足老年群体紧缺而迫切的心理需求而努力奋斗。平等对待服务对象,绝不因老年人的文化背景、社会地位或经济水平等条件的差异,而加以区别

情境八 老年心理工作者的素质要求

对待。

（2）老年心理工作者在工作中不得具有违反国家相关法律的行为，严格遵守老年心理工作者的职业道德守则，如自觉内心有所冲突则尽快寻求专业督导。

（3）老年心理工作者要尊重老年人、爱护老年人、理解老年人和支持老年人。为保障老年人的生存权、发展权和享受社会进步成果的权利而努力，同时注意维护老年人的隐私权。

（4）老年心理工作者应以积极谨慎的态度投入日常工作，并不断学习老年心理服务所需的相关知识技能，以饱满的热情开展服务工作。

（5）老年心理工作者应注意加强自身的修养，不断提升业务能力水平，维护自身的心理健康水平。注重团队合作精神，具有多方面联络协调的能力。

（6）老年心理工作者应明确自身业务能力和岗位职责的界限，不以超越自己能力和职能范围的目标为任务要求。

（二）老年心理工作者的执业态度

老年心理服务工作能否取得满意的实际效果，首要的因素就是心理工作者自身能否持有正确的服务观念与执业态度。准确而恰当的观念、态度是所有技术服务成败的关键，也是应用心理学专业人员在长期的工作实践中逐步积累起来的切实经验。作为一名合格的老年心理服务人员，老年心理工作者必须具备以下几种正确的认识观。

1. 唯物主义的科学观

心理学首先是一门科学，在老年心理服务的过程中，老年心理工作者必须坚持唯物主义的观点，反对一切迷信、巫术或其他不可知论的观点。心理工作者在应用服务过程中所作的任何判断，无论是诊断还是测量，都必须是以认真严谨的态度所收集的客观事实，严格依照相关理论知识和症状标准，经过对异常表现反复评估、研讨之后所作出的科学论断。任何心理工作者都不能只凭个人的主观经验或受情感倾向的影响，对老年群体的心理状况作出不科学、非理性的分析判断，更不能以随意和应付的心态应对老年群体的心理需求。心理工作者在对老年人提供心理服务的过程中，只有坚持实事求是的科学观念，才能有效提升老年群体的心理健康水平。

2. 普遍联系的哲学观

普遍联系的观点是一种整体观念。老年心理工作者必须能够从诸多事物之间的复杂关系中把握事物的本质。老年心理服务过程中普遍联系的观点有着多重含义，具体如下。

（1）身心一体的观点

人的生理和心理是相互作用、互为因果的，生理结构是心理功能的物质基础，心理功能是生理结构的高端表现。人的生理状况对心理功能具有决定作用，身体活动自如会让人感觉心情愉悦，身体病痛难耐会让人感觉沮丧烦躁。同时心理功能对生理状况具有一定的能动作用，即情绪良好的病人会感觉身体有所改善，情绪糟糕的健康人也会觉得身体多有不适。因此，心理工作者在进行老年心理服务时，应立足于这二者的有机结合，有助于理解老年群体躯体症状与心理行为表现的相互关系。很多老年期的心理问题或精神障碍都具有躯体化的倾向，即心理问题被表达为各种躯体不适的感觉。这与身体因素所导致的问题在表面上似乎相同，其实原理和处理的方向截然不同。因此，心理工作者应当善于辩证地分析，科学而准确地得出结论，以免被表面现象所蒙蔽，进而提出切实可行的解决方案。

(2)"生理-心理-社会"3方面因素交互作用的观点

诱发老年群体心理问题的因素是多方面的，很少具有单一性，往往是身体功能因素、认知和情绪状态及人际关系问题之间相互作用的结果。这要求心理工作者既能分析同一时间内各种因素对心理问题的影响，又能从历史的角度分析以往的各类生活事件对当前心理状态的不同作用，才有可能对老年人的心理问题做到全面考察和系统分析。老年心理工作要求老年心理工作者必须把握心理问题中的各类要素的内在必然联系，充分考虑生理、心理及社会因素在问题形成过程中的此消彼长和动态变化，既能抓住老年人心理困扰的核心，又能防止产生片面而失当的认识。

(3)整体性的观点

人的任何思维、情绪和行为表现，均不可能孤立存在，而是从属于整体心理特征和活动的一部分。故心理学一直强调，对于一个人的心理状况，必须从认知功能、情绪状态和行为模式等方面综合认识。正是因为人内心中不可回避的需要的存在，才会产生某种行为的动机，才会实施具体的言行举动；而行动的成功会让人获得良好的情绪体验，行动的挫折则让人陷入负性的情绪氛围之中；不良情绪又会使认识、评价渐渐倾向于负面，破坏既有的对自身和外部世界的观念和态度。所以，认知、情绪、需要、动机和行为永远是相互紧密联系的。老年心理工作中的整体性观点可以使老年心理工作者将各种技术手段加以整合后投入应用。在实际工作中，有针对性的综合方法常常比单独的应对更为切实有效。因此，对于老年群体的心理服务，要时刻注意以整体的观念来思索、分析和判断。

3．有所限制的能力观

作为心理工作者，必须清醒地认识到，每个专业人员的个人能力都是有限的，每种理论和技术所适用的范围也是有限的，每种心理问题改善的可能性也是有限的，每位老年人对心理服务的接受程度更是有限的。心理工作者也是普通人，所能做的事也必须基于客观现实条件，而非依靠完全的主观能动性就可以解决所有问题。为防止可能发生的心理工作责任无限扩大化的困扰，必须对应用心理工作作出一定的限制规定。所以，老年心理服务是具有某些特殊限定的职业活动，在服务过程中规定的各种限制，是保证其科学性和有效性所必要的条件。

(1)老年心理工作的任务，多数情况下集中于解决问题本身，而不可对造成心理问题的具体事件担负过多。如果老年人的心理问题并非由认识观念、不良

情绪或人际问题所致,而是由经济、生活困难及其他心理工作者无力解决的事务所导致,那么心理工作者就应当在自己能力范围内,积极帮助老年人联系相关部门,而不是完全当作自己的责任处理。否则不但无法使老年人及时得到帮助,还容易产生强烈的挫折感和负罪感。

(2)心理工作者与老年人的沟通应尽可能地限制在工作范围之内,防止在提供服务时不自觉地发生移情。虽然老年心理工作要求服务人员要充满真诚的关爱,以热情和耐心的态度来面对老年人,但是一方面,人们不得不考虑心理工作者的心理健康状况。面对部分境况凄惨的老年群体时,倾听他们多年来生活的不良感受,会使人积累过多的负性情绪,这些情绪必须及时处理,否则会使老年心理工作者的身心俱疲,产生过重的职业应激,进而可能无法坚持工作。另一方面,心理工作者不能将个人的情绪带入老年心理服务的过程之中。简单地说,心理工作者可能在早年也有自己家庭中老年人的特殊经历的记忆,或许对特定的角色场景有着深重的心理情结。当面对所服务的老年人的某种特质激起了心理工作者对自身感受的记忆时,那么可能会影响心理工作者的工作状态,妨碍其提供良好的服务。

(3)老年心理服务目标的确定,必须根据心理问题或精神障碍的性质、具体情况和复杂程度、心理工作者自身的实际能力来决定。老年心理工作有着不同的功能区分,对具有一般心理问题的老年人,提供普通程度的社会心理支持,即可有效支持其渡过难关;对具有严重心理问题的老年人,需要进行正规的心理咨询和心理治疗(由专业治疗师提供)才有可能给予其实际的帮助。如果心理工作者判定老年人患有精神障碍的可能,则需要转介至精神卫生机构进行求助。

4. 非批评性的中立观

所谓老年心理工作的中立观,是指心理工作者在提供相关服务时,在认识观念方面,既不固执己见,又不随意迎合老年人,保持一个相对中立的态度。心理工作者不能将个人的应对方式和行为模式掺杂其中。如果在工作中,心理工作者一味坚持某种观点的完全表达,那么在心理服务过程中就会以自己的价值观取向作为参照点,或者以某一种固定的价值取向作为判断是非的唯一标准,就必然会对老年人的价值感进行自动评价,就会发生以某个人的个别特征来代替整体形象的问题,进而对老年人的问题形成误解和误判。所以在服务的全程,心理工作者都必须保持客观、中立的立场,如此才能客观地认识老年人的情况,对其问题有恰当的理解和掌握,并最终与老年人一起共同找到解决其心理困扰的最佳方式方法。

(三)老年心理工作者执业的具体要求

1. 礼貌亲切,诚挚耐心

老年心理工作者应当具有尊重、平等、接纳、民主、诚信和助人自助的专业价值理念。在工作中应以温和友善的态度、热情友好的神情、温暖亲切的言语、端庄大方的仪表来对待老年人。尽可能获得老年人的信任感,与其建立良好的

人际互动关系,用真诚感化老年人的种种抗拒心理。恰如其分的言行举止可体现出心理工作者的专业水准和道德情操,心理工作者的热情与礼貌会使老年人感到真挚的关怀,增强其战胜困难的信心。

2. 尊重平等,信任保密

心理工作者要尊重和平等地对待老年人,不可因其教育程度、特殊经历、经济条件、身体或智力方面的残疾而歧视他们。对每一位接受心理服务的老年人都要保护其人格的尊严。在工作中一定要保护老年人的个人隐私,涉及的有关资料、文件和其他信息应予以严格保密。要在实地工作中尽到告知义务,向老年人明确解释有关保密问题的规定,有关资料使用的目的,使老年人知晓工作记录的存在,尊重老年人对是否记录的选择权。同时,即使老年人表示并不介意个人信息的安全,心理工作者也必须严守相关原则,除非与国家安全或个人生命财产安全相冲突。

3. 努力钻研,精益求精

老年心理工作的宗旨需依靠心理工作者扎实的理论基础和卓越的实践技能得以实现。心理工作者必须认真钻研理论,努力学习知识,熟练掌握操作方法和实用技术,力争成为能力过硬的技术骨干。同时,要善于从工作实践中总结经验,敢于创新,以灵活的态度应对各种实地困难,在实践中不断摸索和改进技术、方法,丰富和开阔专业视野。心理工作者除需要更多的心理学知识外,还需具备社会学、社会工作、政治学、管理学、教育学、法学、伦理学等多种学科知识,更应当熟悉与老年心理服务相关的法律、法规、政策的内容,条件许可的情况下,也应具备一定的宗教文化、特定习惯知识。

4. 多方联动,相互协助

老年心理工作面临的情况相对比较复杂,除心理因素外,往往掺杂着许多现实问题,仅靠心理工作的力量有时难以应对。经常需要医疗卫生、公安保卫、武警消防、教育科研等部门及其专业人员提供技术支持,因而,心理工作者需要加强团队精神,注重多学科的联合机制建设。而且,心理工作者团队成员之间要相互尊重、相互谅解、相互学习、相互配合,一切行动均以切实维护老年人的身体和心理健康为根本目的。助人自助是心理事业的终极目标,体现了对人性最美好的期待和愿景,从事心理工作的人要身体力行地率先建立具有建设性的人际关系,促进行业的健康发展。

 知识链接

心理咨询师职业道德准则(节选)

(一)总　则

1. 心理咨询师在从事心理咨询与治疗时,应遵纪守法、遵守心理咨询师职业道德准则,在其工作中建立并执行严格的道德标准。

2. 心理咨询师应注意加强自身的修养，不断完善自己，提高自己的心理健康水平。

3. 心理咨询师应不断学习本专业及咨询服务所需的有关知识，促进自身的专业发展，提高专业服务水平。

4. 心理咨询师应明确了解自己的能力界限和专业职能的界限，不做超越自己能力和职能范围的事情。

职业规范

热爱本职工作，坚定为社会服务的信念，钻研专业知识，增强技能，与求助者建立平等友好的关系。有豁达的胸怀，尊重不同性别、年龄、职业、民族、国籍、宗教信仰、价值观的求助者。在咨询关系建立之前，应当首先与求助者建立良好的人际关系，与求助者之间不得产生和建立咨询以外的任何关系，尽量避免双重关系。不得利用求助者对咨询师的信任谋取私利，更不得对异性有非礼的言行。心理咨询师应当始终严格恪守保密原则，有关求助者的个案记录、测验资料、信件、录音、录像及其他有关求助者的信息，均应当在符合法律规范的要求下严格保密。心理咨询师在接受司法部门、公安部门、卫生部门询问时不得作虚伪的陈述和报告。

（二）对来访者的责任

心理咨询师的工作目的是使来访者从其提供的专业服务中获益。心理咨询师应保障来访者的权利，努力使其得到适当的服务并避免伤害。

1. 心理咨询师不得因为来访者的性别、民族、国籍、宗教信仰、价值观、性取向等任何方面的因素歧视来访者。

2. 心理咨询师在咨询关系建立之前，应使来访者明确了解心理咨询工作的性质、工作特点、收费标准、这一工作可能的局限及来访者的权利和义务。

3. 心理咨询师在进行心理咨询工作时，应与来访者对咨询目标、方式等问题进行讨论并达成一致意见，必要时（如使用冲击疗法、催眠疗法、长期精神分析等技术）应与来访者达成书面协议。

4. 心理咨询师应明确其工作的目的是促进来访者的成长、自强自立，而并非使来访者在其未来的生活中对心理咨询师产生依赖。

三、后续思考

（1）分析并区别老年心理工作者与社会工作者在职业道德方面的异同。

（2）老年心理工作者如何提升自身道德修养？

延展阅读

［1］施永兴.上海市老年护理医院服务现状与政策研究［M］.上海：复旦大学出版社，2008.

［2］陈雪萍，等.养老机构老年护理服务规范和评价标准［M］.杭州：浙江

大学出版社,2011.

📕 必读概念

（1）移情：精神分析的专业术语。移情是指求助者在心理治疗的精神分析过程中，对心理治疗师产生的一种强烈的情感。是求助者将自己过去对生活中某些重要人物或事件的经历，以情感的方式投射到心理治疗师身上的过程。包括移情和反移情两种。

（2）职业应激：由于工作或与工作有关的因素所致的压力，也称工作应激。它是工作者的能力与工作环境、工作负荷等因素不相匹配的结果。长期处于这种职业应激中，会给人体带来一系列的不良反应，对人体的健康十分不利。职业应激的来源主要有两种：工作环境和职业压力。

子情境二　实力关乎成败
——理论及实践技能的综合培养

老年心理工作者在认真学习专业知识的同时，还需要了解和熟悉其他相关学科的理论知识，以便于拓宽知识结构，丰富实践技能，不断增进对老年心理事业的理解和把握。综合老年心理服务的具体实际，需要心理工作者对养老事业加强整体把握，故应掌握一定的养老机构组织管理学和实际运营相关知识；由于老年心理服务具有一定的社会工作的性质，心理工作者还有必要了解关于社会工作和社会保障的知识；同时，老年心理健康水平的提升离不开康复医学和护理工作的支持与合作，所以心理工作者还须认真学习老年康复学、老年护理学的相关内容。具体建议老年心理工作者必修课程如下：普通心理学、社会心理学、发展心理学、老年心理学、认知心理学、人格心理学、灾难心理学、危机干预、心理统计、心理测量、心理咨询、心理治疗、健康心理学、变态心理学、精神病理学、社会精神医学、心身医学、老年学、老年介护学、老年社会工作、人力资源管理与职业生涯规划等。

一、相关学科理论知识

（一）养老机构的经营管理

作为养老机构，应用管理学的相关理论知识，不断地创新经营管理方法，学习和借鉴其他行业的经验，提高自身机构的素质，是加强机构建设、提高服务能力的重要途径。老年心理工作者虽然不直接从事机构整体的管理经营活动，但在提供心理服务的过程中需要从机构的规章制度、现实条件和资源配置的实际出发，注重协调内部的工作关系，从而取得相应的支持。故心理工作者需要

情境八
老年心理工作者的素质要求

对经营管理加深了解,以期更为合理地利用机构内部的有效资源。经营管理模式离不开管理学基础理论的指导,现将其核心部分介绍如下。

管理学(management science)是系统地研究人类在社会生活的管理活动的基本规律和应用方法的科学。管理者和他人及透过他人有效率且有效能地完成活动的程序就是管理。管理学是适应社会化大生产的需要而产生的,它偏重于用一些工具和具体方法来解决管理上的问题,如用运筹学、统计学等来进行定量和定性分析等。管理学的目的是研究在现有的条件下,如何通过合理的组织和配置人力、财力、物力等资源,提高生产力的水平。同老年心理学一样,管理学也是一门综合性的交叉学科。

近年来管理学发展的速度较快,已经进展到用自然科学与社会科学两大领域的综合性交叉科学来分析,如运作管理、风险管理、人力资源管理、不确定性决策和复杂系统的演化等。

1. 管理学的主要内容

在管理学中,习惯于把管理活动划分为计划、组织、领导和控制4个职能。

(1)计划职能:指对未来的具体活动进行规划和安排,是管理工作的首要职能。在工作实施之前,需要预先拟定出内容和步骤,它包括预测(对环境的观察分析)、决策(选择最优方案)和制订计划(编制行动方案)3个方面。

(2)组织职能:指为实现既定的目标,按一定规则和程序而设置的岗位及其有相应人员隶属关系的权责角色结构。是指为达到组织目标,对所必需的各种业务活动进行组合分类,授予各层级的业务主管人员以必要职权,确定上下左右的协调关系。包括设置必要的机构,划分职能机构的职责范围,合理地安置和配备人员,规定各级主管的权力和责任,制定各项规章制度,等等。另外,要处理好管理层次与管理宽度(直属的人员)的关系。

(3)领导职能:主要指在组织目标和结构较为明确的情况下,管理者如何引领成员去达成组织目标,将自己的想法通过他人操作实现。领导职能要求管理者掌握以下能力:激励下属、指导他人活动、积极沟通、协调成员之间的关系。

(4)控制职能:就是按既定的目标和要求,对各种活动进行监督、检查和及时纠正执行偏差的过程。控制的目标是保障工作能按照既定计划进行,或依照具体情况,适当调整计划以确保目标的最终实现。控制是至关重要的,因为它是管理的职能中起作用的最后一环。

2. 管理学的研究方向

一般来说,管理学的研究有以下3个侧重方向。

(1)从生产力方面:研究如何合理配置组织中的人力、财力和物力,从而使各要素充分发挥作用的问题;研究如何根据组织目标和社会的双方面需要,合理使用各种资源,以求得最佳的经济和社会效益的问题。

(2)从生产关系方面:研究如何正确地处理组织中成员间的相互关系问题;研究如何建立和完善机构及管理体制等问题;研究如何激励内部成员,从而最大限度地调动其积极性和创造性,为实现组织目标而服务。

(3) 从上层建筑方面：研究如何使组织内部环境与外部环境相适应的问题；研究如何使内部的规章制度与社会的政治、经济、法律、道德等上层建筑保持一致的问题。

3. 管理学在养老机构中的应用

管理学为养老机构指出了组织建设的方向，同时当代快速发展的养老事业也对机构的管理运营提出了更高的要求。立足于养老机构中心理服务的工作目标、行业特征和时代背景，本书提出从以下几个方面提高管理水平。

(1) 系统化管理

所谓系统化管理，是指建立在系统论和控制论的基础上的管理方法。系统化管理强调任何组织机构都是完整的系统，都必须了解系统学原理与方法，并且应用到机构的统筹和管理之中，以保证组织机构发展目标的实现。系统化的观点不仅能应用于养老机构管理体系的建立，还能应用于老年心理服务的质量管理。系统化管理要求把各部门与服务的相关环节都严密组织起来，规定他们在心理服务的质量方面的责任，并成立质量控制部门来统一协调这些活动。这些活动就在机构内部形成一个完整的质量管理工作体系，即质量管理体系。

目前，有 100 多个国家和地区正在推广 ISO 9000 质量管理体系标准认证，其效果是显著和积极的。质量管理体系认证可以帮助养老机构建立一套完整的、被国际所认可的质量管理体系，使得包括老年心理服务在内的所有服务质量都得到全面提升。

(2) 制度化管理

制度是用来规范机构和员工行为的一种手段，也是全部管理方法得以有效实施的基础。只有员工共同遵守规章制度，才能使机构的管理规范有序，机构的运作井井有条，更容易实现共同奋斗的目标，更容易促进员工形成良好习惯，逐渐形成养老机构所特有的企业文化。老年心理服务实行制度化管理，首先要具有切实可行的规章制度，不合理、不科学的制度通常不能被心理工作者所认同和执行。其次，养老机构领导要以身作则地遵守制度的规定。在实施制度化的管理时，还应该注意以执行为准的原则，养老机构在服务管理的过程中，一定要做到功过清晰、奖惩分明。

(3) 标准化管理

标准化管理是指在养老机构的管理中，针对心理服务过程中的每个环节制定精细的科学量化标准，并按照标准来进行实际管理。当今世界几乎所有的成功企业，共同之处就在于推行了成功的标准化管理。标准化管理可以使养老机构从上到下具有统一的标准，形成标准化的行动，可以提升服务质量和劳动效率，减少资源浪费。标准化管理适用面较广，尤其适用于老年社会福利机构。不仅各个服务和经营环节需要标准化，人事制度、机构设置、行政事务工作、监督评价体系等也要实现标准化，所有员工在标准化的框架下工作，才能实现养老机构整体的工作目标。

(4) 目标化管理

目标化管理是指强调根据预先设定好的目标进行管理。通常，养老服务行

业的主管部门（民政）会与下属的养老机构协商并签署责任目标，并依据责任目标的实现情况来考核其工作业绩。养老机构的领导在接到主管部门下达的责任目标后，经过认真研究和商讨，再将总体目标分配到各职能部门，由机构领导与部门负责人签订责任合同，其内容包括年度经济指标、床位利用率、服务质量、老年人满意度、不良事件的控制、能源消耗与物质消耗等具体内容。部门负责人还可以把目标进一步分解到小组或个人，形成多层次的责任目标实现保障体系。目标管理系统使得机构的整体经营清楚有序，若能运用得当，将显著提高养老机构的经营效率，也必然会优化心理服务的结构和质量。

（5）信息化管理

信息化管理是指现代计算机技术、通信技术和管理科学在机构管理中的应用，是计算机技术对机构管理的渗透、影响和深入结合的产物。目前，越来越多的养老机构采用"养老机构信息化管理系统"作为管理工具，实现了不同程度的无纸化办公。这样既节约时间和成本，又能提高工作效率，规范了养老机构经营、服务与管理的诸多行为。信息化管理涵盖了养老机构几乎所有的管理层面，涉及包括心理服务在内的所有服务结构，成为养老机构科学化管理的重要工具。

（二）社会保障

社会保障（social security），是指国家通过立法对国民收入进行分配和再分配，对生活有特殊困难的群体的基本生活权利给予保障的社会安全制度。社会保障的核心思想是维护社会公平，进而保证社会的稳定发展。《中华人民共和国宪法》规定："中华人民共和国公民在年老、疾病或者丧失劳动能力的情况下，有从国家和社会获得物质帮助的权利。"国家通过立法积极动员和调配各方面资源，保证无收入、过低收入及遭受意外灾害的公民能够维持最低生存条件；保障公民在年老、失业、患病、工伤、生育时的基本生活不受威胁；同时根据经济水平和社会发展状况，逐步增进公共福利建设，提高公民的生活质量。社会保障是通过一定的制度而实现的。

人们将由法律规定的、按照某种确定规则经常实施的社会保障政策和措施体系称为社会保障制度。由于各国的国情和历史条件不同，在不同国家和不同历史时期，社会保障制度的具体内容并不相同。但其均有着共同的根本目的，那就是为照顾到社会成员的多层次需要，要相应设立多层次的保障项目。

一般来说，社会保障由社会保险、社会救济、社会福利、优抚安置、社会互动等内容组成。其中，社会保险是社会保障的核心内容。

1. 社会保险

社会保险是国家通过立法建立的一种社会保障制度，目的是使劳动者由于各种原因而使劳动收入减少或丧失时，能够从社会获得经济补偿和物质帮扶，从而保障自己的生存。所有类型的社会保险制度，不论其基于何种文化和社会制度，都具有强制性、社会性和福利性这3个共同特点。我国的社会保险项目可分为养老保险、医疗保险、失业保险、工伤保险和生育保险五大类。社会保

的保障对象是全体劳动者,资金主要来源是用人单位和劳动者个人的缴费,同时政府给予一定资助。依法享受社会保险是劳动者的基本权利。

2. 社会救济

社会救济是国家和社会对生活在贫困线以下的低收入者或者因灾害而生活困难者提供无偿物质帮助的社会保障制度。从历史发展阶段来看,社会救济先于社会保险出现,维持最低水平的生活条件是社会救济的基本特征。一般情况下,社会救济经费的主要来源是政府财政支出和社会各界的捐赠。

3. 社会福利

广义的社会福利是指国家为改善和提高全体社会成员的物质和精神生活,所提供的福利设施、福利津贴和社会服务的总称。狭义的社会福利是指国家向老人、儿童、残疾人等弱势群体提供的必要生活保障的行为。

4. 优抚安置

优抚安置是国家对从事特殊工作者及其家属,如军人及其亲属予以优待、抚恤、安置的一项社会保障制度。在我国,优抚安置的对象主要是烈军属、复员退伍军人、残疾军人及其家属;优抚安置的内容主要包括提供抚恤金、优待金、补助金,开办军人疗养院、光荣院,安置复员退伍军人等。

5. 社会互助

社会互助是指在国家的鼓励和支持下,社会团体和社会成员自愿组织和参与的扶弱济困性质的活动。社会互助具有自愿参与和公益性的特征,其资金主要来源于社会捐赠和成员自愿交纳,政府也给予一定的经济支持。社会互助的主要形式包括工会、妇联等团体所组织的群众性互助互济,民间公益团体所组织的慈善救助,城乡居民自发组成的各种形式的互助组织等。

党中央、国务院高度重视社会保障工作。特别是中国共产党第十六届全国代表大会以来,国家坚持以人为本、全面协调可持续的科学发展观,更加注重保障和改善民生,在社会保障制度建设方面迈出了新步伐。国家建立了城镇居民基本医疗保险制度、新型农村合作医疗制度;实行城乡医疗救助制度,在新医疗改革中大幅度提高基本医疗保障水平;建立农村最低生活保障制度;继续完善城镇职工基本养老保险制度,大力推进基金省级统筹和养老保险跨地区转移接续工作;养老保险基金的规模不断扩大,并有效实现保值增值;连续8年增加企业退休人员的养老金;在全国范围内解决了关闭破产国有企业退休人员参加医疗保险、老工伤待遇、集体企业退休人员参加养老保险等一批历史遗留问题。这些制度的建立和完善,让越来越多的城乡居民享受到实惠,使人们距离人人享有基本社会保障的目标越来越近。

(三) 社会工作

社会工作是一种帮助社会成员和解决社会问题的工作。它扶助贫困者、老弱者、身心残障者和其他遭遇不幸的群体;预防和解决部分因经济收入低下或生活方式不良而造成的社会问题;开展社区服务,完善社会功能,提高社会福利水平,实现个人和社会的和谐一致,促进社会的稳定发展。在我国,社会工作不

情境八 老年心理工作者的素质要求

仅包括社会福利、社会保险和社会服务,还包括社会改造方面的内容。社会工作的特点有以下几个。

(1) 以帮助他人(服务对象)为目的。尽管社会工作者可以通过提供的社会服务而得到一定的报酬,但其行为应该立足于帮助那些有困难和有需要的人,处于完全利他的动机。

(2) 以科学知识为基础活动。在信息时代,从事任何工作都需要具备相当程度的科学知识和专业技术,才能为社会工作的帮扶对象提供有效的服务。

(3) 科学的助人方法。作为现代社会的职业助人活动,应该针对不同的帮扶对象而制订不同的计划,使用行之有效的科学方法。

(4) 是助人服务活动。从工作的主观态度来讲,其出发点和立足点是为了帮助对方,急人之所需,而不是为了管理和控制对方。

(四) 老年护理学

老年护理学是把关于人的老化理论和具有针对性的护理知识技能综合运用于老年护理工作专业领域,进而研究老年群体身心健康的特殊交叉学科。

老年护理学来源于护理学、社会学、生理学、心理学、康复医学等相关学科理论。美国护士协会(American Nurses Association,ANA)于 1987 年提出以"老年护理学"(gerontological nursing)概念代替"老年病护理"(geriatric nursing)概念,因为前者所涉及的范畴更为广泛。老年护理学包括评估老年人的健康和功能状态、制订护理计划、提供有效的护理措施和其他卫生保健服务、评价照料成效等内容。老年护理学所强调的是保持和恢复、促进健康,预防和控制残疾,开发老年人的日常生活能力,实现老年肌体的最佳功能,保持老年人的尊严和生活质量直至其死亡。

老年护理学研究的重点是从老年人的生理、心理、社会文化的角度出发,研究生物环境、社会环境、文化教育和生理状态、心理因素对老年人健康的影响,并探讨用护理措施帮助老年人解决多重健康问题。

(五) 康复医学

康复医学是一门以消除和减轻人的功能障碍,弥补和重建人的功能缺失,设法改善和提高人体各方面功能的医学学科,也可以看成对于人类的功能障碍进行预防、诊断、评估、治疗、训练的医学学科。其目的在于通过物理疗法、运动疗法、生活训练、技能训练、言语训练和心理辅导等多种方式,使有躯体功能障碍者得到最大限度的恢复,使身体残留的功能得到最充分的发挥,实现最大可能的生活自理、部分劳动的能力,争取为伤残者重返社会打下身体方面的基础。

康复医学主要面向损害躯体功能的慢性病人及意外伤残者,强调功能上的康复,而非结构上的康复,使患者在身体和心理两方面都得到切实改善。其着眼点不仅在于保存伤残者的生命,而且还要尽量使其恢复部分功能,提高生存和发展的能力,最终得以重返社会,具有寻找生活意义的能力。在 1993 年 WHO(World Health Organization,世界卫生组织)的一份文件中曾提出:"康

复是一个帮助病人或残疾人在其生理或解剖缺陷的限度内和环境条件许可的范围内，根据其愿望和生活计划，促进其在身体上、心理上、社会生活上、职业上、业余消遣上和教育上的潜能得到最充分发展的过程。"

随着年龄的增长，老年人的老化进程对身体各系统的结构和功能产生明显的影响，引发老年人多种的肢体和心理功能障碍，从而减弱老年人日常生活及活动能力，这些情况都应该以康复医学的理论和方法进行干预。老年康复治疗的对象是日常生活及活动能力出现障碍的老年人，所有体力足以耐受康复治疗训练的老年人都是康复治疗的适宜对象。老年人群康复的特别之处在于在老年人身体结构老化的作用下，多种生理损伤的同时存在；康复目标要在充分考虑老年人的身体和心理特点，慎重评估可行性之后才可以设定。老年康复医师主张鼓励有康复需要的老年人主动参与康复训练和社会活动，而非整日卧床不动，老年人也不应当因为缺乏动机而拒绝康复治疗。许多老年人的观念存在一定缺失，认为自己在数十年的辛苦劳作之后，进入老年后不宜过多运动，所以并不愿意选择运动锻炼。老年康复医师经过详细检查和分析之后，确定老年人没有过重的疾病负担，也没有精神问题及营养不良时，通常都会鼓励他们参加康复训练，并可能会取得很好的实际效果。

二、实践操作技能

（一）老年介护

所谓的介护，是指以照顾日常生活起居为基础，为独立生活有困难的人提供帮助。其基本内涵为自立生活的支援、正常生活的实现、尊严及基本的人权的尊重和自我实现的援助。老年介护来源于老年护理学而区别于护理学，是以护理基本理论和技能为基础，以独特的技能为工具，在老年群体的身心保健、医疗卫生和福利保障过程中具有重要位置的新兴学科。介护学和介护服务源于日本，近年来在老龄化程度较高的国家和地区得到了普遍的推广。

介护的服务对象是生活不能自理的弱势人群，包括不能完全独立生活的老年人、儿童和残障者。而老年介护通常服务于身体功能障碍、精神障碍恢复期及其他因素造成的无法独立照顾自己的老年群体。

老年介护的工作内容：以照顾老年人的日常生活及丰富他们的文化生活为主，如为老人做饭、洗衣服、整理个人卫生、陪其散心聊天、就医看病等。工作的形式：为养老机构中的老年人协助做好生活中的照料或照料日托托老所中的老年人，还有到老年人家中为其服务。其中住宅服务形式最为常见，由专门的介护士定期到老人家中为其服务，内容包括医疗护理、购物出行、饮食照料等经常遇到的老年生活问题。

老年介护的目标是提高老年人的生活质量，最大限度地实现其人生价值。在我国，随着生活水平的日益提高，城市人口老龄化的加速发展，老年人对生活质量及医疗护理的需求不断提高，建立和完善具有中国特色的介护制度可能是

情境八 老年心理工作者的素质要求

满足其紧迫需求的有效手段之一。

(二) 老年常见病的识别

虽然老年心理工作者中的大多数并不具备医学的教育背景,对人体的结构、功能和相关疾病的认识相对不足,但是现实工作中所接触的老年群体,很大一部分具有一种以上的躯体疾病,如果老年心理工作者对常见老年疾病缺乏基本的了解,不具备科学而准确的认知,那么很容易混淆心理问题的产生和发展作用因素的来源,更可能将独立存在的精神障碍与躯体病变导致的精神症状混为一谈,严重影响和制约了老年心理服务工作的成效,并使老年人身心健康的维护受到干扰。所以对于老年期常见的疾病,仍需要认真地加以掌握,以利于实际工作的识别和判断,部分老年期常见慢性躯体疾病如表8-1所示。

表8-1 部分老年期常见慢性躯体疾病

疾病	临床表现	与心理因素关系	严重后果
高血压	头痛、头晕、失眠、健忘、易疲劳、注意力不集中;手指麻木或有僵硬感、肢体皮肤有蚁虫爬过感或肌肉跳动等现象;部分患者可能有出血倾向	情绪紧张及精神创伤与高血压病发病有一定关系	头痛、心脏不适或疼痛,心动过速或心律不齐;可能会出现暂时性失语或失明,肢体活动不灵活甚至偏瘫;肾衰竭
冠心病	心绞痛、心肌梗塞	长期精神过度紧张是危险因素	猝死
慢性支气管炎	慢性咳嗽、咳痰和喘息,一般无发热	—	肺动脉高压,肺源性心脏病、肺性脑病
骨质疏松	腰背疼痛,一般白天疼痛不明显,夜间和晨起时则加重	—	骨折
糖尿病	血糖过高并有糖尿现象;"三多一少"症状,即多尿、多饮、多食、消瘦	—	感染、心脑血管病变、肾衰竭、双目失明、下肢坏疽、糖尿病高渗综合征
便秘	排便次数减少,同时排便困难	抑郁、焦虑情绪、强迫观念及行为易出现便秘	引起心脑血管病变、肛门疾病、诱发痴呆
萎缩性胃炎	胃脘部胀满、疼痛、胃内灼热感、消化不良、大便异常、贫血、虚弱	—	胃癌

(三) 老年身心康复的整体规划

1. 身心康复规划的制订原则

(1) 保证科学性。身心康复规划必须从老年人身心状态的实际情况出发,所选择的策略必须符合康复医学、临床心理学、心身医学及精神医学的相关理论和标准的要求,不可偏离科学严谨的轨道。

(2) 切实可行性。身心康复规划还要注意各项现实条件的限制,不可以设

定无法保证老年人安全、缺乏可靠操作性或难以实现康复目标的内容。要以实际的操作成果的易得性来评判规划的质量。

(3) 注重整体性。康复训练是身体和心理双方面共同进步的过程，不可过于偏重任何一个方面，而忽视了另一个方面。

2．建立身心康复等级评估制度

(1) 在入院当日，即为老年人进行首次心理状态评估。

(2) 身心康复等级评估应根据老人身心状况的变化和工作需要，定期及不定期地开展再次评估。

(3) 每次评估都须作详细记录（老年人的现有状况及评估结论）。

(4) 老年人的身心康复评估等级表必须纳入档案管理。

三、后续思考

(1) 思考并探索管理学相关理论在个人日常生活中的应用。

(2) 查找相关资料，撰写一份关于某种老年常见疾病的发病机制、典型表现、治疗预防的报告。

> **延展阅读**
>
> [1] 郑功成.社会保障概论[M].上海：复旦大学出版社，2008.
> [2] 刘毅.管理心理学[M].2版.成都：四川大学出版社，2008.
> [3] 孙泽厚，罗帆.管理心理与行为学[M].2版.武汉：武汉理工大学出版社，2010.

子情境三　医者能自医
——自身心理维护

由于老年心理服务事业目前在整体上仍处于进步阶段，具有工作量大、报酬有限、较为频繁接触突发事件等职业特点。老年心理工作者往往自感压力较大，而在繁重、紧张的服务工作中，不可避免地会积累一些负性情绪，如果没有适当的机会进行处理，会严重危害身心健康和工作效能。老年心理服务是创建和谐社会的重要组成部分，心理服务的根本愿景是心理和谐，当然也包括心理工作者自身。精神世界和谐的基础首先是拥有健康的心理状态，因而作为老年群体心灵的工程师，老年心理工作者自身的心理健康维护至关重要。

情境八
老年心理工作者的素质要求

维护一　个体心理状态评估

一、现实情境

案例引入

心理咨询师的困扰

王女士是一名心理咨询师，在一家综合医院工作已经有十余年了。她心理咨询经验丰富，性格沉稳，和善可亲，工作认真负责，是来访者心目中值得信任的"知心大姐"。

半年前，王女士的父亲身患心脑血管疾病不幸去世了，这对于非常孝顺的她来说是一个巨大的打击。母亲很早就撒手人寰，一直是父亲辛辛苦苦地将她养大，并且为了能让她读书上学，父亲不顾其他亲戚的反对，一个人做几份工作，说砸锅卖铁也要让女儿受到最好的教育。现在她工作稳定，经济状况良好，几次邀请父亲一起共同生活，可父亲不愿意在城市居住，说一个人住在乡下习惯了，自在。

因为平时工作很忙，王女士很少回去探望父亲，原本想着今年过年一定要把父亲接进城里住一段时间，让他好好地享享福，可天不遂人愿，父亲就这样匆匆地离开人世。突然的噩耗令王女士悲痛欲绝。在她看来，父亲为自己付出良多，可一天好日子也没有过上，"子欲孝而亲不在"的悔恨一直让她无法走出丧亲的痛苦。

随着时间的推移，在家人和同事的关心下，王女士压住心底的悲伤，又开始忙碌地工作和照顾家庭。当家人、朋友甚至王女士自己都认为丧亲的悲痛已经离她远去的时候，一件事情发生了。

王女士所在单位最近与当地一家养老院合作，医院中的心理医生及心理咨询师要定期为养老院中的老人开展心理健康服务。根据工作内容，王女士需要经常与老年人接触，了解他们的日常生活，开设心理健康讲堂，可一向对工作积极热情的她这次却像变了个人，工作时低调沉闷、拖延懒散，总是郁郁寡欢，有时甚至一个人躲在角落长吁短叹，偷偷抹泪。

心理督导发现了她的变化，在心理督导的真诚关怀下，她泣不成声，说出了心里话：父亲走了，就好像带走了我生命中的一部分……我告诉自己，作为一个心理工作者，是不能让生活影响到工作的……可一看到这些老人我就会控制不住地想起自己的父亲和母亲，我能给别的老人提供关怀和帮助，却没有让父亲过上一天享福的日子，甚至过节都没有时间陪他单独吃一顿饭……如果父亲还在，也能像那些老人一样开心快乐。可现在他孤零零地走了，我满心悔恨……真的是对不起他！

参与式学习

互动讨论话题1：在这个案例中王女士犯了什么错误？

互动讨论话题2：就目前来说，王女士应该怎么做？

二、理论依据

老年心理服务的核心理念是"尊重平等，助人自助"，人本主义的观点认为，心理工作者相信人是具有成长意愿的，任何人都具有发生改变的可能。老年心理工作者不仅要对老年人给予关爱和支持，帮助其处理心理困扰和难题，更深层次的目标在于促进老年人掌握心理的自我调节能力及有效的应对方式，最终提高晚年生活质量和促进个人成长。而心理工作者在帮助老年群体的过程中，也提升了个人的能力，并实现了自身的价值。心理工作者和其他行业人员一样，是普通的劳动者，由于早年经历、成长环境、教育方式、生活事件及心理特征的不同，每个心理工作者在认识观念、思维模式和行为举止方面都会存在程度不一的局限性。心理工作者必须对自身的心理特征存在清醒的认识，特别是思维的盲点、观念的定式及个性的弱点等。每个人在工作生活中都会遇到应激性的生活事件，和普通人一样，心理工作者在经历强度较大的生活事件后，也会产生一系列的生理和心理反应。特别是老年心理服务工作的独特属性，让心理工作者具有更多的暴露于危险因素面前的机会，而过于频繁地暴露于创伤性环境之中，会使心理工作者的认知、情感和意志行为方面受到不断积累的损害。每个人的精神状态都会有起伏变化，心理健康水平也时高时低，如果心理工作者不能正视自己在服务过程中产生的困扰，就不能客观地评价自身情况，更可能不自觉地将自身的负面因素带进工作中，无法起到对老年人实施帮助和引导的作用，甚至可能对老年人造成不必要的伤害抑或是自身受到伤害。故心理工作者必须掌握自我认识的能力，能及时、客观、现实和有效地分析评估自身心理状态，其具体内容和方法如下。

（一）加强自我监测意识

为保证老年心理服务工作的及时有效，心理工作者首先要诚实面对生命，同时更要诚实面对自身。诚实面对生命，是要在服务过程中，以科学自然的生死观引导老年人，并陪伴其正视和接纳死亡的积极意义；承认生命已到黄昏阶段，但却充满了无数美好和快乐的可能；领悟到生命的珍贵正是因为死亡的催促，这是诚实面对生命的重要意义。再者，诚实面对自身，就是在实际工作中，时刻感受和觉察自己的疲劳程度和情绪状态，并及时休息和调整。因为心理工作往往需要直面人性中最隐秘也可能是最阴暗的一面，老年人的精神痛苦和生活困境，可以在心理工作者的内心中形成强烈的应激源。心理工作者在不断地承受不良刺激和微创伤的条件下，还要集中精力，在高度的职业道德要求下，关爱和帮助老年人，这需要有足够的勇气和责任感。所以，在日常工作中，心理工作者必须具有自我心理状态的监测意识，其目的就是要维护心理健康，处理不良情绪，在保证工作效率的同时进行自我完善。

情境八
老年心理工作者的素质要求

（二）加强角色转换意识

老年心理工作者既是老年群体心理健康的测量者、判断者和干预者，又是老年心理事业的规划者、执行者和宣传者。为了更好地实现这些职责和功能，心理工作者必须深刻地理解这些角色的具体含义，并在工作中实时转换。虽然都是心理学专业相关的角色，但不同的身份对应着不同的职能。心理工作者的角色扮演和转换需要以较高的专业水准为基础，因为社会各界普遍对心理工作的期望较高，希望心理工作者具有类似"药到病除"的即时功效。所以，在面对有心理障碍的人时，心理工作者被看成医生；在进行心理讲座时，心理工作者被当作教师；在机构领导的眼中，心理工作者被看成整体规划的执行者之一；从社会各界的角度来看，心理工作者又是老年心理康复体系的设计人员。作为专业人员，心理工作者要努力适应各种角色，并在角色的扮演中提高专业能力，并能依据现时的需要变化，对自己的角色和功能适时进行调整，从而顺利自然地完成角色转换。只有当心理工作者自身更加成熟、更加自信和更加强大，对自我、世界和他人的态度更加接纳的时候，才能充分发挥不同角色在心理服务中的潜能作用。

（三）加强心理保健意识

不只是面对日常工作，心理工作者在生活中更要注重心理卫生保健，应该养成以科学的合理饮食、充足睡眠、体育锻炼、放松休闲等为特征的良好生活方式。展开来看，当工作任务重、时间紧和压力较大时，工作往往很难在单位完成，就会有很多人晚上回家加班，直到深夜。这样会缩短睡眠时间，损害睡眠质量，进而导致人体生物节律的紊乱，长久下去，会导致很多身体或心理疾病的发生。而营养对人的健康也非常重要，现在有很多年轻人习惯于不吃早餐就去上班，这对消化系统结构和功能的破坏也不可忽视，长此以往，人体会面临营养失衡和与胃肠相关疾病的困扰。而且，无论是什么职业背景的人们，都应该培养一定的兴趣爱好，可以在忙碌的工作之余，利用个人的时间放松，通过各种活动释放情绪，并获得生活乐趣。这些方式、方法都极为有助于心理工作者增强心理承受能力和心理调节能力，是心理工作者应知必会的心理卫生保健的基础知识，心理工作者要从自身做起，切实践行。

（四）自我判断心理异常的情绪表现

1. 易烦躁

心理健康、良好的人，情绪大体处于平稳，若无应激性事件产生，不会有显著的变化波动。而当人的心理健康受到损害之后，极易陷入不良情绪状态。当生活中发生微小的变故时，立即产生焦虑不安、紧张烦乱的情绪；他人正常的言谈和行为，也会使其感觉心烦不已，神情焦躁而生厌。

2. 易伤怀

不是所有的人都有风花雪月的情调，为流水而感叹，为落花而生悲。如果心理工作者平时意志坚定、冷静沉着，行事积极果断，突然某天变得情感脆弱、

易受伤害,做事犹豫不决,甚至为了一点小事而痛哭失声,情绪崩溃,那么其心理健康必然处于异常状态。

3. 易冷漠

心理工作是最富有人情味的职业之一,在工作中亲切热情是必不可少的元素。如果心理工作者感觉到,一向极有爱心的某位同事,在工作中面无表情、冷若冰霜,而且这种倾向越来越明显,并没有缓解的迹象,那就不得不考虑这位心理工作者的心理健康是否出了问题。

4. 易发怒

易发怒的表现比较容易伤及工作对象和自己的人际关系。心理工作者是不可能把自己的不良情绪向老年人发泄的,如果某些同事在这方面难以控制自己的怒气,甚至还有过激的言语和行为,就有必要使其进入督导程序,有针对性地进行处理。

5. 易走神

心理工作是对注意力的集中有高度要求的职业。一个经常走神的人所开展的心理工作,会被服务对象理解为对自己的轻视和侮辱。心理工作者的注意力不能专注于工作时,往往是内心的冲突挣扎达到一定程度的表现。此时心理工作者需要暂时放下工作,认真、有效地处理好与自己相关的问题,不要使其影响到心理状态。

三、常见误区

(一)心理工作者自己都有心理疾病

先来看下面的说法:"如果她是肿瘤医生,一直为癌症病人做身体检查,所以她一定也是癌症患者","我在办公室与一个艾滋病人聊天,那么我也是艾滋病人了"。很显然,以上两句话均属于逻辑错误,同理,人们凭什么认为人只有自身有了心理问题才会想去当心理工作者呢?诚然,也不排除有极少数的情况,人们就是因为内心存在心理冲突,当初是抱着探索自身心理的初衷走入心理学的殿堂,并且在自己的努力之下学有所成,并及早地解决自身的心理问题,继而立志于服务全人类,故专心从事心理工作的。这样的人走上心理学的道路仅是个别现象,不具有普遍意义。绝大多数心理工作者都来自和大家一样的普通群体,是毫无区别的平凡人,所以和心理疾病无必然的关系。

(二)心理工作者应该是完全健康的人

要求心理工作者"完全健康,一点问题都没有"也是不可能的,因为世界上不存在纯粹意义的心理方面的"完美"状态下的人,健康的最高水平是无限接近最佳而不可能达到最佳。每个人都或多或少地带有成长所经历的创伤痕迹,正是这些创伤时不时地提醒人们过去生活的不完美,让人们不同程度地感受不良情绪;但也还是这些创伤,培养和加深了人们理解服务对象的态度和能力,让人们珍视自己和世界,并为更美好的明天积极努力。所以,最终过去的一切都将

情境八 老年心理工作者的素质要求

成为人生的财富。心理健康的不完美也是人们的个性特征所决定的。每一种人类的性格,都具有正反两面的表现,有长处就有不足,有优势就有缺点。人是真实存在于成功和挫折之间的,每一次行为的后果都会维护或损害人们的心理健康。所以心理健康永远不会维持在同一个水平之上。

四、技能训练

1. 训练目标

培养学生判断心理压力的自我评估能力。

2. 训练过程

(1) 带领学生认识和了解《学生生活应激问卷》的相关知识、适用环境、操作方法及评分标准。

(2) 组织学生现场操作填写《学生生活应激问卷》,得出结果后自行对得分进行统计,对照评分标准完成《测试报告》。

(3) 选择3~5名同学宣读《测试报告》(自愿),教师引导全体学生针对《学生生活应激问卷》的得分结果对其近期内的心理压力进行评估。

五、处理建议

(一) 要有自知之明

自知之明通常被理解为"清楚自己的优势和缺陷,了解自己的能力和喜好"等。但是针对心理工作者,还具有另外一重含义,即客观地对自我进行评价。心理工作是真正为公众服务的事业,很多人有着温柔的同情心、高尚的助人意识和强烈的社会责任感,他们希望自己无所不能,愿意尽自己一切的力量来帮助老年人。当然,这种意愿是美好的,但如果处理事情的方式就是强迫自己竭力付出,不达目的誓不罢休,并且认为如果不能减轻老年人的痛苦,自己就是一个很自私且无能的心理工作者,这样的认知观念会对心理工作者自身造成巨大的压力,并可能引发心理创伤。

(二) 要能放开情结

当遇到挫折和不公时,心理工作者要善于自我安慰和开解,必要时可以应用一些正性暗示。例如,对自己说:"这没有什么大不了的"、"我可以处理好这些不开心的情绪"等。这是自我心理调整的最简单的方法,多对自己说正性开解的话语,可以强化记忆,形成积极的心理暗示,也有助于平复情绪,恢复理性的思考模式,从而避免让自己形成不良的情结,许久不能摆脱。

(三) 要能寻找支持

当心理工作者自己出现心理问题时,应该时刻牢记"团队性原则",即自己不是一个人在战斗,有志同道合的伙伴和上级督导在支持着自己。心理工作者要养成定期督导的习惯,当工作和生活中遇到难以应对的事件时,要及时与自己的团队联系,并接受专业督导。在向他们寻求帮助的同时,避免出现极端的

行为。心理工作者必须明白,不要恐惧危机,因为它的到来不以自己的意志为转移;勇于面对危机,因为它是一场挑战与机遇并存的人生大戏,处得当会实现人生的价值和促进自己成长。

(四)加强老年心理工作者督导体系建设

(1)以省级行政区域为基本单位,建立专门针对老年心理工作者群体的督导团队。督导专家由省级心理卫生机构、高校应用心理学系、老年心理服务机构中的学科带头人担任。专家团队每月进行一次现场或视频会议,研讨当地老年心理工作者团队督导的相关事宜。

(2)以地域因素作为专家分工的主要依据,将整个区域内的心理工作者分为若干个小组,每组配备一名督导专家。

(3)督导工作具有应急性质。例如,本小组督导专家由于各种突发原因,不能第一时间接待组员的求助,须尽快将其转介给其他有时间和精力并能保持督导质量的专家。

(4)督导小组应定期召开团体活动,针对工作和生活中发生的共性问题,求助于督导专家的支持。

我国心理行业的执业培训及考核工作刚刚起步,精神科医师、心理咨询师和心理治疗师都在工作中提供心理相关的服务。如果没有成熟的心理行业内督导体系,所有的心理工作者都处在自身心理缺乏安全保障的环境之下,就如同在高楼施工的建筑工人没有配备安全设备一样,随时都有意外受伤的风险。在督导专家的领导和指引下,心理工作者可以结成互助小组,除督导内容之外,还可以定期开展心理培训、技术交流、案例分析等学术交流活动,促进团队整体实力的提升。通过不断的学习和督导,心理工作者可以对自己更加了解,做到优势互补,共同提高。

六、后续思考

(1)个体心理状态评估的重要性是什么?
(2)心理咨询师在接待来访者之前应该做哪些工作?

延展阅读

[1]〔美〕凯瑟琳·麦金尼斯-迪特里克.老年社会工作:生理、心理及社会方面的评估与干预[M].2版.隋玉杰,译.北京:中国人民大学出版社,2008.

[2]〔美〕Lewis R A.心理测量与评估[M].张厚粲,黎坚,译.北京:北京师范大学出版社,2006.

情境八
老年心理工作者的素质要求

维护二　自我情绪管理

一、现实情境

案例引入

难堪重负的心理医生

李先生是一名心理医生,在上海一家综合性医院的精神科工作,工作近3年,因为敬业、认真,颇受领导和同事的好评和认可。

李先生做事情总是要力争上游,尽力要做到最好。他在小学、中学乃至大学,一直都是学校和班级的干部。自从参加工作后,他一直严谨、规范,不允许自己出任何差错。

身为一名心理工作者,他有着强烈的社会责任感和治病救人的意愿,立志通过自己的努力给求助者提供有效的帮助。他经常同情来访者的遭遇,希望能帮助来访者解决他们所有的问题,有的个案在他的努力之下获得了成功,他会感到异常欣慰,但一旦遇到挫折或咨询失败,他也会随之变得十分沮丧。

自工作以来,他付出了很多时间、心血和体力,却从不抱怨。但他最近却能明显地感觉到,工作的状态越来越差,心情变得很糟糕,稍有不顺心就会大动肝火,发完脾气之后又备感后悔,情绪极易受到外界环境的影响,甚至会因为一件小事而郁闷一整天,时常感到疲乏无力,力不从心,工作质量下降,心理服务的效果也大大降低。

参与式学习
互动讨论话题1:李先生遇到了什么问题?
互动讨论话题2:李先生这样的情绪状态适合进行心理工作吗?为什么?他应该采取什么措施来应对?

二、理论依据

在老年心理服务的过程中,心理工作者要努力与老年人建立良好的人际关系,这需要心理工作者大量的情感投入。通常这是一种无回报的单向投入或至少是非对称性的情感投入。对于情感付出的经常性要求,以及设身处地地体验老年人所经历的种种的不良情绪,都会造成心理工作者在精神和情感方面的极度疲劳,甚至引发情绪问题。

因此,如果心理工作者在服务的过程中缺乏自我觉知,不及时处理情感的过度投入和调节自己的情绪状态,就会很容易产生职业耗竭,导致工作效率低下、服务质量下降、职业成就感降低,甚至以主观的、缺乏同情心的和过于冷漠

的方式来对待服务对象。

心理工作者不仅是富有爱心并掌握心理学专业技能的人,而且是能够认识自我并有能力解决大部分自身问题的人。相对于其他职业,心理工作是一种较为特殊的、充满艰辛和挑战而又具有价值的助人工作。心理服务首先是心灵的试探和接触,其交流延伸到双方的内心深处,而若想对服务对象产生影响,不付出极高的情感努力是不可能的。在工作性质特定的要求之下,心理工作者必须时刻保持自身情绪的稳定和健康。

(一) 心理工作者的身心耗竭

近年来,国外学者提出了"心身耗竭综合征"的概念。心身耗竭综合征是一种心理能量在长期奉献别人的过程中被索取过多,而产生以极度的心身疲惫和感情枯竭为主的现象,并且会使人产生挫折感、丧失自信,进而厌恶和拒绝上班,对他人失去同情心等无法坚持工作的表现。

心理健康服务是一种容易诱发心身耗竭的职业。长期与处于各种心理困境的老年群体接触,老年人的心理状况往往会影响心理工作者。而且心理工作者眼中看到的,每天都是衰老、无助、凄凉和痛苦,陪同老年人面对的是疾病和死亡,这些都会使心理工作者不堪重负。在巨大的心理压力下,心理工作者会出现以下表现:焦虑和抑郁情绪、空虚无助感、创造力和想象力衰竭、注意力不集中、自我价值感缺失等。同时在身体方面,会有疲劳和精力不足、周身疼痛、严重脱发、消化道溃疡、心律异常、体重减轻或过于肥胖等症状。

职业导致的心身耗竭如果不能得到有效的识别和处理,会引起员工的批量离职,影响专业队伍结构的稳定。和其他行业一样,心理工作者的耗竭感可以导致其对工作的厌恶感,内心服务意愿的降低必然致使服务质量的退化,对自我的评价倾向于极端的消极,缺乏以往的自尊和自信,所有的认知判断结果均得出无法继续胜任工作的结论,在某些肯定的情况下还会引发激烈的人际冲突。

(二) 自我情绪管理的重要性

从事老年人心理服务的心理工作者,应当以科学理性的态度,对自身的情绪进行调节和管理。

当心理工作者体察到自己产生了某种负性情绪,应立刻提醒自己,不能任由情绪的作用而置之不理,而是要启动情绪管理的进程。最重要的是首先要查明负性情绪的具体来源。在生活中心理工作者不仅会受到过去经验的影响,也受到此时此刻的经验影响。例如,在工作中与同事有所争执,就会使得自己的心情受到波及;如果家庭中的事务让自己烦心,那也会影响到提供服务时自己的神态表情。因此,心理工作者需要不断检验自身,增加对当前状态的把握,适时的自我反省会使得自我认知更为深刻。解决的根本是补充心理方面的"能源",发生耗竭的心理工作者,必须补充的资源主要有两类,一类是情感资源,即寻求社会心理支持和家庭环境的抚慰。有力的社会支持,特别是工作环境中良好的人际关系,对保持心理健康异常重要。来自亲友、同事和领导的关心和鼓

情境八
老年心理工作者的素质要求

励,是非常可贵的情感资源,可以让人重新树立信心,积极应对困难。另一类是技术资源,即心理工作者想成功战胜困境所需要补充的专业技术能力。这可以在获得情感资源之后,通过进修和培训等方式,获取更高层级的专业技能,并将其应用到自己的工作实践中。

三、技能训练

1．训练目标

掌握一种以上自我情绪管理的实践技能。

2．训练过程

(1) 教师带领学生复习情绪管理的理论知识。

(2) 请学生随机分成若干小组,每组 3 人,分别扮演老年心理工作者、督导专家和观察员。

(3) 教师给出主题:老年心理工作者因为失恋而脾气暴躁、冲动易怒,对工作失去耐心,经常与服务对象发生不快。

请每组模拟如下两个过程:A. 老年心理工作者的自我情绪调节的处理过程(5 分钟);B. 老年心理工作者求助于督导处理情绪的过程(5 分钟)。

(4) 每组观察员认真观摩并形成记录文件,记录内容的重点是模拟过程中所应用到的情绪管理原则、情绪调节技巧。

(5) 由每组观察员分享记录内容,全体学生讨论,最后教师总结。

四、处理建议

(一) 处理原则

1．快乐工作的原则

现代人的劳动时间是 40 年左右,按 8 小时工作日计算,人们一生中大约有 83 200 个小时是在工作岗位上度过的。工作时的心情是否轻松愉快,对整个人类来讲都是极其重要的问题。心理工作者可以有意识地对自己进行心理暗示,穿着舒适和美观的衣服,对身边的所有人真诚微笑,注意发现和享受生活中的小乐趣,把工作看成认识世界和创造美好的积极过程。这样的观念让心理工作者对于老年心理服务工作时刻充满激情和好奇心,以达成快乐工作的状态。

2．视角变换的原则

改变生活带给我们的感受,有时并不需要改变世界,而只需要改变人们看世界的视角。人们产生负性情绪的根源,在于对生活事件的认知方式。同样的一件事,从不同的角度进行评价,就会产生不同的观点和情绪感受。远离总是扮演受害者的认知模式,对现实进行理智、客观的分析,最终会发现外界因素对于心理工作者的困难所起的作用是相对次要的,心理工作者自身的固化见解才是困扰的主要根源,而心理工作者自己变换看待问题的见解,就可以让事情变得更好。

(二)处理方法

1. 科学地认识自我,增强工作能力

心理工作者要客观地评价和接纳自我,合理地要求自我,正视自身的优缺点,建立合理的职业期望。要承认和接受自己的不足,相信自己的能力,明确自己的工作价值。因此,努力学习和接受新的知识,加强自身修养是不错的做法。在从事老年心理服务工作时,心理工作者应保持记录工作情况的好习惯,及时评估工作效果,这样在总结工作的过程中可以及时发现问题,为下一步更有效率地开展工作奠定基础。心理工作者必须了解,对自己认识越深,就更有助于自我成长,对自身的评价工作就越理性、客观,对缺陷的修正就越有效果,从而减少工作中的挫折,保护心理工作者的自信心。

2. 工作是工作,生活是生活

心理工作是人与人之间的情感互动过程,必然包括情绪的交互影响。在实际工作中,心理工作者的确很容易受到服务对象的负性影响,并有可能把一些情绪带入家庭生活。此时,严格区分工作和生活的界限变得极为重要。心理工作者应该明白,事业与家庭是两个不同的空间,其性质有根本的不同。工作主要是因为提供收入和个人成就感而使人们得到满足,具有责任和能力的特征;而家庭则主要是因为亲密关系和生活乐趣而使人们得到满足,具有爱和给予的意义。如果把工作中的负性情绪不加处理地带回家中,那么对家庭成员的感受具有负面的冲击,容易破坏和谐的气氛,伤害家人之间的关系。所以,心理工作者必须学会兼顾自己在工作和家庭中的不同角色,并且根据不同的角色期望指导具体的行为。心理工作者可以采取设立情绪缓冲、加强宣泄行为等具体措施,划清两者之间的界线,确保自己不被情绪左右。

3. 培养丰富多彩的生活方式

心理工作者在日常生活和不断工作之中获得成长,生理方面的成长毕竟有限,而心灵方面的成长却可以持续终生。心灵的成长需要人不但会工作,更要会生活。科学研究表明,活跃而健康的生活方式对形成积极向上的工作态度是有一定益处的。要能感受到生命的多彩所带来的喜悦,就不能把自己的世界只局限于工作这一单独的事件之中,而是要拥有丰富的兴趣爱好和休闲娱乐,从事有意义和有趣味性的活动,培养全面的人际关系等。只有在个人生活和专业工作两个方面都能获得乐趣和满足的人,才是对心灵的成长具有建设性行为的人,才能从内心深处增强自己对情绪的调控能力,让自己变得更为健康和强大。

五、后续思考

(1)如果自我情绪管理无效,那么相关处理原则和求助手段有哪些?

(2)自我情绪管理与认知结构及人格类型的内在联系是什么?

延展阅读

[1]曾仕强.情绪管理[M].厦门:鹭江出版社,2008.

情境八　老年心理工作者的素质要求

[2]贾毓婷.我的第一堂情绪管理课[M].北京：科学技术文献出版社，2011.

维护三　职业人生规划和潜能开发

一、现实情境

案例引入

小胡的变化

小胡是心理学专业的应届毕业生,她没有跟其他同学一样进入各大学校成为一位心理辅导教师,而是在当地一家养老院从事老年人心理健康护理工作。养老院的老年人都很喜欢这个充满活力,总是把微笑挂在嘴边的年轻女孩。刚来的时候,小胡每天精神饱满、积极乐观,老人见到小胡就像是见着了自己的亲孙女,欢喜得合不拢嘴,而小胡在与老人的接触和交流中也感受到了自己这份工作的价值。这份工作虽然非常辛苦,但在工作之余,小胡总喜欢走进老人房间,跟他们聊天、打牌、唱歌、说笑话,全院上下都非常喜爱这个讨人喜欢的小女孩,把她比喻为养老院里的"小太阳"。

一转眼小胡在这里工作已经4年有余了。可同事慢慢发觉了她的变化：小胡脸上的笑容越来越少,常常看到她一个人在想心事,工作也没有以往勤快了,而且还时常出现一些小纰漏,为此也没有少受到领导的批评。在家人的详细问询下,小胡才道出了变化的原因。

心理工作者的主要任务是提升老人的心理健康水平,本身专业性很强。但是在实际的工作过程中,由于养老院护理人员紧缺,院方领导除了安排心理服务之外,还会分配一些护工的工作给她,包括照顾老人的日常生活,帮一些生活不能自理的老人喂饭、更衣等。从事这些工作花费了小胡很多的上班时间,相反地,她用于为老人心理辅导的时间越来越少,更不用说自我提升了,院方也很少给她安排与心理相关的组织培训。此外,由于工作性质的特殊性,养老机构的工作人员的假期很少,逢年过节也常常需要加班,十分辛苦。而与工作内容相对的工资更是少得可怜。试用期的月薪不到1 000元,即使通过试用期,正式工资也不到1 500元。作为一个年轻人,面对着高速发展的物质世界,小胡拿着这微薄的工资,觉得自己的未来非常迷茫。

小胡的梦想就是当一名优秀的老年心理工作者。当初小胡怀着一颗甘于奉献的心来到养老院,希望自己的工作能够给别人带来欢乐。可是在工作的这几年,她做着枯燥、烦琐、重复的工作,享受着与付出并不相符的福利和待遇,她自己都不开心,又能拿什么来照亮、温暖他人呢?

参与式学习

互动讨论话题1：小胡主要面对的是什么问题？

互动讨论话题2：如何帮助小胡解决当前的困境？

二、理论依据

由于我国老年群体对心理服务的需求日益飞速增长，社会、家庭和养老机构对心理工作也渐渐重视起来。但是养老机构中的老年心理工作仍未能得到应有的理解，其心理工作者的地位和价值也未得到高度的认可。养老机构中的心理工作者自身的成长、提升和进修渠道非常有限，职业发展的空间及可能性相对不足。心理工作者在职称晋升、劳动报酬等方面得不到相应的价值体现，由此而带来的悲观失望和疲惫倦怠有可能使心理工作者形成较重的心理负担，很难找到来自工作的快乐，在本职工作中难以获得自身的存在感。

因此，希望政府和社会各界，能关心和支持老年心理事业，更要理解和帮助老年心理工作者；应当积极创造条件，为心理工作者提供充足的制度支持和经济支持；还应该制定相关法律法规，保障老年心理工作者的合法权益；而且应该督促养老机构完善心理工作者的晋升制度和考评制度，为专业人员营造适当的职业发展空间；主导心理工作者的专业技术培训，由政府主管部门定期组织人员进行专业学习，鼓励老年心理服务机构之间进行学术交流。

（一）心理工作者的职业生涯发展

国内外学者就心理工作者职业生涯的毕生发展进行了详细而深入的探讨，认为要成为经验丰富的心理工作者，通常需要经历数个必经阶段。分别为理论知识学习阶段、职业训练初级阶段、模仿专家阶段、自我探索阶段、系统整合阶段、自我完善阶段。这些阶段是相互关联的，在每一个发展阶段，心理工作者所关注的核心问题都有所不同，在心理咨询师的发展历程中就能得到很好的验证。刚进入心理咨询行业的初学者，在取得国家资格认证之后，更为热衷的往往是各种实用技能的短期培训班，而不是在深化自我认知的前提下，对个人的专业化方向进行探索。但在经过一定的历练之后，具有实战经验的资深人员会把精力放在如何形成具有个人特色的工作体系方面，而不是追寻方法的多样性。简单地说，心理工作者在初级阶段，眼中看到的只是心理问题；而成熟练达之后，眼中看到的更多的是问题背后的人和相互关系。所以，心理工作者的职业生涯具有清晰的发展脉络可循，一定要脚踏实地、步步为营地坚实前行。

（二）个人职业规划五步法

第一步，认识自己的性格。通过深刻的自省和客观的分析来认清自己的性格特点，具有哪方面的优势和长处，又存在什么样的缺陷和短处。再结合心理工作者的不同工作类型和工作内容，研究匹配岗位的职业要求，最终找到适合自己性格、能力和兴趣的岗位。

第二步，分析自己的知识体系。通过理智地分析自己所掌握的知识和技能，罗列出自己较为倾向的理念体系和相关技术，并实际评估自己在实用技

方面的操作能力,针对不同岗位的现实要求和具体环境加以考虑。

第三步,多方比对用人单位的各方面条件,实地考察或以实习的方式进行深入了解,分析现实情况与自身期待的匹配度,以对形成决策提供有力的参考。

第四步,选择从业机构之后,要尽早立足现实条件,树立最终的职业发展目标。只有明确最终的发展目标,才能确定阶段性的工作目标,围绕目标展开能力培养和经验积累。始终从事与理想相关的工作,才能不断地产生有利于最终目标的成绩。

第五步,在职业生涯中要坚持理想。任何人的成功都不是偶然的,勇敢、乐观、坚韧和灵活是事业成功的必要品质。心理工作者应该是具有一定理想主义色彩的实用主义者,需要长时间的积累才能厚积薄发,也需要以高度的敏锐性捕捉成功的机会。因此,职业发展目标一旦确定,心理工作者就要克服困难,坚持不懈,遇到挫折时绝不灰心,只有这样才能实现心中的理想,创造职业的辉煌。

三、常见误区

(一)心理工作者是高收入人群

虽然我国需要100万以上的心理咨询师,以及10万以上的精神科医师和数量不等的其他应用心理工作者,根据统计,心理咨询师有近50万的缺口,精神科医师全部不足2万人,老年、儿童及其他心理工作者更是少得可怜。但就现在的行业趋势来看,心理工作仍不属于高收入的工作。在西方发达国家,心理工作者的经济收入和社会地位处于很高的位置;而在中国,由于人们对心理咨询服务的认可程度与美国相比有一定的差距,收费普遍偏低。而且社会各界对心理工作的认识仍有待提高,行业的规范性也还不够健全。这一切都影响了心理工作者的社会地位和经济收入,心理工作者在当前历史阶段的收入只能是社会整体的中等偏下水准。

(二)老年心理工作者的工作环境较好

很显然,养老机构工作人员的短缺已经成为制约养老机构未来可持续发展的紧迫因素。由于制度的缺陷、管理的不足,还有思维观念陈旧等方面的原因,老年心理工作者有时不仅负责老年人身心健康的维护和管理,还可能身兼数职为老人服务,而因为资金短缺,工作环境很可能并不尽如人意。这些都是可能客观存在的现实状况,在进入工作以前,心理工作者应做好这方面的心理准备。

随着国家对养老事业的重视和投入、养老观念的更新和进步,现在越来越多的人意识到,如果不能规范事业环境、提高人员待遇,我国老年服务的发展将遇到极大的困难,技术团队也会出现人才断档,甚至无人可用的情况,和谐社会建设的具体目标也将受到一定影响。故在可预见的未来,老年心理工作者的事业环境一定会得到改善。

四、技能训练

1．训练目标

引导学生了解自身特长，发现其可能具有的职业倾向性。

2．训练过程

（1）教师讲解《霍兰德职业倾向问卷》的理论知识、操作过程、评分标准、注意事项和适用范围。

（2）全体学生共同填写《霍兰德职业倾向问卷》，并计算得分，依照评分标准和解释，出具《职业测评倾向报告》。

（3）征求1～3名同学分享测评结果（自愿），并深入阐述对《职业测评倾向报告》中所显示的职业倾向性的个人理解。

（4）教师与学生针对《职业测评倾向报告》中所展示的个人特点是否切合实际情况展开讨论。最后教师点评。

五、处理建议

（一）处理原则

1．想清楚自己真正想要的

年轻人刚走上工作岗位，经历着从学生到职员的转变，在工作方法、思想水平方面也会随之发生变化。但无论外界条件如何变化，自己都要明白，事业成败的关键在于要想清楚自己真正需要的是什么。心中的理想和职业目标一定要清晰才有实现的可能。

2．适合自己的就是最好的

无论是长期的职业发展规划还是选择从事另外一份职业，对于心理工作者来说，要谨记一条原则：没有所谓的最好，适合自己的才好。心理工作者应客观地分析自己的性格、优缺点，结合所从事的岗位要求，寻找最适合的切合点。如果经历了多方磨合，仍无法找到切合点，另谋出路也不失为一种明智的选择。

（二）处理方法

1．明确自身需求，做好职业规划

心理工作是需要不断成长的职业，心理工作者需要丰富的人生阅历和执业经验，并且需要通过长期艰苦的学习，争取成功进行考核认证。如果确认从事老年心理工作是自己最根本的职业意愿，就要做好认真的职业规划准备。想要成为一个合格的心理工作者，时时刻刻以最佳状态面对工作，避免职业方面的身心耗竭感，就应不断强化自己从事这份工作的内在动机，以"助人自助"为服务理念，把帮助老年人作为自己的一种重要需要，通过助人活动获得自身的价值感。

立志从事老年心理工作的毕业生，须先从基层工作做起，认真对待每项日

情境八
老年心理工作者的素质要求

常工作,重视每一位老年人的心理需求,在心理服务中与老年人建立起良好的人际关系;勤学好问,善于思考,运用自己的学识和智慧探究老年人错综复杂的心理问题的深层根源;做好工作记录,及时自省,不断总结经验。随着时间的推移,技能的积累,心理工作者可以报考心理学相关的资格考试,成为一名专业的心理咨询师。当然,职业生涯规划最重要的是要符合自己的性格特点、职业兴趣、价值观等。如果对自己的职业定位仍然存在困惑,可以向职业心理测评方面的专家求助,在他们的建议和启发下构建最适合自己的职业发展路径。

2. 不做负性情绪的俘虏,理性应对职场困境

工作中的负性情绪感染力强,危害性大,会影响到心理工作者的生活、工作和人际交往。每个人在工作中都会有困难,没有谁是样样精通、无所不能的。心理工作者由于职业角色的要求,担负着促进老年群体心理健康发展的责任。但同时,他们也会遇到难题,也会产生各种负性情绪。为了保持自己的身心健康,调节自身的不良情绪,心理工作者必须找到适合自己的有效的发泄方式。例如,拥有几位真诚的知音朋友,可以使不满情绪得以及时倾诉;在遇到挫折时主动约人逛街、听音乐、看电影、做运动等放松心情;求助于其他心理工作者共同讨论和分析,并获得建议和支持。

3. 建立和谐的人际关系,营造良好的工作环境

拥有满意、高效的人际关系是心理健康水平的重要标准,良好的人际关系可以使心理工作者在获得社会支持的同时确保自我价值感。另外,保持良好的人际沟通,是营造良好工作氛围、提高工作效率、缓解工作压力的重要途径。沟通的益处是既能了解别人,又能从别人那里进一步了解自己。心理工作者要牢记人际互动的尊重和平等原则,掌握好沟通技巧,做到以积极的态度与他人和谐相处。

六、后续思考

进行下面的趣味心理测试,并思考从中得到什么样的启发。

趣味心理

帮你更好地了解你自己

要想找到人生的意义,那就要提出一些正确的问题,下面的问题就是值得你花费时间去思考的。
1. 朋友和亲人认为我是怎样的一个人?
2. 我不为人知的一面是什么?
3. 人们对我抱有的最大误解是什么?
4. 有没有一些事是大多数人都在做,而我却不赞成的呢?
5. 我所持有的信念中,有没有别人所不赞成的呢?

6. 是否存在对于大多数人来说是小事一桩的问题,但对我却很难应付呢?
7. 朋友的身上,我最看重的3条品质是什么?
8. 我喜欢同与自己相似的人交往,还是与自己差别很大的人交往?
9. 家庭对我的意义是什么?
10. 我身上最珍视的个人特征是什么?
11. 故乡让我最留恋的人或事物是什么?
12. 我是否具有自己寻求乐趣的能力?
13. 有哪些人或事,我希望它们从来没有在人生中存在过?
14. 生活中我应该尽可能避开哪些事?
15. 什么事顺利完成才会让我不留遗憾?
16. 什么是真实的谎言?
17. 有没有不幸的经历让我更加成熟和坚强?
18. 果断放手的感觉如何?
19. 在哪些方面我应该投入更多的时间和精力?
20. 我有什么天分?
21. 近期我最期盼的是什么?
22. 我最希望他人能理解的感受是什么?
23. 我最应当认真对待的人是谁?
24. 我最有兴趣和爱好的是什么?
25. 如果没有别人的目光的影响,我最想做什么?
26. 怎样是生活,怎样又是生存?
27. 每天都应当坚持的东西是什么?
28. 谁带给我最有激情和活力的人生?
29. 我爱冒险还是保守不前?
30. 我的人生缺憾是什么?
31. 我人生的转折点是什么?
32. 我更想深入了解哪个人?
33. 我屡教不改的事有哪些?
34. 我是否不太会拒绝别人?
35. 我是不是一个有人生追求的人?
36. 我克服了哪些人生难题?
37. 我是否对人生充满感激或是充满怨恨?
38. 谁总是让我心存善意、面带微笑地想起?
39. 我现在最迫切的需求是什么?
40. 重温哪些事,可以让我幸福快乐?

延展阅读

[1]〔美〕罗伯特·C.里尔登,等.职业生涯发展与规划[M].3版.侯志瑾,等译.北京:中国人民大学出版社,2010.

[2]方伟.大学生职业生涯归划咨询案例教程[M].北京:北京大学出版社,2008.

子情境四 专业资格有待认证
——培训考核设想

目前从事老年心理工作的人员组成相对复杂,教育背景和实践经验的差距较大,在老年心理服务的过程中难以保证具有一致性的效果。因此,必须加以一定的业务培训、进修学习来提升心理工作者的理论水平和操作能力,并且应加强对行业内技术人员的理论水平和实践能力的考核评估,进而积极推进老年心理工作者资格认证制度的早日建立。所有这一切,仅靠政府、养老机构和普通技术人员的努力是不够的,还需要相应的学术组织加以配合。所以,推动老年心理服务的行业协会建设,并由其制定行业准入制度和行为标准,倡导系统化、正规化和具有可操作的行业共识是非常必要的。

一、老年心理工作者的培训与考核

培训的根本目标是使老年心理工作者能够以清晰明确的理论体系为支撑,以规范的操作技术为手段,以标准化、程序化和效能化的要求为指导,投入到面向老年群体的心理服务工作之中。业务培训包括机构内培训、机构外培训、长期进修、短期国外考察等具体的学习方式。下面就培训的相关内容逐一进行讨论。

(一)培训对象

培训对象面向所有从事老年心理工作的技术人员和养老机构业务领导及其他相关人员,主要对象有心理咨询师、心理治疗师、医疗和护理人员、介护(护工)人员、社会工作者、社区工作人员、心理学专业在校学生、老年服务志愿者。

(二)培训讲师

培训讲师的选择应当始终以具有丰富的实践经验和处理问题的特长为首要标准,并注意专业背景的多样性。培训讲师团应由老年医学专家、老年介护专家、精神卫生专家、社会工作专家、心理咨询师培训师、应用心理学教师、老年心理服务部门主管等组成。

(三)培训内容

1. 心理学相关理论

(1) 老年心理学

老年心理学是研究人类个体和群体成年后增龄老化过程中的心理活动变化、特点及规律的科学,是发展心理学的老年期研究阶段,又称老化心理学,也是新兴的老年学的组成部分。由于心理活动以神经系统和其他器官功能为基础,并受社会因素的制约,所以老年心理学涉及生物的和社会的两方面内容。研究范围包括感知觉、注意记忆、需要动机、情绪思维、智力性格、社会人际关系等因年老而引起的变化。

(2) 社会心理学

社会心理学是研究个体和群体的社会心理现象的心理学分支。个体社会心理现象是指受他人和群体制约的个人的思维、情感和行为,如人际知觉、人际吸引、社会促进、社会抑制和顺从等。群体社会心理现象是指群体本身特有的心理特征,如群体凝聚力、社会气氛、群体决策等。社会心理学是心理学和社会学之间的一门边缘学科,受到来自两个学科的影响。内容包括社会心理研究对象和范围,社会化与自我,社会知觉、归因,社会动机、情绪及态度,沟通与人际关系,爱情、婚姻与家庭等。

(3) 变态心理学

变态心理学是以心理与行为异常表现为研究对象的心理学分支。包括变态心理学的对象,正常心理与异常心理及其区分标准,常见异常心理的症状,常见精神障碍的类型,心理健康与否的判别标准,心理不健康状态的分类,压力与健康等。

2. 心理学实用技能

心理学实用技能包括心理测量、心理咨询实用技术、心理治疗实用技术、危机干预等。

3. 老年心理相关的其他技能

老年心理相关的其他技能包括老年介护技术、老年医学常识、社会工作方法、临终关怀等。

(四)培训周期

(1) 年度培训。时间:建议每年12月(年度工作总结之后)举办。内容:老年心理服务领域最新研究成果及技术应用。讲师:国家级或大区级老年心理专家。

(2) 季度培训。时间:建议于每季度末(第11~12周)举办。内容:老年心理相关的其他技能。讲师:各学科领域专家。

(3) 不定期培训。时间:建议每月一或两次。内容:心理学实用技能、心理学相关理论。讲师:老年心理服务机构业务主管、心理咨询师、培训师、应用心理学教师等。

（五）业务考核

对于在职的老年心理工作者应定期予以考核评定，以检验其理论、技术和综合服务能力。如此，利于及时发现缺陷和问题，并在工作实践和业务培养方面有针对性地进行应对。业务考核权应当为老年心理服务机构及老年心理行业学术组织所共有，或由心理服务机构委托学术组织实施。

考核的时间应为每两年一次，以实地操作为主、书面考试为辅的形式进行。注重被考核者的理论体系，更注重其服务操作的掌握和应用能力。考核的具体内容应由主考单位及用人单位协商后决定。

二、老年心理工作者的资格认证——笔试、面试

老年心理工作者由不同理论背景和工作经验的多种人员组成，虽然经过系统的教学培训和实践训练，可以具备一定的理论基础和操作能力，也能在对老年人提供服务过程中不断提高。但是老年心理工作仍不失为一门专业性较强的工作，需要技术人员持续地改善和提升自身能力加以保证。由此，建立和完善老年心理工作者的资格认证制度体系是摆在行业面前的一个紧迫的现实问题。目前我国在应用心理学技术人员方面，仅设立了由劳动部主导的心理咨询师资格认证制度，很多心理相关的专业认证还停留在讨论和筹备阶段。对于老年心理工作者的资格认证，目前是不可多得的机会。推动此项工作的顺利进行，抓住历史机遇，为老年心理服务这一未来数十年间的朝阳职业建立完整的行业准入标准，是老年心理工作者不可回避的现实问题，更是我国老年心理服务事业能健康发展的重要人才保障。

在充分参考国内各类相近执业认证制度的基础上，现对老年心理工作者的资格认证工作提出以下具体建议。

(1) 资格名称：老年心理服务师。

(2) 申报条件：① 遵守国家法律法规，恪守行业道德守则；② 热衷于老年心理服务事业；③ 心理学、护理学、老年学及社会工作专业本科以上学历；④ 从事老年心理服务工作满1年；⑤ 参加国家指定的相关机构主办的考前业务辅导，且培训课时数达标。

(3) 考试形式：笔试与面试相结合，答卷时间为90分钟。

(4) 考试时间：每年1次（秋季）。

(5) 考试内容：心理学知识部分，占50%；精神医学和老年医学知识部分，占20%；老年介护和护理学知识部分，占20%；社会工作及其他部分，占10%。

(6) 考试成绩的合格线与通过率：百分制。在资格认证的初期，为照顾多年从事老年心理相关工作但并非心理学相关专业背景的资深业内人员，可暂时采用60分为合格线的方式。待认证工作运行良好，逐渐成熟后，为规范专业队伍，严把人才质量关，可以考虑采用控制考试通过率的方式，每次考试通过率不高于30%。

(7) 操作能力面试。采用老年心理服务实践技能专家组面试评定的方式进

行,时间为30分钟。其必备内容如下:① 心理健康、人格特质及智力水平的测量(现场操作);② 应用心理学技术在访谈过程中的灵活运用(现场操作);③ 老年人自杀意念和行为的判定和分级(视频);④ 老年人常见精神障碍的初步识别和处理(现场操作);⑤ 老年人常见慢性躯体疾病的初步识别(视频);⑥ 与老年人进行良好人际关系的示例(现场操作);⑦ 老年人不良情绪的实地处理(现场操作);⑧ 考生的综合能力评估;⑨ 考生的心理素质评估;⑩ 考生的道德修养评估。

(8) 考试成绩(笔试和面试)保留3年,成绩合格者可向国家主管部门申请老年心理服务师资格证书。

三、推进老年心理服务行业学术组织的建设和发展

我国现在老年心理学术组织的数量较少,最高级别的当属中国老年学学会老年心理专业委员会。该专业委员会成立于2000年,十几年来积极开展老年心理知识科普工作,组织不同层级的社会公益活动,取得了良好的社会效益。一些省市和地区也相继成立了老年学学会,但并非所有地方机构都成立了心理学分支机构。故对当地老年心理事业的指导和支持作用也十分有限。

在老龄化进程不断提速,老年群体心理需求日益高涨和养老行业心理服务能力普遍低下的现实条件下,成立地方专门的老年心理行业协会,加强科学研究和学术交流,对老年心理服务工作提供具体指导和业务培训,已经势在必行。结合其他学科在学术组织建设方面的经验,本书也对此项工作提出如下建议。

① 争取申请成立省级老年心理服务协会,并得到主管部门批准。
② 下设心理咨询、心理测量、精神卫生、老年介护等多个专业委员会。
③ 吸收当地医学、心理学、教育学等行业的中坚骨干加入。
④ 与当地养老机构和高等院校建立合作关系。
⑤ 加强与国家老年心理科研机构的学术联系。
⑥ 着力推进科普宣传工作。
⑦ 促进科学研究的立项和推进。
⑧ 制定当地老年心理服务的行业标准。
⑨ 组织实施当地老年心理工作者业务培训。
⑩ 辅助政府相关部门进行老年心理工作者的资格认证工作。
⑪ 在专业范围内,积极为政府提供政策建议。

时事新闻

全国老年心理健康与精神疾病预防高峰论坛在宁举行

由中国老年学学会和江苏省老龄工作委员会联合举办的全国老年心理健康与精神疾病预防高峰论坛(以下简称论坛)于2012年9月15日至16日

情境八
老年心理工作者的素质要求

在南京举行。中华慈善总会常务副会长、中国老年学会会长李本公,江苏省常务副省长许津荣,全国老龄工作委员会办公室副主任阎青春出席开幕式并致辞,南京市副市长陈维健、省老年学会会长王荣炳出席。

据了解,主题为"心理和谐与社会关爱"的论坛是中国老年学学会首次在全国范围内专题研讨老年心理健康问题。论坛设1个主论坛和4个分论坛,涉及"老年人生活满意度:进展、问题与方向"、"高龄、贫困、空巢、失能老人的心理需求及社会救助"、"老年心理卫生现状与精神卫生服务体系建设"、"老年人心理疾病状况及其影响因素"、"老年人精神风险及其危机干预"、"老年人临终关怀服务现状与政策研究"等10余个议题。来自全国21个省市的政府工作人员、专家学者和一线工作者围绕老年心理健康,从社会心理学、老化心理学、医学心理学、危机心理干预、临终心理干预,以及心理健康体系、精神关爱模式等方面分别展开了深入研讨。

论坛还通过了《南京宣言》,宣言呼吁:关爱今天的老年人,就是关爱明天的自己。从我做起,从现在做起,从身边做起。多一点责任,少一点敷衍;多一点温暖,少一点冷漠,让中国老年人的精神生活更美好。论坛同时评选和表彰了"全国精神关爱十佳集体"与"全国精神关爱十佳个人"。论坛共收到1 974篇论文,评出649篇优秀论文,54篇入选论文集。

(资料来源:http://news.timedg.com/2012-09/15/content_12126070.htm.)

四、后续思考

(1)查询提供老年心理服务培训的机构,列出老年心理工作者可得到的培训课程的类型及名称。

(2)分析国家心理咨询师资格考试制度,并思考其借鉴作用。

延展阅读

[1]〔美〕约翰·卡特.如何成为心理治疗师:成长的漫漫长路[M].胡玫,译.上海:上海社会科学院出版社,2006.

[2]〔英〕John R,Michael J.治疗师的自我应用[C].王伟,译.北京:北京大学出版社,2008.

附录

附录1　焦虑自评量表（SAS）

姓名　　性别　　年龄　　文化　　职业　　日期　　编号

填表注意事项：下面有20条文字，请仔细阅读每一条，并明确其含义，然后根据您最近一星期的实际感觉，在右侧适当的框内画"√"。

序号	题目	没有或很少时间有	有的时候会有	大部分时间有	绝大部分或全部时间都有	评分
1	我觉得比平常容易紧张和着急（焦虑）					
2	我无缘无故地感到害怕（害怕）					
3	我容易心里烦乱或觉得惊恐（惊恐）					
4	我觉得我可能将要发疯（发疯感）					
5	我觉得一切都很好，也不会发生不幸（不幸预感）					
6	我手脚发抖、打颤（手足颤抖）					
7	我因为头痛、颈痛和背痛而苦恼（躯体疼痛）					
8	我感觉容易衰弱和疲乏（乏力）					
9	我觉得心平气和，并且容易安静坐着（静坐不能）					
10	我觉得心跳很快（心慌）					
11	我因为一阵阵头晕而苦恼（头昏）					
12	我有晕倒发作或觉得要晕倒似的（晕厥感）					
13	我呼气、吸气都感到很容易（呼吸困难）					
14	我手脚麻木和刺痛（手足刺痛）					
15	我因为胃痛和消化不良而苦恼（胃和消化）					
16	我常常要小便（尿意频数）					
17	我的手常常是干燥温暖的（多汗）					
18	我脸红发热（面部潮红）					
19	我容易入睡并且一夜睡得很好（睡眠障碍）					
20	我做噩梦					
总分统计						

附录2　抑郁自评量表（SDS）

姓名　　性别　　年龄　　文化　　职业　　日期　　编号

填表注意事项：下面有20条文字，请仔细阅读每一条，并明确其含义，然后根据您最近一星期的实际感觉，在右侧适当的框内画"√"。

序号	题目	没有或很少时间有	有的时候会有	大部分时间有	绝大部分或全部时间都有	评分
1	我感到情绪沮丧、郁闷					
2	我感到早晨心情最好					
3	我要哭或想哭					
4	我夜间睡眠不好					
5	我吃饭像平时一样多					
6	我的性功能正常					
7	我感到体重减轻					
8	我为便秘烦恼					
9	我的心跳比平时快					
10	我无故感到疲劳					
11	我的头脑像往常一样清楚					
12	我做事情像平时一样不感到困难					
13	我坐卧不安，难以保持平静					
14	我对未来感到有希望					
15	我比平时更容易激怒					
16	我觉得决定什么事很容易					
17	我感到自己是有用的和不可缺少的人					
18	我的生活很有意义					
19	假若我死了别人会过得更好					
20	我仍旧喜爱自己平时喜爱的东西					
总分统计						

注：关于本测量工具详细的理论、评分方法和比较标准，有兴趣的同学可参阅心理测量学的相关书籍。对于多数心理工作者，掌握现场问卷的分发、填写和回收，熟悉其在计算机软件的输入和操作即可。

附录3　UCLA 孤独感测试

1. 你觉得和周围的人相处融洽,有"物以类聚"之感。
   从不(4分)　　很少(3分)　　有时(2分)　　经常(1分)

2. 你觉得缺个伴儿。
   从不(1分)　　很少(2分)　　有时(3分)　　经常(4分)

3. 你觉得没人可以求助、分享或依靠。
   从不(1分)　　很少(2分)　　有时(3分)　　经常(4分)

4. 你觉得孤单。
   从不(1分)　　很少(2分)　　有时(3分)　　经常(4分)

5. 你觉得是朋友群中的一员。
   从不(4分)　　很少(3分)　　有时(2分)　　经常(1分)

6. 你觉得和身边的人有很多共同点。
   从不(4分)　　很少(3分)　　有时(2分)　　经常(1分)

7. 你觉得和任何人都不再亲近了。
   从不(1分)　　很少(2分)　　有时(3分)　　经常(4分)

8. 你觉得你不能和周遭的人分享自己的兴趣和想法。
   从不(1分)　　很少(2分)　　有时(3分)　　经常(4分)

9. 你觉得自己外向而友好。
   从不(4分)　　很少(3分)　　有时(2分)　　经常(1分)

10. 你觉得和别人很亲近。
    从不(4分)　　很少(3分)　　有时(2分)　　经常(1分)

11. 你觉得自己遭人冷落。
    从不(1分)　　很少(2分)　　有时(3分)　　经常(4分)

12. 你觉得自己和别人的交往没有意义。
    从不(1分)　　很少(2分)　　有时(3分)　　经常(4分)

13. 你觉得没人真的了解你。
    从不(1分)　　很少(2分)　　有时(3分)　　经常(4分)

14. 你觉得自己与他人隔绝了。
    从不(1分)　　很少(2分)　　有时(3分)　　经常(4分)

15. 你觉得如果你想,就一定能找个伴儿。
    从不(4分)　　很少(3分)　　有时(2分)　　经常(1分)

16. 你觉得还是有人真正理解你。
    从不(4分)　　很少(3分)　　有时(2分)　　经常(1分)

17. 你觉得害羞。
    从不(1分)   很少(2分)   有时(3分)   经常(4分)
18. 你觉得你身边虽然有人,但他们却没真正和你在一起。
    从不(1分)   很少(2分)   有时(3分)   经常(4分)
19. 你觉得还是有人可以说说话。
    从不(4分)   很少(3分)   有时(2分)   经常(1分)
20. 你觉得还是有人可以求助、分享或依靠的。
    从不(4分)   很少(3分)   有时(2分)   经常(1分)

注:关于本测量工具详细的理论、评分方法和比较标准,有兴趣的同学可参阅心理测量学的相关书籍。对于多数心理工作者,掌握现场问卷的分发、填写和回收,熟悉其在计算机软件的输入和操作即可。

附录4　老年抑郁量表（GDS）

本问卷为56岁以上的老年人专用抑郁筛查量表，而非一般抑郁症的诊断工具，每次检查需15 min左右。主要评价以下症状：情绪低落、活动减少、易激惹、退缩及消极评价。分数超过11分者应作进一步检查。

选择最切合您一周来的感受的答案，在每题后[　]内答"是"或"否"。

您的姓名（　　）性别（　　）出生日期（　　）职业（　　）文化程度（　　）

1. 你对生活基本上满意吗？　　　　　　　　　　　　　　　　　[　　]
2. 你是否已放弃了许多活动与兴趣？　　　　　　　　　　　　　[　　]
3. 你是否觉得生活空虚？　　　　　　　　　　　　　　　　　　[　　]
4. 你是否感到厌倦？　　　　　　　　　　　　　　　　　　　　[　　]
5. 你觉得未来有希望吗？　　　　　　　　　　　　　　　　　　[　　]
6. 你是否因为摆脱不掉脑子里的一些想法而烦恼？　　　　　　　[　　]
7. 你是否大部分时间精力充沛？　　　　　　　　　　　　　　　[　　]
8. 你是否害怕会有不幸的事落到自己头上？　　　　　　　　　　[　　]
9. 你是否大部分时间感到幸福？　　　　　　　　　　　　　　　[　　]
10. 你是否常感到孤立无援？　　　　　　　　　　　　　　　　　[　　]
11. 你是否经常坐立不安，心烦意乱？　　　　　　　　　　　　　[　　]
12. 你是否愿意待在家里而不愿去做些新鲜事？　　　　　　　　　[　　]
13. 你是否常常担心将来？　　　　　　　　　　　　　　　　　　[　　]
14. 你是否觉得记忆力比以前差？　　　　　　　　　　　　　　　[　　]
15. 你觉得现在活着很惬意吗？　　　　　　　　　　　　　　　　[　　]
16. 你是否常感到心情沉重、郁闷？　　　　　　　　　　　　　　[　　]
17. 你是否觉得像现在这样活着毫无意义？　　　　　　　　　　　[　　]
18. 你是否总为过去的事忧愁？　　　　　　　　　　　　　　　　[　　]
19. 你觉得生活很令人兴奋吗？　　　　　　　　　　　　　　　　[　　]
20. 你开始一份新的工作很困难吗？　　　　　　　　　　　　　　[　　]
21. 你觉得生活充满活力吗？　　　　　　　　　　　　　　　　　[　　]
22. 你是否觉得自己的处境已毫无希望？　　　　　　　　　　　　[　　]
23. 你是否觉得大多数人比自己强得多？　　　　　　　　　　　　[　　]
24. 你是否常为些小事伤心？　　　　　　　　　　　　　　　　　[　　]
25. 你是否常觉得想哭？　　　　　　　　　　　　　　　　　　　[　　]
26. 你集中精力有困难吗？　　　　　　　　　　　　　　　　　　[　　]
27. 你早晨起来很快活吗？　　　　　　　　　　　　　　　　　　[　　]

28. 你希望避开聚会吗？　　　　　　　　　　　[　　]
29. 你做决定很容易吗？　　　　　　　　　　　[　　]
30. 你的头脑像往常一样清晰吗？　　　　　　　[　　]

注：关于本测量工具详细的理论、评分方法和比较标准，有兴趣的学生可参阅心理测量学相关书籍。对于多数心理工作者，掌握现场问卷的分发、填写和回收，熟悉其在计算机软件的输入和操作即可。

附录5　密西根酒精依赖调查表（MAST）

指导语：请根据你的实际情况，在相应的选项上作答。

项　　目	是	否
1. 你认为你的饮酒习惯正常吗？		
2. 你曾有过头天晚上喝酒，次日醒来想不起头晚经历的一部分事情吗？		
3. 你的配偶、父母或其他近亲曾对你饮酒担心或抱怨吗？		
4. 当你喝了1～2杯酒后，你能不费力就克制自己停止喝酒吗？		
5. 你曾对饮酒感到内疚吗？		
6. 你的亲友认为你饮酒的习惯正常吗？		
7. 当你打算不喝酒的时候，你可以做到吗？		
8. 你参加过戒酒的活动吗？		
9. 曾在饮酒后与人斗殴吗？		
10. 你曾因饮酒问题而与配偶、父母或其他近亲之间产生矛盾吗？		
11. 你的配偶（或其他家庭成员）曾为你饮酒的事情而求助他人吗？		
12. 你曾因饮酒而导致与好友分手吗？		
13. 你曾因饮酒而在工作、学习上出问题吗？		
14. 你曾因饮酒受到过处分、警告或被开除吗？		
15. 你曾因饮酒而持续两天以上耽误工作或不照顾家庭吗？		
16. 你经常在上午饮酒吗？		
17. 医生曾说你的肝有问题或有肝硬化吗？		
18. 在大量饮酒，你曾有过出现震颤谵妄或严重震颤或幻听幻视吗？		
19. 你曾因为饮酒引起的问题去求助他人吗？		
20. 你曾因为饮酒引起的问题而住过院吗？		
21. 你曾因为饮酒引起的问题而在精神院或综合医院精神科住过院吗？		
22. 你曾因饮酒导致的情绪问题而求助于精神科其他医生、社会工作者、心理咨询人员吗？		
23. 你曾因饮酒后或醉后驾车而被拘留吗？如有过，共多少次？		
24. 你曾因其他的饮酒行为而被拘留几小时吗？		

注：关于本量表的具体使用方法，请参阅心理测量相关资料。

附录6　简易智能状态检查(MMSE)

简易智能状态检查(mini-mental state examination,MMSE),是最具影响的老年群体认知缺损筛选工具之一,具有快速和简便的优点,对评定员的要求不高,只需经过简单的训练便可操作,适用于公共机构、社区和家庭中的老年人,并为其进一步检查和诊断提供依据。

		正确	错误
1. 今年的年份?	年	1	5
2. 现在是什么季节?	季节	1	5
3. 今天是几号?	日	1	5
4. 今天是星期几?	星期	1	5
5. 现在是几月份?	月	1	5
6. 你能告诉我现在我们在哪里?		1	5
例如：现在我们在哪个省、市?	省(市)		
7. 你住在什么区(县)?	区(县)	1	5
8. 你住在什么街道?	街道(乡)	1	5
9. 我们现在是第几楼?	层楼	1	5
10. 这儿是什么地方?	地址(名称)	1	5

11. 现在我要说3样东西的名称,在我讲完之后,请你重复说一遍,请你好好记住这3样东西,因为等一下要再问你的(请仔细说清楚,每一样东西一秒钟)。

"皮球"、"国旗"、"树木"

请你把这3样东西说一遍(以第一次答案记分)。

	对	错	拒绝回答
皮球	1	5	9
国旗	1	5	9
树木	1	5	9

12. 现在请你从100减去7,然后从所得的数目再减去7,如此一直计算下去,把每一个答案都告诉我,直到我说"停"为止。

(若错了,但下一个答案都是对的,那么只记一次错误。)

	对	错	说不会做	其他原因不做
93	1	5	7	9
86	1	5	7	9
79	1	5	7	9
72	1	5	7	9

| 65 | 1 | 5 | 7 | 9 |

停止！

13. 现在请你告诉我,刚才我要你记住的3样东西是什么?

	对	错	说不会做	拒绝
皮球	1	5	7	9
国旗	1	5	7	9
树木	1	5	7	9

14. （访问员：拿出自己的手表）请问这是什么?

	对	错	拒绝
手表	1	5	9

（拿出自己的铅笔）
请问这是什么?

	对	错	拒绝
铅笔	1	5	9

15. 现在我要说一句话,请清楚地重复一遍,这句话是："四十四只石狮子"。（只许说一遍,只有正确、咬字清楚的才记1分）

	正确	不清楚	拒绝
四十四只石狮子	1	5	9

16. （访问员：把写有"闭上您的眼睛"大字的卡片交给受访者）请照着这卡片所写的去做。
（如果他闭上眼睛,记1分）

	有	没有	说不会做	拒绝	文盲
闭眼睛	1	5	7	9	8

17. （访问员：说下面一段话,并给他一张空白纸,不要重复说明,也不要示范）
请用右手拿这张纸,再用双手把纸对折,然后将纸放在你的大腿上。

	对	错	说不会做	拒绝
用右手拿纸	1	5	7	9
把纸对折	1	5	7	9
放在大腿上	1	5	7	9

18. 请你说一句完整的、有意义的句子（句子必须有主语、动词）。
记下所叙述句子的全文。

	合乎标准	不合乎标准	不会做	拒绝
说句子	1	5	7	9

19. （访问员：把卡片交给受访者）
这是一张图,请你在同一张纸上照样把它画出来。（对：两个五边形的图案,交叉处形成个小四边形）

	对	不对	说不会做	拒绝
画图	1	5	7	9

注：关于本测量工具详细的理论、评分方法和比较标准，有兴趣的学生可参阅心理测量学的相关书籍。对于多数心理工作者，掌握现场问卷的分发、填写和回收，熟悉其在计算机软件的输入和操作即可。

附录7　症状自评量表（SCL-90）

症状自评量表是目前应用最广的心理健康量表，适用于16周岁以上的所有年龄阶段的正常人群，当然也包括老年群体。因共有90个项目，故被称为"SCL-90"。此表包含思维、情感、行为、人际关系、生活习惯等多方面内容，可以作为筛查心理异常者的初步工具。此表属于自评问卷，即要求被测试者对问题自行填写或回答，特定情况下也可以由工作人员逐项询问。症状自评量表的题目涉及10个方面，分别有躯体化、强迫、人际关系敏感、抑郁、焦虑、敌对、恐惧、偏执、精神病性及其他内容十大类。

指导语：请按要求如实回答（一周之内），并务必不要遗漏任何项目，否则问卷将失效。

下列问题对您影响如何？	从无	轻度	中度	偏重	严重
举例：背痛			✓		
题　目					
1. 头痛					
2. 神经过敏，心中不踏实					
3. 头脑中有不必要的想法或字句盘旋					
4. 头昏或昏倒					
5. 对异性的兴趣减退					
6. 对旁人责备求全					
7. 感到别人能控制您的思想					
8. 责怪别人制造麻烦					
9. 忘性大					
10. 担心自己的衣饰整齐及仪态的端正					
11. 容易烦恼和激动					
12. 胸痛					
13. 害怕空旷的场所或街道					
14. 感到自己的精力下降，活力减慢					
15. 想结束自己的生命					
16. 听到旁人听不到的声音					
17. 发抖					
18. 感到大多数人都不可信任					
19. 胃口不好					
20. 容易哭泣					

续表

21. 同异性相处时感到害羞、不自在				
22. 感到受骗、中了圈套或有人想抓住您				
23. 无缘无故地突然感到害怕				
24. 自己不能控制地大发脾气				
25. 怕单独出门				
26. 经常责怪自己				
27. 腰痛				
28. 感到难以完成任务				
29. 感到孤独				
30. 感到苦闷				
31. 过分担忧				
32. 对事物不感兴趣				
33. 感到害怕				
34. 您的感情容易受到伤害				
35. 旁人能知道您的私下想法				
36. 感到别人不理解您,不同情您				
37. 感到人们对您不友好,不喜欢您				
38. 做事必须做得很慢以保证做得正确				
39. 心跳得很厉害				
40. 恶心或胃部不舒服				
41. 感到比不上他人				
42. 肌肉酸痛				
43. 感到有人在监视您、谈论您				
44. 难以入睡				
45. 做事必须反复检查				
46. 难以作出决定				
47. 怕乘电车、公共汽车、地铁或火车				
48. 呼吸困难				
49. 一阵阵发冷或发热				
50. 因为感到害怕而避开某件东西、场合或活动				
51. 脑子变空				
52. 身体发麻或刺痛				
53. 喉咙有梗塞感				
54. 感到前途没有希望				
55. 不能集中注意				
56. 感到身体的某一部分软弱无力				

续表

57. 感到紧张或容易紧张				
58. 感到手脚发重				
59. 想到死亡的事				
60. 吃得太多				
61. 当别人看着您或谈论您时感到不自在				
62. 有一些不属于您自己的想法				
63. 有想打人或伤害他人的冲动				
64. 醒得太早				
65. 必须反复洗手、点数目或触摸某些东西				
66. 睡得不稳、不深				
67. 有想摔坏或破坏东西的冲动				
68. 有一些别人没有的想法或念头				
69. 感到对别人神经过敏				
70. 在商店或电影院等人多的地方感到不自在				
71. 感到任何事情都很困难				
72. 一阵阵恐惧或惊恐				
73. 感到在公共场合吃东西很不舒服				
74. 经常与人争论				
75. 单独一人时神经很紧张				
76. 别人对您的成绩没有作出恰当的评价				
77. 即使和别人在一起也感到孤独				
78. 感到坐立不安、心神不定				
79. 感到自己没有什么价值				
80. 感到熟悉的东西变成陌生或不像是真的				
81. 大叫或摔东西				
82. 害怕会在公共场合昏倒				
83. 感到别人想占您的便宜				
84. 为一些有关"性"的想法而很苦恼				
85. 您认为应该因为自己的过错而受到惩罚				
86. 感到要赶快把事情做完				
87. 感到自己的身体有严重问题				
88. 从未感到和其他人很亲近				
89. 感到自己有罪				
90. 感到自己的脑子有毛病				

注：关于本测量工具详细的理论、评分方法和比较标准，有兴趣的学生可参阅心理测量学的相关书籍。对于多数心理工作者，掌握现场问卷的分发、填写和回收，熟悉其在计算机软件的输入和操作即可。

附录8　自我接纳问卷（SAQ）

问卷分为自我评价8个题目、自我接纳8个题目。
正向评分：A＝4,B＝3,C＝2,D＝1。反向评分：A＝1,B＝2,C＝3,D＝4。
最后把16个问题的得分相加，分数越高，自我接纳的倾向越明显。

以下列出一些反映自我情感、态度或行为的陈述，请仔细阅读每一个条目，考虑一下它与你近几个月（或周）以来的实际情况是相同还是相反。请真实、准确地回答，但没有必要每一条都刻意花费很多时间。

```
   A          B          C          D
非常相同    基本相同    基本相反    非常相反
```

1. 我内心的愿望从不敢说出来。♯　　　　　　　A　B　C　D
2. 我几乎全是优点和长处。　　　　　　　　　　A　B　C　D
3. 我认为异性肯定会喜欢我的。　　　　　　　　A　B　C　D
4. 我总是因害怕做不好而不敢做事。♯　　　　　A　B　C　D
5. 我对自己的身材、相貌感到很满意。　　　　　A　B　C　D
6. 总的来说，我对自己很满意。　　　　　　　　A　B　C　D
7. 做任何事情只有得到别人的肯定我才放心。♯　A　B　C　D
8. 我总是担心会受到别人的批评或指责。♯　　　A　B　C　D
9. 学新东西时我总比别人学得快。　　　　　　　A　B　C　D
10. 我对自己的口才感到很满意。　　　　　　　　A　B　C　D
11. 做任何事情之前我总是预想到自己会失败。♯　A　B　C　D
12. 我能做好自己所有的事情。　　　　　　　　　A　B　C　D
13. 我认为别人都不喜欢我。♯　　　　　　　　　A　B　C　D
14. 我总担心自己会惹别人不高兴。♯　　　　　　A　B　C　D
15. 我很喜欢自己的性格特点。　　　　　　　　　A　B　C　D
16. 我总是担心别人会看不起我。♯　　　　　　　A　B　C　D

　　注："♯"为反向评分（且为自我接纳因子条目）。

附录9　危机干预的分类评估表（THF）

一、危机事件

简要确定和描述危机的情况：_____
_____
_____
_____

二、情感方面

简要确定和描述目前的情感表现（如果有几种情感症状存在，请用♯1、♯2、♯3 标出主次）。

愤怒/敌对：_____
_____
_____

焦虑/恐惧：_____
_____
_____

沮丧/忧愁：_____
_____
_____

情感严重程度量表

根据求助者对危机的反应，在下列恰当的数字处画圈。

1	2	3	4	5	6	7	8	9	10
无损害	损害很轻		轻度损害		中等损害		显著损害		严重损害
情绪状态稳定，对日常活动的情感表达透彻	情感对环境反应适切，对环境变化只有短暂的负性情感流露，不强烈，情绪完全能由求助者自控		情感对环境反应适切，但对环境变化有较长时间的负性情感流露，求助者能意识到需要自我控制		情感对环境反应有脱节，常表现出负性情感，对环境变化有较强烈的情感波动。情感状态虽然比较稳定，但需要努力控制情绪		负性情感体验明显超出环境的影响，情感与环境明显不协调，心境波动明显，求助者意识到负性情感，但不能控制		完全失控或极度悲伤

三、认知方面

如果有侵犯、威胁或丧失，则予以确定，并简要描述（如果有多个认知反应存在，根据主次，标出♯1、♯2、♯3）。

附 录

生理/环境方面(饮食、水、安全、居处等):
　　侵犯_____　　威胁_____　　丧失_____
_____

心理方面(自我认识、情绪表现、认同等):
　　侵犯_____　　威胁_____　　丧失_____
_____

社会关系方面(家庭、朋友、同事等):
　　侵犯_____　　威胁_____　　丧失_____
_____

道德/精神方面(个人态度、价值观、信仰等):
　　侵犯_____　　威胁_____　　丧失_____
_____

认知严重程度量表

根据求助者对危机的反应,在下列恰当的数字处画圈。

1	2	3	4	5	6	7	8	9	10
无损害	损害很轻		轻度损害		中等损害		显著损害		严重损害
注意力集中,解决问题和做决定的能力正常。求助者对危机事件的认识和感知与实际情况相符合	求助者的思维集中在危机事件上,但思想能受意志控制。解决问题和做决定的能力轻微受损。对危机事件的认识和感知基本与现实相符合		注意力偶尔不集中,感到较难控制对危机事件的思考,解决问题和做决定的能力降低。对危机事件的认知和感知与现实情况在某些方面有偏差		注意力时常不能集中,较多地考虑危机事件而难以自拔。解决问题和做决定的能力因为强迫性思维、自我怀疑和犹豫而受到影响。对危机事件的认知和感知与现实情况可能有明显的不同		沉湎于对危机事件的思虑,因为强迫、自我怀疑和犹豫而明显地影响了求助者解决问题和做决定的能力。对危机事件的认知和感知可能与现实情况有实质性的差异		除了危机事件外,不能集中注意力。因为受强迫、自我怀疑和犹豫的影响,丧失了解决问题和做决定的能力。因为对危机事件的认识和感知与现实情况有明显差异,从而影响了其日常生活

四、行为方面

确定和简要描述目前的行为表现(如果有多种行为表现存在,根据主次,标出#1、#2、#3)。
　　接近:_____

回避：_____

无能动性：_____

行为严重程度量表

根据求助者对危机的反应，在下列恰当的数字处画圈。

1	2	3	4	5	6	7	8	9	10
无损害	损害很轻		轻度损害		中等损害		显著损害		严重损害
对危机事件的应付行为恰当，能保持必要的日常功能	偶尔有不恰当的应付行为，能保持正常、必要的日常功能，但需要努力		偶尔出现不恰当的应付行为，有时有日常功能的减退，表现为效率的降低		有不恰当的应付行为，且没有效率，需要花很大精力方能维持日常功能		求助者的应付行为明显超出对危机事件的反应，日常功能表现明显受到影响		行为异常，难以预料，并且对自己或对他人有伤害的危险

五、量表严重程度小结（评分）

情感：_____

认知：_____

行为：_____

合计：_____

参考文献

[1] 江开达.抑郁障碍防治指南[M].北京:北京大学医学出版社,2007.
[2] 何扬利,吴智勇,等.住院老年人抑郁与营养不良的相关性研究[J].中华老年医学杂志,2011,30:148-149.
[3] 赵慧敏.老年心理学[M].天津:天津大学出版社,2010.
[4] 〔美〕查尔斯·科尔,等.死亡课[M].榕励,译.北京:中国人民大学出版社,2011.
[5] 吴华,张韧韧.老年社会工作[M].北京:北京大学出版社,2011.
[6] 杨德森,赵旭东,等.心理和谐与和谐社会[M].上海:同济大学出版社,2011.
[7] 熊仿杰,袁惠章,等.老年介护教程[M].上海:复旦大学出版社,2006.
[8] 张湘富,张丽颖,等.大学生生命教育教程[M].北京:高等教育出版社,2011.
[9] 周良才,赵淑兰,等.社会福利服务[M].北京:北京大学出版社,2012.
[10] 陈力.医学心理学[M].北京:北京大学医学出版社,2003.
[11] 〔美〕Taylor S E,等.社会心理学[M].谢晓非,等译.北京:北京大学出版社,2004.
[12] 邬沧萍,姜向群.老年学概论[M].2版.北京:中国人民大学出版社,2011.
[13] 中国就业培训技术指导中心,中国心理卫生协会.国家职业资格培训教程 心理咨询师[M].3级.北京:民族出版社,2005.
[14] 胡佩诚.心理治疗[M].北京:中国医药科技出版社,2006.
[15] 〔英〕布丽姬特·贾艾斯.认知心理学[M].黄国强,等译.哈尔滨:黑龙江科学技术出版社,2007.
[16] 路海东.社会心理学[M].长春:东北师范大学出版社,2002.
[17] 姜乾金,张宁.临床心理问题指南[M].北京:人民卫生出版社,2011.
[18] 中华医学会精神科分会.CCMD-3中国精神障碍分类与诊断标准[M].3版.济南:山东科学技术出版社,2001.
[19] 陈力.医学心理学[M].北京:北京大学医学出版社,2003.
[20] 中国就业培训技术指导中心,中国心理卫生协会.国家职业资格培训教程 心理咨询师[M].基础知识.北京:民族出版社,2005.
[21] 〔法〕大卫·赛尔旺-施莱伯.痊愈的本能[M].黄钰书,译.北京:中国轻工业出版社,2010.

[22]〔美〕Victoria M F,Jacqueline Pistorello.找到创伤之外的生活[M].任娜,等译.北京:中国轻工业出版社,2009.

[23]〔美〕约翰·卡乔波,等.孤独是可耻的[M].焦梦津,译.北京:中国人民大学出版社,2007.

[24]〔美〕John Briere,Catherine Scott.心理创伤的治疗指南[M].徐凯文,等译.北京:中国轻工业出版社,2009.

[25]〔美〕戴维·迈尔斯.社会心理学[M].8版.张智勇,等译.北京:人民邮电出版社,2010.

[26]沈渔邨.精神病学[M].4版.北京:人民卫生出版社,2006.